中国钢铁标准60年

60 Years of Chinese Iron and Steel Standards

冶金工业信息标准研究院　编著

北　京
冶　金　工　业　出　版　社
2023

内容提要

本书全面、系统地分析和总结了中国钢铁标准化事业在新中国成立以来，特别是1963年冶金工业部组建冶金工业部科技情报产品标准研究所（冶金工业信息标准研究院前身）以来，60年的发展历程和取得的成就。全书分历程篇、成果篇和展望篇三篇，历程篇从起步探索、开放发展、全面提升三个阶段对钢铁标准化事业在各个发展阶段的重大事件进行梳理、总结；成果篇从标准体系建设、标准技术机构完善、重点标准研制、科技成果转化、团体标准发展、钢铁标准国际化、加强宣传宣贯和人才队伍建设八个方面介绍了60年砥砺奋进创造的卓越成绩；展望篇擘画了中国钢铁标准化事业在“十四五”时期乃至未来更长一段时间的宏伟蓝图。

本书可供钢铁行业从事标准化工作的人员阅读，也可供对钢铁行业及标准化工作感兴趣的广大读者参考。

图书在版编目(CIP)数据

中国钢铁标准60年/冶金工业信息标准研究院编著.—北京：冶金工业出版社，2023.3

ISBN 978-7-5024-9419-3

Ⅰ.①中…　Ⅱ.①冶…　Ⅲ.①钢铁工业—标准—中国　Ⅳ.①TF4-65

中国国家版本馆CIP数据核字(2023)第033922号

中国钢铁标准60年

出版发行	冶金工业出版社	**电　话**	(010)64027926
地　址	北京市东城区嵩祝院北巷39号	**邮　编**	100009
网　址	www.mip1953.com	**电子信箱**	service@mip1953.com

责任编辑　杜婷婷　美术编辑　彭子赫　版式设计　孙跃红
责任校对　石　静　责任印制　禹　蕊

北京捷迅佳彩印刷有限公司印刷

2023年3月第1版，2023年3月第1次印刷

710mm×1000mm　1/16；28.5印张；491千字；435页

定价260.00元

投稿电话　(010)64027932　投稿信箱　tougao@cnmip.com.cn

营销中心电话　(010)64044283

冶金工业出版社天猫旗舰店　yjgycbs.tmall.com

（本书如有印装质量问题，本社营销中心负责退换）

编委会

主　编　张龙强

副主编　秦松

编　委　赵辉　付静　戴强

编写人员　戴强　任翠英　王心禾　苏峭瑶　栾燕　李奇　董莉　颜丞铭　刘宝石　张维旭　卢春生　侯捷　李倩　王玉婕　王琳　侯慧宁　朱融　陈剑　刘斓冰　陈士英　仇金辉　赵晶晶

参编人员　(以下按姓氏笔画排序)

于治民　王玲君　王姜维　王晓远　王市均　王勇　王甜甜　田子健　刘艳婷　刘小燕　刘宁　孙梦寒　李士宏　杨梅梅　冷明鉴　张若鹏　张晨　张京萍　张进莺　陈自斌　陈延菘　陈架利　胡日荣　徐昊驰　常莘东　崔淑雅　梁柏勇　蔡毅利　薛建忠

序 一

标准是经济活动和社会发展的技术支撑，是保证和促进高质量发展的基础性制度。标准化在推进国家治理体系和治理能力现代化中发挥着基础性、引领性作用。新中国成立以来，我国标准化事业不断取得进展。特别是进入新时代以来，习近平总书记高度重视标准化工作，作出系列重要指示，“标准助推创新发展、标准引领时代进步”成为普遍共识。

钢铁工业是国民经济的重要基础产业，是建设现代化强国的重要支撑，是国之基石。新中国成立以来，中国钢铁工业在曲折奋进中创造了巨大的辉煌，强有力地支撑了国民经济的飞速发展。在这一历程中，钢铁标准化工作在探索中前进，从1950年重工业部召开首届全国钢铁标准工作会议，1951年成立钢铁标准规格委员会，1952年制定第一批23项钢铁领域部颁标准，1963年冶金工业部发文成立冶金工业部科学技术情报产品标准研究所（冶金工业信息标准研究院前身）；到1980年恢复参加国际标准化工作，1991年全国钢标准化技术委员会正式成立，1993年第一次承担国际标准化组织ISO/TC 17/SC 17“盘条与钢丝”秘书处工作；再到“十三五”全面推进和深化标准化工作改革，以及目前全面落实《国家标准化发展纲要》要求，致力于建设更加健全的标准体系，更加完善的标准化管理体制和更加全面的标准化工作格局，钢铁标准化事业发展突飞猛进，对钢铁工业发展的支撑和引领作用愈加凸显。

星光赶路，踏石留痕。截至2022年12月底，钢铁行业累计发布3600余项标准（含国家标准、行业标准、团体标准）；完成国家部委重点标准研究课题100余项，转化标准数量超500项；建立了

39 个标准化专业技术组织（含技术委员会、分技术委员会、工作组），委员近 1600 名，其中包括 6 位两院院士；承担 ISO 秘书处 6 个，担任 ISO 技术机构主席 6 人，注册国际专家超 300 名，提出并发布 ISO 国际标准近百项；获批成立国家技术标准创新基地 2 个。

2022 年，党的二十大胜利召开。习近平总书记在党的二十大报告中，立足新时代新征程的历史方位，深刻分析我国发展面临的形势和挑战，全面部署了未来五年乃至更长时期党和国家事业发展的目标任务和大政方针，也为钢铁行业实现高质量发展提供了目标指引。面向未来，中国钢铁工业将鼓足干劲，继续聚焦“一个根本任务、两大发展主题、三大行业痛点、一个重要进程”，以高标准助力行业高质量发展。

2023 年，冶金工业信息标准研究院建院 60 周年。以此为契机，冶金工业信息标准研究院组织编写《中国钢铁标准 60 年》，述说中国钢铁标准化事业发展的光辉岁月，展示中国钢铁标准化事业取得的卓越成绩，描绘中国钢铁标准化事业未来的宏伟蓝图。

蓝图鼓舞人心，号角催人奋进。希望此书能够成为广大钢铁行业标准化从业人员的重要参考，推动中国钢铁标准化工作的成功经验广泛传播，激发从业人员参与标准化工作的热情，用新的伟大奋斗创造新的伟业！

中国钢铁工业协会
党委书记、执行会长

序　二

钢铁工业作为重要的基础原材料产业，有力支撑了国民经济的发展，为汽车、铁路、航空航天、建筑、桥梁、工程机械、能源、石化、化工、电子、国防军工等国民经济各领域提供了“工业粮食”。中国经济的崛起，中国钢铁工业功不可没。

钢铁领域的标准化工作是我国钢铁工业持续健康发展的有力保障，从最初只能参照国外标准制定几项产品标准，发展成为涉及钢铁行业全流程，包括基础标准、方法标准、产品标准、综合标准和标准样品等各个领域，逐步建成了层次分明、结构合理、专业配套、可操作性强、技术水平较高的技术标准体系。

特别是改革开放以来，标准作为钢铁工业组织现代化生产和科学管理的重要手段，围绕国家产业政策、行业发展急需等要求，积极有效开展重点标准研制工作，在钢铁工业质量提升和转型升级方面发挥了重要的技术支撑和引领作用。

钢铁行业积极落实国家要求，配合行业需求，响应企业诉求，聚焦绿色化、低碳化、智能化，以标准创新助攻高技术创新；让质量成为高标准的“新名片”，让标准成为高质量的“硬约束”；以标准创新激发活力，推动转型升级，引领钢铁行业发展。通过对基础标准和试验方法标准的研制，提高了与国际标准的一致性程度，为产品标准的制定打下基础；通过对结构钢、钢筋、电工钢等重点标准研制，为行业化解过剩产能、加快淘汰低端产品、支撑供给侧结构性改革提供了保证；通过高强度汽车钢、核电用钢、风电用钢、超超临界锅炉用钢等 200 多项先进基础材料、关键战略材料、前沿新材料标准的研制，有效保证了先进新材料的推广应用，满足了重大装备和重大工程的需求；通过节能、节水、资源综合利用、绿色低碳等领域标准的研制，为钢铁工业实现绿色可持续发展提供了标准支撑；通过智能制造领域标准的研制，打通了上下游产业链各环节，实现了“智能制造、标准引领”。

《中国钢铁标准 60 年》系统回顾了中国钢铁标准化事业 60 余年的风雨历程，全面总结了在国民经济各个发展阶段，钢铁标准化工作在服务行业发展、推动产业升级、引领高质量发展方面发挥的重要作用。

征程万里风正劲，重任千钧再出发。踏上社会主义现代化建设新征程，希望钢铁行业标准化工作继续坚持以习近平新时代中国特色社会主义思想为指引，不忘初心、牢记使命，持续深入推进标准化工作改革，研制更多、更好、更专的标准，努力服务新时代中国特色社会主义现代化建设。

中国工程院院士 

序 三

钢铁行业标准化工作是新中国最早开展标准化工作的领域之一，始终走在工业标准化的前列。随着我国钢铁行业的高速发展，钢铁标准化工作砥砺前行、蓬勃发展，已经成为促进我国产业转型升级的重要抓手，实现高质量发展需要高标准支撑。

1978 年，我国正式恢复为国际标准化组织 ISO 的成员国，两年后，钢铁行业组团参加 ISO/TC 17 相关分委会会议，开启了中国钢铁领域国际标准化工作历程。1993 年，我国承担了 ISO/TC 17/SC 17“盘条与钢丝”秘书处工作，这是我国承担的第一个产品类国际标准化技术委员会秘书处。经过 40 多年的艰苦奋斗，钢铁国际标准化事业由对标看齐国际标准到并跑领跑，国际化水平显著提升，中国标准国际化进程明显加快，提出并发布 ISO 国际标准近百项，有力推动了行业技术进步和转型升级，显著提升了我国的国际地位。

百年大变局下，世界各国博弈激烈，标准已经成为国际市场竞争制高点，技术之争最终归结于标准之争。在钢铁标准引领世界之际，《中国钢铁标准 60 年》应运而生，意义非凡，影响深远。本书从国内、国际两个方面对钢铁行业标准化工作进行了深层次、全方位的研究与探讨，系统全面地梳理了钢铁标准化工作 60 余年的历史沿革，客观详细地总结了标准化工作取得的成就，深入务实地展望了标准化工作的发展重点和方向。本书不仅提供了具有较高学术价值的历史资料，同时对指导行业“十四五”乃至更长一段时期的标准化工作也大有裨益，堪称钢铁行业标准化工作的“百科全书”。

大鹏一日同风起，扶摇直上九万里。希望钢铁行业标准化工作者能够认真学习和研读本书，立足当下、面向未来，站在国际发展、行业进步的前沿，充分发挥专业优势、发挥标准化工作的示范力和引领力，进一步做好标准化工作，全面提升我国钢铁行业的国际标准化水平，支撑行业和企业高质量发展行稳致远。

国际标准化组织（ISO）原主席 

前　言

新中国成立以来，钢铁行业排除万难，走出了一条从无到有、从弱到强的崛起之路。钢铁标准化事业与行业发展同步，经历了起步探索、开放发展、全面提升阶段，有力地支撑和引领了钢铁行业的快速发展。

钢铁标准化事业步入专业化管理轨道，真正开始有序、快速发展始于1963年。1963年3月26日，冶金工业部组建冶金工业部科技情报产品标准研究所（冶金工业信息标准研究院前身），负责冶金产品标准的制修订及标准科研工作。1963年9月，冶金工业部科技情报产品标准研究所成为国家科学技术委员会确定的32个国家标准化核心机构之一。

此后的60年中，冶金工业信息标准研究院在上级部门的领导及各有关单位的亲切关怀下，在钢铁行业标准化工作者的大力支持下，以国家标准化事业发展为指引，围绕钢铁行业发展主线，将钢铁标准化工作不断向前推进。特别是党的十八大以来，冶金工业信息标准研究院深入学习习近平新时代标准化工作重要论述，立足新发展阶段，贯彻新发展理念，构建新发展格局，以标准为牵引，以服务行业发展为目标，坚持绿色低碳、智能制造双轮驱动，参与国际标准化治理，推动钢铁标准化事业在政府支撑、体系建设、科技创新、国际交流、宣传宣贯、人才建设等诸多方面取得积极进展，全面赋能钢铁行业高质量发展。

60年峥嵘岁月，见证了钢铁标准体系从零起步、持续优化。根据不同时期国家发展战略的需要，钢铁行业于1982年、1993年、2005年、2012年和2016年先后编制了五版钢铁标准体系，以体系为钢推动标准化事业发展。目前，钢铁行业已经构建起了国标、行标、军标、团标“四位一体”多元建设模式，累计研制并发布标准3600余项（含154项军标）。同时，依据标准体系建设需要不断优化全国钢铁领域标准化技术委员会组织机构，承担涵盖冶金节能、冶金智能制造等39个全国标准化专业技术组织（含技术委员会、分技术委员会、工作组）工作，为钢铁标准化发展提供技术平台。

60年峥嵘岁月，见证了钢铁标准化工作持续深化改革、支撑政府决策。钢铁行业开展“钢铁行业化解产能过剩相关标准体系及实施案例研究”等课题研究工作，以标准化支撑钢铁行业化解产能过剩工作，促进行业结构调整、转型升级；参与“国际标准化组织国内对口单位管理机制研究”等多项相关政策研究，承担“战略性关键矿产材料及相关试验方法国际标准研究与应用”等多项国家级科研项目，支撑国际标准化组织技术管理局（ISO/TMB）技术工作，为国家标准化主管部门和行业主管部门提供了坚实技术支撑；深入贯彻落实党中央关于绿色、低碳发展的战略决策，积极推进相关标准化工作，开展绿色产品、绿色工厂等60多项标准研制，编制《钢铁行业低碳标准体系建设指南》，发布《钢铁生产企业二氧化碳排放核算方法》标准，支撑钢铁产品环境产品声明（EPD）平台建设，助力实现碳达峰、碳中和“3060”目标①。

60年峥嵘岁月，见证了钢铁标准化工作聚力科技创新、推动行业进步。钢铁行业积极落实“以科技创新提升标准水平”的要求，将自主创新成果、核心关键技术转化为标准，发挥标准作为科技创新“助推器”的作用；持续强化科技创新与标准互动机制，将标准研制嵌入科技研发全过程，2000年以来开展“钢铁工业科技成果转化标准”行动，承担“战略性关键矿产材料及相关试验方法国际标准研究与应用”等国家部委重点标准科研项目100余项，转化标

① 我国提出，二氧化碳排放力争于2030年前达到峰值，努力争取2060年前实现碳中和，被称作碳达峰、碳中和“3060”目标。

准数量超500项；党的十八大以来，以满足重大装备和重大工程需求为目标，围绕行业发展中遇到的瓶颈和共性突出问题，开展200多项重点标准研制，将先进适用的科技创新成果融入标准，助力钢铁行业转型升级。

60年峥嵘岁月，见证了钢铁标准国际化屡创佳绩、不断跃升。在中国恢复国际标准化组织（ISO）成员国身份后的1980年，中国钢铁行业就组团参加国际标准化组织钢标准化技术委员会（ISO/TC 17）相关分委会会议；1981年，中国牵头制定的首个国际标准ISO 4493：1981《粉末冶金测氧方法》发布；1993年，中国承担首个ISO秘书处ISO/TC 17/SC 17“钢/盘条与钢丝”；2013年，时任鞍钢集团总经理张晓刚当选ISO主席。截至2022年12月底，钢铁行业承担6个ISO秘书处工作，担任ISO主席职务6人，牵头制定ISO国际标准近百项、标准外文版百余项；推动百余家优秀钢铁企业及300余位业内专家参与到国际标准制修订中，持续在国际标准舞台上发出中国钢铁声音，贡献中国钢铁智慧。

60年峥嵘岁月，见证了钢铁标准强化宣传宣贯、发挥标准效能。在20世纪60—70年代，创办刊物、编著手册和指南是宣传钢铁标准的主要手段。1963年5月，《冶金产品标准化简报》创刊（1964年更名为《冶金产品标准化》），1966年和1972年《标准解释汇编》和《冶金产品标准解释手册（钢铁部分）》先后发布。改革开放后，钢铁标准的宣传宣贯逐渐由书面交流向面对面的会议交流转变。2000年以来，钢铁行业积极开拓宣传宣贯新模式，组织召开线上线下各种形式的标准宣贯会、研讨会、论坛、云课堂和培训班数千次，对重大标准进行及时有效的宣贯，确保标准“行得通”“用得好”。

60年峥嵘岁月，见证了钢铁标准化人才队伍快速壮大、夯实事业发展根基。2006年开始，依托钢铁行业的三大标准化技术委员会平台，全国钢标准化技术委员会秘书处每年系统地举办标准从业人员及标准起草人培训班，从基础知识、管理程序、编写规范和国际化等方面开展标准化知识培训，提升钢铁标准化从业人员能力。全国钢铁领域标准化技术委员会秘书处借助“冶金工业信息标准研究院”公众号、“钢铁标准”公众号和视频号、“世+融媒”新媒体平台对标准政策、形势进行系列解读、分析，累计阅读量和播放量达数万次；积极整合资源，为各级政府、钢铁企业提供定制化的标准培训服务，助力政府和企业在标准化舞台发挥更大的作用；开展冶金工业领域“1+X”标准编审职业技能等级证书学习班，累计培养标准化资质人员200余人。

当前，全面建设社会主义现代化国家、实现第二个百年奋斗目标，以中国式现代化全面推进中华民族伟大复兴的新征程已经开启，标准化任务依然艰巨。然而，艰难方显勇毅，磨砺始得玉成。面向“十四五”时期乃至更长一段时间，钢铁行业必将以更加昂扬的姿态迎接新的挑战，以更大热情奋力开拓钢铁标准化事业新篇章，以标准引领钢铁工业在实现第二个百年奋斗目标新征程上创造更大辉煌。

谨以此书向广大钢铁标准化工作者和全体从业人员致敬！

冶金工业信息标准研究院
党委书记、院长 张龙强

目　录

历　程　篇

成　果　篇

展 望 篇

附 录

历程篇

第一章　起步探索阶段

标准作为经济活动和社会发展的技术支撑，是国家治理体系和治理能力现代化建设的基础性制度，是钢铁行业高质量发展的重要技术支撑。新中国成立以来，在中国钢铁行业曲折而辉煌的奋斗史中，钢铁行业标准化工作发挥了重要的支撑和引领作用。从 1952 年重工业部制定第一批 23 项钢铁领域部颁标准，到目前 3600 余项标准，钢铁行业的标准化工作走出了一条“起步探索—开放发展—全面提升”的进阶之路，如图 1-1 所示。

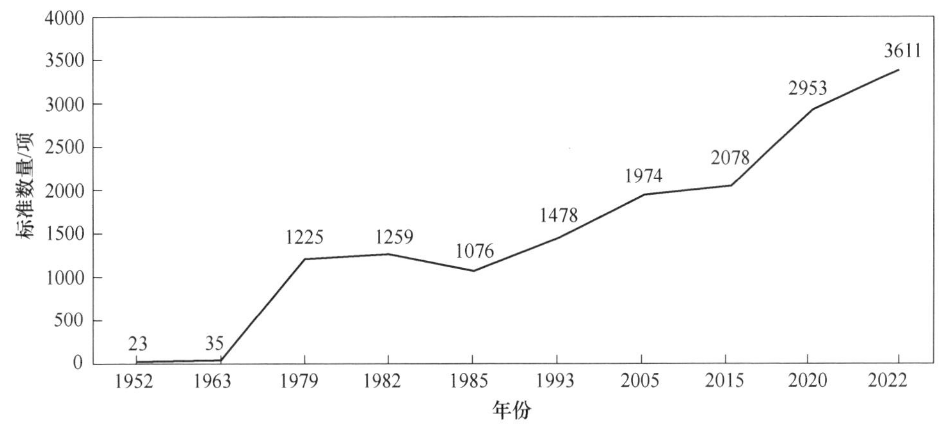

图 1-1　钢铁标准发展数量变化

从新中国成立到改革开放以前（1949—1977 年），是我国标准化事业的起步探索阶段。党和国家十分重视标准化事业的建设和发展，标准化工作主要服务工农业生产并形成了政府主导制定标准的模式，所有标准均为强制性。在这一阶段，第一个标准——中央技术管理局制定的《工程制图》发布；第一个标准化管理制度——《工农业产品和工程建设技术标准管理办法》确立；第一个标准化发展规划——《1963—1972 年标准化发展十年规划》出台。一系列重要基础标准的发布，改变了过去技术标准混乱的局面，有力支撑了国民经济的复苏。

这一阶段，在党和国家的高度重视与支持下，钢铁标准化工作克服重重困难，实现“从无到有”的历史跨越，用一个又一个“首次”奠基。截至1977年底，钢铁领域的国家标准、部颁标准共计981项，钢铁工业标准化工作取得了长足的发展。具体来看，该阶段的钢铁标准化工作呈现如下三个特点。

（1）机构建设，筑牢根基。1951年，重工业部成立了钢铁标准规格委员会，负责钢铁行业的标准化工作。1956年，冶金工业部成立。1963年3月26日，冶金工业部组建了冶金工业部科技情报产品标准研究所（冶金工业信息标准研究院前身）（以下简称“冶金情报标准总所”），负责冶金产品标准的制修订工作，并开展标准科研工作。1963年9月，冶金情报标准总所成为国家科学技术委员会确定的32个国家标准化核心机构之一。组织机构的建设为钢铁标准化工作打牢了根基，使其步入专业化管理的轨道，有力支撑了后续钢铁标准化事业及钢铁行业的快速发展。

（2）始于借鉴，成于探索。在钢铁标准化建设初期，由于缺乏经验，我国基本上是参考、借鉴苏联标准。1950年，重工业部翻译了钢铁方面全套苏联国家标准；1952年，重工业部制定第一批23项钢铁领域部颁标准。1963年，国家科学技术委员会颁布了第一批35项钢铁领域国家标准。伴随钢铁标准化的深入推进，以及生产实践的支撑与反馈，业内开始思考摈弃“照搬照抄”模式，结合我国资源和自然条件等具体国情开展标准化工作。1966年，首届全国冶金产品标准工作会议成功召开，会议强调，要结合我国自身资源情况，创新和发展我国自己的产品，搞自己的标准，走自己的路。“走自己的路”是我国钢铁标准化事业在发展过程中不断开创新局面、迈上新台阶、取得卓越成绩的关键所在。

（3）交流合作，追赶先进。自起步阶段，钢铁行业的标准化工作注重交流合作促发展，这在创办专业刊物、汇编书籍、加强生产调研及跟踪国外先进等方面体现得尤为突出。1963年5月，《冶金产品标准化简报》创刊（1964年更名为《冶金产品标准化》），成为钢铁标准化专家交流的首要阵地；1966年和1972年先后发布《标准解释汇编》和《冶金产品标准解释手册（钢铁部分）》，为钢铁标准的使用提供指南；1972年，首次在全国范围内开展“钢丝标准调查”，发布了涵盖全国主要钢丝生产和使用单位的《钢丝标准调查报告》；1971年，冶金情报标准总所开始收集苏联（OCT）、英国（BS）、法国（AFNOR）、日本（JIS）、美国（ASTM）、德国（DIN）和国际（ISO）7个主要国家和国际组织的冶金产品标准，将重要标准汇编成册，供技术人员借阅及研究。充分的交流合作与深入学习，有力推动了我国钢铁行业标准化事业的不断进步。

第二章　开放发展阶段

从改革开放到党的十八大之前（1978—2011 年），是我国标准化事业的开放发展阶段。标准化工作立足国内、走向国际，步入法制管理轨道。具体表现在：

（1）法规体系和标准体系逐步完善。1979 年颁布的《中华人民共和国标准化管理条例》，1988 年颁布的《中华人民共和国标准化法》及 1990 年颁布的《中华人民共和国标准化法实施条例》等，完善了我国标准化的法规政策，为标准化事业的健康发展奠定了坚实基础。

（2）标准化管理体制初步形成。在管理机构上，1978 年党中央、国务院批准成立国家标准总局，并于 1998 年更名为国家质量技术监督局；在管理机制上，形成了“统一管理、分工负责”的机制。

（3）标准化技术体系得到加强。在技术组织体系建设方面，专业标准化技术组织负责在特定领域组织标准起草、编制和推广。在标准化科研方面，我国逐步建立了国家、行业和地方标准化科研机构，围绕农业、工业、服务业等产业领域和标准化自身发展需求，开展标准化科研活动。

钢铁行业的标准化工作在这一阶段也取得了突破性进展。具体表现在如下三个方面。

（1）管理体制逐步完善，标准化工作日趋规范。这一阶段，我国的标准化管理机构陆续建立，标准化管理制度逐步完善，钢铁行业标准化工作的组织与发展也日趋规范。1979 年，《全国专业标准化技术委员会工作简则（试行）》发布，开始组建专业标准化技术委员会。冶金情报标准总所的情报与标准分开，标准部分单独成立“冶金工业部标准化研究所”；1990 年，冶金工业部发布《冶金工业标准化管理办法（试行）》，规定冶金情报标准总所为钢铁、基本原材料标准化技术归口单位；1991 年，全国钢标准化技术委员会（TC 183）（简称全国钢标委）成立，开始按技术委员会管理模式组织钢铁领域标准制修订工作，秘书处挂靠在冶金工业部情报标准研究总所；2007 年全国铁矿石与直接还原铁标准化技术委员会（TC 317）、全国生铁及铁合金标准化技术委员会（TC 318）成立，秘书处设在冶金工业信息标准研究院（简称“信息标准院”）。

（2）标准实现全流程覆盖，标准体系雏形初现。伴随全国钢标委、全国耐火材料标准化技术委员会（TC 193）、全国标准样品技术委员会冶金标准样品分技术委员会（TC 118/SC 2）、全国铁矿石与直接还原铁标准化技术委员会（TC 317）和全国生铁及铁合金标准化技术委员会（TC 318）的先后成立，钢铁领域的标准化工作已经实现对钢铁行业流程的全面覆盖，钢铁标准化体系初现雏形。

（3）从跟跑到并跑，国际标准工作取得突破。1980 年钢铁行业组团参加 ISO/TC 17 相关分委会会议，开启了中国钢铁国际标准化工作的光辉历程。1981 年，我国牵头制定的首个国际标准《粉末冶金测氧方法》（ISO 4493：1981）发布。1984 年，我国采用国际标准工作会议首次召开，发布了《采用国际标准管理办法》。随后，我国钢铁行业于 1993 年、2003 年、2004 年、2006 年、2008 年、2010 年先后承担 ISO/TC 17/SC 17 盘条与钢丝、ISO/TC 17/SC 15 钢轨及其紧固件、ISO/TC 132 铁矿石、ISO/TC 5 黑色金属管和金属配件、ISO/TC 156 金属和合金腐蚀及 ISO/TC 105 钢丝绳 6 个国际秘书处，在国际标准研制方面不断取得新进展，同时也极大地促进了我国钢铁行业对国际标准化活动的深入参与。

第三章　全面提升阶段

党的十八大（2012年）以来，我国标准化事业的发展进入全面提升阶段。一是标准化地位更加突出。2021年10月，中共中央、国务院印发《国家标准化发展纲要》，将标准化工作上升到新的高度，标准化工作被纳入党和国家的重点工作，摆到了更加突出的位置。二是标准化改革不断深化。2015年，中央全面深化改革委员会办公室将标准化工作改革纳入重点工作，国务院出台《深化标准化工作改革方案》，并通过三阶段行动计划将其落地，取得了显著成效。三是新型标准体系初步构建。我国新型标准体系兼收并蓄、扬长避短，在通过技术委员会组织制定政府颁布标准方面，与欧盟类似；在通过社会组织自主制定团体标准方面，同美国相近。四是国际标准化工作取得进一步突破。党的十八大以来，我国积极履行作为国际标准化组织成员的义务，参与国际标准化工作的力度不断加大，成效更为显著。五是标准化技术力量不断增强。目前，我国全国专业标准化技术组织由专业标准化技术委员会（TC）、分技术委员会（SC）和标准化工作组（WG）构成，这些技术组织由具有广泛性和代表性的委员组成，为标准化事业提供了重要支撑。

同样地，党的十八大以来，中国钢铁行业的标准化工作也步入全面提升阶段，呈现的特点与国家标准化事业发展基本相同，具体如下。

（1）地位更为突出，引领作用更为凸显。标准作为钢铁工业组织现代化生产和科学管理的重要手段，在促进钢铁工业高质量、绿色低碳发展方面发挥了更为重要的技术支撑和引领作用。例如，“十三五”期间，全国钢标委以源头化、减量化、资源化为原则，紧密围绕钢铁产品质量提升、淘汰落后、促进钢铁工业绿色转型升级，重点研制了200余项钢产品、资源综合利用、节能、节水相关标准，带动了产品升级换代，推动了节能减排、冶金固废综合利用新技术、新工艺的应用，在化解过剩产能、淘汰落后的过程中发挥了重要的门槛作用，促进了钢铁工业结构调整，为实现绿色发展提供了有效保障。

（2）改革不断深化，新型标准体系重新构建。依据国家相关政策，钢铁行业以创新为牵引，持续深化标准化工作改革。2021 年，全国钢标委作为试点单位，按照《国家标准体系优化试点工作方案》的要求，着力构建新型钢铁行业标准体系，为以先进标准进一步引领钢铁行业高质量发展奠定了坚实基础。目前，我国钢铁标准体系已经呈现出“二元”结构特征：一是由政府颁布的标准，包括国家标准、行业标准、地方标准；二是由市场自主制定的标准，包括团体标准和企业标准。钢铁行业聚焦制约发展的热点、难点问题，积极开展各层级标准研制，特别是在先进性团体标准、新材料、绿色低碳和智能制造标准化方面开展了大量工作，引领了钢铁行业的创新发展。

（3）国际标准工作不断突破，支撑行业“走出去”。党的十八大以来，我国钢铁国际标准化工作再启新程、再谱华章。2013 年，时任鞍钢集团总经理张晓刚当选 ISO 主席（任期 2015—2017 年），这是中国人首次担任 ISO 国际组织的最高领导职务，成为我国钢铁标准化事业的一个里程碑。这一时期，我国钢铁国际标准化工作从积极采用向牵头制定转变，同时积极制定标准外文版，贯彻落实《标准联通共建“一带一路”行动计划（2018—2020 年）》，推动中国标准“走出去”。截至 2022 年 12 月底，我国钢铁行业累计牵头制修订国际标准 90 余项，约占全国国际标准发布量的 10%；累计发布外文版标准 132 项（含 1 项俄文版）。我国钢铁国际标准化工作的一系列重大突破，不仅为我国钢铁企业参与国际标准化提供了更广阔的平台，而且有力支撑了我国钢铁行业、企业参与国际竞争，赢得国际话语权，积极贡献中国钢铁智慧和方案。

成果篇

第四章　加强顶层设计　做好标准体系规划

标准体系建设是推动行业健康发展的重要引擎。标准体系是一定范围内的标准（包含现有、应有和预计制定标准）按其内在联系形成的科学的有机整体，其主要作用是为实现该范围内特定时期的标准化目标服务。根据不同时期国家发展战略的需要，钢铁行业于1982年、1993年、2005年、2012年和2016年先后编制了五版钢铁标准体系。

第一节　1982版钢铁标准体系

1982版钢铁标准体系（第一版）以采用国际标准和国外先进标准为主线，主要以满足国内国外两个市场需求为目标，开启了我国钢铁标准体系建设的征程。

一、建设背景

从20世纪50年代到70年代末，我国并未结合自身实际对钢铁标准体系进行总体研究和设计，也没有系统规划标准研制项目，而是有什么产品订什么标准，要什么标准订什么标准。为解决这一问题，1980年业内开始着手编制钢铁标准体系。当时改革开放全面展开，国家的工作重心已转移到经济建设上来。为了缩短与国外产品质量的差距，加速提高产品质量，国家将采用国际标准和国外先进标准作为一项重要的技术政策，冶金工业部将此作为促进钢铁工业发展的五项战略举措之一，开始实施跟踪ISO/IEC国际标准和国外先进国家标准，建立我国钢铁标准体系，实现与国际接轨。

二、主要内容

“六五”期间，冶金情报标准总所从顶层设计抓起：

(1) 认真整顿现行国家标准和部颁标准，针对现有标准的问题，抓好标准体系的基本建设；

（2）向国外先进标准靠拢，尽快采用国际标准和国外先进标准制定国家标准，填补国内空白；

（3）认真处理好三个关系，即国家标准与部颁标准的关系、新标准与旧标准的关系、有标准与无标准（包括配套）的关系。

按照“认真研究、积极采用、区别对待、齐全配套、分期分批”的方针，组织企业、院所有关专家，通过对我国与国外钢铁标准体系的全面对比分析，于1982年提出了一个适合我国当时经济发展的钢铁标准体系，这是我国第一版钢铁标准体系（见表4-1），体系内总体规划为1974项标准。

表4-1 1982版钢铁标准体系简表

分类体系	标准类别	现有标准/项	待定标准/项
钢铁产品	通用基础标准	1	4
	废钢铁	3	0
	生铁	5	2
	铁合金	23	5
	钢	320	246
	特殊合金	60	49
	锻铸钢铁制品	6	1
	通用钢材形状尺寸	22	8
	小　计	446	315
焦化产品	通用基础标准	0	4
	焦炭	11	1
	炼焦副产品	62	28
	小　计	73	33
耐火材料	通用基础标准	21	10
	耐火原料	1	0
	致密定形耐火制品	28	9
	定形隔热耐火制品	3	3
	不定性耐火材料	16	8
	耐火纤维	6	5
	耐火砖形状尺寸	7	0
	小　计	82	35

续表 4-1

分类体系	标准类别	现有标准/项	待定标准/项
炭素材料	通用基础标准	27	4
	石墨制品	12	0
	炭制品	13	2
	小　计	113	31
分析方法	基础标准	4	11
	制样方法	1	3
	分析方法	424	32
	小　计	429	46
金属物理性能检验	金属工艺性能检验方法	19	16
	金属力学性能检验方法	22	18
	金属化学性能检验方法	6	33
	金属物理性能检验方法	46	114
	金属无损检验方法	5	32
	金相检验方法	18	42
	小　计	116	255
合　　计		1259	715

三、主要成效

1982 版钢铁标准体系表的编制与实施，为“六五”和“七五”期间钢铁标准制修订工作做出了系统规划。按照“先易后难、急用先行”的工作原则，“六五”期间，重点开展了某些重要用途标准，如出口量较大的造船板标准，以及急需填平补齐标准的制修订工作，标准制修订速度明显加快，共完成 621 项钢铁标准的制修订，平均年制修订 124 项，较历史上年均制修订数量最高的“五五”期间翻了一番。到 1985 年底，钢铁标准总数为 1076 项，98%以上钢铁产品做到了有标可依，初步形成了符合我国国情的以国家标准为主的钢铁标准体系。五年来共采用国际国外标准 342 项，占标准总数的 32%，达到国外先进水平的标准 475 项，占标准总数的 44%；钢铁标准水平显著提升的同时，促进了技术进步和产品质量的提高，取得较好的经济效益。例如，造船用结构钢标准，由于参照英国、美国、日本和西德劳氏船规，标准水平达到国际先进水平，取得了英国、日本、法国和西德的认证，保证了我国生产的造船用结构钢板获得出口船舶的许可证。由于减少进口造船钢板，每年可节约外汇约 1 亿美元。

“七五”期间，重点加强了基础和试验方法的制修订工作，为开展国内外技术交流和贸易发展奠定了坚实基础。到“七五”末，钢铁产品标准总数为1638项，超过“七五”规划中1500项的指标，其中国家标准1268项，专业标准46项，部颁标准324项；达到国际一般水平的有858项，占标准总数的52.4%；达到国际先进水平的有222项，占标准总数的13.6%；采用国际标准和国外先进标准率（“双采”率）为66%，超过“七五”规划中50%~60%的指标。例如，《钢分类》（GB 13304—91）标准的实施，为统一钢产品的分类、定价提供了科学依据，极大地满足了国际贸易发展的需要。再如，《金属平均晶粒度测定方法》（GB 6394—86）标准摒弃了本质晶粒度，实现了与国际标准接轨。

到“七五”末，经国家技术监督局批准的国家级钢铁标准样品202个，占国家级标准样品的35.94%。我国钢铁标准样品质量得到国际标准化组织标准样品委员会（ISO/REMCO）的肯定，被誉为世界10个标准样品技术水平领先国家之一。

第二节　1993版钢铁标准体系

1993版钢铁标准体系（第二版）以标准属性和分类为主线，以建立中国特色的社会主义市场经济体制为指引，基本建立了以推荐性标准为主体的标准体系，为我国顺利加入WTO提供了基本保证。

一、建设背景

全国第四次采用国际标准会议明确提出“标准功能的侧重点要从为组织生产的需要转变为国内国际市场的需要，为形成统一、开放、竞争、有序的大市场服务”。1991—1993年冶金情报标准总所在原国家技术监督局和冶金工业部的统一安排和部署下，组织对现行标准（包括GB、GBn、YB、YBn、YB/Z、ZB）进行清理整顿的同时，进行国家标准和行业标准、强制性标准与推荐性标准两个划分，以此为基础形成了第二版钢铁标准体系。

二、主要内容

第二版钢铁标准体系的主要内容及特点如下。

（1）依据《标准体系表编制原则和要求》（GB 13016—91）的规定编制，首次考虑了层次与“专业”安排的合理性，分为四个层次，具体如图4-1所示。在这个体系内，标准项目不是简单地叠加，也不是孤立存在的，而是具有结构化的内在联系，从而基本建立层次分明、专业配套、种类齐全的标准体系，保证了钢铁标准体系与全国标准体系的衔接与配套，见表 4-2。

（2）体现了 1991—1993 年标准清理整顿的成果。

（3）考虑了采用国际标准的情况，特别是基础标准，主要参考 ISO 体系，为空缺预留空位，力争和国际标准体系接轨，如钢产品一般交货技术条件（ISO 404）等。

（4）考虑了钢铁新技术、新产品的未来发展。例如，钢的化学分析方法列入了红外定碳法，高强度钢产品标准列入高强度钢等牌号。

表 4-2　1993 版钢铁标准体系统计表

专业		现有标准/项			应有标准/项		
		国标	行标	小计	国标	行标	小计
钢铁产品	铁	12	0	12	10	2	12
	铁合金	29	2	31	24	7	31
	钢产品基础通用	26	4	30	29	0	29
	钢坯	6	10	16	0	12	12
	型钢	16	23	39	57	16	73
	钢板钢带	77	15	92	59	14	73
	钢管	11	1	12	11	1	12
	铁管	11	1	12	11	1	12
	钢丝	57	13	70	47	7	54
	钢丝绳及制品	24	2	26	22	6	28
	特殊合金	71	3	74	59	6	65
钢铁产品试验方法	物理试验方法	153	7	160	140	15	155
	化学试验方法	238	5	243	238	5	243
矿及原辅料	矿产品	120	31	151	104	123	227
	焦化产品	127	10	137	60	47	107
	耐火材料	136	53	189	137	36	173
	炭素材料	45	24	69	52	34	86
总　计		1240	238	1478	1087	333	1420

注：此表数字不含军工标准和优质优价推荐标准数。

三、主要成效

到“八五”末，经过清理整顿，98%的钢铁标准被划为推荐性标准。但强制性标准改成推荐性标准只是性质发生变化，其体系结构及内容的模式仍是在计划经济体制下形成的，已不适应我国经济体制和经济增长方式两个根

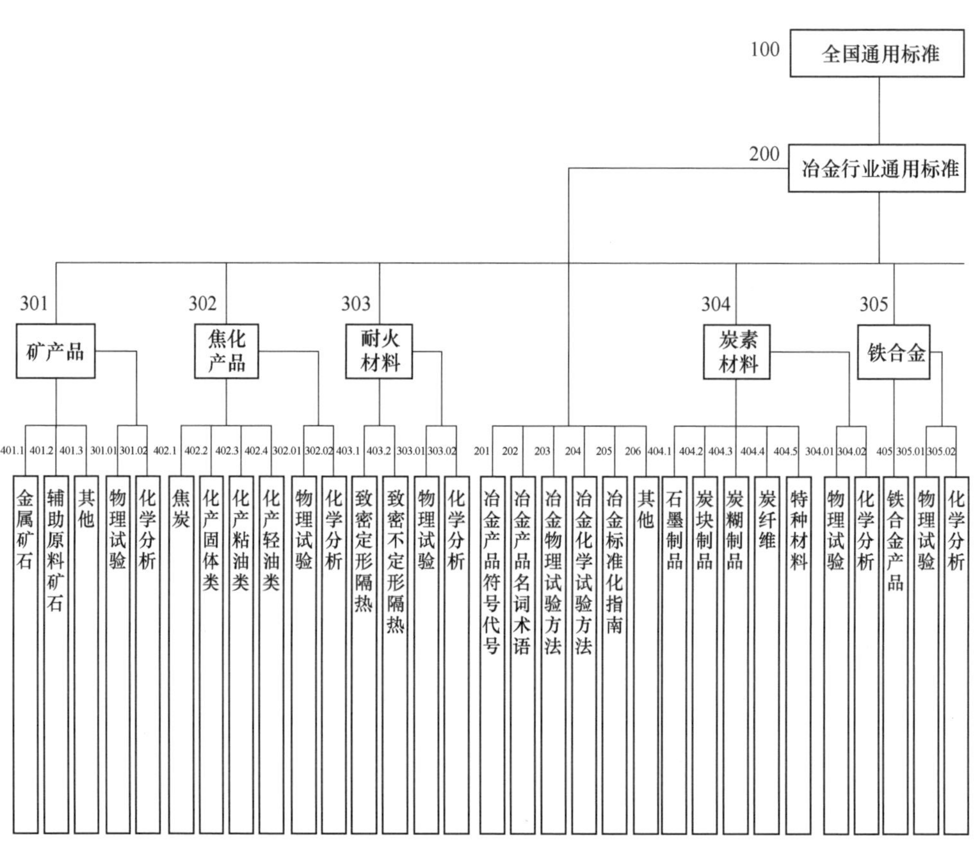
100 全国通用标准
200 冶金行业通用标准
301 矿产品
302 焦化产品
303 耐火材料
304 炭素材料
305 铁合金
401.1 金属矿石
401.2 辅助原料矿石
401.3 其他
301.01 物理试验
301.02 化学分析
402.1 焦炭
402.2 化产固体类
402.3 化产粘油类
402.4 化产轻油类
302.01 物理试验
302.02 化学分析
403.1 致密定形隔热
403.2 致密不定形隔热
303.01 物理试验
303.02 化学分析
201 冶金产品符号代号
202 冶金产品名词术语
203 冶金物理试验方法
204 冶金化学试验方法
205 冶金标准化指南
206 其他
404.1 石墨制品
404.2 炭块制品
404.3 炭糊制品
404.4 炭纤维
404.5 特种材料
304.01 物理试验
304.02 化学分析
405 铁合金产品
305.01 物理试验
305.02 化学分析

图4-1 1993版钢铁

相关标准

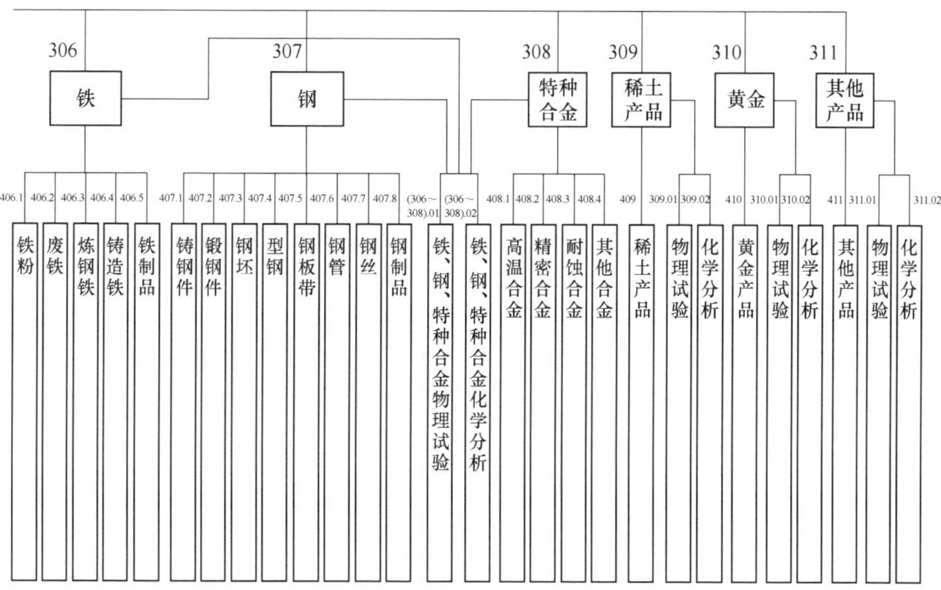
306
铁
307
钢
308
特种合金
309
稀土产品
310
黄金
311
其他产品
406.1
406.2
406.3
406.4
406.5
407.1
407.2
407.3
407.4
407.5
407.6
407.7
407.8
(306～308).01
(306～308).02
408.1
408.2
408.3
408.4
409
309.01
309.02
410
310.01
310.02
411
311.01
311.02
铁粉
废铁
炼钢铁
铸造铁
铁制品
铸钢件
锻钢件
钢坯
型钢
钢板带
钢管
钢丝
钢制品
铁、钢、特种合金物理试验
铁、钢、特种合金化学分析
高温合金
精密合金
耐蚀合金
其他合金
稀土产品
物理试验
化学分析
黄金产品
物理试验
化学分析
其他产品
物理试验
化学分析

标准体系总体框架图

本性转变的需要。1996 年 7 月，冶金工业部以冶质〔1996〕354 号文件印发了《关于钢标准改革要点通知》，开启了三年（1996—1999 年）标准结构和内容的改革。从此，钢铁标准的结构和内容逐步从计划经济体制下的“生产型”向市场经济体制下的“贸易型”转变。

2001 年，在国家技术监督局的统一安排下，开展了“采用国际标准”的专项行动，基础标准和方法标准应采尽采，且尽可能等同采用，力争和国际标准体系接轨。通过对钢铁行业归口的 697 项国际标准情况进行认真分析和研究，摸清了我国当时尚未采用的国际标准的全面情况，提出了 2002—2006 年拟转化国际标准的国家标准计划；对 27 项强制性国家标准做了进一步清理，其中划分为全文强制的 22 项、条文强制的 5 项，使我国标准体系和属性划分与国际惯例一致。同时，对 13 项强制性行业标准也做了进一步清理。

经过上述标准清理整顿与改革，以及 1993 版钢铁标准体系的实施，不仅使标准性质从强制性标准转向推荐性标准，也使标准的结构和内容逐步从生产型标准向贸易型标准转变，同时在充实完善基础标准、提高标准的通用性、加大采用国际标准力度等方面均取得初步效果。主要体现在以下四个方面。

（1）标准的体系结构向合理、协调的方面转化，并逐步与国际接轨。主要表现在：1）基础标准已得到充实、完善，从占比约 5%提高到约 9%，接近或达到国外先进水平；2）通过合并、补充或废止，标准的通用性提高，达到压缩标准数量的目标；3）标龄总体缩短，标准的有效性和适应性增强。

（2）标准内容更适应市场经济的发展，更有助于政府的宏观管理。通过采用国际标准和国外先进标准，开始对标准中某些过细、过死的内容进行调整，不搞“一刀切”。同时，在标准内容上注重为政府职责服务（如实行宏观管理和政策引导），对于产业政策加以限制的落后生产能力，在标准中给予取缔或加以限制，提高产品的市场准入门槛，倒逼钢铁工业装备和工艺更新、产品升级换代。

（3）加强了采用国际标准的力度，进一步规范了采标方法。在采标模式上由原来的“认真研究、区别对待、积极采用”改为“直接采用-实践检验-补充修订”；采标顺序首先是 ISO，其次是国外团体标准或先进国家标准，基础与方法标准以采用 ISO 为主，采标对象更加集中、明确。在采标程度上更实事求是，结合国情，能等同的等同，不能等同的就等效或非等效。

（4）标准编写格式、结构、分类逐步与国际接轨。在钢铁标准化改革中，全国钢标委（TC 183）陆续发布了《钢的国家标准、行业标准年度计划编制程序及要求》《钢的国家标准、行业标准编制说明书编写要求》等8个规范，加强对《标准化工作导则　第1单元：标准的起草与表述规则　第1部分：标准编写的基本规定》（GB/T 1.1—1993）和《冶金标准编写的基本规定》（YB/T 080—1996）的宣贯、培训，把标准编写和标准的技术审核结合起来，使标准编写质量大幅提高，并开始采用ICS分类，为与国际接轨创造了有利条件。

截至2004年底，钢铁标准总数为2038项，其中国家标准1059项，行业标准979项。采用国际标准和国外先进标准总数为911项（ISO为296项），采标率为44.7%（ISO为14.5%），其中钢产品标准采标数为389项（ISO为151项），采标率为59.4%（ISO为23.1%）。通过采标，标准的整体水平明显提高，达到国外先进水平的为18.5%，国际一般水平的为63%。基本建立起了包括钢铁、耐火、焦化、炭素、铁合金、矿石、冶金机电、冶金地质及工程建设等专业构成的结构合理化、水平先进化的钢铁技术标准体系。

第三节　2005版钢铁标准体系

2005版钢铁标准体系（第三版）依托“十一五”钢铁行业标准化发展规划，以走新型工业化发展道路为主线，以构建符合世贸规则、适应钢铁工业转型发展为目标，建立层次分明、结构合理、专业配套、重点突出的标准体系，为推动我国钢铁工业由数量规模向质量效益转变做出了应有贡献。

一、建设背景

随着钢铁工业新型工业化进程的快速推进，需要进一步健全标准体系，以便适应社会主义市场经济的发展和国内外两个市场的需求。依据《标准化“十一五”发展规划》《钢铁产业发展政策》和《钢铁工业中长期发展规划》精神，按照国家发展和改革委员会的要求，由中国钢铁工业协会牵头，信息标准院具体负责，编制了《“十一五”钢铁行业标准化发展规划》，其目的是构建符合世贸规则、适应钢铁工业转型发展、满足国内国外两个市场需求的钢铁标准体系，从而促进钢铁工业结构调整，发展循环经济，走持续、快速、健康发展的新型工业化道路。

二、主要内容

《“十一五”钢铁行业标准化发展规划》共分五部分：第一部分为钢铁标

准化发展现状。第二部分为钢铁标准化发展机遇和面临的挑战。第三部分为指导思想、基本原则和主要目标。第四部分为主要任务、重点领域和重点项目。包括矿产资源和钢产品领域，标准制修订重点项目共580项，其中国家标准408项，行业标准172项；资源节约与综合利用领域，标准制修订重点项目120项，其中国家标准90项，行业标准31项；标准样品研复制重点项目约50项。第五部分为主要措施和建议。

三、主要成效

通过实施《“十一五”钢铁行业标准化发展规划》，充分发挥了钢铁标准化在指导钢铁生产、实施产业政策、规范市场秩序中的技术支撑作用，标准化的基础性、战略性地位显著增强。主要体现在以下六个方面。

（一）坚持进行标准体系结构和内容的改革

控制数量，注重质量，缩短标龄，优化结构。通过采用合并、转化、淘汰、增补等方法废止106项、制定222项、修订330项标准，对现有体系进行了调整、改造。例如，参照ISO/TC 17/SC 12制定的29个板带产品标准，改造现有标准，以板带使用特性为主线，建立以热轧和冷轧两个系列的低碳钢钢板钢带、结构用钢板钢带、高强度改善成型钢板钢带等标准构成的新的标准体系，实现与国际接轨。再如，配合钢铁产业结构调整，产品升级换代，取消了窄带钢标准，淘汰了200系不锈钢牌号；将38kg/m（GB/T 183）、43kg/m（GB/T 182）、50kg/m（GB/T 181）与GB/T 2585标准进行整合，并纳入了60kg/m以上高速重载钢轨；修订了易切削钢、渗碳轴承钢、高碳铬不锈轴承钢、工模具钢、合金弹簧钢、船体用钢、建筑用钢、桥梁用钢、管线用钢、锅炉压力容器用钢、电工用钢等标准，纳入新产品，提升标准水平，适应下游产业发展需要；制定了预应力混凝土用钢棒、钢丝和钢绞线等PC产品系列标准与预应力混凝土用钢试验方法，加强了产品标准与方法标准间的协同发展等。

（二）国际标准化工作取得历史性突破

“九五”以后，在人才、专利和技术标准“三大战略”的支持下，钢铁领域的国际标准工作不断迈向新高度。自1993年冶金部承担了第一个产品国际秘书处——ISO/TC 17/SC 17盘条与钢丝分技术委员会秘书处工作后，我国又相继承担了ISO/TC 17/SC 15钢/钢轨及其紧固件（2002年）、ISO/

TC 132 铁合金（2004 年）、ISO/TC 5 黑色金属管和金属配件（2006 年）、ISO/TC 156 金属和合金的腐蚀（2008 年）、ISO/TC 105 钢丝绳（2010 年）等共 4 个 TC 和 2 个 SC 的国际秘书处及 ISO/TC 229/WG 4 国际纳米技术标准化委员会纳米材料工作组（2008 年）等 4 个工作组召集人的工作；提出新工作项目 21 项，作为召集人主持制修订国际标准 11 项，作为专家参加国际标准的制修订 100 多项，实现了国际标准和国家标准的“双向接轨”。

（三）完善基础标准，提升标准的通用性

制定了《钢及钢产品术语》《钢产品表面质量的一般规定》《不锈钢和耐热钢牌号和化学成分》《生铁的定义和分类》《铁矿石 X 荧光光谱》和《ICP 光谱分析方法》等标准，基础标准数量不断增加，标准通用性不断增强。

（四）提升标准科技含量与水平，促进先进科技成果转化

配合国家科技基础平台技术标准体系的建设，开展了《汽车用高强度冷连轧钢板及钢带　第 1 部分：烘烤硬化钢》等 25 项重要高新技术和高新材料标准的研究制定工作，优先将自主创新的技术和产品融入标准，推进钢铁科研成果和先进技术迅速转化为市场技术和批量产品，在提高钢铁工业的科技创新能力和产品科技含量服务的同时，也提升标准科技含量和整体水平，增强了钢铁产品在国内国外两个市场上的竞争力。

（五）建立钢铁行业资源节约与综合利用标准体系

配合钢铁工业“走新型工业化发展道路，按照循环经济理念，提高环境保护和综合利用水平，节约能源，降低消耗，促进可持续发展”的要求，这一时期重点开展了资源节约与综合利用的标准制修订项目 121 项（其中国家标准 90 项、行业标准 31 项），逐步建立起钢铁行业资源节约与综合利用标准体系，为建设科技创新型、资源节约型、环境友好型的钢铁工业提供技术支撑。

（六）标样研制取得进展，支撑作用更为显现

配合重要技术标准试验验证的符合性测试体系的建设，建立了我国冶金标准样品体系，共有 1600 多个牌号，其中生铁、铸铁、非合金钢和低合金钢四大类标准样品有 900 多个牌号，占比约 57%，合金钢类标准样品有 200 多个牌号，占比约 13%。在扩大销售量大的碳钢、中低合金钢、不锈钢、生

铸铁类样品的研制和复制的基础上，重点开发了仪器标准样品。

截至2010年底，钢铁技术标准总数为1974项，国家标准1120项，行业标准854项，其中强制性标准33项（其中国家标准24项、行业标准9项）；采用ISO标准的占比由14.5%提高到67.5%（相关联采标率）；达到国际先进水平的标准占比由18.5%增加到40%。总体来说，建立起了满足社会主义市场经济发展需求的结构完善、门类齐全、科学合理的标准化体系，见表4-3。

表4-3 2005版钢铁标准体系统计表

专业类别	国家标准/项	行业标准/项	合计/项
钢（包括焦化、炭素）	651	260	911
铁矿石	93	2	95
铁合金（包括生铁）	176	96	272
耐火材料	59	102	161
冶金机电	13	113	126
工程建设	0	70	70
其他标准	128	211	339
合 计	1120	854	1974

第四节 2012版钢铁标准体系

“十二五”时期是钢铁行业深化供给侧结构性改革、加快转变经济发展方式的关键时期，也是实施标准化战略、提升标准化水平、服务科学发展的重要时期。这一时期建立起的钢铁标准体系，以化解产能过剩为主线，以支撑供给侧结构性改革、引领高质量发展为目标，实现了技术标准与管理标准融合发展的标准体系。

一、建设背景

围绕《钢铁工业“十二五”发展规划》《新材料产业“十二五”发展规划》《钢铁产业调整与振兴规划》等重点工作，按照控总量、保市场、调结构、促发展的总要求，2010年信息标准院参与了国家标准化管理委员会（简称“国标委”）组织的《标准化事业发展“十二五”发展规划（钢铁行业）》的编制，其目的是深入贯彻落实科学发展观，服务于钢铁行业由数量规模向质量效益转变的发展方式，科学谋划重点领域、重点项目；充分发挥标准化在结构调整、产业升级、技术创新中的基础性和引领性作用，更好地促进钢铁行业可持续、健康发展。

二、主要内容

2012 年，按照《工业和通信业“十二五”技术标准体系建设方案》要求，基于《标准化事业发展“十二五”规划（钢铁行业）》，负责编制了《钢铁行业标准体系建设方案》，明确了“十二五”钢铁行业标准体系框架（见图 4-2）及后三年的标准制修订项目。

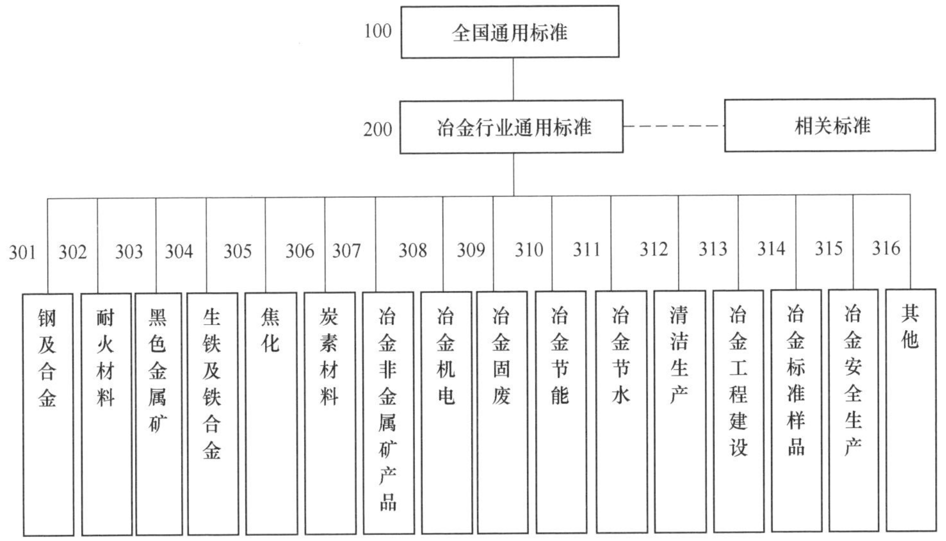

图 4-2 “十二五”钢铁行业标准体系框架

2013 年，国务院颁布了《关于化解产能严重过剩矛盾的指导意见》（国发〔2013〕41 号）、《关于加快发展节能环保产业的意见》，国标委和工业和信息化部（简称“工信部”）随即先后启动了《化解产能过剩标准专项三年行动计划》《新材料产业标准化工作三年行动计划》。按照国标委及工信部的部署和要求，信息标准院负责编写了钢铁行业“化解产能过剩标准专项”三年（2014—2016 年）行动计划和新材料产业标准化工作三年（2014—2016 年）行动计划，前者包括市场准入和产业升级两类，涉及热轧钢筋、电工钢、船舶用钢、钢结构用钢及节能环保等标准项目，为钢铁工业淘汰落后、化解产能过剩提供技术支撑；后者包括节镍型不锈钢和核电用钢两大标准综合体，以标准促进钢铁工业转型升级为主线，支撑并保障国民经济重大工程建设和国防科技工业发展。

上述文件成为“十二五”时期钢铁行业标准体系建设和编制年度标准制修订项目的重要依据。

三、主要成效

截至“十二五”末，钢铁行业已经构建起一套面向需求、重点突出、结构合理的技术标准体系（见表 4-4 和表 4-5），标准总数共有 2078 项，其中国家标准 1171 项，行业标准 868 项；标准覆盖面不断拓宽到清洁生产、安全生产、新材料等领域，形成以标准为准绳促进钢铁工业方方面面的规范化发展的新格局。以节能减排标准化为例，“十二五”期间开展了钢铁尘泥转底炉法环保处理应用及系列标准研究与制定，促进了钢铁尘泥转底炉处理系统在国内的推广和技术进步，焦炉煤气单耗由 2011 年最高的 10. 86GJ/t 金属球逐步下降到 2015 年的 7. 52GJ/t 金属球，有力促进了区域资源综合利用目标实现。

表 4-4 “十二五”末钢铁标准体系统计表 （项）

专业类别	国家标准	行业标准	合 计
钢	597	268	877
焦化	66	52	118
炭素	24	53	77
非金属矿	23	48	71
铁矿石、锰矿	134	5	139
铁合金（包括生铁）	140	114	254
耐火材料	69	101	170
冶金机电	14	121	162
工程建设	22	36	58
安全	61	14	75
节能与综合利用	21	56	77
合 计	1171	868	2078

表 4-5 “十二五”末钢铁标准标龄情况统计表

<table>
<tr><td rowspan="4">平均标龄</td><td colspan="4">国家标准标龄</td><td colspan="4">行业标准标龄</td></tr>
<tr><td rowspan="3">平均标龄</td><td>5 年内</td><td>6~10 年</td><td>10 年以上</td><td rowspan="3">平均标龄</td><td>5 年内</td><td>6~10 年</td><td>10 年以上</td></tr>
<tr><td colspan="3">占比</td><td colspan="3">占比</td></tr>
<tr><td>44%</td><td>40%</td><td>16%</td><td>57%</td><td>19%</td><td>24%</td></tr>
<tr><td>7. 5 年</td><td>8 年</td><td>517 项</td><td>635 项</td><td>238 项</td><td>7. 1 年</td><td>552 项</td><td>523 项</td><td>232 项</td></tr>
</table>

标准样品发展方面，“十二五”期间，共研制冶金标准样品158项；其中，国家标准样品69项，行业标准样品89项，支撑了文字标准的有效实施和产品质量的可靠稳定。工信部批准冶金标准样品定点研制单位26家，定点销售单位17家，构成分布在全国范围内的研制和销售网络，并且根据实际需求，开展进出口贸易和业务，满足了冶金标准样品的有效供给，与文字标准共同构成了支撑我国钢铁工业高质量发展的标准体系。

第五节　2016版钢铁标准体系

2016版钢铁标准体系（第五版），以落实标准化改革为主线，以高质量发展为目标，构建了覆盖钢铁行业全域和钢铁产品全寿命周期的标准体系，内容更全，质量更优，引领钢铁行业发展作用更为凸显。

一、建设背景

2016年是标准化改革全面推进之年，也是“十三五”的开局之年。这一年，由中国钢铁工业协会牵头，信息标准院负责落实，按照《工业和通信业“十三五”技术标准体系建设方案》《钢铁工业调整升级规划（2016—2020年）》要求，以全面深化标准化改革为契机，以深入推进供给侧结构性改革、实施《中国制造2025》的需要为主线，以《国家标准化体系建设发展规划（2016—2020年）》为指导，以贯彻落实《国务院关于化解产能严重过剩矛盾的指导意见》、提升高端产品制造水平为目标，编制了《黑色钢铁行业“十三五”技术标准体系建设方案》。

二、主要内容

2016版钢铁标准体系的主要特点如下。

（1）构建适应新时代发展需要的新型标准体系。该体系更加注重标准化顶层设计，更加注重标准体系结构改革，更加注重支撑高质量发展，更加注重全方位对外开放。在统筹兼顾现有标准体系的基础上，围绕产业生态链部署标准体系建设，标准覆盖面拓宽到冶金节材、冶金绿色制造、冶金两化融合、冶金物流等专业领域（见图4-3），着力构建科学先进、结构合理、融合开放的新型标准体系（以钢及合金标准体系为例，见图4-4），以提升标准对产业生态系统的整体支撑和引领作用。

（2）充分体现强标精简、推标优化成果。标准体系中纳入了2015—

2016 年强制性标准整合精简和推荐性标准集中复审的结果，持续推进化解产能过剩的标准制修订工作，不断优化标准体系的有效性和时效性。

（3）系统管理、重点突破、整体提升。围绕《中国制造 2025》和《新材料产业发展指南》发展需要，在新材料、质量提升、节能减排、资源综合利用、绿色制造等重点领域，统筹规划重点标准项目 186 项，着力解决当前影响产业发展的急需标准，以标准迭代升级促进重点工程和重点装备制造国产化进程。

（4）持续提升国际化水平。在持续推进国际标准转化的同时，结合“一带一路”建设提出 73 项国家标准外文版的计划，为在援外项目、对外承包工程和对外投资项目中广泛应用中国标准提供重要技术支撑。

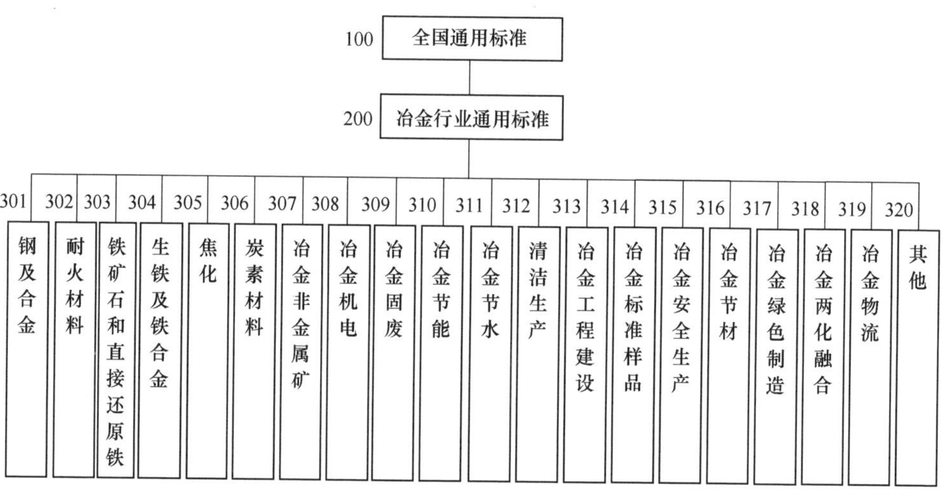

图 4-3 “十三五”时期黑色钢铁行业标准体系框架

三、主要成就

“十三五”时期，标准化改革工作与标准体系建设工作协同推进，相得益彰，紧紧围绕钢铁行业“深入推进供给侧结构性改革，坚持绿色发展，努力提高钢铁行业运行的质量和效益”的总体目标，钢铁标准化工作取得了新成效，实现了新突破，主要体现在以下几个方面。

（一）标准化改革不断深化落实

第一，按照“一个市场、一条底线、一个标准”的原则，钢铁行业 43 项强制性标准（国家标准 36 项、行业标准 7 项）和 14 项强制性标准计划

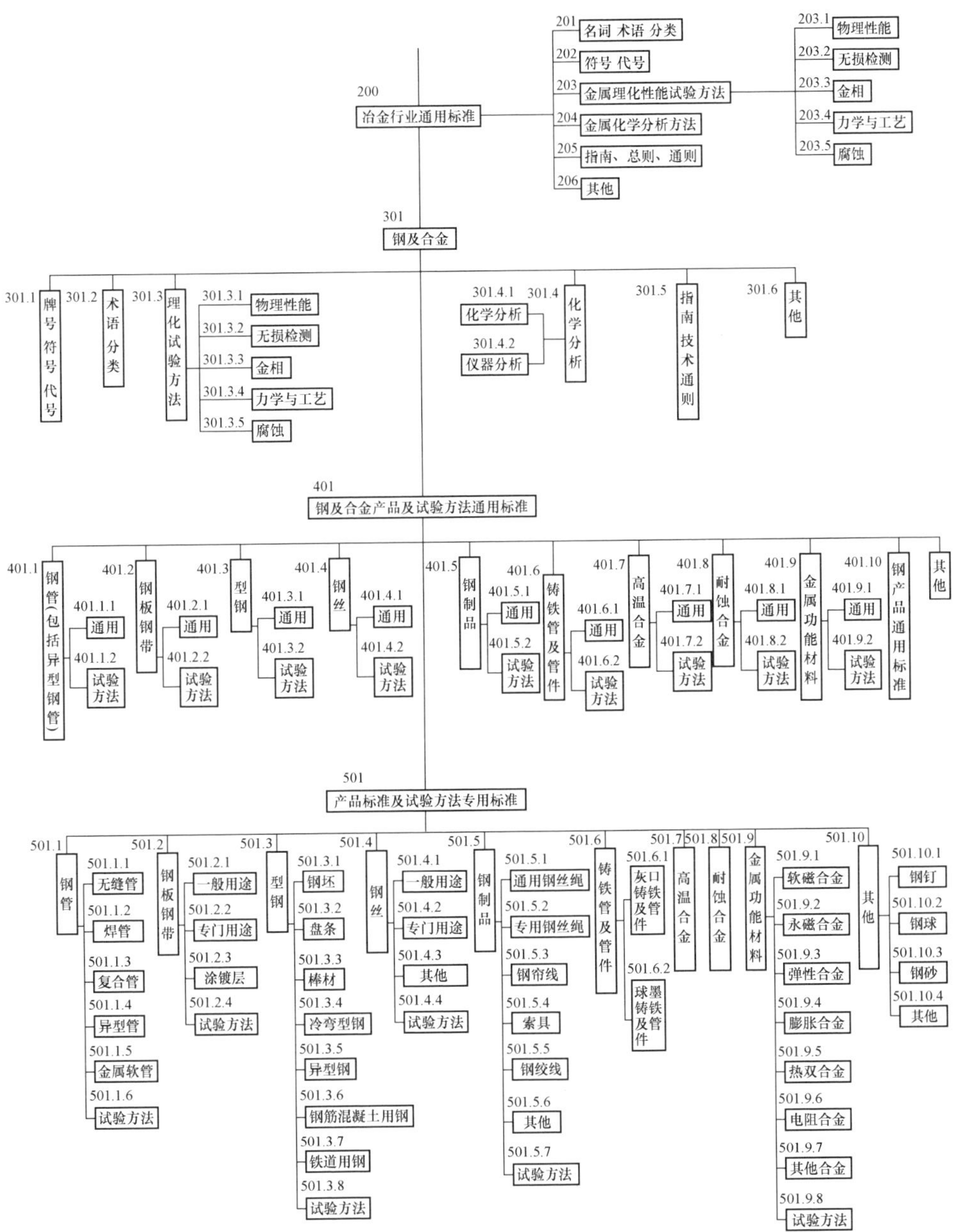

图 4-4　钢及合金体系框架

(国家标准 7、行业标准 7 项) 全部转化为推荐性标准，至此，钢铁行业已经全面取消了强制性标准。

第二，优化完善推荐性标准。例如，全国钢标委 (TC 183) 作为此次优化的试点单位，率先完成了1397项现行标准（其中国家标准818项、行业标准579项）和513项标准计划（其中国家标准计划287项、行业标准计划226项）的集中复审，逐步厘清推荐性国家标准和行业标准的边界，为市场自主制定标准留出空间。

第三，加快标准制修订步伐。从根本上改变了标准水平不高、更新速度慢的问题，标准的平均标龄由7.5年缩短至5年。

第四，团体标准从无到有。以中国钢铁工业协会团体标准为例，截至2020年12月底，共立项188项团体标准制修订计划，发布实施88项团体标准，其中《绿色设计产品评价规范　新能源汽车用无取向电工钢》（T/CISA 103—2017）等7项团体标准入选工信部百项团体标准应用示范项目，发挥了良好的示范作用。

第五，放开搞活企业标准。为企业松绑减负效果明显，涌现出一批创新的“领跑者”企业标准。以高碳铬轴承钢为例，兴澄特钢企业标准作为“领跑者”，带动了我国高端轴承钢质量和产量的不断提升，得到了Schaeffler、SKF、NSK、NTN等世界轴承巨头企业的高度认可。目前，我国轴承钢以每年几十万吨的出口量供应国外众多高端轴承生产厂家。

（二）新型“二元”结构标准体系初步形成

坚持标准与产业发展相结合，标准与质量提升相结合，国家标准与行业标准、团体标准相结合，国内标准与国际标准相结合的原则，标准体系得到不断充实完善，逐渐呈现出“二元”结构特征。截至2020年12月底，钢铁行业已有国家标准1593项，行业标准1369项，团体标准112项（中国钢铁工业协会和中关村材料试验技术联盟团体标准），标准有效供给能力明显增强，见表4-6。

表4-6　钢铁行业各类标准数量（截至2020年12月底）

专业类别	国家标准/项	行业标准/项	合计/项
钢及合金（包括炭素和非金属矿）	1017	589	1606
铁矿石（包括直接还原铁）	123	39	162
铁合金（包括生铁）	201	154	355
冶金焦化	82	65	147
耐火材料	101	132	233
冶金机电	0	154	154

续表 4-6

专业类别	国家标准/项	行业标准/项	合计/项
冶金工程建设	0	50	50
综合利用、节能节水	69	186	255
合　计	1593	1369	2962

（三）标准化支撑质量发展显著增强

一是充分发挥了标准化的支撑作用。135 项化解过剩产能专项标准的实施，特别是新修订的 GB/T 1499 系列标准，取消了Ⅰ级光圆钢筋（235MPa）/Ⅱ级带肋钢筋（335MPa），助力钢铁工业退出过剩钢铁产能 1.5 亿吨以上、取缔“地条钢”1.4 亿吨；为钢铁工业走出困境，实现绿色转型、创新发展做出显著贡献。

二是以标准的迭代升级引领高质量发展。80 多项质量提升标准项目得到实施，有力保障了我国生产的汽车用钢、大型变压器用电工钢、高性能长输管线用钢、高速钢轨、建筑桥梁用钢等钢铁产品稳步进入国际第一梯队。目前，我国 22 个大类钢铁产品中有 19 类自给率超过 100%，其他 3 类超过 98.8%。

三是以标准助力行业绿色转型升级。300 多项能耗限额、节能减排技术、绿色评价等标准的实施，标志着标准化服务于钢铁工业绿色制造、全生命周期的新理念，有力地推动了绿色新技术、新工艺在钢铁行业推广应用，促进了钢铁行业新产业、新业态、新模式蓬勃发展。例如，《钢渣处理工艺技术规范》（GB/T 29514—2018）标准的实施，推动了钢渣综合利用产业的技术进步，形成了新的产业链，每年减少排渣 1000 多万吨，节省占地 1000 多亩，年累计实现产值 40.8 亿元。

（四）标准化创新能力不断增强

创新是钢铁工业脱困发展的灵魂，也是转型升级的不竭动力。依托 16 项国家质量基础的共性技术研究与应用重点专项，以及《新材料标准领航行动计划（2018—2020 年）》的实施，制定或培育了国家标准或行业标准 85 项、国际标准 31 项，切实走出了一条标准引领科技创新、科研促进成果集成、应用带动产业升级的新型标准化科研道路。有效推动了高强汽车用钢、海工钢、核电用钢、高温合金、耐蚀合金等先进新材料的推广应用；以标准促进科技成果转化，服务行业创新发展的能力显著增强。例如，新制定《自升式平台桩腿用钢板》（GB/T 31945—2015）、《船舶及海洋工程用低温韧性钢》（GB/T 37602—2019）、《船用高强度止裂钢板》（GB/T 38277—2019）等一批高性能海工钢标准，满足了我国 400ft（约 121.9m）以上自升式平台、重型导管架平台及新一代半潜式平台对国产材料的迫切需求；高端海工钢的国内市场占有率提升到 90%以上，采购成本较进口材料降低 20%以上。

（五）标准国际化取得新突破

钢铁标准化工作基本实现了国内国际相互促进转化。“十三五”期间已发布的 37 项由中国牵头制定的国际标准中，大部分标准是以我国标准为蓝本或国内国际标准同步开始制修订；已发布中国标准外文版 78 项（其中英文版标准 77 项，俄文版标准 1 项），涉及建筑用钢、铁路用钢、核电用钢、船舶与海工用钢、汽车用钢、节能减排等几大重点领域，为我国工程和装备“走出去”提供技术支撑和保障。中国标准的国际影响越来越广，贡献也越来越大。

（六）标准样品取得新进展

截至 2020 年底，已有冶金标准样品 987 项，其中国家标准样品 404 项、行业标准样品 583 项。冶金标准样品作为实物标准的范围，专业性较强，是生产和贸易检测的实验室比对与定值不可或缺的实物标准。经过 70 年的发展，冶金标准样品在保障钢铁产品质量稳定、提升行业检测能力水平方面发挥了重要作用，在支撑钢铁产品质量稳定和配套检测方法应用，有效支撑文字标准实施方面发挥了重要的作用，为我国钢铁工业的产业升级，新产品的迭代提升，行业高质量运行提供了重要的实物标准保障。

第五章　完善标准技术机构建设夯实基础

第一节　委员会组织机构不断健全

全国专业标准化技术组织是国家标准、行业标准产生的摇篮，是标准的生产车间。由利益相关方组成的标准化技术委员会承担推荐性标准的编制工作是国际通行做法。钢铁领域的标准技术组织发展历程具有显著的国家有关标准化政策法规和行业发展的时代烙印。

一、行业部委研制和管理标准

1962 年前，钢铁行业只有重工业部和冶金工业部的部颁标准，标准的研制和管理由国家有关行业行政主管部门直接负责，没有专业、独立的技术组织或研究机构。1962 年 11 月，国务院批准颁布《工农业产品和工程建设技术标准管理办法》，这是我国第一个标准化管理制度。制度首次明确技术标准分为国家标准、部颁标准和企业标准三级，国家标准由主管部门提出草案，视其性质和涉及范围报请国务院或者国家科学技术委员会（主管工农业产品技术标准）审批；部颁标准由主管部门制订发布或者由有关部门联合制订发布，并报国家科学技术委员会备案。制度开启了国家标准和行业标准分级管理的新模式。

二、专业研究机构研制和管理标准

1963 年 9 月，国家科学技术委员会在全国范围内确定了 32 个研究院（所）和设计单位为国家标准化核心机构。冶金情报标准总所入选 32 个国家标准化核心机构名单，开启了专业技术机构开展钢铁领域国家标准、行业标准研究和技术归口管理的新篇章。当时，原冶金工业部没有设置专门的标准化管理部门，冶金情报标准总所负责所有与冶金有关的标准制修订和标准化研究，并代部行使行业标准化管理职能。1982 年，有色金属独立为一个行业，有色金属部分标准的归口管理从冶金情报标准总所划出。

三、专业技术委员会归口管理标准

1979年7月，国务院批准颁布《中华人民共和国标准化管理条例》，该条例是我国颁布的第一个关于标准化的行政法规。该条例首次提出建立专业标准化技术委员会并赋予其标准化职能职责。原国家质量技术监督局依据条例统一规划和组建技术委员会。1988年，《中华人民共和国标准化法》颁布后，按照法律要求，我国在不同行业相继成立了专业标准化技术委员会。

（一）首个冶金标准化技术委员会成立

1988年，我国首个全国专业标准化技术委员会“全国电压电流等级和频率标准化技术委员会（SAC/TC 1）”获批筹建，开启了我国国家标准、行业标准制修订全过程由标准化技术委员会负责的发展历程。1989年，原冶金工业部批准成立了“冶金机电标准化技术委员会”，是冶金行业筹建的第一个行业标准化技术委员会，秘书处挂靠单位为原北京冶金设备研究所。

（二）首次发布钢铁标准化管理办法

1990年，原国家技术监督局发布《全国专业标准化技术委员会章程》，规定技术委员会是在一定专业领域内从事全国性标准化工作的技术工作组织，所负责的专业技术领域，由国务院标准化行政主管部门会同有关行政主管部门确定。章程明确了技术委员会的组织性质，提出了技术委员会的工作任务、组织机构、工作程序及经费管理等具体要求，是我国标准化技术委员会组建、管理、工作程序的纲领性文件。

1990年10月，冶金工业部发布《冶金工业标准化管理办法（试行）》。办法第六条明确规定，冶金工业部统一管理全国冶金行业的标准化工作，质量标准司是冶金工业部管理、组织协调冶金工业标准化工作的职能部门。办法第七条明确规定，冶金情报标准总所为钢铁、基本原材料标准化技术归口单位。办法明确了行业主管部门和标准化研究机构各自的标准化工作职能职责，为钢铁行业组建标准化技术委员会指明了方向。

1995年7月，原冶金工业部发布《冶金专业产品标准化技术委员会管理办法（暂行）》。对冶金行业内组建专业标准化技术委员会的职责、组建、管理和经费进行了规范。

（三）成立全国钢铁标准化技术委员会

根据冶金领域标准化工作的需要，1991 年原冶金工业部开始筹建全国钢标委。原国家技术监督局于 1991 年 10 月 26 日发文批复成立全国钢标委，委员会编号为 CSBTS/TC 183，秘书处挂靠单位为冶金情报标准总所，负责全国范围内钢铁领域国家标准、行业标准的技术归口工作。成立时有钢及其配套试验方法标准 594 个，其中国家标准 530 个，行业标准 64 个。这是冶金行业成立的第一个全国专业标准化技术委员会，我国钢铁行业由此开启了标准化专业技术委员会归口管理国家标准、行业标准的新征程。

1992 年 5 月，成立了冶金行业第二个标准化技术委员会——全国耐火材料标准化技术委员会（CSBTS/TC 193），秘书处挂靠单位为原冶金工业部洛阳耐火材料研究院，负责耐火材料领域标准化工作。2008 年 3 月，成立全国铁矿石与直接还原铁标准化技术委员会（SAC/TC 317）和全国生铁及铁合金标准化技术委员会（SAC/TC 318），秘书处挂靠单位均为冶金工业信息标准研究院。

2020 年 1 月，工信部批准成立钢铁行业节水标准化工作组、钢铁行业节能标准化工作组和钢铁行业资源综合利用标准化工作组。

截至 2022 年 12 月底，钢铁行业组建成立了全国钢标委、全国铁矿石与直接还原铁标准化技术委员会、全国生铁及铁合金标准化技术委员会和全国耐火材料标准化技术委员会 4 个全国专业标准化技术委员会、24 个全国专业标准化分技术委员会和若干全国专业标准化工作组，承担了中国钢铁工业协会（CISA）和中关村材料试验技术联盟（CSTM）钢铁领域（F01）团体标准的研制工作。

其中全国钢标委（TC 183）下设 19 个分技术委员会，其组织架构如图 5-1 所示。

第二节　委员会制度建设不断规范

从 1990 年国家技术监督局发布《全国专业标准化技术委员会章程》开始，到 2017 年国家质量监督检验检疫总局发布《全国专业标准化技术委员会管理办法》（以下简称《管理办法》），国家标准化行政主管部门持续加强专业技术委员会的管理，出台的文件从规范性文件逐步上升到部门规章，法律效力进一步提升，管理力度进一步加大。《管理办法》对技术委员会的管

- 全国钢标准化技术委员会（TC 183）
  - SC 1 钢管分技术委员会
    - WG 1 能源装备用不锈钢无缝钢管工作组
    - WG 2 精密钢管工作组
    - WG 3 汽车用钢管工作组
  - SC 2 基础分技术委员会
  - SC 3 盘条与钢丝分技术委员会
  - SC 4 力学及工艺性能试验方法分技术委员会
    - WG 1 金属材料微试样力学性能试验方法工作组
  - SC 5 钢铁及合金化学成分测定分技术委员会
  - SC 6 钢板钢带分技术委员会
  - SC 7 钢筋混凝土用钢分技术委员会
  - SC 8 型钢分技术委员会
    - WG 1 异型钢结构工作组
  - SC 9 铸铁管分技术委员会
  - SC 10 特殊合金分技术委员会
  - SC 11 金属和合金的腐蚀分技术委员会
    - WG 1 海洋环境腐蚀性能试验方法工作组
  - SC 12 钢丝绳分技术委员会
  - SC 13 轴承钢分技术委员会
  - SC 14 金相检验方法分技术委员会
  - SC 15 炭素材料分技术委员会
  - SC 16 特殊钢分技术委员会
  - SC 17 冶金非金属矿产品分技术委员会
  - SC 18 冶金固废资源分技术委员会
  - SC 19 钢产品无损检测分技术委员会
  - WG 2 特异型钢管标准化工作组
  - WG 3 索具标准化工作组
  - WG 4 冶金节能标准化工作组
  - WG 5 钢丝绳检测方法标准化工作组
  - WG 6 冶金绿色制造标准化工作组
  - WG 7 冶金智能制造标准化工作组
  - WG 8 冶金烟气综合治理标准化工作组
  - WG 9 冶金节水标准化工作组
  - WG 10 电弧炉短流程炼钢标准化工作组
  - WG 11 碳排放管理标准化工作组
  - WG 12 低碳冶金标准化工作组
  - WG 13 钢产品物理性能试验方法标准化工作组
  - WG 14 增材制造标准化工作组
  - JWG 15 氢冶金标准化工作组(联合)

图 5-1　全国钢标委（TC 183）组织架构图

理职责、组建条件和程序、委员构成、监督管理、工作程序、印章管理等方面进行了规定。

全国钢标委成立后，严格按照《管理办法》的规定，加强立章建制。制定并不断修改完善《全国钢标委章程》，对委员会组建原则、负责专业领域、工作任务、组织机构、工作程序和经费管理等进行明确规定。在委员会内部还制定《全国钢标委印章管理办法》《全国钢标委经费管理办法》《全国钢标委发展通讯成员管理办法》《全国钢标委秘书处工作程序》等规章制度，作为《全国钢标委章程》的补充，以规范委员会工作程序。同时，为完善委员会组织建设，制定了《全国钢标委设立分技术委员会和工作组方案》管理文件。

第三节　委员会队伍规模不断壮大

随着钢铁领域标准化工作在行业发展中的引领和支撑作用不断增强，标准化事业得到越来越多企业、科研院所、大专院校和检测机构的重视，利益相关方加入委员会的积极性不断提升，标准化组织的委员队伍不断壮大。同时，标准化工作从传统的产品、方法标准领域不断向安全、环保、绿色、低碳、智能等新兴领域拓展，并不断组建新领域的分委员会或工作组等专业技术组织，组织建设的不断完善也相应带来了冶金领域委员队伍的壮大。钢铁行业主要标委会及各分技术委员会的历届委员人数统计见表5-1。

以全国钢标委的委员人数为例，第一届于1991年成立时由30名委员组成，陆续按专业组建5个分技术委员会后，全国钢标委及其下属分技术委员会委员人数合计159人。截至2022年12月，第五届全国钢标委及其下属分技术委员会、工作组共有委员1366人，是第一届委员人数的8.59倍。历届全国钢标委（含分技术委员会、工作组）委员人数统计如图5-2所示。

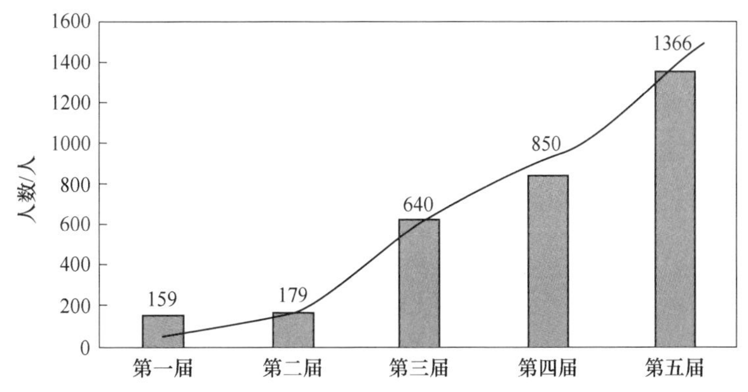

图5-2　历届全国钢标委(含分技术委员会、工作组)委员人数统计

表 5-1　钢铁领域标准化技术委员会基本情况及委员构成表

委员会编号	委员会名称	成立年份	当前届数	历届换届时间及委员人数			委员人数、观察员人数、顾问人数/人	委员构成单位/个									
				届数	年份	委员人数/人		国有企业	民营企业	科研院所	大专院校	行业协会	政府机构	外商独资企业	合资、合作或外方控股企业	检测及认证机构	其他
TC 183	全国钢标委	1991	5	1	1991	30	81	44	14	10	2	2	4	1	2	2	0
				2	1998	51											
				3	2003	94											
				4	2014	87											
				5	2019	74											
TC 183/SC 1	钢管分技术委员会	1993	5	1	1993	24	59、13、2	26	16	8	1	1	2	1	0	1	3
				2	2000	23											
				3	2005	34											
				4	2014	51											
				5	2019	55											
TC 183/SC 2	基础分技术委员会	1995	4	1	1995	27	28	19	1	5	0	1	0	0	0	2	0
				2	2003	49											
				3	2014	31											
				4	2019	28											

续表 5-1

委员会编号	委员会名称	成立年份	当前届数	历届换届时间及委员人数			委员人数、观察员人数、顾问人数/人	委员构成单位/个									
				届数	年份	委员人数/人		国有企业	民营企业	科研院所	大专院校	行业协会	政府机构	外商独资企业	合资、合作或外方控股企业	检测及认证机构	其他
TC 183/SC 3	盘条与钢丝分技术委员会	1995	4	1	1995	31	58	21	21	5	1	2	0	2	2	3	1
				2	2003	43											
				3	2014	49											
				4	2019	58											
TC 183/SC 4	力学及工艺性能试验方法分技术委员会	1995	4	4	1995	23	62、52、2	25	8	13	5	0	5	0	0	4	0
					2003	38											
					2014	65											
					2019	57											
TC 183/SC 5	钢铁及合金化学成分测定分技术委员会	1997	4	1	1997	24	52	31	2	11	0	0	8	0	0	0	0
				2	2003	24											
				3	2014	45											
				4	2019	49											
TC 183/SC 6	钢板钢带分技术委员会	2007	3	1	2007	42	52	32	11	3	2	1	0	1	0	2	0
				2	2015	53											
				3	2020	47											

续表 5-1

委员会编号	委员会名称	成立年份	当前届数	历届换届时间及委员人数			委员人数、观察员人数、顾问人数/人	委员构成单位/个									
				届数	年份	委员人数/人		国有企业	民营企业	科研院所	大专院校	行业协会	政府机构	外商独资企业	合资、合作或外方控股企业	检测及认证机构	其他
TC 183/SC 7	钢筋混凝土用钢分技术委员会	2007	3	1	2007	32	42	18	12	5	1	1	2	0	0	3	0
				2	2015	41											
				3	2020	38											
TC 183/SC 8	型钢分技术化学成分	2007	3	1	2007	28	41	16	15	3	1	2	3	0	0	1	0
				2	2015	41											
				3	2020	38											
TC 183/SC 9	铸铁管分技术委员会	2007	3	1	2007	17	26、2	12	5	4	1	1	2	1	0	0	0
				2	2015	19											
				3	2020	24											
TC 183/SC 10	特殊合金分技术委员会	2007	3	1	2007	30	36	14	10	8	0	2	0	1	1	1	0
				2	2015	21											
				3	2020	35											
TC 183/SC 11	金属和合金的腐蚀分技术委员会	2007	3	1	2007	24	39	18	4	11	2	1	1	0	1	1	0
				2	2015	29											
				3	2020	38											

续表 5-1

委员会编号	委员会名称	成立年份	当前届数	历届换届时间及委员人数			委员人数、观察员人数、顾问人数/人	委员构成单位/个									
				届数	年份	委员人数/人		国有企业	民营企业	科研院所	大专院校	行业协会	政府机构	外商独资企业	合资、合作或外方控股企业	检测及认证机构	其他
TC 183/SC 12	钢丝绳分技术委员会	2008	3	1	2009	23	24	9	2	1	2	2	0	1	2	5	0
				2	2014	29											
				3	2019	34											
TC 183/SC 13	轴承钢分技术委员会	2008	3	1	2008	18	31	18	4	3	0	2	2	1	0	1	0
				2	2014	19											
				3	2019	22											
TC 183/SC 14	金相检验方法分技术委员会	2008	3	1	2008	30	61	29	7	14	2	2	2	1	1	3	0
				2	2015	43											
				3	2020	53											
TC 183/SC 15	炭素材料分技术委员会	2008	3	1	2008	27	36	10	16	3	1	2	2	0	2	0	0
				2	2015	31											
				3	2020	33											
TC 183/SC 16	特殊钢分技术委员会	2009	3	1	2009	31	50	23	11	11	1	1	0	1	2	0	0
				2	2015	39											
				3	2020	47											

续表 5-1

委员会编号	委员会名称	成立年份	当前届数	历届换届时间及委员人数			委员人数、观察员人数、顾问人数/人	委员构成单位/个									
				届数	年份	委员人数/人		国有企业	民营企业	科研院所	大专院校	行业协会	政府机构	外商独资企业	合资、合作或外方控股企业	检测及认证机构	其他
TC 183/SC 17	冶金非金属矿产品分技术委员会	2009	3	1	2009	26	27	10	5	3	2	1	5	0	1	0	0
				2	2015	31											
				3	2020	25											
TC 183/SC 18	冶金固废资源分技术委员会	2018	1	1	2018	38	38	15	4	9	6	2	0	0	0	2	0
TC 183/SC 19	钢产品无损检测分技术委员会	2020	1	1	2020	45	45、14	26	6	6	3	1	2	0	0	1	0
TC 183/WG 2	特异型钢管工作组	2010	2	1	2010	15	17	7	5	2	2	0	0	0	0	1	0
				2	2019	17											
TC 183/WG 3	索具工作组	2007	1	1	2007	15	15	1	12	1	0	0	0	0	0	1	0
TC 183/WG 4	冶金节能工作组	2015	1	1	2015	31	31	15	5	6	4	1	0	0	0	0	0

续表 5-1

委员会编号	委员会名称	成立年份	当前届数	历届换届时间及委员人数			委员人数、观察员人数、顾问人数/人	委员构成单位/个									
				届数	年份	委员人数/人		国有企业	民营企业	科研院所	大专院校	行业协会	政府机构	外商独资企业	合资、合作或外方控股企业	检测及认证机构	其他
TC 183/WG 5	钢丝绳检测方法工作组	2017	1	1	2017	27	27	3	12	4	2	0	0	0	0	4	2
TC 183/WG 6	冶金绿色制造工作组	2020	1	1	2020	27	27	15	1	6	3	2	0	0	0	1	0
TC 183/WG 7	冶金智能制造工作组	2019	1	1	2019	29	43、10	25	5	5	3	4	1	0	0	0	0
TC 183/WG 8	冶金烟气综合治理工作组	2020	1	1	2020	46	46										
TC 183/WG 9	冶金节水工作组	2020	1	1	2020	29	29	18	2	7	1	0	0	0	0	1	0
TC 183/WG 10	电弧炉短流程炼钢工作组	2021	1	1	2021	48	48	18	20	3	5	1	0	0	1	0	0
TC 183/WG 11	碳排放管理工作组	2021	1	1	2021	79	79	25	21	11	9	5	0	0	0	7	1
TC 183/WG 12	低碳冶金工作组	2021	1	1	2021	59	59	25	21	11	4	2	0	0	0	4	0

续表 5-1

委员会编号	委员会名称	成立年份	当前届数	历届换届时间及委员人数			委员人数、观察员人数、顾问人数/人	委员构成单位/个									
				届数	年份	委员人数/人		国有企业	民营企业	科研院所	大专院校	行业协会	政府机构	外商独资企业	合资、合作或外方控股企业	检测及认证机构	其他
TC 183/WG 13	钢产品物理性能试验方法工作组	2021	1	1	2021	25	25	7	11	4	1	0	2	0	0	0	0
TC 183/WG 14	增材制造工作组	2021	1	1	2021	38	38	16	6	4	10	2	0	0	0	0	0
TC 183/JWG 15	全国钢标委、全国氢能标委氢冶金标准联合工作组	2022	1	1	2022	44	44	17	7	11	7	2	0	0	0	0	0
TC 317	全国铁矿石与直接还原铁标准化技术委员会	2007	3	1	2007	32	47	17	4	3	3	1	6	0	1	12	0
				2	2015	45											
				3	2020	45											
TC 318	全国生铁及铁合金标准化技术委员会	2007	3	1	2007	36	38	21	9	3	0	0	5	0	0	0	0
				2	2015	39											
				3	2020	37											

续表 5-1

委员会编号	委员会名称	成立年份	当前届数	历届换届时间及委员人数			委员人数、观察员人数、顾问人数/人	委员构成单位/个									
				届数	年份	委员人数/人		国有企业	民营企业	科研院所	大专院校	行业协会	政府机构	外商独资企业	合资、合作或外方控股企业	检测及认证机构	其他
TC 318/SC 1	全国生铁及铁合金标委会化学分析分技术委员会	2009	3	1	2009	23	42	25	10	3	0	0	4	0	0	0	0
				2	2015	23											
				3	2020	39											
TC 318/SC 2	全国生铁及铁合金标委会锰矿石与铬矿石分技术委员会	2009	3	1	2009	17	28	11	2	4	0	0	11	0	0	0	0
				2	2015	19											
				3	2020	26											
TC 279/SC 1	全国纳米技术标准化技术委员会纳米材料分技术委员会	2006	3	1	2006	27	28	4	8	13	3	0	0	0	0	0	0
				2	2013	29											
				3	2020	26											

续表 5-1

委员会编号	委员会名称	成立年份	当前届数	历届换届时间及委员人数			委员人数、观察员人数、顾问人数/人	委员构成单位/个									
				届数	年份	委员人数/人		国有企业	民营企业	科研院所	大专院校	行业协会	政府机构	外商独资企业	合资、合作或外方控股企业	检测及认证机构	其他
TC 118/SC 2	全国标准样品技术委员会冶金标准样品分技术委员会	1992	4	1	1992		40	21	10	7	1	0	0	0	0	1	0
				2	2003	32											
				3	2009	28											
				4	2016	41											
TC 193/SC 1	全国耐火材料标准化技术委员会基础分技术委员会	1996	5	1	1996	30	30	13	9	5	1	1	0	0	0	0	1
				2	2003	30											
				3	2009	30											
				4	2015	33											
				5	2020	30											
TC 469/SC 3	全国煤化工标准化技术委员会炼焦化学分技术委员会	2010	3	1	2010	47	31	16	6	3	3	2	1	0	0	0	0
				2	2016	25											
				3	2021	31											

第四节　委员会专业水平不断增强

一、委员构成不断优化

按照《全国专业标准化技术委员会管理办法》提出的技术委员会委员条件要求，冶金领域标委会从委员职称、学历、专业领域和专业水平等方面严格委员把关。截至 2022 年 12 月底，钢铁领域委员近 1600 名，其中包括 6 位两院院士。

以全国钢标委钢管分委会为例，第一届 24 名委员构成中，正高级（教授级、研究员）职称 3 人，占比 13%；第五届 59 名委员构成中，正高级（教授级、研究员）职称 17 人，占比 29%，和第一届相比，正高级占比提高 16%，委员专业职称水平明显提升。在学历方面，第五届博士研究生 5 人，占比 8%；硕士研究生 16 人，占比 27%；本科 30 人，占比 51%；大专 8 人，占比 14%。博士和硕士研究生在历届委员中的占比有大幅提升。第一届到第五届全国钢标委钢管分委会历届委员职称占比统计见表 5-2。

表 5-2　全国钢标委钢管分委会历届委员职称占比统计表　　（%）

职 称	第一届	第二届	第三届	第四届	第五届
正高级	13	4	18	29	29
高级	58	61	53	47	49
中级	25	35	29	24	22
初级	4	0	0	0	0

二、委员水平不断提升

通过宣贯、培训等方式不断提升历届委员会委员的专业化水平和标准化能力。除年度例行标准化从业人员培训、标准宣贯研讨外，还组织部分委员会和分委员会秘书长及副秘书长参加国家标准审核员培训，并取得国家标准审核员任职资格。2022 年开始，组织委员参加冶金工业领域标准编审职业技能等级证书教育学习班，截至 2022 年 12 月底，已有近 200 名标准化工作人员获得“1+X”标准编审职业技能等级证书。

第五节　委员会工作成效不断提升

一、落实国家改革有关精神

自成立之日起，全国钢标委积极履行在钢铁标准化事业发展和建设中的组织责任，充分调动各分技术委员会委员及全行业参与标准化活动的积极性，工作成效显著。第一届全国钢标委成立初期，国家正经历计划经济向市场经济的转变，为贯彻国家经济体制改革方针和原冶金工业部召开的改革座谈会精神，1994 年冶金工业部发文提出由全国钢标委会同冶金工业部信息标准研究院共同召开标准实施跟踪研讨会，组织各钢铁企业准备工作方案，以全面了解重点钢产品（比如电站锅炉用钢、汽车用钢、铁道用钢等）标准的实施应用情况。

（一）电站锅炉用钢

1995 年 9 月 23—24 日，在北京召开“电站用钢标准跟踪座谈会”，有来自锅炉厂、汽轮机厂、钢厂及有关研究院所等 24 个单位的 37 名代表出席了会议。本次会议充分听取主要用户意见，针对《锅炉用钢板》（GB 713）、《高压锅炉用无缝钢管》（GB 5310）、《汽轮机叶片用钢》（GB 8732）具体技术内容进行了研讨，找出了我国标准与国外标准及实物质量的差距，提出了改进方案和电站用钢要与美国机械工程师学会（ASME）标准对标的发展方向，提出产品标准要“从计划经济下按标准生产的符合型向市场经济下满足用户要求型转变”的发展原则。

（二）汽车用钢

1995 年 11 月 17 日，在江苏无锡召开了“汽车用钢标准跟踪研讨会”，参加会议的有汽车制造厂、汽车研究所、钢厂等 20 个单位 32 名代表。会议就现行的汽车用钢专用标准和钢板（带）、钢管、型钢标准中用于汽车制造的钢材品种、质量，结合生产、订货情况进行了研讨，对标准改革和存在的问题充分交换了意见。对《汽车大梁用热轧钢板》（GB/T 3273）、《汽车制造用优质碳素结构钢热轧钢板和钢带》（GB/T 3275）、《碳素结构钢和低合金结构钢冷轧薄钢板及钢带》（GB/T 11253）、《冷拔或冷轧精密无缝钢管》

（GB/T 3639）、《优质碳素结构钢》（GB/T 699）、《合金结构钢》（GB/T 3077）、《保证淬透性结构钢》（GB/T 5216）、《易切削结构钢》（GB/T 8731）等标准的具体技术内容进行了研讨，针对汽车用钢需求提出了修改意见，这次会议前瞻性地提出了“汽车轻型化、多功能化和节能化发展方向，要求钢材具有高强度、耐腐蚀、高精度和良好的加工性，因此需从数量上、品种规格上和质量上下大力气去满足汽车工业发展的需要。建议制定一系列具有一定水平的通适性汽车用钢国家标准或行业标准”。

（三）铁道用钢

1997 年 1 月 15 日，在北京召开了“铁道用钢标准实施跟踪座谈会”。参加会议的有铁道部领导及研究院所、冶金工业部领导及钢厂和研究院所 15 个单位 50 名代表。会议围绕铁道部关于铁路发展、提速和重载的改革措施，铁道用钢标准如何与国际标准接轨等专题进行了研讨。经过座谈，冶金工业部和铁道部之间就铁道用钢标准管理模式和重点标准技术内容修改达成共识，会议提出了组织两部企业对重轨、车轮、轮箍国家标准进行制定或修订前的调查研究工作倡议，并组建了“重轨外形尺寸”“重轨技术条件”和“车轮、轮箍”三个工作组开展相应标准制修订工作。

二、贯彻国家经济体制改革新要求

（一）提出背景

为适应国家经济体制改革，满足行业参与国际市场竞争的需要，全国钢标委秘书处率先发起“钢标准化改革”倡议，提出“以市场为导向，以企业为主体，以满足使用需要为目标，改造和优化标准体系结构，初步实现由生产型标准向贸易型标准的转变，形成以基础标准、通用和专用产品标准、方法标准构成的框架，各类标准之间协调衔接，层次分明，达到专业配套、种类齐全、技术先进、结构合理的要求，为适应我国经济体制和经济增长方式两个根本性转变服务，为我国参加世界贸易组织和我国钢材参与国内国际融通一体的大市场竞争的需求服务”。1996 年 7 月，冶金工业部发布《关于印发钢标准改革要点通知》（冶质〔1996〕354 号），提出了“钢标准改革要点”，明确了钢标准化改革的指导思想、工作原则、实施方法及工作分工。

（二）主要内容

1996 年 8 月，在北京召开了“钢标准改革要点座谈会”，布置任务，启动工作，贯彻冶金工业部钢标准改革要点精神，明确了钢标准改革任务，并对工作做出安排。

1997 年 4 月，在北京召开了“钢标准改革实施情况汇报会”，承担钢标准改革要点中分工任务的各分委员会及组长单位汇报了实施情况，并进行了讨论，明确了下一步工作。

1999 年 7 月，在北京召开了“钢标准改革交流会”，对钢标准改革进行阶段性总结。

（三）取得成绩

通过为期三年的钢标准改革，全面梳理了钢领域标准，重构了钢标准体系，进一步与国际接轨，得到了原国家技术监督局的高度赞扬，为中国标准由计划经济向市场经济的转变提供了宝贵经验。1996 年全国钢标委被国家技术监督局授予“全国技术监督工作先进单位”称号，如图 5-3 所示。

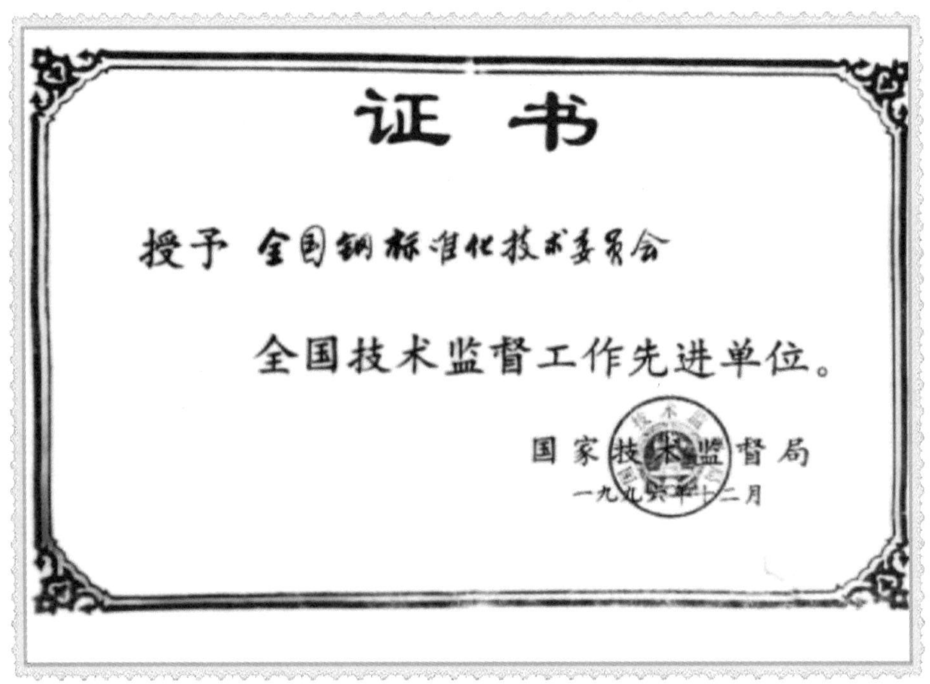

证书

授予 全国钢标准化技术委员会

全国技术监督工作先进单位。

国家技术监督局

一九九六年十二月

图 5-3　全国技术监督工作先进单位证书

三、委员会工作取得新成效

伴随钢铁标准化事业的发展，钢铁领域标委会的各项工作逐步规范。为加强交流，各委员会及分技术委员会形成了年会制度，参与年会交流的人数不断增多。以全国钢标委、全国铁矿石与直接还原铁标委会和全国生铁及铁合金标委会每年联合召开的年会为例，近十年来参会人数从100多人增加到约800人；委员到会率从达到国标委要求的75%递增到超过90%。标委会及各分技术委员会委员积极提出标准制修订项目，参加标准审查和宣贯活动，通过网络或微信公众号参与标准立项阶段和报批阶段的表决投票，行使委员权力，履行委员义务，平均投票参与率超过95%，保证了委员会各项工作的正常开展。由于冶金领域标委会活跃程度和取得成效的不断提升，国家标准化管理委员会对全国专业标准化技术委员会的考核中，全国钢标委2021年的考核结果为一级，全国铁矿石与直接还原铁标委会和全国生铁及铁合金标委会2021年的考核结果均为二级。

第六章　研制关键标准服务钢铁行业发展

钢铁行业以满足重大装备和重大工程需求为目标，围绕行业发展中遇到的瓶颈问题和共性突出问题，围绕基础标准、方法标准、产品标准、综合标准、标准样品等领域开展了上千项重点标准研制工作，将先进适用的科技创新成果融入标准，加快成果转化应用，助力钢铁行业转型升级，提升标准技术水平，增强钢铁产品的市场竞争力。

第一节　重要基础标准

一、简介

基础标准是产品、方法、管理等标准制修订的基础。基础标准的通用性强，标准的数量和范围较为稳定，更新速度较慢。基础标准的通用性还体现在与国际标准的一致性程度高，基础标准与国际标准的通用性程度决定了整个标准体系与国际标准体系的接轨程度，也是我国钢铁产品通行国际市场的基础，因此基础标准大量等同或修改采用 ISO 国际标准，并时常与美国、欧洲、日本、俄罗斯等重点国家和地区的标准开展对标工作。

基础标准包括术语分类牌号、共性技术、检验规则、交货准备 4 类标准。基础标准体系如图 6-1 所示。

经过多年的发展，我国目前已形成较为成熟的钢铁基础标准体系，在力求与国际标准一致的同时尽力符合产业发展现状，在钢铁标准体系中发挥了基础支撑作用。进入“十四五”以来，钢铁行业积极响应《国家标准化发展纲要》的要求，在新的发展周期研究基础标准的定位，继续夯实基础标准在钢铁标准体系中的作用。

二、重点标准

选取《钢分类》（GB/T 13304—2008）和《钢产品分类》（GB/T 15574—2016）两个重点标准进行介绍。

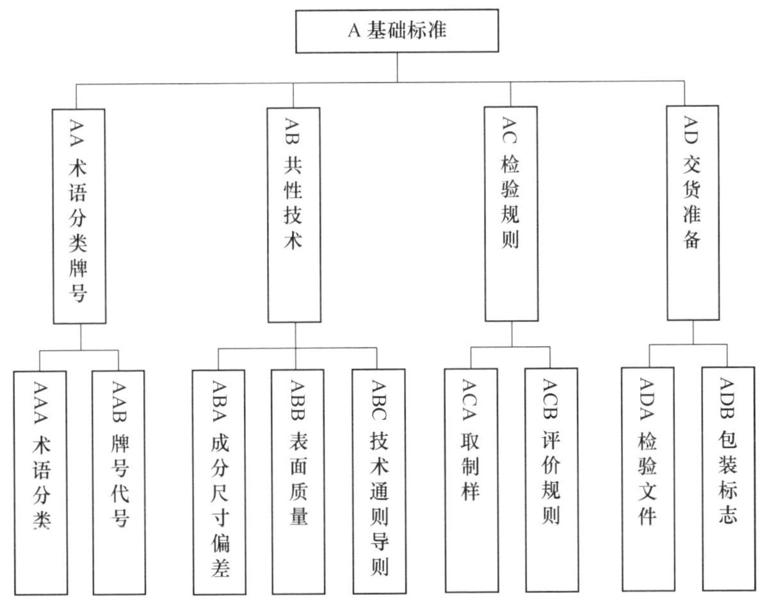

图 6-1　基础标准体系图

（一）《钢分类》

《钢分类》（GB/T 13304—2008）是重要的钢铁产品基础标准。20 世纪 70 年代末，ISO 根据当时的钢分类情况，制定了《钢分类》的标准，分为两个部分，即按化学成分进行分类的 ISO 4948-1:1982 和按主要质量等级和主要性能或使用特性进行分类的 ISO 4948-2:1981。

1991 年，我国非等效采用为 1 项国家标准《钢分类》（GB/T 13304—1991），标准的结构和主要内容与国际标准一致。但考虑到我国钢铁行业的发展历史和现状，部分规定与国际标准仍存在差异，因此我国在采用国际标准制定国家标准过程中，在 ISO 4948-1 规定的“非合金钢”和“合金钢”之间又增加了一类“低合金钢”产品，并相应调整了有关元素的界限值，这是 GB/T 13304—1991 与 ISO 4948 系列标准最大的不同之处。标准发布后，对我国钢产品的生产、使用、外贸、科研、统计及教学等领域起到了重要的指导作用。

2008 年，对 GB/T 13304—1991 进行了修订。本次修订在修改采用原 ISO 4948 基础上，也将 GB/T 13304—1991 拆分成两个部分，即《钢分类　第 1 部分：按化学成分分类》（GB/T 13304. 1—2008）和《钢分类　第 2 部分：

按主要质量等级和主要性能或使用特性的分类》（GB/T 13304.2—2008）。GB/T 13304.1—2008 规定了钢按化学成分的分类、分类原则和分类方法，按合金成分分成了非合金钢、低合金钢和合金钢，本次修订也修改了部分元素的界限值。但对于“低合金钢”这一分类，本次修订仍然保留了下来。2017 年，为解决含硼钢硼含量与国际标准不统一的问题，GB/T 13304.1—2008 第 1 号修改单发布，将硼含量界限值从 0.0005%修改为 0.0008%。本次修订使 GB/T 13304 在结构和内容上进一步与国际标准接轨，尤其是修改了含硼钢的界限值，使之与国际标准相同，解决了我国含硼钢产品统计与其他国家不一致的问题。

然而，ISO 4948 系列标准毕竟制定于 20 世纪 80 年代，其制定基础是 20 世纪 60 年代和 70 年代的产品和技术，随着钢铁行业向产品种类和性能多样化方向的不断发展，钢分类方法已经发生很大改变。自 2011 年以来，ISO 已启动了 ISO 4948 系列标准的复审工作，并对标准存在的必要性展开了长达 7 年的讨论，基本达成了修订 ISO 4948 的主要原则，即两个部分合并为一个标准，按化学成分的分类为正文，按主要性能和质量等级的分类为资料性附录。随着 ISO 4948 修订工作的不断推进，我国也在紧跟最新动向，适时开展 GB/T 13304 标准的修订工作。

（二）《钢产品分类》

《钢产品分类》（GB/T 15574—2016）是钢产品的综合性基础标准，规定了按照生产工序、外形、尺寸和表面状态对钢产品进行分类的基本准则，并规定了钢工业产品、钢的其他产品分类的基本内容，是我国钢产品的生产、使用、外贸、科研、统计及教学等方面的重要参考。GB/T 15574—2016 将钢产品分为四大类，即液态钢、钢锭和半成品、轧制成品和最终产品、其他产品。

GB/T 15574 制定于 1995 年，为便于国际的交流和贸易往来，促进我国钢材统计与国际一致，同时作为一个通用基础标准，既要考虑与国际接轨，又要充分反映我国标准的实际，在分类方法和原则上尽量与我国相关标准协调一致，使标准更具有可操作性。经过研究，GB/T 15574—1995 等效采用国际标准《钢产品分类和定义》（ISO 6929:1987）来制定。

2016 年标准进行了第一次修订，在本次修订过程中，在钢产品大的分类原则及尺寸界限方面适当考虑了国内现实的统计情况，根据我国钢产品实际情况，未完全与国际标准一致，修改采用了新颁布的国际标准 ISO 6929:2013。随着近年来我国冶金行业生产技术水平的提高，原来一些不能生产的产品，目前已能生产，因此急需将这些新产品补充到《钢产品分类》标准中。另外一些产品标准在修订过程中，对一些产品的分类界限进行了调整，为与相关标准协调一致，本次修订也对原标准相关技术内容进行调整。修订后的标准既与ISO 6929高度统一，又适应我国钢分类的实际情况，在今后一段时期将更好地指导我国钢铁产品的生产、统计和贸易。

第二节　重大方法标准

一、简介

钢铁行业在检测方法领域的标准化工作取得了快速发展，建立起了较为完善的检测方法标准体系。截至2022年12月底，共有国家标准726项，行业标准245项，全面覆盖化学、力学、腐蚀、金相、无损检测、物理试验方法等领域，为钢铁行业技术发展提供了有力支撑。

二、重点标准

（一）化学分析方法

1. 简介

化学成分测定方法用于分析钢铁工业生产及科研过程中涉及的材料成分组成、含量及存在状态等，是钢铁产品质量控制的重要环节。随着分析化学技术的发展，目前已建立起以GB/T 223系列标准为主的钢铁分析国家标准体系，成为我国冶金行业生产及科研不可缺少的分析手段，同时也是我国钢铁产品开展贸易、解决贸易争端不可缺少的标准分析方法。

2. 发展历程及主要内容

我国的钢铁化学分析方法标准，早在20世纪50年代参照苏联标准，在1955年由中华人民共和国重工业部以部颁标准发布实施了《钢铁化学分析方法》（重65—55）（重工业部1955年7月29日批准，1955年10月1日实施）。进入60年代，开始酝酿建立我国钢铁分析国家标准，在“重65—55”的基础上，完成了钢铁化学分析国家标准的制定工作，并于1963年颁布第一部国家标准《钢铁化学分析标准方法》（GB 223—63），共包括C、Si、Mn、P、S 、Ni、Cr、Co 、Ti、W 等10种元素的12个分析方法，其中重量法4项，滴定法4项，气体滴定法1项，比色法1项。具体方法分别为气体滴定法测定总碳和游离碳含量，硫酸脱水重量法测定硅含量，过硫酸铵氧化-亚砷酸盐-亚硝酸盐滴定法和铋酸钠氧化-高锰酸钾返滴定法测定锰含量，酸碱滴定法测定磷含量，碘量法测定硫含量，丁二肟重量法测定镍含量，过硫酸铵氧化-氯化钠-高锰酸钾返滴定法和过硫酸铵氧化-亚硝酸钠-亚铁滴定法测定铬含量，1-亚硝基-2-萘酚重量法测定钴含量，过氧化氢比色法测定钛含量，辛可宁重量法测定钨含量。

同时，根据实际应用情况，作为国家标准 GB 223—63 的补充，在 1964 年还发布了一项行业标准《钢铁化学分析方法》（YB 35—64），除 GB 223—63 涉及的元素外，增加了 V、Mo、Cu、Al、As、Mg、N 和 B 等 16 种元素，共计 26 个方法，其中重量法 5 项，滴定法 6 项，比色法 14 项。同时在测定方法方面也进行了修订，增加了多种方法，如 GB 223—63 中对 Si、P 元素的分析分别为重量法和滴定法，在 YB 35—64 中各增加了 2 个光度法。

从 1970 年开始对我国钢铁化学分析标准进行新一轮的制修订工作，组织科研院所、大中型企业的骨干分析工作者 100 余人，历经 5~7 年时间，先后完成了《精密合金化学分析方法》（YB 789—75）、《高温合金化学分析方法》（YB 790—75）、《铁粉化学分析方法》［YB 945.（1~8）—78］和《钢铁化学分析方法》［YB 35.（1~28）—78］的制修订。其中，YB 789—75 包含 16 种元素、30 个方法；YB 790—75 包含 21 种元素、37 个方法；YB 945.（1~8）—78 包含 C、Si、Mn、P、S 和 O 等 7 种元素及盐酸不溶物 8 个测定方法；YB 35.（1~28）—78 包含 27 种元素、77 个测定方法，该标准是对 YB 35—64 的修订，与原标准 YB 35—64 相比，该标准增加了钨、铌、钽、锆、稀土总量、铈、锡、铅、锑和铋量的测定方法。

进入 20 世纪 80 年代，通过对各国钢铁及合金标准分析方法状况的调研，收集美国、英国、苏联、日本、法国和德国等主要先进国家及 ISO 标准的方法，在分析对比的基础上，开展了又一轮的标准制修订工作，至 1985 年，发布了《钢铁及合金化学分析方法》（GB 223.1~GB 223.50），共包括了 30 种元素和稀土总量、盐酸不溶物测定的 64 个化学分析方法，及 1 个仪器分析标准方法，以及《碳素钢和中低合金钢的光电发射光谱分析方法》（GB 4336—84）。此时，初步形成了基本符合当时我国钢铁成分测定需求的国家标准体系。

20 世纪 80—90 年代，随着 GB/T 6379 系列标准的实施应用，针对方法国家标准开展了通过共同试验确定方法的精密度的工作，以与国际标准接轨，来确定标准测试方法的重复性和再现性。从 1986 年开始分期分批组织共同试验，制定方法的精密度，至 1994 年，除个别使用率较低的方法之外，对 GB 223 体系里的大部分方法都制定了方法的精密度。在我国所有分析方法标准中，钢的化学分析标准成了最早通过共同试验来制定方法精密度的标准，促进了分析领域技术水平的提升。使我国钢铁分析国家标准不仅从数量上，而且从质量上都达到国际水平。

1995 年以后，由于原子吸收光谱技术在钢铁分析领域里的成熟应用，制定了一批原子吸收光谱法标准。同时，积极采用 ISO 标准，进一步完善了 GB 223 标准体系。

2006 年以后，随着仪器分析技术的发展和普及，制定了相当数量的仪器分析标准，包括原子吸收光谱法（火焰、石墨炉）、氢化物-原子荧光光谱法、红外吸收法、热导法、X 射线荧光光谱法、电感耦合等离子体-原子发射光谱法（ICP-AES）、电感耦合等离子体-质谱法（ICP-MS）、辉光放电原子发射光谱法（GD-OES）及原位统计分布分析法等，不断满足科研和生产的需要。结合“10A 机”国家重点研发课题，围绕高温合金痕量元素分析，建立了一套标准 GB/T 20127.1～GB/T 20127.12，以满足飞机发动机等高端用材的产品质量控制需求。

3. 实施效果及意义

目前，我国钢铁及合金分析国家标准共计 117 项，包括 4 项基础标准、GB/T 223 系列标准、GB/T 20127 系列标准、3 项火花放电原子发射光谱法标准及电感耦合等离子体原子发射光谱（质谱）法、X 射线荧光光谱法、辉光光谱法、原位统计分布分析法等标准。方法标准涉及钢铁及合金（包括高温合金、精密合金和铁粉等）中 40 余种元素、稀土总量（RE）及盐酸不溶物等。这些标准涵盖的元素含量范围跨度大，元素测定下限最低达 0.00001%，测定上限最高达 90%，为钢铁产品质量控制、行业高质量发展提供了重要的技术支撑。

（二）力学试验方法

1. 简介

金属材料力学性能试验广泛应用于国民经济各行各业，配套的力学标准是应用面最广、适用性最强的基础通用类标准。该领域包括金属材料的轴向试验（拉伸、压缩等）、延性试验（金属管、板、线材等的弯曲、扩口、卷边、压扁、扭转、缠绕等工艺试验)、硬度试验(布氏、洛氏、维氏、努氏及仪器化压入等)、韧性试验(冲击、断裂、撕裂等)、疲劳试验(轴向、弯曲、扭应力等)。

截至2022年12月底，我国金属力学及工艺性能试验方法现行推荐性标准共130项，其中国家标准115项，行业标准12项，团体标准3项，能满足钢铁行业、有色金属行业及航空航天、机械、船舶、压力容器、石油石化、建筑、轻工等行业检测需求，并且能满足金属材料前沿科学技术研究、教学等方面的应用。

现行金属材料力学性能试验标准体系如图6-2所示。

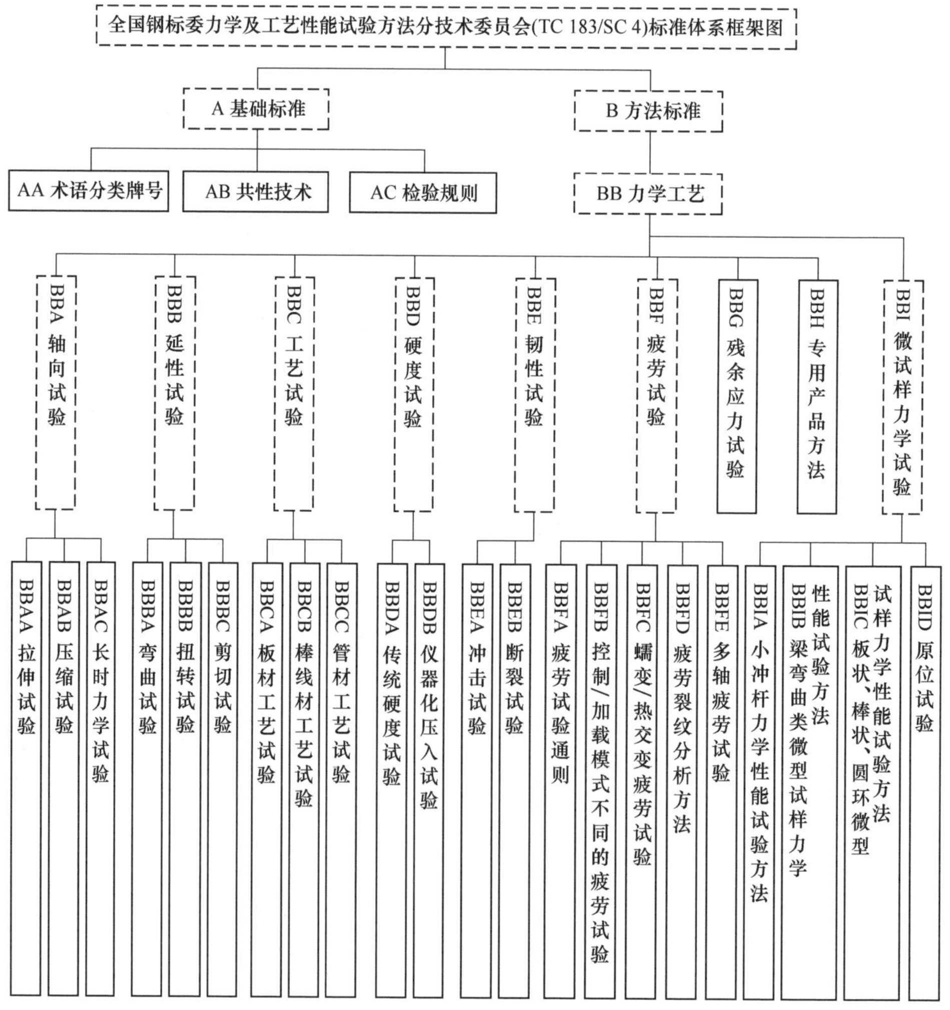

图6-2 力学性能试验标准体系

2. 发展历程

我国的第一个力学标准是重工业部1955年发布的《金属抗张试验方法》（重57—55），同时发布的还有《金属冲击韧性试验方法》（重58—55）等14项力学标准，1959年改为冶金工业部部颁标准，为《金属抗张试验方法》（YB 18—59），当时均采用苏联标准制定。1963年发布了第一批力学国家标准12项，包括《金属拉力试验法》（GB 228—63）、《金属常温冲击韧性试验法》（GB 229—63）和《金属洛氏硬度试验法》（GB 230—63）等标准，涵盖了拉伸、冲击、硬度、弯曲、顶锻、扭转等最基本的力学及工艺性能试验方法，可以满足金属材料常规力学性能检验需求。

1995年，全国钢标委成立了力学及工艺性能试验方法分技术委员会，对口国际标准化组织为金属力学试验技术委员会（ISO/TC 164），当时已有力学标准49项。历经钢标准改革、国家标准清理整顿、采用国际标准和国外先进标准、推荐性标准清理复审及国际标准转化等历史时期的变革，力学标准从体系结构和内容上都发生了巨大变化，逐步实现了与国际标准完全接轨。除了传统的力学及工艺性能试验，还增加了仪器化压入试验、高应变速率拉伸（压缩）试验、蠕变-疲劳试验及裂纹扩展试验、残余应力测定等体现前沿技术的力学试验标准，为现代金属材料和试验技术的发展提供了有力支撑，也为我国试验仪器设备的制造水平的提高提供了依据。

2021年，我国在全国钢标委力学分技术委员会下成立了微试样力学性能试验标准工作组，致力于微试样力学性能标准的研制，已形成标准体系，未来力学领域将从传统试样破坏性试验向微试样非破坏性试验发展。

近年来，我国牵头制修订了6项国际标准，其中以中国标准为蓝本制定的国际标准《金属材料　室温扭转试验方法》（ISO 18338:2016）和《金属材料　高应变速率室温扭转试验方法》（ISO 23838:2022）是中国先进试验方法在国际上的体现。

3. 重点标准

《金属材料　拉伸试验》（GB/T 228）系列国家标准见证了我国标准逐步国际化的发展进程和工业技术水平的不断提高。

1963年发布力学领域第一个国家标准《金属拉力试验法》（GB 228—63）以来，历经60年的变化。20世纪60—70年代主要参照德国和苏联标准，仅测量屈服强度、伸长率等几个主要参数，满足测量材料基本性能需要。GB/T 228—1976重点针对国内大量使用的油压试验机和机械式试验机的速度控制试验，即油压式试验机采用应力速度、机械式试验机采用夹头移动速度，首次引入了引伸计测量屈服强度，但根据当时国内实际，还是默认示值引伸计为测量 $\sigma_{0.2}$ 的首选仪器，这是代替人工测量的一大进步。

1987 版 GB/T 228 参考了国际标准 ISO 6892:1984，引入了规定非比例极限概念及测定方法，取代“规定比例极限”，用规定非比例伸长应力表示材料抗屈服的性能，实现测试自动化和计算机化，更为方便，进一步与国际接轨。直到 2002 版 GB/T 228 等效采用 ISO 6892 国际标准才算真正意义上采用了国际标准，与国际水平接轨。

2002 版 GB/T 228 首先从术语定义、符号、单位上完全与国际标准保持一致，颠覆了我国沿用 40 年的符号，由希腊字母改为英文字母，便于国际实验室比对和数据传输及控制，比如应力主符号由 σ 改为 R，伸长率主符号由 δ 改为 A，断面收缩率由 ψ 改为 Z，且应力用术语“强度”代替，取消了“屈服点”术语。试验机和引伸计要求直接引用采用国际标准的相应标准，为鼓励实现拉伸自动化和应用自动装置或系统，标准中对各种性能测定都规定可以使用自动装置或系统进行测定，采用国际标准首次引入了“应变速率控制测量屈服强度”的方法，这就需要拉伸过程中全程使用电子引伸计进行控制和测量，为实现自动化测量打下了基础。标准中还提出了用引伸计测量断后伸长率代替人工测量，大大提高测量准确性和工作效率。

2021 版 GB/T 228 转化国际标准时增加了金属材料弹性模量的测定，即通过静态拉伸测量材料的弹性模量，经过国内大量验证试验，得出结论：目前国内多数实验室由于受设备自身技术水平的限制很难满足加载同轴度的要求，大多数实验室也未配备双向引伸计。对于部分实验室采用单向引伸计和转动单向引伸计 180°或 90°及转动试样的方式对于严格测定弹性模量都不太可取，弹性模量的测量值只能作为弹性模量的参考值。这将促进我国双向引伸计的开发和制造。

拉伸试验方法从 2002 年采用国际标准，演变为现在的室温、高温、低温及液氦温度拉伸试验方法，形成《金属材料　拉伸试验》（GB/T 228）系列标准。随着技术的发展和对材料性能的更高要求，紧跟国际标准发展先后制定出高应变速率拉伸试验方法及十字形试样双向拉伸试验方法国家标准，使金属材料拉伸试验从传统的静态单轴拉伸进化到动态多轴拉伸试验，从采用国际标准发布的《金属材料　高应变速率拉伸试验　第 1 部分：弹性杆型系统》（GB/T 30069.1—2013）开始，进入了拉伸力学性能检测的多元化动态化时代。

（三）腐蚀试验方法

1. 简介

金属及其合金是目前广泛应用的重要工程材料之一，对国家建设和各行业的发展具有支撑作用。金属和合金的腐蚀具有普遍性、隐蔽性、渐进性和突发性的特点，它给人类造成了巨大的损失，不仅消耗资源，污染环境，而且造成了大量的工业事故，危及人类的健康和安全。伴随着我国工业水平的进步和经济的发展，对金属和合金的腐蚀与防护技术及其相关标准有了日益强烈的需求。

我国金属和合金的腐蚀标准包括基础标准和方法标准，基础标准主要为术语、分类、技术通（导）则、评定规则等，通用方法标准分为户外腐蚀试验、室内环境腐蚀试验及腐蚀评估和数据分析方法这三大类型，并依据领域科研普遍认知和应用需求进行细分，涵盖了电化学、浸入/暴露类腐蚀、高温腐蚀、应力腐蚀、化学试剂腐蚀、阴极保护等类型标准。目前，金属和合金的腐蚀领域标准相对更为基础通用，其中绝大多数为国家标准，占比约95%，约5%为行业标准。

2. 发展历程

金属和合金的腐蚀试验方法标准工作在我国起步相对较晚，20 世纪50—70 年代仅有不锈钢晶间腐蚀试验一个标准（包括 5 个方法）；随着腐蚀学科的深入研究和发展，为适应生产、科研及国际贸易的需要，逐步制定该领域的标准，到 20 世纪 90 年代，标准数量达到 20 多个；2000 年后，本着试验方法标准尽可能采用国际标准、与国外接轨的原则，金属和合金的腐蚀领域标准主要参照国际标准和国外先进标准进行制定；“十三五”以来，随着我国腐蚀领域学术研究进步较快，结合国内政策引导，在转化国际标准的同时开展自主研制国家标准，有的甚至提出开展国际标准的制定。

2015 年，由我国牵头修订的国际标准《人工气候下的腐蚀试验　交替暴露于腐蚀促进气体、中性盐雾和干燥中的加速腐蚀试验》（ISO 21207:2015）正式发布；我国牵头制定的国际标准《不锈钢耐晶间腐蚀测定　第 3 部分：低铬铁素体不锈钢晶间腐蚀试验方法》（ISO 3651-3:2017）也在 2017 年正式发布。以此为起点，中国从参与 ISO/TC 156 国际标准，转变为具有持续牵头能力，与国外专家共同研制国际标准。

目前，金属和合金的腐蚀领域现行标准 88 项，其中国家标准 83 项，行业标准 5 项，采用国际标准 61 项。这些国际标准的转化使得我国金属和合金的腐蚀领域与国际相关领域的合作不断加深，也为我国在该领域标准化工作的国内国际协同发展奠定了良好的基础。

3. 重点标准

（1）《金属和合金的腐蚀　奥氏体及铁素体-奥氏体（双相）不锈钢晶间腐蚀试验方法》（GB/T 4334—2020）。

晶间腐蚀是20世纪20年代工业界开始采用奥氏体不锈钢以来才发现和引起重视的腐蚀类型。我国的晶间腐蚀试验标准先后受苏联、美国、日本及ISO国际标准的影响。“不锈钢晶间腐蚀试验方法”是我国在腐蚀试验领域最早建立的标准。

20世纪60年代我国参考苏联ГОСТ 6023—58制定了YB 44—64，之后参考ASTM、JIS、ГОСТ等标准制定了GB 1223—75，80年代参考JIS G 0571~JIS G 0575研制了GB 4334系列标准。2008年，《金属和合金的腐蚀　不锈钢的晶间腐蚀》（GB/T 4334—2008）国家标准正式发布，该标准修改采用国际标准ISO 3651-1:1998、ISO 3651-2:1998。GB/T 4334—2008自发布实施以来对我国不锈钢产业的迅猛发展起到了重要推动作用，随着时间的推移及不锈钢产业的发展，该标准在使用过程中也逐渐产生了一些争议和问题，2020年对该标准进行修订，更好地适应和服务我国不锈钢产业的发展。

GB/T 4334—2020修改采用了ISO 3651系列标准，适用于检验奥氏体不锈钢及铁素体-奥氏体双相不锈钢（以下简称双相不锈钢）的晶间腐蚀倾向。近年来，中国不锈钢产量及品种已经发生了明显的变化，双相不锈钢得到快速发展，与GB/T 4334—2008相比，GB/T 4334—2020淘汰了不适用的硝酸-氢氟酸方法，同时补充了新的实验方法，为高铬钼奥氏体不锈钢及双相不锈钢晶间腐蚀试验方法的推广应用提供了有力的技术支撑，为指导和规范高铬钼奥氏体不锈钢及双相不锈钢生产和验收提供了依据。另外，通过敏化制度、弯曲实验参数等的调整，进一步提高了标准的科学性、经济性及实用性，解决了标龄老化问题，也保证了标准的时效性。

GB/T 4334—2020的发布和实施提高了我国不锈钢产品的技术性能、安全可靠性及环保性能，对于不锈钢晶间腐蚀及腐蚀性能检验方法的完善具有积极的意义。

（2）《人造气氛腐蚀试验　盐雾试验》（GB/T 10125—2021）。

盐雾腐蚀是一种较常见且具有破坏性的大气腐蚀，盐雾中的氯离子可以穿透产品表面的保护层，与内部材料发生化学反应从而引起产品的腐蚀。《人造气氛腐蚀试验　盐雾试验》标准是通过人工模拟盐雾环境来考察金属材料抗腐蚀性能的加速检测方法，与天然环境试验方法相比，可以在极短的试验时间内得出与天然环境试验方法相似的试验结果。

关于检测及评定金属材料抗盐雾性能方法，我国早期发布的国家标准有《金属覆盖层 中性盐雾试验（NSS试验）》（GB/T 6458—1986）、《金属覆盖层 醋酸雾试验（ASS试验）》（GB/T 6459—1986）、《金属覆盖层 铜加速醋酸雾试验（CASS试验）》（GB/T 6460—1986）和《人造气氛腐蚀试验 盐雾试验（SS试验）》（GB/T 10125—1988），这四项标准在1997年被《人造气氛腐蚀试验 盐雾试验》（GB/T 10125—1997）全部代替。《人造气氛腐蚀试验 盐雾试验》（GB/T 10125）在2012年进行了第一次修订，对适用范围、规范性引用文件、试验装置、结果评价等方面进行了较大的修改和补充。

2020年，GB/T 10125进行第二次修订，在主要技术内容上与ISO 9227:2017保持一致，部分技术内容为适应我国国情进行了调整，增强了试验方法和结果评定方面的可操作性。

《人造气氛腐蚀试验 盐雾试验》（GB/T 10125—2021）是评估金属材料及其覆盖层抗盐雾性能最全面的方法标准。该标准充分纳入和反映了当今新产品、新技术、新工艺的先进技术成果，同时保证了标准的时效性，为影响加速腐蚀性环境参数测量的推广应用提供了有力的技术支撑。作为评估金属材料耐腐蚀性方法标准，GB/T 10125—2021促进了我国金属材料质量提升，助力我国在海洋工程设备、汽车产品、航空及军事零部件等生产领域跻身国际先进行列。

（四）金相检验方法

1. 简介

金相检验主要是通过采用定量金相学原理，运用二维金相试样磨面或薄膜的金相显微组织的测量和计算来确定合金组织的三维空间形貌，从而建立合金成分、组织和性能间的定量关系。金相检验在产品质量保证方面发挥了重要作用，提高了人们对显微组织与材料的性能之间关系的认识，为材料的发展奠定了理论基础。

近年来，随着金相检验技术的不断发展，金相检验方法从传统的光学显微镜检验向先进的微束显微方法方向延伸，制样从手工向自动方向发展，精确度也越来越高、从定性向半定量、定量方向发展，自动图像分析方法应用越来越普遍。随着钢铁行业智能制造的发展，金相检验方法和检测设备也越来越智能化，已开始出现了金相机器智能检测和分析。

我国金相检验方法标准体系参考国际标准和国外先进标准体系构建，形成按照低倍检验、高倍检验和图像分析方法进行分类的标准体系。标准体系如图 6-3 所示。

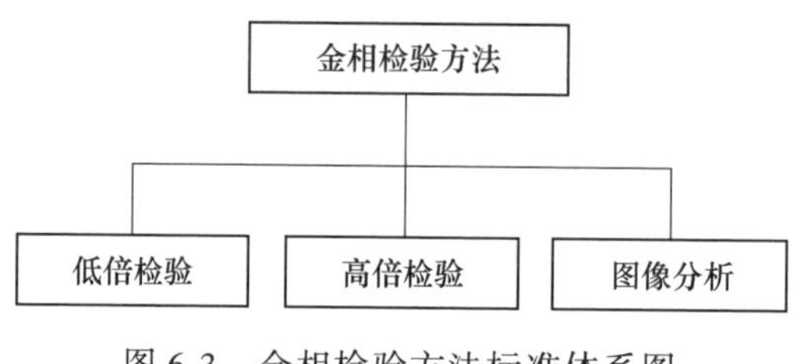

图 6-3　金相检验方法标准体系图

2. 重点标准

（1）《金属平均晶粒度测定方法》（GB/T 6394—2017）。

晶粒度是晶粒大小的量度，是金属材料性能的重要表征方式。晶粒尺寸不仅影响材料的力学性能，还影响着材料的物理特性、表面性能和相转变。目前世界各国对金属晶粒度的表示方法和测定标准基本统一使用与标准图片比较的评级方法。我国晶粒度检验标准的发展历程可分为三个阶段。

20 世纪 50—70 年代为我国晶粒度标准制定的初始阶段。我国参照苏联 ГОСТ 5639 标准制定了《钢的晶粒度测定法》（重 15—55），后转化为 YB 27—59，在 1964 年和 1977 年进行了两次修订。本阶段晶粒度测定方法有比较法和弦计算法两种；规定了亚共析钢和过共析钢各一套 1～8 级第一标准级别图、1～8 级第二标准级别图；钢产品一般按 YB 27 检测奥氏体（本质）晶粒度，除非产品标准中规定检验实际晶粒度。

20 世纪 80—90 年代为我国晶粒度标准与国际惯例接轨阶段。按照“积极采用国际标准和国外先进标准”的工作原则，1986 年参照美国 ASTM E112 标准对 YB 27 进行了全面修改，并上升为国家标准 GB 6394—86。该标准取消了“奥氏体（本质）晶粒度”概念，用“平均晶粒度”代之，从而完全改变了我国晶粒度的显示与测量方法，实现国际化发展；测量方法有比较法、面积法、节点法 3 种；规定了 4 套合理、适用广泛的评级图。由于本次修订内容改动较大，为了做好新旧标准的衔接工作，信息标准院出台了《关于执行 GB 6394—86〈金属平均晶粒度测定法〉国家标准的通知》（（88）冶情标所字第 134 号文），规定了过渡办法，解决了新旧标准转换过程中带来的问题。1993 年国家标准清理整顿时，GB 6394—86 标准转化为 YB/T 5148—1993，但标准结构与内容没有改变。通过十几年的实际应用，国内逐渐对 GB/T 6394—86 或 YB/T 5148—1993 有了更深的理解和认识。

2002 年对该标准进行了修订，并重新上升为国家标准。之后我国逐步开始探索晶粒度标准体系的建立。GB/T 6394 仅适用于产品中晶粒尺寸呈单一对数近似正态分布的情况，而实际检验中常会发现晶粒不均匀现象，仅用一个平均晶粒度值来表征，显然不能充分地表示该试样的晶粒分布形貌特征。为了满足晶粒度检验的需要，我国参照美国标准 ASTM E1181 和 ASTM E930 先后制定了《双重晶粒度表征与测定方法》（GB/T 24177—2009）和《金相检测面上最大晶粒尺寸级别（ALA 晶粒度）测定方法》（YB/T 4290—2012）两项标准。该两项标准主要用于识别、区分和测定非平均晶粒度，与现行的《金属平均晶粒度测定方法》（GB/T 6394—2017）共同组成晶粒度检测标准体系。

（2）《钢中非金属夹杂物含量的测定　标准评级图显微检验法》（GB/T 10561）。

非金属夹杂物是钢中不可避免的杂质，对钢的工艺性能和力学性能有显著的影响。钢中含有较多的非金属夹杂物，淬火时会引起应力集中而形成裂纹，降低钢的疲劳强度；硫化物过高会引起钢的热脆性；夹杂物的存在会使零件在腐蚀介质中在有夹杂的地方先引起点腐蚀等，所以必须将钢中非金属夹杂物的含量控制在最低限度。

《钢中非金属夹杂物含量的测定　标准评级图显微检验法》（GB/T 10561—2005）是我国非金属夹杂物图片评级的国家标准。GB/T 10561 标准的前身是《钢中非金属夹杂物显微评定法》（YB 25—77），该标准最早是采用苏联标准 ГОСТ 1778 制定的重 61—55，1959 年转化为 YB 25—59，1977 年修订为 YB 25—77。YB 25—77 标准评级图按夹杂物的塑性变形能力分为脆性夹杂物（氧化物及脆性硅酸盐类）和塑性夹杂物（硫化物及塑性硅酸盐类）两种类型，每类夹杂物分别有集中分布和分散分布两套评级图片，各分 4 级，夹杂物（面积）含量按整数递增，最大级别是 4 级，共 16 张图片。

1989 年对标准进行了第三次修订。此次修订是等效采用 ISO 4967:1979 编制的，并上升为国家标准 GB/T 10561—1989。GB/T 10561—1989 在标准的适用范围、标准评级图、检验方法和评定方法、结果表示等方面均等同于 ISO 4967:1979，不同之处在于 GB/T 10561 增加了钢板、钢带、扁钢和钢管的取样方法和取样示意图。由于 GB/T 10561—1989 标准完全改变了原 YB 25—77 标准的夹杂物的分类、评级图片及评级方法等，故为了解决新旧标准的衔接问题，冶金部情报标准总所以《关于执行 GB 10561—89〈钢中非金属夹杂物显微评定方法〉国家标准有关问题的函》（（90）冶情标所字第133号文），冶金工业部以《冶金部转发关于执行GB 10561—89〈钢中非金属夹杂物显微评定方法〉意见的通知》（冶质〔1997〕33号文）规定了一系列过渡期管理办法。

2005年对GB/T 10561进行了修订。此次修订是等同采用ISO 4967:1998编制的，在标准结构和内容、标准评级图和评级方法等方面均与ISO 4967:1998相同。

2020年，GB/T 10561修改采用ISO 4967:2013，再次进行修订。本次修订修改了DS类夹杂物的描述和D类细系夹杂物的最小宽度；增加了析出相的评定条件；修改了部分级别的标准图片，并加注标尺。

目前，国内外尚没有一个标准能快速、准确评定和表征钢中非金属夹杂物的含量、类型、大小、形状和分布等特征。但采用标准评级图的比较法由于操作简便，且能满足工业性生产质量检验的要求，已被各国标准所采纳，成为各国夹杂物测定方法的发展方向。

第三节　重点产品标准

一、建筑和一般工程用钢

（一）结构钢

1. 简介

我国结构钢基础通用标准经过多年的发展，从采用苏联标准建立我国结构钢产品标准体系，到改革开放后逐步与国际标准接轨，再到今天直接采用国际标准制定新标准体系并牵头国际标准的制定，我国结构钢标准经历了一个从无到有、从落后到领先的过程。

目前结构钢领域基础通用标准主要有《碳素结构钢》（GB/T 700—2006）、《低合金高强度结构钢》（GB/T 1591—2018）和《结构钢》（GB/T 34560系列）共8项标准。

结构钢通用基础标准规定了195MPa、215MPa、235MPa、275MPa、355MPa、390MPa、420MPa、460MPa、500MPa、550MPa、620MPa、690MPa、800MPa、890MPa、960MPa、1030MPa、1100MPa、1200MPa、1300MPa共19个强度等级，按质量等级将产品分为A、B、C、D、E、F共

6个级别，交货状态分为热轧（AR）、正火（N）、正火轧制（N）、热机械轧制（TMCP）、淬火+回火（Q）共5种，产品种类包括钢棒、宽扁钢、钢板、钢带、型钢共5种以及可参照使用的钢锭、钢坯、连铸坯及制品等，生产的厚度规格最大可达400mm，从产品性能上可分为一般用途、厚度方向性能、耐候、抗震、耐火耐候等。我国结构钢标准体系的发展历程如图6-4所示。

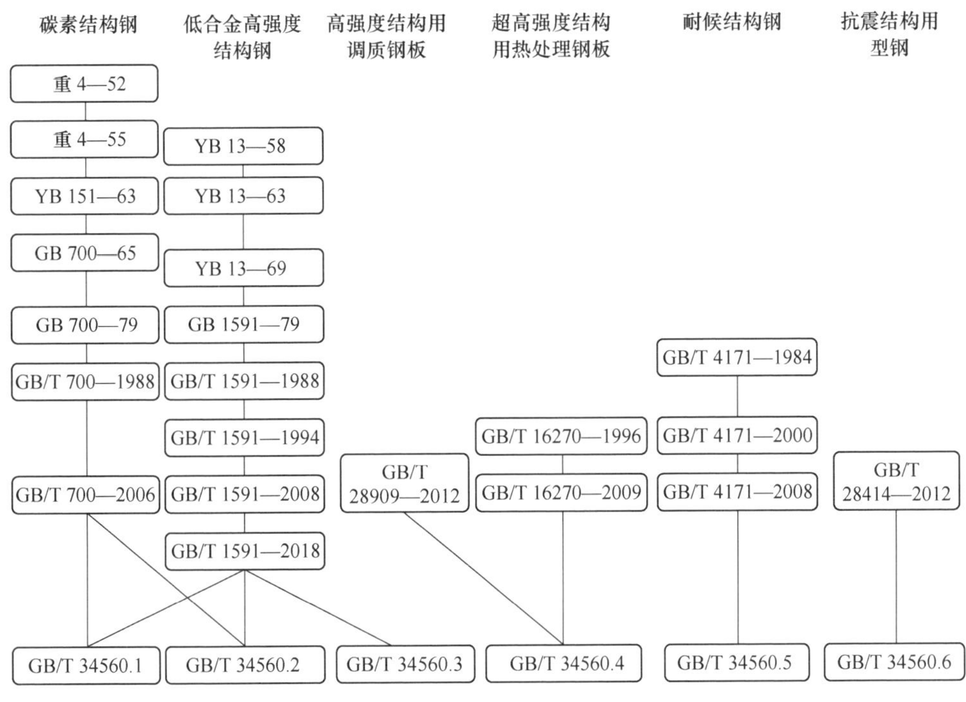

图6-4　我国结构钢基础产品标准的发展历程

2. 重点标准

(1)《碳素结构钢》(GB/T 700)。

碳素结构钢碳含量（质量分数）一般为0.02%~2%，并含有硅、锰等元素，一般不经热处理即可直接使用，通常轧制成板材或型钢，具有一定的强度，必要时要求冲击和焊接性能，适用于焊接、铆接、拴接等加工工艺，普遍用于建筑、桥梁、船舶、车辆及其他结构。我国碳素结构钢标准多年来一直沿用GB/T 700，其发展以改革开放为界，在这之前以参考苏联标准为主，之后则逐渐向国际标准靠拢。

我国最早的碳素结构钢标准是从新中国刚成立时制定的《普通热轧碳素

钢 分类及一般技术条件》（重 4—52），迄今已有 70 多年的历史，参考苏联标准 ГОСТ 380 规定了从 0 号到 7 号钢共 8 个牌号。标准于 1955 年完成第一次修订。1963 年重 4—55 修订为冶金行业标准《碳素结构钢 钢号和一般技术条件》（YB 151—63），第一次将产品称为“碳素结构钢”。两年后，YB 151—63 调整为国家标准《普通碳素结构钢技术条件》（GB 700—65）。

1979 年，GB 700—65 进行第一次修订。由于 0 号钢易与低质钢和废品钢混杂，而 7 号钢的生产和使用极少，因此本次修订删除了这 2 个牌号。修订后的标准将产品分为甲类（只保力学性能）、乙类（只保化学成分）和特类（二者都保）3 类。GB 700—79 适应当时的冶金技术水平，但始终没有脱离苏联标准的框框，即牌号表示方法跟成分和性能都无法挂钩；一个牌号只有一种成分，一种性能，不能满足不同的使用需求。标准水平总体上较为落后。

改革开放以后，随着我国国门的敞开、国际贸易的开展以及重返 ISO，我国技术和标准化人员也开始以国际标准的视角来审视 GB 700。20 世纪 80 年代，我国参照 ISO 630 开展了 GB 700 的第二次修订工作，我国碳素结构钢标准开始从苏联体系转向国际标准体系。新标准《碳素结构钢》（GB/T 700—1988）采用国际标准牌号，改为 Q195、Q215、Q235、Q255 和 Q275，并按质量等级分为 A、B、C、D 共 4 个等级。标准从形式到内容都有了很大变化，采用国际先进技术路线，技术水平显著提高。

GB/T 700—1988 使用了近 20 年，实施效果评价和反馈良好。2006 年，GB/T 700 进行第三次修订，新标准删掉了不常用的 Q255 牌号；根据工艺技术的发展，取消了平炉冶炼方法；取消了各牌号 C、Mn 含量下限，解除了对生产工艺的束缚；在结构钢领域首次将“屈服点”改为国际上通用的“上屈服强度”。本次修订延续了与国际标准接轨的原则，并通过非等效的方式采标 ISO 630：1995，让我国标准与国际标准进一步接轨，有力推动了我国碳素结构钢的出口和贸易。目前，现行的《碳素结构钢》（GB/T 700—2006）规定了 Q195、Q215、Q235、Q275 共 4 个强度级别的牌号。

（2）《低合金高强度结构钢》（GB/T 1591）。

低合金高强度结构钢是在碳素结构钢基础上发展而来的，其特点是通过加入少量铌、钒、钛、铝等微合金化元素，通过热轧、正火轧制、热机械轧制等工艺生产的一类工程结构用钢，屈服强度超过 GB/T 700 规定的最高值 275MPa。“低合金”和“高强度”是相对于碳素结构钢而言的，低合金高强度结构钢采用尽量少的强化元素获得了尽可能高的强度，广泛用于桥梁、船舶、车辆、压力容器、油气管道、高层建筑、大型建筑等强度要求较高的工程结构。

与 GB/T 700 一样，我国的低合金高强度结构钢标准也是参照苏联标准发展而来的。20 世纪 50 年代末，我国参照苏联标准，成功研制了 16Mn 钢和 15MnTi 钢，在此基础上制定了 YB 13—58，共规定了 12 个牌号，主要为含 Mn 牌号。1963 年和 1969 年，标准分别进行了两次修订，牌号除 Mn 系牌号外，包括了结合我国富产资源所开发的 V、Ti、Nb 及稀土的低合金钢。1979 年，与 GB/T 700 同时，标准上升为国家标准《低合金结构钢技术条件》（GB 1591—79），标准取消了Ⅱ组钢和允许 16Mn 提高碳含量上限，降低屈服点、抗拉强度和伸长率的规定。GB 1591—79 一定程度上提高了低合金钢产品的技术要求，但也没有脱离苏联标准的影响，标准技术水平仍较落后。

1988 年，为顺应当时与国际标准接轨的趋势，GB 1591—79 与 GB 700—79 同时开展修订。考虑到当时低合金钢的生产受当时国内资源、企业装备和工艺的限制，采用国际标准的难度比较大，所以这次修订只做了一些小幅改动，牌号也未随 GB 700 一道修改。

1994 年，GB 1591 进行了第二次修订，标准名称改为《低合金高强度结构钢》，采用国际标准开始了标准结构和内容的大改革。不仅牌号采用强度表示，更改为 Q295、Q345、Q390、Q420、Q460 强度等级和 A、B、C、D、E 共 5 个质量等级，而且引进"碳当量"，以保力学性能、焊接性能为主。修订后的标准更加科学合理，既便于生产方根据各自条件制定生产工艺，也便于设计和使用部门选材及使用。

2008 年，标准进行第三次修订，增加了 Q500、Q550、Q620、Q690 共 4 个强度级别，取消了 Q295 强度级别，加严了磷、硫等元素的控制。与 GB/T 700—2006 不同，GB/T 1591 将屈服点明确为下屈服强度，这在一定程度上造成两个标准的不协调一致的现象。

2018 年，标准进行第四次修订，为促进我国结构钢产品与国际接轨，本次修订参照 ISO 630 结构钢系列标准，技术内容向国际标准进一步靠拢：将下屈服强度改为上屈服强度，与 GB/T 700—2006 保持一致；以 Q355 钢级替代 Q345 钢级及相关要求，与国际标准保持一致；根据我国在俄罗斯亚马尔半岛液化天然气项目施工情况，为 Q355N 和 Q355M 钢级增加了考核 -60℃ 冲击性能的 F 质量等级，为更低温度环境下使用的结构钢提供选材依据；在技术指标上，按不同交货状态分别规定各牌号的化学成分和力学性能。

新版 GB/T 1591 的发布与实施，标志着我国工程用结构钢标准体系的改革取得了突破性进展，解决了我国工程用结构钢标准与国际标准接轨关键问题，为我国实施“一带一路”倡议、“走出去”战略奠定了技术基础。

（二）钢筋混凝土用钢

1. 简介

钢筋又称为螺纹钢，是我国钢材品种中消费量占比最大的品种，主要用于钢筋混凝土建筑构件的骨架。自 1949 年新中国成立以来，我国钢筋产品实现了从无到有，从“弱”到“强”的飞跃式发展。新中国成立初期我国没有螺纹钢统计类别，螺纹钢的生产统计归为型材类别。据文献记载，1971 年我国低合金钢筋产量约 30 万吨，1978 年我国钢筋产量为 42 万吨。70 年代以前的钢筋基本以 3 号钢（235MPa）为主。2021 年，我国钢筋产量达到 2.66 亿吨，400MPa 级钢筋用量已超 80%。

2. 发展历程

我国现行螺纹钢标准为 GB/T 1499.2—2018。这一标准自《钢筋混凝土结构用热轧螺纹钢筋》（重 111—55）发布以来，历经 10 个版本。我国最早制定的螺纹钢筋标准是重 111—55，该标准是在苏联标准的基础上制定的。之后，我国先后制修订了 YB 171—63、YB 171—65、YB 171—67。1979 年，螺纹钢标准上升为国标，之后根据工艺技术装备以及应用的要求，先后在 1984 年、1991 年、1998 年、2007 年及 2018 年进行了修订，历史演变版本如图 6-5 所示。

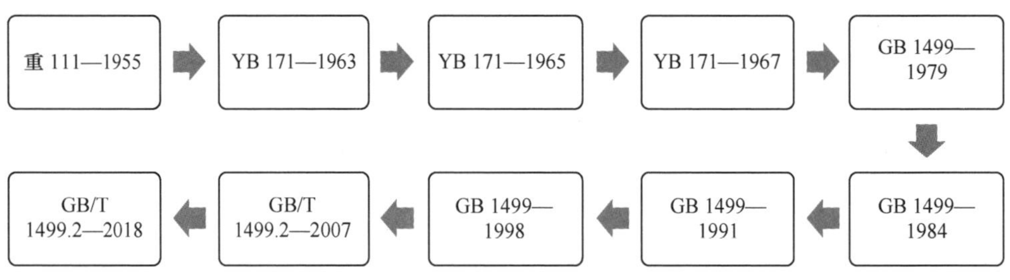

图 6-5　GB/T 1499.2 标准演变版本

新中国成立初期，我国钢铁领域标准主要是参考苏联标准制定的，我国第一版螺纹钢标准重 111—55 就是参照《混凝土结构用热轧钢筋》（ГОСТ 5781）制定的，该标准填补了我国螺纹钢标准的空白，对我国解放初期的经济建设的恢复和完成第一个“五年计划”都起到巨大作用。

重111—55实施多年以后，在牌号、外形、规格等方面都出现了无法满足生产和应用需求的情况。1963年在重111—55和《混凝土结构用热轧钢筋》（ГОСТ 5781—61）基础上，制定了我国钢筋的第一个冶金行业标准《钢筋混凝土结构用热轧螺纹钢筋》（YB 171—63），该标准在钢筋外形、尺寸规格、牌号等方面进行了较大调整，形成了光圆钢筋、人字式钢筋、螺旋式螺纹钢筋的产品系列，满足了我国钢筋生产、设计、应用的需求。

为解决YB 171—63标准实施后出现的问题，如人字式钢筋肋间距过小、产品直径过大（最大为90mm）、负公差过大、没有$\delta 5$和$\delta 10$而无法满足建工系统用户需求等问题，标准在1965年迅速完成了修订，解决了63版标准中出现的各种问题。

为了促进我国稀有元素矿藏丰富的各地区创新钢种，逐步建立起我国独特的钢筋牌号体系（如我国西北西南地区矿山中富含不同程度的V、Ti、Nb、Re等）、充分发挥各个冶金企业现有设备的作用，创新生产工艺，便于设计和施工等需求，我国在1969年完成了对YB 171—65的修订，这一版修订着重对强度级别、牌号成分等进行了较大调整。

YB 171—69实施近10年过程中发现，产量占到螺纹钢筋产量的90%以上的16Mn钢筋的化学成分和强度不对应，产品不合格率达到近10%。另外，钢筋的外形和标志问题也相对陈旧落后，对钢筋外贸产生了较大影响。为解决以上问题，YB 171—69在1979年完成修订，并第一次升级为国家标准GB 1499—79。改版标准在强度、规格、外形、成分、标识等方面都进行了较大调整，解决了生产和外贸中出现的问题。

进入20世纪80年代，国家实行对外开放政策，对外贸易和技术引进迅速发展。而我国原有基于苏联标准建立的标准体系，与国际贸易普遍采用的国际标准不一致，严重制约了我国国际贸易的顺利开展。党中央、国务院决定把采用国际标准和国外先进标准作为我国的一项重大技术政策。按照国务院、国家标准局有关采用国际国外先进标准要求，GB 1499—79标准启动了修订工作。

本次修订主要参考欧洲等国家的钢筋标准（当时ISO没有钢筋国际标准）。在如下方面进行了重大调整：外形方面，根据原冶金工业部完成的“钢筋外形改进”研究课题确定了月牙肋代替现行的螺纹外形方案；牌号方面，纳入新20MnSi（与原20MnSi的34/62公斤级相比可节约金属5%左右）。GB 1499—1984标准发布后的几年，月牙肋钢筋很快获得广泛推广，其产量占总产量的50%~70%。本次修订开创了以高强度钢筋代替低强度钢筋以节约钢材的先河，为钢筋向高强化发展提供了重要保障；在标准中提出了重量偏差检测的要求，虽然不作为交货条件，但为日后重量偏差作为保证条件，进一步提高产品质量，打下了基础。

随着“六五”“七五”科技攻关成果的鉴定，科技再次成为推动产业发展的重要动力。在 GB 1499.2—1991 中纳入了“六五”科技攻关并经过鉴定的 400MPa 级钢筋牌号 20MnSiV、20MnTi，同时将 25MnSi 牌号纳入《钢筋混凝土用余热处理钢筋》（GB 13014）。本次修订是将科技成果转化为标准后促进产品升级、向高强化发展、丰富钢筋品种工艺的典范。

1992 年，党的十四大报告把建立社会主义市场经济体制作为我国经济体制改革新的目标。对《钢筋混凝土用热轧带肋钢筋》（GB 1499—91）标准进行修订，正是为了适应我国市场经济的发展，使产品标准逐步由生产型标准向贸易型标准转变，逐步与国际标准接轨，并为本产品进行国际贸易和国际交流创造条件。本次修订仍旧坚持采用国际国外先进标准的原则，在参照《钢筋混凝土用钢　第 2 部分：带肋钢筋》（ISO 6935-2）的基础上，GB 1499—1998 纳入了 500MPa 级钢筋，形成了 300MPa、400MPa、500MPa 三个强度等级的牌号系列，实现了与国际接轨，再次助推钢筋向高强化发展；取消了成分下限值，为实现钢筋生产技术“百花齐放百家争鸣”奠定了基础；增加了抗震钢筋的有关要求，满足了混凝土建筑对抗震节点的材料要求。

为推进“973”计划与“863”计划的科技攻关新成果细晶粒钢筋成果应用，2006 年，我国启动对 GB 1499—1998 的修订工作。细晶粒钢筋是通过控制轧制和控制冷却工艺细化晶粒而形成，在技术路线上主要是采用微合金强化与工艺强化并举的技术路线。GB/T 1499.2—2007 中纳入了细晶粒钢筋，促进了我国钢筋生产合金资源的节约与成本的降低。

为应对 2008 年爆发的国际金融危机，确保钢铁产业平稳运行，加快结构调整，推动产业升级，工信部在 2009 年发布了《钢铁产业振兴规划》，淘汰 335MPa 以下钢筋，2011 年底 400MPa 及以上使用比例超过 60%。之后，以这一文件为代表的要求淘汰 335MPa 钢筋、推广高强钢筋、淘汰和化解落后产能等一系列的国家及部委文件相继发布。对 GB/T 1499.2—2007 的修订很快被提上日程。

3. 现行版主要内容

2018 年新版标准正式发布。本次修订，技术指标有了较大提升，取消 335MPa 级钢筋，增加了 600MPa 级高强度钢筋，形成了 400MPa、500MPa、

600MPa强度等级系列，对高强钢筋的推广应用、节能减排产生了积极的促进作用；增加钢的冶炼工艺要求，为打击和取缔地条钢提供了技术支撑；增加金相组织检验的要求及其配套检验方法，作为判定热轧钢筋和穿水钢筋的依据，可有效避免用穿水钢筋仿冒热轧钢筋；加严尺寸和重量偏差规定并明确重量偏差不能进行复检，对产品质量的进一步提高提供了重要保障。2018版标准为带肋钢筋向高质量发展提供了重要的技术支撑。

（三）桥梁钢

1. 简介

桥梁钢是专用于架造铁路或公路桥梁的结构钢。要求有较高的强度、韧性及承受机车车辆的载荷和冲击，且要有良好的抗疲劳性、一定的低温韧性和耐大气腐蚀性。当钢材的强度增加后，相应的同体积的重量也会降低，这会给桥梁的建设带来许多便利，以及可以增加桥梁的使用强度。高强轻质钢材最根本的作用是降低桥梁的本身重量，在支撑点所能承受的重量相同的情况下，桥梁本身越轻，那么桥上能够承载的重量就越大，增加了桥梁的使用强度。高强度、低重量的钢材还可以给施工带来极大的便利。钢结构桥梁相比较混凝土等其他桥梁有许多优点，由于钢材的抗压性、可塑性都比较好，这给钢结构桥梁的建造带来了许多便利。同时，钢材的韧性非常好，这就使得钢结构桥梁的抗震性非常好，安全系数更高了。此外，钢材结构加工起来简单，运输量小，安装方便，使得施工日期大大缩短。钢结构桥梁的诸多优点使桥梁钢在大型桥梁建造中发挥了重要作用。

2. 发展历程

我国桥梁钢的发展历程伴随着桥梁事业的发展。1957年建成的武汉长江大桥，是新中国成立后在“天堑”长江上修建的第一座大桥，是中国第一座复线铁路、公路两用桥，建成之后，成为连接中国南北的大动脉，对促进南北经济的发展起到了重要的作用，当时建造桥梁采用的钢牌号为A3q，由于当时焊接工艺和钢板质量的限制，武汉长江大桥采用了较为原始的铆接工艺。1963年，由鞍山钢铁公司编制的我国第一个桥梁钢冶金工业部颁标准《桥梁建筑用热轧碳素钢技术条件》（YB 168—63）颁布，主要参照了ГОСТ 6713—53，当时的牌号仅有16q和A3q。A3q用于制造铆接桥梁结构，16q用于制造焊接的桥梁结构。1965年，由于我国当时生产的桥梁钢机械性能已趋于稳定，于是将YB 168—63冶金工业部部标升级为国家标准《桥梁建筑用热轧碳素钢技术条件》（GB 714—65），该标准为我国桥梁用钢标准的发展奠定了基础。

1968 年 12 月 29 日，由中国人自己设计建造的铁路、公路两用大桥南京长江大桥竣工通车，大桥的成功建设在中国桥梁建设历史上具有里程碑的意义。南京长江大桥建设是在 1960 年苏联将援华的专家队伍全部撤走，并停止了钢材供应的情况下，由鞍山钢铁公司临危受命最终研制出符合国际标准的钢材 16Mnq 并且批量生产，使大桥的钢材问题得以解决。

为了适应大跨距栓焊桥梁发展的需求，1970 年《桥梁用碳素钢及普通低合金钢钢板技术条件》（YB 168—1970）颁布，取消了用于铆接的 A3q 牌号，增加了 12Mnq、12MnVq、16Mnq、15MnVq、15MnVNq 等低合金钢牌号，该标准的发布表明我国用于铆接的桥梁钢结束历史使命，低合金焊接桥梁钢发展起来。1993 年建成九江长江大桥，超过南京长江大桥成为当时中国最长的双层双线铁路、公路两用桥，是中国桥梁建设史上第三座“里程碑”式的桥梁，采用 15MnVNq 高强度低合金钢种制造，钢板最大厚度为 56mm，并用直径 27mm 的高强度螺栓铆接钢梁杆件。

我国桥梁事业的发展经过四个标志性的阶段，各阶段都代表了一个时期的桥梁技术的发展水平和冶金技术的发展水平。2000 年，《桥梁用结构钢》（GB/T 714—2000）标准发布，该标准由《桥梁建筑用热轧碳素钢技术条件》（GB 714—65）、《桥梁用碳素钢及普通低合金钢钢板技术条件》（YB 168—1970）和《桥梁用结构钢》（YB/T 10—1981）三个标准合并修订而成。标准中增加了型钢的技术要求，桥梁钢牌号进行首次改变，与国际接轨，采用低合金结构钢牌号的表示方法。该标准的发布实施，反映了我国改革开放以后，钢厂的生产装备和工艺技术不断提升，桥梁钢的实物质量也得到较大幅度的提高，促进生产技术进步。

我国公路桥梁自 20 世纪 50 年代至 80 年代经历了预应力钢筋混凝土梁式（刚构）桥到预应力钢筋混凝土梁式（刚构）桥的转变后，80 年代末随着大跨度公路桥梁的建造，钢结构现代索桥（斜拉、悬索）显示出强有力的竞争力，得到快速发展。在不足 10 年的时间，国内相继建造了十余座世界级的大跨度斜拉及悬索桥。南京长江二桥及武汉长江三桥为世界第三和第四大（国内第一大和第二大）斜拉桥，其中南京长江二桥采用全焊结构代替了以往的栓焊钢箱梁，跨度达到 628m，标志着中国钢结构公路桥梁建设水平已达到世界先进水平。

2000 年以后，我国跨海桥梁也有了飞速发展，2005 年建成的首座跨海大桥东海大桥总长约为 31km，是中国桥梁建设首次成功地跨出外海，不仅填补了中国桥梁建造史上的一项空白，也为之后相继展开的杭州湾跨海大桥、青岛胶州湾跨海大桥等跨海大桥的建设“铺了路”。随着我国钢厂技术快速进步，采用低碳含量（低碳当量），微合金化，控轧、控冷工艺技术生产新一代桥梁钢逐渐被开发出来，能够达到高强度、高韧性、易焊接、甚至耐候性能要求。2008年发布实施的《桥梁用结构钢》（GB/T 714—2008），增加了Q460q、Q500q、Q550q、Q620q、Q690q钢级，满足建设新型现代化大型桥梁对桥梁用钢更高、更新的要求，促进我国生产的桥梁用钢实物质量稳定提高和达到国际先进水平，也推动企业技术进步，为我国企业加入国际市场竞争创造了更有利的条件。

随着我国跨海大桥建设的技术进步，对桥梁钢的耐腐蚀性能提出越来越高的要求，为了满足我国日益发展的跨海大桥对耐蚀钢的要求，2015年发布的《桥梁用结构钢》（GB/T 714—2015），增加了Q345qNH、Q370qNH、Q420qNH、Q460qNH、Q500qNH、Q550qNH耐大气腐蚀钢牌号。2018年建成通车的港珠澳大桥是一座连接中国香港、广东珠海和中国澳门的跨海大桥，桥梁全长55km，是国内最长的跨海大桥，凭借巨大的规模和顶尖的建造技术闻名。港珠澳大桥关键受力板件采用Q420qD、钢锚箱采用Q355NHD耐候钢。

近年来，一些拟建和在建的沿海及跨海桥梁工程项目，由于桥址所处环境属于高氯化物腐蚀环境，常规的耐候钢在使用过程中受到限制，而耐海洋大气环境腐蚀桥梁钢需求不断加强。我国Q345qDNHY-Ⅱ、Q370qENHY-Ⅰ耐海洋大气腐蚀桥梁钢产品已经批量生产，并在中马友谊大桥、泉州湾跨海大桥、安海湾跨海大桥工程上获得应用。高镍耐蚀钢解决了严酷海洋环境重大装备与设施长效防腐和安全服役的技术难题。在严苛环境下涂装使用可保证装备结构20年周期内免维护，100年使用周期内仅维护5次。

3. 实施效果及意义

《桥梁用结构钢》（GB/T 714—2015）紧密结合当前市场需求，在科技研发水平不断提升的基础上，对GB/T 714—2008进行了全面修订：

（1）按交货状态细化了各牌号的化学成分要求，在同类产品标准中尚属首次；

（2）标准中增加了Q420q～Q690q钢级的质量等级F级及-60℃冲击试验要求，钢级超过国际标准及国外先进标准的规定，为实现钢材减量化、建立资源节约型社会、引领高强度桥梁钢的发展创造了条件；

（3）与国内外同类标准相比，增加了关于力学性能中屈强比的推荐要求，大幅提高了冲击吸收能量指标，满足桥梁安全性要求及高寒地区桥梁的建造需求；

（4）倡导绿色环保理念，降低全生命周期成本，增加了耐大气腐蚀钢的牌号及化学成分规定，耐大气腐蚀钢的钢级超过国际标准及欧洲标准的规定，达到美国标准要求。

《桥梁用结构钢》（GB/T 714—2015）有效指导高氯化物腐蚀环境条件下跨海大桥结构选材，推动我国桥梁建设进入高质量发展阶段。

（四）热轧 H 型钢和剖分 T 型钢

1. 简介

热轧 H 型钢比工字钢截面模数大，在承载条件相同时可节约金属 10%~15%，以热轧 H 型钢为主体的钢结构建筑，结构稳定性高，特别适用于多地震发生带的建筑结构。

目前，我国已经形成了以 GB/T 11263 为基础的抗震、耐火、耐候、耐低温、Z 向性能、不锈钢等全系列 H 型钢标准体系，规格 100mm×100mm~1000mm×300mm，目前正在研发高度 1600mm 的超大 H 型钢，还制定了海洋石油平台、铁路线杆、铁路货车大梁等专用品种标准，为我国 H 型钢高质量发展奠定了基础。

2. 发展历程

我国热轧 H 型钢标准演变历程如图 6-6 所示。

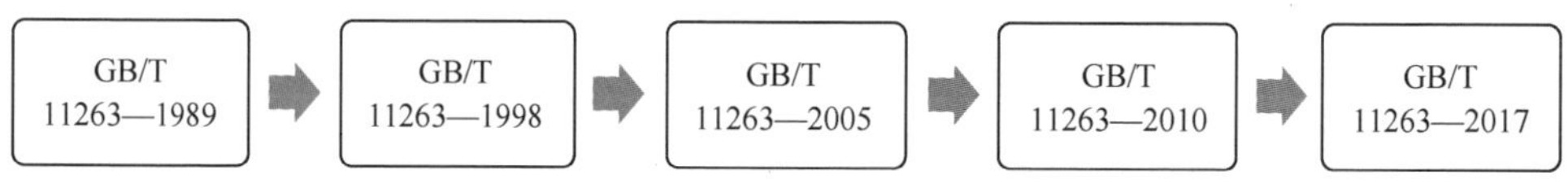

图 6-6　我国热轧 H 型钢标准演变历程

20 世纪初期，欧美已开始在钢结构建筑工程中广泛使用 H 型钢。20 世纪 90 年代前，由于受钢铁企业设备及技术条件限制，我国建筑用 H 型钢一直用工字钢代替或从国外进口。为配合我国第一条热轧 H 型钢生产线——马钢二轧小 H 型钢生产线，在 1989 年 3 月 31 日发布了我国 H 型钢第一版国家标准——《热轧 H 型钢尺寸、外形、重量及允许偏差》（GB/T 11263—1989）。这一版标准是在结合苏联、德国、法国、日本、美国、英国等国外标准，综合分析我国建筑、电厂等工程应用的情况下，列入了宽翼缘、窄翼缘、钢桩等 100 多个规格产品，填补了我国 H 型钢标准的空白，为我国 H 型钢实现国产化以及设计和应用奠定了基础。

由于受当时生产设备的条件限制，无法满足我国对 H 型钢的需求。1994 年，马钢引进了我国第一条万能工艺生产腹高 150~700mm 的 H 型钢生产线。为满足新生产线的需求，同时也需要解决 1989 版标准借鉴标准多、规格冗余复杂的问题，1997 年启动了对 GB/T 11263—1989 的第一次修订。这一版本的修订原则是以较少的规格数量、最大限度地满足各类工程的需要，在非等效采用日本 JIS G3192—1984 和 JIS A5526—1994 标准基础上，将 H 型钢规格扩大到 60 余个并增加了 T 型钢的有关内容。GB/T 11263—1998 标准，达到了国际先进水平，为我国工程建设中广泛采用国产热轧 H 型钢提供了重要保证。

2001 年 12 月 11 日，我国正式加入世界贸易组织，成为其第 143 个成员。随后，欧洲、日本等发达国家和地区的 H 型钢产品大量涌入我国市场，对我国造成了较大冲击。在 2003 年启动标准修订时，国内仅有马钢、莱钢具备生产能力，产量不足 200 万吨。因此，2005 版标准对规格进行优化，增加了轻型薄壁 H 型钢、规格上限扩大到 H1000mm×300mm，为实现国内相关生产企业尽快提高生产水平和能力、抵御入世对我国企业的巨大冲击起到了重要作用。

随着我国钢结构产业的快速发展，21 世纪初，钢结构产量年增长率在 5%左右，在 2010 年已经达到 2600 万吨。同时，为了适应我国市场经济的发展，使产品标准逐步由生产型标准向贸易型标准转变，逐步与国际标准接轨，并为本产品进行国际贸易和国际交流创造条件，2008 年对 GB/T 11263 进行第三次修订。这一版本主要的修订内容是对规格进一步优化、增加了超厚超重 H 型钢等，这些修改促进了我国 H 型钢产业的发展和钢结构产业的进一步发展。我国 H 型钢产量增幅明显，2015 年达到约 1500 万吨，同期我国钢结构产量从 2010 年的 2600 万吨增加到 2015 年的 5100 万吨。

3. 实施效果及意义

受国际金融危机的深层次影响，国际市场持续低迷，国内需求增速趋缓，我国部分产业供过于求矛盾日益凸显，传统制造业产能普遍过剩，特别是钢铁、水泥、电解铝等行业尤为突出。2012 年底，我国钢铁产能利用率仅为 72%。因此，2013 年 10 月，国务院发布了《国务院关于化解产能严重过剩矛盾的指导意见》（国发〔2013〕41 号）。文件明确要求：坚决淘汰落后产能、扩大国内有效需求——推广钢结构在建设领域的应用，提高公共建筑和政府投资建设领域钢结构使用比例。为淘汰落后产能、促进钢结构的发展，2015 年启动标准的第四次修订。本次修订重点围绕满足钢结构领域需求，将美标、英标、俄标和欧标超重规格热轧 H 型钢均列入标准。本版修订，极大地丰富了 H 型钢的规格系列，为我国钢结构领域应用 H 型钢提供了重要支持。

（五）桥梁缆索用钢丝

1. 简介

桥梁缆索用钢丝（以下简称“缆索钢丝”）是国内外桥梁建设不可或缺的重要原料，是大跨度悬索桥和斜拉索桥的主要承载件，由高强度热镀锌（锌铝）钢丝制成。使用环境恶劣，要求产品具有强度高、韧性好、高耐腐蚀性热镀锌铝合金镀层。

2. 发展历程

中国桥梁缆索用钢丝技术起步较晚，但起点较高、发展较快。从 1994 年开始通过几十年的不断发展，国产低松弛缆索钢丝已达到国际先进水平，比如中国杭州湾大桥和苏通大桥的正式通行，标志着中国实现了由“桥梁建设大国”向“桥梁建设强国”的飞跃。同时西部大开发的持续深入，更有力地推动了该项技术的发展。目前，缆索钢丝向着高强度、高耐腐蚀等方向发展。

国内外现行标准有中国的《桥梁缆索用热镀锌钢丝》（GB/T 17101）、法国的《预应力热镀锌和热镀锌-铝合金镀层钢丝及 7 丝钢绞线》（NF A35-035），以及桥梁设计规范，比如英国规范《第 1—11 部分：受力构件的结构设计》（BS/EN 1993-1-11）、美国后张预应力协会的《斜拉索设计、试验和安装》和法国预应力协会的《斜拉索》等。

中国桥梁缆索用钢丝标准经历了从无到有，从国产化到自主创新的阶段。现行国家标准为《桥梁缆索用热镀锌或锌铝合金钢丝》（GB/T 17101—2019），伴随着冶金技术的进步和发展，该标准大体经历了学习欧洲标准、快速发展赶超、引领国际发展三个阶段，如图 6-7 所示。

在学习欧洲标准阶段，为配套桥梁工程的建设，保障施工安全，同时便于业主、设计方、施工方和材料供应商之间沟通，全国钢标准化技术委员会于 1995 年启动《桥梁缆索用热镀锌钢丝》（第一版）（GB/T 17101）的制定工作。该标准在制定过程中，考虑到 NF A35-035:1993 总体上可直接应用于缆索钢丝的生产、验收和检验，其技术指标具有一定的先进性和实用性，对中国桥梁缆索用钢丝的发展有很大影响和指导作用，因此主要参考法国标准

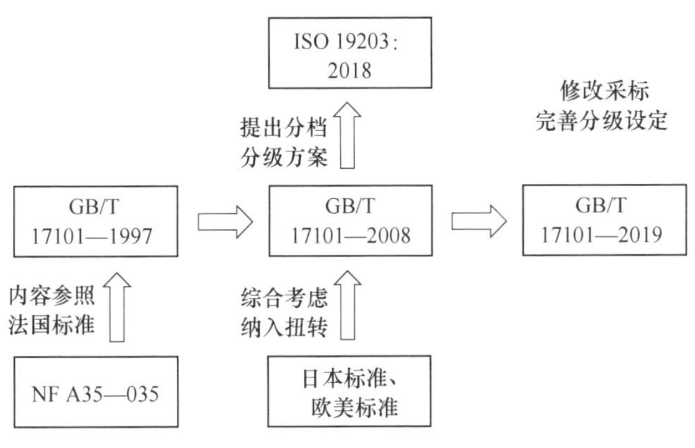

图 6-7　GB/T 17101 制修订历程

《钢产品预应力热镀锌圆钢丝和钢绞线》（NF A35-035:1993）。该标准针对不同用户要求，对 5.0mm 主缆钢丝，依照松弛性能分为无松弛性能要求、Ⅰ级松弛和Ⅱ级松弛三类；不考核钢丝的松弛、弯曲指标，参照法国标准未给出扭转指标的具体数值，只是作为协商项，由供需双方协商确定；规定了斜拉索用 7.0mm 钢丝的技术指标，而未将悬索用主缆钢丝的技术指标包括进去。

总体来说，1997 年中国在参照 NF A35-035 的基础上，颁布了《桥梁缆索用热镀锌钢丝》（GB/T 17101—1997），专门针对中国桥梁缆索行业的特点和要求，对钢丝的技术要求进行了详细规定。此后，中国的悬索桥和斜拉索桥均采用此国家标准，为桥梁建设提供了重要支撑。

在快速发展赶超阶段，随着桥梁建设的发展，建设施工对缆索钢丝的要求不断提高，国内外缆索钢丝强度在不断增加（见图 6-8），到 20 世纪末期，国际上大跨径悬索桥强度基本都达到了 1670MPa，个别桥梁开始采用 1770MPa 的主缆。国内企业通过调控大形变渗碳体的微结构，有效解决了缆索钢丝扭转性能低的难题；同时，开展了缆索钢丝加工用盘条的试制及生产研究，已能稳定生产 82MnQL 和 B87MnQL 等牌号的缆索钢丝加工专用盘条产品，主要用于生产 1860MPa 级以下强度的缆索钢丝。

在行业技术进步的背景下，为配合国家桥梁建设对缆索钢丝的新要求，提高标准的适应性，全国钢标准化技术委员会于 2006 年启动对 GB/T 17101—1997 的修订工作。通过收集分析近十年来特别是最近几年国内大型悬索桥、斜拉索桥缆索钢丝设计采用的技术规范，研究了关键技术指标的发展变化趋势，根据钢丝实际使用的强度情况，同时参照 NF A35-035:2001 的

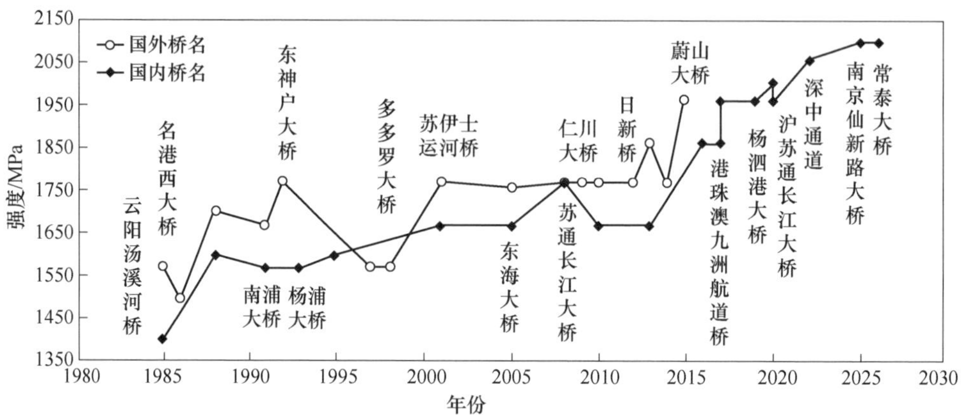

图 6-8　国内外缆索钢丝强度发展趋势

规定，调整了强度级别，取消了 1570MPa 级，5mm 系列钢丝增加了 1860MPa 级，7mm 系列增加了 1770MPa 级，满足高强钢丝的使用需要。针对低松弛（Ⅱ级松弛）镀锌钢丝的扭转指标问题的重大争议，全面调研了日本和欧洲等国家具体生产工艺（见表 6-1），在标准中纳入了热镀锌后处理工艺，确保产品具有良好的松弛性能、直线性和疲劳性能。

表 6-1　主要国家的制造工艺流程和主要性能指标对比

国家或地区		桥型和规格（ϕ/mm）	工艺流程				主要性能指标			
			盘条	冷拉	镀锌	稳定化	松弛	扭转	弯曲	疲劳
日本		斜拉索（7） 悬索（5）	√	√	√	×	×	√	×	×
欧洲	实物	斜拉索（7） 悬索（5）	√	√	√	√ ×	√ √	× ×	√ √	√ ×
欧洲	标准 NF A35-035	斜拉索（5~7）	√	√	√	√	√	×	√	√
中国		斜拉索（7） 悬索（5）	√	√	√	√	√	×	√	√

总体上，GB/T 17101—2008 版研制中，以法国标准为基础，纳入了扭转性能考核，已有了初步融合两大标准的雏形，技术指标达到国际先进。

3. 实施效果及意义

在引领国际发展阶段，在拥有充足技术储备和前期准备基础上，由中国牵头制定《桥梁缆索用热镀锌及锌铝合金镀层钢丝》（ISO 19203:2018），该标准针对欧美体系和新日铁体系的差距，对桥梁缆索生产中涉及的原料如盘条、钢丝进行了大量调研，并对比各国产品性能，着重分析研究其松弛、扭转性能，最终提出以中国国标 GB/T 17101 为基础，按照强度分档分级，进一步细化考核松弛、扭转等力学性能，在技术上做到最大的包容性，增强标准的适用性；同时也建立了中国产品相比于欧美产品性能的优势。

ISO 19203:2018 发布后，国内决定修改采用 ISO 19203:2018 对 GB/T 17101 进行修订，从桥梁缆索的实际应用需求出发，包含不同加工工艺的特色，吸收 ISO 标准科学的分类规定，镀层类别增加了热镀锌铝合金以提高钢丝的耐腐蚀性，提高使用寿命。总的来看，现行的 GB/T 17101—2019 处于先进水平，为促进国内产品实物质量达到国际先进水平，为企业加入国际市场竞争创造了有利条件。

（六）工程机械用钢

1. 简介

工程机械是指矿山开采和各类工程施工用的设备，如钻机、电铲、电动轮翻斗车、挖掘机、装载机、推土机、各类起重机及煤矿液压支架等机械设备的总称。随着工程机械的发展，其用钢向高强高韧发展。由于其作业条件、作业对象、使用环境的特殊性，对所用钢材的要求除一般的强度、刚度、焊接性能等外还应具有耐磨性、耐冲击性、耐疲劳性、低温韧性、耐腐蚀性。

国内工程机械用钢的开发起步较晚，随着近二三十年来陆续引进国外工程机械制造技术，我国工程机械用钢逐渐打破了以 Q235 和 Q345 低级别钢为主的状态。目前，已开发出了 600MPa、700MPa、800MPa、1000MPa 等多个级别的高强度工程机械用钢。

2. 发展历程

我国工程机械用钢标准现有《超高强度调质钢板》（GB/T 16270—2009）和《工程机械用高强度耐磨钢板》（GB/T 24186—2009）。

（1）《高强度结构钢热处理和控轧钢板、钢带》（GB/T 16270—1996）→《高强度结构用调质钢板》（GB/T 16270—2009）。

GB/T 16270—1996 版本中，只有 Q460C/D/E、Q500D/E、Q550D/E、Q620D/E、Q690D/E，最大厚度只到 100mm，随着我国高强度钢板轧制技术和热处理技术的提高，在 GB/T 16270—2009 年版中，强度等级最大到 Q960 级，在 1996 年版基础上，增加了 Q800QC/D/E/F、Q890QC/D/E/F、

Q960QC/D/E/F 高强牌号，在 Q460C/D/E、Q500D/E、Q550D/E、Q620D/E、Q690D/E 牌号中增加了质量等级 F 级，同时钢板的厚度扩大到 150mm。

（2）《工程机械用高强度耐磨钢板》（GB/T 24186—2009）→《工程机械用高强度耐磨钢板和钢带》（GB/T 24186—2022），适用于矿山、建筑、农业等工程机械耐磨结构部件。

《工程机械用高强度耐磨钢板》（GB/T 24186—2009）第一版由济钢集团有限公司（现山东钢铁集团日照有限公司）牵头编制，厚度最大 80mm，牌号有 NM300、NM360、NM400、NM450、NM500、NM550、NM600，耐磨钢的主要核心指标就是表面布氏硬度，NM300～NM450 牌号规定了硬度范围，硬度范围跨度在 60HBW，NM500 及以上牌号规定了硬度最小值。

在 2021 年对 GB/T 24186 进行修订时，标准名称修改为《工程机械用高强度耐磨钢板和钢带》，增加了热轧钢带的内容，厚度范围扩大到 120mm，将耐磨钢分为一般耐磨钢、低温韧性耐磨钢两类，增加了不平度的要求，更改了化学成分中 Cr、Ni、Mo 合金上限，低温韧性耐磨钢 C 含量上限、P 和 S 元素含量上限、酸溶铝元素的下限和碳当量要求，增加了截面中心硬度要求、弯曲性能要求，增加了低温韧性耐磨钢冲击韧性的检验要求。

3. 实施效果及意义

GB/T 24186—2009 标准于 2010 年 4 月实施，距今已经超过 10 年。该标准的制定结束了国内甚至国际上没有耐磨钢板标准的历史，使我国的高强度耐磨钢形成了较为完整的通用化、系列化的标准体系，作为一个反映当时我国高强度耐磨钢发展水平和市场需求的先进科学、实用合理的标准体系，对高强度耐磨钢规范生产及推广使用起到了重要作用。在我国国民经济高速发展的背景下，在该标准的推动下，国内耐磨钢的生产和应用达到了空前的高度，目前年需求各类高强度耐磨钢板在 30 万吨以上，国内企业也逐步研发及投入应用了大量产品，国内耐磨钢生产制造技术有了很大的提高，产品品种、规格和质量档次也不断提高，已经具备研发生产具有国际质量水平的产品的能力。

（七）球墨铸铁管

1. 简介

球墨铸铁管作为一种优质管材，具有管壁薄、韧性好、强度高、耐腐蚀等优点，因其中的石墨形态为球状，基体以铁素体为主，伸长率大、强度高，适应突发力强，使用过程中管段不易弯曲变形。其力学性能接近钢管，而耐腐蚀性能又优于钢管，不仅可以用作输水管道，而且可用于煤气管道及腐蚀性、磨损性物质的输送以及地下建筑构件等，在水利、市政、污水等行业具有广泛应用。再加上采用柔性接口，施工方便，大大降低了工程造价。近年来，球墨铸铁管在非开挖施工、综合管廊等特殊条件下的应用日渐成熟，使得这一产品可以更好地服务国计民生。

经过 30 余年的发展，我国球墨铸铁管标准体系已经初步建立起来，涵盖产品标准、特殊产品的标准、防腐标准、设计标准、施工验收标准等多个方面。球墨铸铁管产品国家标准《水及燃气用球墨铸铁管、管件和附件》（GB/T 13295）作为核心标准，循序渐进完成了 2003 年、2008 年、2013 年、2019 年四次修订，始终紧跟国际标准的步伐，通用性强、认可度较高，确保产品满足国际主流要求的同时，充分考虑我国市场特点和特殊需求，部分技术指标已经达到国际领先水平，进一步满足产品技术提升、节能降耗、绿色发展的要求，见证了我国球墨铸铁管产量逐步跃居世界第一，产品质量也达到国际一流。

2. 发展历程

1849 年，英国发明了世界上第一台离心铸管机，铸管工艺由此发生了巨大变革，传统的以手工操作为主的砂型铸管工艺逐渐淘汰，被称为铸铁管行业的一场革命。离心球墨铸铁管在 20 世纪 60 年代开始发展，到 70 年代进入快速发展期。中国的离心球墨铸管工业虽然起步较晚，但经过多年的努力，其生产工艺、设备自动化控制水平、产品质量都有了长足进步。目前，世界上共有 20 多个国家生产球墨铸铁管，年产能超过 1200 万吨，我国约占 50%，产品规格为 DN40～DN3000。

1964 年，我国制定了第一批铸铁管标准《连续铸铁直管》（YB 427—64）、《铸铁直管及管件》（YB 428—64），沿用多年，对行业发展起到了一定推动作用。20 世纪 80 年代初，随着铸管工业的发展和改革开放的不断深入，我国对原铸管标准进行了修订，上升为国家标准《灰口铸铁管件》（GB 3420—82）、《砂型离心铸铁管》（GB/T 3421—82）、《连续铸铁管》（GB 3422—82），随后又制定了 5 项新型接口的铸管和管件及污水管标准，包括《柔性机械接口灰口铸铁管》（GB 6483—86）、《梯唇型橡胶圈接口铸铁管》（GB 8714—88）、《柔性机械接口铸铁管件》（GB 8715—88）、《排水用灰口铸铁直管及管件》（GB 8716—88）、《排水用柔性接口铸铁管及管件》（GB 12772—91），使我国铸管及管件标准初步形成体系。

20 世纪 80 年代，与国际铸管工业相比，我国铸管工业差距很大。第一，工艺落后。连铸管，激冷层厚，脆性大，易破碎，寿命低。国际上大量发展离心铸造，80年代我国刚刚起步。第二，材质差。国际上普遍采用球墨铸铁材质，强度高、韧性好，耐腐蚀，而80年代我国球铁管仅占10%左右，灰铁管仍占主要部分，致使管道破裂、渗漏事故时有发生，一些重要工程不得不从国外进口球铁管或改用其他材质的管材。第三，标准落后。当时我国已经引进或正在引进的球铁管生产线有10余条，估计产量近20万吨。但那时还没有球铁管的国家标准。已经投产的厂家，没有统一的标准，生产比较混乱，同时，对外贸易中没有统一标准，也受到一定的影响；对于正在引进或将要引进的生产线，由于没有统一的较高水平的标准，使设计的依据不足或要求不当，造成不必要的损失。

鉴于上述情况，1988年冶金工业部下达了制定《球墨铸铁管》和《球墨铸铁管件》两项国家标准的任务，由城建部中国市政工程华北设计院和冶金情报标准总所负责起草工作。当时球墨铸铁管的国际标准《耐压管道用球墨铸铁直管、管件及附件》（ISO 2531:1986）规格全、管件品种多，便于选择；在国际上有一定的权威性，今后各国标准可能都要向它靠拢；我国当时引进的几条球铁管生产线也多以ISO 2531为依据。因此两项标准参照采用ISO 2531:1986，这样制定的国家标准既先进又可行。

1991年12月31日，我国最早的球墨铸铁管标准国家标准《球墨铸铁管件》（GB 13294—91）和《离心铸造球墨铸铁管》（GB 13295—91）正式发布，为产品质量检验、对外贸易进出口、工程设计施工等提供了重要依据，为我国离心铸造球墨铸铁管产业快速发展进步奠定坚实基础。

21世纪初，离心球墨铸铁管以其优异的品质和性能在供水和燃气领域被广泛应用，我国铸管企业产量和质量均跻身世界前列，在行业和市场迫切需求的带动下，球墨铸铁管国家标准正式启动修订。新版标准修改采用《输水和输气用球墨铸铁管、配件、附件及其接头》（ISO 2531:1998），还参考了《给水管线用球墨铸铁管、管件、附件及接头　标准与试验方法》（EN 545:1995）的部分内容，将原国家标准GB 13294—91与GB 13295—91合并修订，技术要求、试验方法和检验规则等内容比91版更完整、更严格，标准水平达到国际先进水平，为我国铸管生产企业的产品走向国际市场提供了重要依据，社会效益十分显著。2003年新修订的《水及燃气管道用球墨铸铁管、管件和附件》（GB/T 13295—2003）使我国球墨铸铁管标准与国外相适应，为提高我国球墨铸铁管的质量水平、参与国际竞争提供技术保障。

2008年，再次修订GB/T 13295，根据市场需求和用户反馈，将N_{II}型和

S_{II}型接口型式改为了N_{I}型和S型，修改了DN40～DN1000的内径允许偏差和部分管件重量等内容，进一步提升了标准的适用性和引领性。2009年，ISO发布了新版《输水用球墨铸铁管、管件、附件及其接口》（ISO 2531:2009），由于该版本修改内容较多，许多变化具有颠覆性，当时的国内生产条件和市场还不能完全照抄照搬，2013版GB/T 13295修订时只是部分采用了其中的内容，其他方面继续与旧版保持一致。

3. 实施效果及意义

随着球墨铸铁管在诸多行业的推广使用，大型水利调水工程（如南水北调工程、云南滇中调水工程等）对于大口径球墨铸铁管的使用逐年攀升，而DN2600作为球墨铸铁管的规格上限已经无法满足市场需求，应当逐步推广使用更大规格的球墨铸铁管。考虑到国内球墨铸铁管行业已经广泛具备了大口径球墨铸铁管的生产能力，研发更大规格的球墨铸铁管生产设备和产品已经具备技术基础。

2017年，全国钢标准化技术委员会再次启动GB/T 13295国家标准修订工作，将管道规格上限扩展至DN3000，增加DN2800和DN3000两种规格以及对应的技术要求，并于2019年发布为《水及燃气用球墨铸铁管、管件和附件》（GB/T 13295—2019），标志着我国铸管标准正式引领全球，对国际球墨铸铁管行业的发展具有里程碑意义。

二、交通用钢

（一）汽车用钢板

1. 简介

汽车用钢板的发展是以汽车轻量化和低成本为主线，经历三代产品：第一代产品强塑积为10～20GPa%，主要包括传统的双相钢DP、TRIP钢；第二代产品强塑积为50～70GPa%，如以TWIP钢为代表的U-AHSS，性能优，成本高；第三代产品强塑积为20～50GPa%，可以第一代的成本获得接近第二代的性能。将汽车用钢板行业中具有自主产权的核心技术转化为标准，提升已有标准的技术水平，开展汽车用高强度冷/热连轧钢板及钢带系列标准研制工作，制定和完善汽车薄钢板标准，可推动我国汽车用钢产品质量的提升，减轻车体重量，满足我国汽车工业对高强度钢板的需求，引领汽车产业升级，为提升我国装备制造业水平提供有力支撑。

2. 发展历程

我国汽车工业在中华人民共和国成立初期经历了“一穷二白”的阶段，1953年，第一汽车制造厂破土动工，1956年7月13日，我国生产的第一辆载重汽车正式下线，拉开了我国汽车工业未来蓬勃发展的序幕。20世纪60—70年代，我国的汽车工业是以载货车为主导的，为了满足汽车产业发展需求，我国开始研制和生产汽车用钢。在发展的初期，我国缺乏汽车用钢专用标准来对汽车用钢板进行规范。热轧钢板是载货车的主要用钢，其在载货车上的消耗量达85%左右，为了解决专用标准缺失问题，我国汽车用钢板行业标准《汽车大梁用热轧钢板》（YB 149—64）在1964年发布；1982年，由鞍山钢铁公司起草《汽车大梁用热轧钢板》（GB 3273—1982）替代了行业标准，成为我国第一个汽车用钢板国家标准，这也是我国汽车用钢板标准体系建立所迈出的第一步。

20世纪80—90年代，我国经济迅速发展，对轿车的需求越来越强，我国汽车工业开始走上与国外汽车企业合作、引进消化外国先进技术的发展道路，先后成立了北京吉普、上海大众、广州标致等汽车制造合资公司，我国抓住汽车发展新契机，告别“卡车工业时代”。1998年，我国轿车产量达到43万辆，大约占汽车总产量的40%，汽车产业结构已经发生根本性转变。为了满足汽车工业的用钢需求，20世纪80年代后期，我国开始研发无间隙原子钢（IF钢）；20世纪90年代以后，我国汽车用钢进入高强度化的进程。2002年起，宝钢已实现向南京菲亚特、上海通用、上海大众、一汽大众等10多家汽车制造厂及国内各大客车制造厂定向批量供货。随后，国内几家大型钢铁企业也在逐渐进入高强汽车用钢的开发、生产和应用。

随着我国汽车用钢品种的不断开发应用，汽车用钢标准也紧随其后。20世纪初，全国钢标委联合国内各大汽车用钢生产企业开始制定中国汽车用钢专用标准，2006年、2007年先后发布实施了由宝钢牵头制定的4项汽车用高强度冷/热轧钢板及钢带（GB/T 20564、GB/T 20887）系列标准，这4项标准参照了SAE J 2340、SEW 097-2、EN 10149-2等国外先进标准，以及GM、FORD国外主要汽车厂汽车板采购标准，极大地促进了中国汽车用高强度冷/热钢板及钢带生产水平与国际接轨，为汽车用钢在国内的发展和应用提供技术支撑，同时也为汽车用钢标准体系框架的建立奠定了基础。

近年来，国内加快了对第二代、第三代高强度汽车钢板的系统研究开发，致力于推广先进生产力，引导和规范国内高强汽车板的应用，实现高档汽车板国产化，占领原来依靠国外进口的高档汽车用钢市场，逐步将具有自主产权的核心技术和产品转化为标准，制定了《汽车用高强度冷连轧钢板及钢带　第9部分：淬火配分钢》（GB/T 20564.9—2016）和《汽车用高强度冷连轧钢板及钢带　第10部分：孪晶诱导塑性钢》（GB/T 20564.10—2016）国家标准。2016—2022年，我国先后批准发布了21项汽车用钢板国家标准，通过制、修订汽车用钢板及钢带标准，技术指标先进性达到VDA 239-100、EN 10338、EN 10268:2006+A1、GMW 3399、SAE J 2340、SAE J 2745等国外先进标准及相关汽车厂采购标准水平。我国汽车用钢板标准体系的建立促进了汽车用钢板减量化使用，推动了国内已经能够生产、但还主要依靠进口的一部分高性能汽车用钢板材料的应用。

目前，全球携手寻求加快推进能源可持续发展新道路，我国也在积极参与全球能源治理，与各国一道推动社会清洁低碳发展，这就对汽车工业提出了轻量化、安全、环保及节能的发展要求。作为汽车制造的主要材料，汽车用钢板更需要向轻量化、高强度方向发展，以适应汽车行业对高质量用钢的要求。

《中国制造2025》总体要求中明确提出，要“研发包括Q&P、δ-TRIP、中锰钢、TWIP及低Mn-TWIP钢等在内的新型超高强韧汽车用钢，强塑积达到20~50GPa%，高档汽车等先进装备用关键零部件用钢铁材料国内自给率2020年达到80%，2025年力争全面自给，关键零部件寿命提高1倍以上”。

3. 实施效果及意义

我国钢铁行业通过及时跟踪国际先进高强度汽车钢板的发展前沿，对国内第三代高强度汽车钢板进行系统研究，促进了先进生产力的创新和推广。为进一步引导和规范国内高强汽车板的应用，实现高档汽车板国产化，推动汽车轻量化，汽车用高强度钢板系列标准GB/T 20564、GB/T 20887不断完善和丰富，对推动我国第一代、第二代和第三代高强汽车用钢板在汽车车身上的应用起到十分重要的作用，系列标准的实施助力汽车行业节能减排，降低汽车尾气排放，同时促进汽车企业降本增效，为提高汽车的国际国内市场竞争力提供有力支撑。

（二）汽车零部件用钢

1. 简介

我国汽车行业从20世纪50年代开始起步，至今已经历了70多年的发展历程，汽车行业的发展推动上游零部件及材料的生产技术不断进步。随着汽车行业朝着节能、环保、轻量化的方向发展，对零部件用钢的性能要求越来越高。与之相对应的材料标准也在不断更新，技术要求不断提高。

汽车零部件用钢产品类型（见图6-9）主要包括用于悬架系统的弹簧钢、用于结构件和管路系统的钢管、用于变速系统的齿轮钢和轴承钢、用于发动机传动系统的调质结构钢和非调质结构钢、用于各种紧固件的冷镦钢等，均相继制定了通用和专用的标准，下面分别进行介绍。

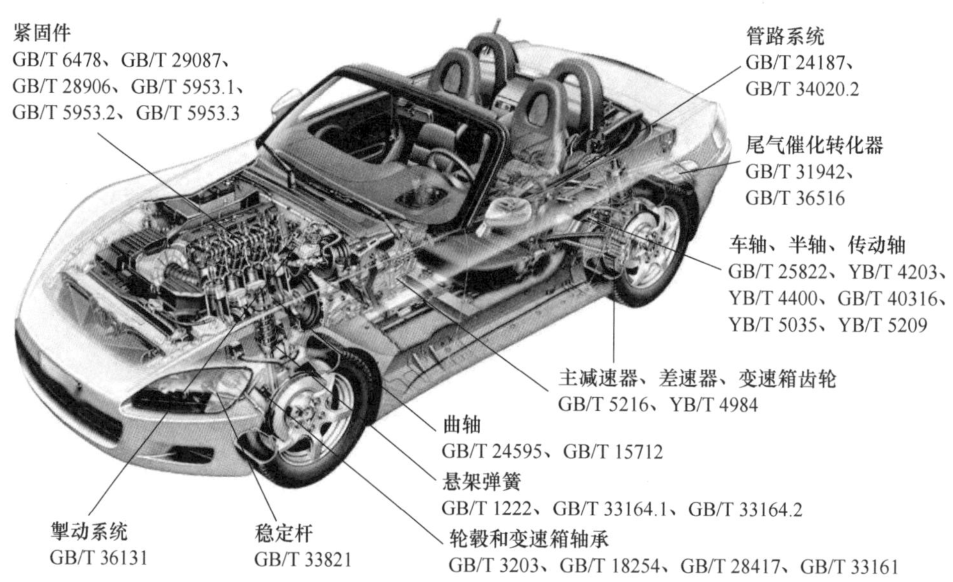

图6-9 汽车零部件及相关选材标准示意图

2. 重点标准

（1）汽车用弹簧钢标准。《热轧扁钢及螺旋弹簧钢技术条件》（重9—52）是1952年重工业部发布的首批23项钢铁标准之一，等同苏联标准ГОСТ 2052—43编制，生产方式只限于平炉或电弧炉冶炼，对脱碳层没有要求，标准技术水平较低。随着我国汽车等制造工业的发展起步，对弹簧钢的质量要求逐渐提高，1959年，冶金工业部批准的部颁标准《热轧扁形及螺旋弹簧钢技术条件》（YB 8—59）参考ГОСТ 2052—53制定，脱碳层为必检项目，标准水平明显提升。1964年，为了满足汽车、拖拉机制造业的需求，颁布了《热轧优质扁形弹簧钢》（YB 213—64），各项技术指标均严于YB 8—59。1975年，在YB 8—59和YB 213—64基础上制定了国家标准《热轧弹簧钢技术条件》（GB 1222—75），纳入了我国自行研制的4个牌号，脱碳层、尺寸偏差等进行了加严。另外为便于汽车行业使用，将其中热轧扁钢的内容分离出来，单独制定了《热轧弹簧扁钢品种》（YB 847—75）。

1982年对GB 1222进行了第一次修订，增加了冷拉材和YB 847—75中扁钢品种，分为按力学性能或淬透性两种方式交货。随着汽车、铁路、机械等行业的飞速发展，2005年对GB/T 1222进行了第二次修订，将高级优质钢的磷、硫含量加严。为满足汽车轻量化和高性能化的需求，2013年对GB/T 1222进行第三次修订，将非金属夹杂物列为必检项目；增加了平面大圆弧和平面矩形弹簧扁钢，取消了单面双槽弹簧扁钢，标准达到国际先进水平。

近年来，为适应汽车行业的高质量发展，还制定了汽车专用弹簧钢产品标准。汽车悬架系统关系着汽车行驶的安全性、乘坐的舒适性和车体对复杂路面的适应性。《汽车悬架系统用弹簧钢　第1部分：热轧扁钢》（GB/T 33164.1—2016）和《汽车悬架系统用弹簧钢　第2部分：热轧圆钢和盘条》（GB/T 33164.2—2016）两项标准作为汽车悬架系统弹簧用钢专用标准，推动了汽车悬架系统的发展。

（2）汽车用钢管标准。钢管在汽车零件制造中应用十分广泛，分为结构用和管路系统用两大类。通用标准包括《冷拔或冷轧精密无缝钢管》（GB/T 3639—2021）、《冷拔异型钢管》（GB/T 3094—2012）等。为满足不同零部件的特殊要求，制定了以下专用标准。

汽车结构用钢管主要用在车轴、传动轴、稳定杆、半轴等。车轴相关标准包括《车轴用异型及圆形无缝钢管》（GB/T 25822—2010）、《汽车半挂车轴用无缝钢管》（YB/T 4203—2009）、《汽车结构用异型无缝钢管》（YB/T 4400—2014）等。

传动轴相关标准《传动轴用电焊钢管》（YB/T 5209—2020）规定的钢管用于传动轴的轴管，涵盖了从CZ300至CZ700共7个牌号，能够满足中重型车的不同需求。

稳定杆传统采用实心棒材加工而成，通过采用空心稳定杆可减轻自重50%以上，相关标准《汽车稳定杆用无缝钢管》（GB/T 33821—2017）包含了常用的合金结构钢、弹簧钢或优质碳素结构钢等牌号。

半轴连接差速器与驱动轮相关标准《汽车半轴套管用无缝钢管》（YB/T 5035—2020）适用于制造半轴套管及驱动桥桥壳管的优质碳素结构钢和合金结构钢无缝钢管。《汽车结构用高强度异型及圆形焊接钢管》（GB/T 40316—2021）规定的高强度焊管主要应用于汽车骨架、底盘、车桥、车身、机械结构及内饰等，其代替普通强度焊管可减轻结构自重25%以上，能够满足汽车轻量化的需求。

汽车管路系统钢管主要用于制动、离合、动力转向、燃油进油和回油、蒸发、机油、通风冷却等系统，分为单层管和双层管。传统单层管一般采用通用标准《冷拔精密单层焊接钢管》（GB/T 24187—2009）。双层管制造技术经过20多年的发展在汽车管路系统中得到了全面应用，专用标准《双层卷焊钢管 第2部分：汽车管路系统用管》（GB/T 34020. 2—2017）对于我国汽车钢管制造行业的发展和技术升级具有重要意义。

（3）汽车用轴承钢标准。汽车用滚动轴承在拉伸、压缩、弯曲、剪切、交变等复杂应力状态和高应力值之下高速而长时间工作，对主机设备的可靠性和使用寿命有直接影响，是主机设备的基础件和关键备件。为了确保换挡顺畅、高输出功率、结构紧凑、轻量化、高效率和低噪声，对汽车用轴承钢提出的要求越来越高。

汽车用高碳铬轴承钢基础标准《高碳铬轴承钢》（GB/T 18254—2016）的前身是《铬合金滚珠与滚柱轴承钢技术条件》（重10—52），经过YB 9—59、YB 9—68、YB(T) 1—80、YJZ 84几版更新，于2000年在《高碳铬钢临时供货协议》（YJZ 84）实施基础上，制定了《高碳铬轴承钢》（GB/T 18254—2000），增加了铁路及客车轴承用牌号；品种增加了盘条。2002年为推广连铸轴承钢，对GB/T 18254—2000进行了第一次修订，增加了连铸钢的相关要求。GB/T 18254—2002为轴承工业的快速发展奠定了坚实的技术基础，有力地保障了汽车行业的发展需求。

2016年完成第二次修订，GB/T 18254—2016打破“连铸材不推荐做钢球用钢”的禁区，并制定了连铸材中心偏析图谱；将DS类、氮化钛类等纯净度关键指标作为考核指标；制作了热轧（锻）、软化退火材碳化物网状图片及碳化物显微组织图谱；按冶金质量分为优质钢、高级优质钢和特级优质钢三个等级，满足了从低端到高端的不同选材要求。标准有力地推动了我国轴承钢产品质量的提升，为汽车等下游行业的高质量发展提供技术支撑。

渗碳轴承钢适用于制作承受冲击载荷较大的轴承，主要用在汽车、轧机、重型机械、铁路机车、航空等领域。1982年发布的《渗碳轴承钢技术条件》（GB 3203—1982）包含6个牌号。2016年完成标准的第一次修订。《渗碳轴承钢》（GB/T 3203—2016）按冶金质量分为优质钢和高级优质钢，对于争议较大的带状组织评级问题，参照国外标准改为协议项目，进一步提高标准水平和可操作性。在GB/T 3203修订的同时，制定了汽车专用标准《汽车轴承用渗碳钢》（GB/T 33161—2016），标准中非金属夹杂物、高级优质钢的塔形及低倍组织等技术要求均严于GB/T 3203—2016。

（4）汽车用齿轮钢标准。汽车用渗碳齿轮钢用于制造变速器齿轮，考虑到长寿命、轻量化、低噪声、乘坐舒适性等需求，对齿轮钢的技术要求极为严格。

齿轮钢的通用标准为《保证淬透性结构钢》（GB/T 5216—2014），其前身为 1985 年在汽车、机械行业与钢厂的技术协议基础上制定的《保证淬透性结构钢技术条件》（GB 5216—85），标准在齿轮钢的选材、生产、供货、使用上发挥了重要的指导作用。随着我国冶金生产装备的进步，以及下游行业对钢铁产品质量要求的提高，齿轮钢的生产水平也随之不断提高。为适应我国汽车、机械等行业发展的需要，2004 年对标准完成了第一次修订。《保证淬透性结构钢》（GB/T 5216—2004）的牌号增加到 24 个，将淬透性带划分上 2/3 带（HH 带）和下 2/3 带（HL 带）。在 GB/T 5216—2004 实施近 10 年时间里，我国齿轮钢的生产和应用取得了重大进展，标准已无法满足汽车等下游行业的需要。

2014 年标准完成了第二次修订，取消了优质钢和高级优质钢的分类，对低倍组织和非金属夹杂物进行分组规定，修改了淬透性带表示方法。GB/T 5216—2014 作为齿轮钢的基础标准，是制定汽车、风电、机床、高铁、军工等专用标准的基础。

针对汽车变速箱用齿轮这一齿轮钢最广泛的应用领域，制定了行业标准《汽车用渗碳齿轮钢》（YB/T 4984—2022）。与 GB/T 5216—2014 相比，氧含量、低倍、非金属夹杂物及晶粒度要求更严，增加了等温正火的交货状态和带状组织的要求，更加符合汽车长寿命、轻量化、低噪声、乘坐舒适的需求。

（5）汽车用调质钢标准。优质碳素结构钢具有良好的加工性能，广泛用于汽车、锅炉、飞机、机床等机械制造业的调质结构件。《优质碳素结构钢》（GB/T 699—2015）是优质碳素结构钢的基础标准，其前身是 1952 年参照 ГОСТ 1050—41 制定的重 5—52，之后经过了 6 次修订。

汽车发动机曲轴通常采用非调质钢和调质钢，乘用车等强度要求低得多采用非调质钢，但商用车大马力发动机或柴油发动机等强度要求高的仍主要采用调质钢，其对强韧性要求高，纯净度、晶粒度等要求更严格。以 GB/T 699 为基础，针对汽车曲轴制定了专用的调质钢标准《汽车曲轴用调质钢棒》（GB/T 24595—2009）。为满足不断提高的汽车发动机曲轴调质钢质量要求，标准于 2020 年修订为《汽车调质曲轴用热轧钢棒》（GB/T 24595—2020）。

（6）汽车用非调质钢标准。非调质钢作为我国“六五”时期攻关的节能型新钢种，在20世纪90年代初已应用于汽车、机床、农业机械领域。为进一步推广非调质钢的应用，1995年制定了《非调质机械结构钢》（GB/T 15712—1995），标准非等效采用ISO 11692：1994，主要规定了化学成分和力学性能等主要指标。2008年对GB/T 15712进行了第一次修订。随后，非调质钢开发了新牌号，已应用于发动机曲轴、前轴、连杆、转向节、轮毂等，2016年对GB/T 15712进行了第二次修订，增加了碳当量、低倍、非金属夹杂物、脱碳、晶粒度、带状组织、超声检测等技术要求，标准水平显著提高。

《汽车用易切削非调质钢》（YB/T 4985—2022）与GB/T 15712—2016相比，增加了19MnVS和38MnS两个牌号，明确了直径大于60mm的易切削非调质钢的力学性能指标，增加了晶粒度、DS类非金属夹杂物和超声检测合格级别的要求，并加严了非金属夹杂物要求，更符合汽车用易切削非调质钢的要求。

（7）汽车用冷镦钢标准。冷镦和冷挤压用钢常简称冷镦钢，在汽车上主要用于制作螺栓、螺母等紧固件，也被称为紧固件用钢或螺栓钢，品种包括棒材、线材和丝材。

《冷镦和冷挤压用钢》（GB/T 6478—2015）是冷镦钢棒材的通用标准，其前身1965年发布的冶金工业部部颁标准《冷镦钢》（YB 534—65），是在与汽车、拖拉机等制造厂的供货协议的基础上编制。1986年对该标准进行第一次修订，《冷镦钢技术条件》（GB 6478—1986）取消了碳素钢沸腾钢牌号。2001年进行第二次修订，《冷镦和冷挤压用钢》（GB/T 6478—2001）非等效采用ISO 4954：1993，按使用状态分为非热处理型、表面硬化型、调质型三类，取消了交货硬度，增加了表面硬化型、调质型退火交货时的力学性能。标准提高了冷镦钢的冷镦、冷挤压性能与力学性能的一致性，极大增强了标准的实用性。随着冷镦和冷挤压工艺的发展，其应用范围不断扩大，为满足市场及技术发展的需要，标准于2015年完成了第三次修订。GB/T 6478—2015修改采用ISO 4954:1993，增加了非调质型冷镦钢，进一步与国际标准接轨。

冷镦钢丝、冷镦钢盘条采用的通用标准包括《冷镦钢丝　第1部分：热处理型冷镦钢丝》（GB/T 5953. 1—2009）、《冷镦钢丝　第2部分：非热处理型冷镦钢丝》（GB/T 5953. 2—2009）、《冷镦钢丝　第3部分：非调质型冷镦钢丝》（GB/T 5953. 3—2012）、《非调质冷镦钢热轧盘条》（GB/T 29087—2012）和《冷镦钢热轧盘条》（GB/T 28906—2012）。

（8）汽车用钢丝绳标准。汽车掣动总成用金属丝、股涂塑包括掣动推拉索芯涂塑和钢丝绳涂塑，与护套管组合使用，是汽车控制索总成的关键零部件。《机动车掣动总成用涂塑钢丝绳》（GB/T 36131—2018）规定的涂塑钢丝绳用于汽车手刹掣动、门窗掣动、箱盖掣动、油门掣动、离合掣动、风门掣动等拉索总成。

（9）汽车用精密合金标准。随着我国机动车尾气排放标准不断提高，柴油车的尾气治理尤为突出。《金属蜂窝载体用铁铬铝箔材》（GB/T 31942—2015）和《机动车净化过滤器用铁铬铝纤维丝》（GB/T 36516—2018）两项标准规定的铁铬铝电阻合金材料具有耐高温、抗氧化性好、导热快、过滤效率高、能够捕捉的碳颗粒细小等特点，用其制作成金属纤维毡或蜂窝载体作为尾气催化转化器是柴油车尾气治理的主流方向。

（三）铁路用热轧钢轨

1. 简介

钢轨是铁路轨道的主要组成部件，它用于引导机车车辆的车轮前进，承受车轮的巨大压力，并传递到轨枕上。钢轨必须为车轮提供连续、平顺和阻力最小的滚动表面。在电气化铁道或自动闭塞区段，钢轨还可兼做轨道电路之用。

2. 发展历程

我国铁路用热轧钢轨标准演变历程如图 6-10 所示。

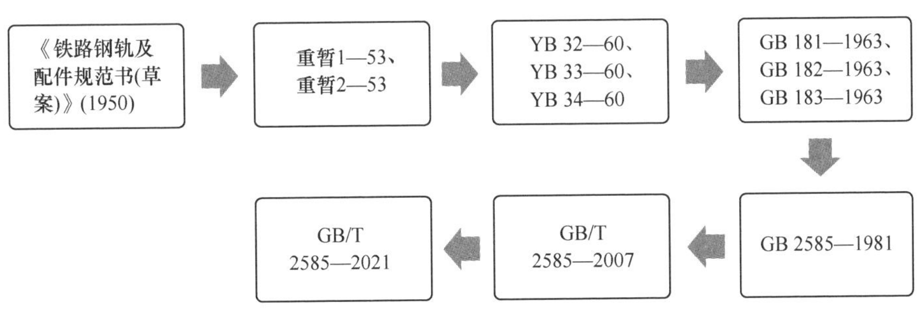

图 6-10　铁路用热轧钢轨标准演变历程

新中国成立以前，我国铁路钢轨都是从国外进口，共计五六十种，没有统一的标准。新中国成立之后，重钢 1951 年就开始生产 38kg/m 钢轨，鞍钢分别于 1953 年、1956 年开始生产 43kg/m、50kg/m 钢轨，武钢、宝钢、攀钢于 1965 年、1970 年、1977 年分别生产 43kg/m、50kg/m 钢轨。

1950年12月，原铁道部颁布了《铁路钢轨及配件规范书（草案）》。1953年，原重工业部和原铁道部在引用苏联标准的基础上，共同制定了《重轨技术条件》（重暂1—53）、《重轨品种》（重暂2—53），纳入了38kg/m、43kg/m、50kg/m三种钢轨。该标准填补了我国铁路用重轨的空白，为新中国成立初期恢复国民经济发展提供了重要支撑。

为满足铁路发展实际需要，重轨标准在1955—1963年先后经过3次修改，但技术指标只是微调，整体技术内容变化不大。1960年修订为3个标准：

（1）《每米33~50公斤铁路用平炉碳素钢钢轨技术条件》（YB 32—60）；

（2）《每米33~50公斤铁路用转炉碳素钢钢轨技术条件》（YB 33—60）；

（3）《每米33~50公斤铁路用低合金钢钢轨技术条件》（YB 34—60）。

为充分发挥标准对企业生产的指导作用，满足铁路发展的需求，我国在1963年发布了3项钢轨国家标准，即《每米50公斤钢轨　型式尺寸》（GB 181—1963）、《每米43公斤钢轨　型式尺寸》（GB 182—1963）、《每米38公斤钢轨　型式尺寸》（GB 183—1963）。以上标准技术水平与美国、日本标准相近，技术要求比欧洲标准略宽松，整体达到国际一般水平。但由于当时我国钢铁生产企业装备水平的限制，以上标准执行中遇到了一些问题。为此，由原国家科学技术委员会（以下简称“国家科委”）牵头组织，原冶金工业部、原铁道部签订了有关技术条件和尺寸允许偏差的“两部协议”，标准与协议共存的形式解决了当时供需双方的矛盾问题。

经过近20年的应用，我国钢轨国家标准无法满足应用需求的问题变得十分突出。我国铁路具有客货混流、货运为主、运量和轴重大的特点，加之大坡道、小半径弯道多，标准中规定的钢轨暴露出不耐磨、不耐压的问题。同时，标准中的钢轨断面形状是苏联20世纪40年代的设计，实践证明这种钢轨轨底太窄，稳定性不够，轨头较宽、轨头高度小，因而轨头与轨腰连接处较弱，苏联在1965年、1975年曾两次修改过钢轨标准，而我国一直沿用。

由于当时我国钢轨生产技术水平、设备条件都有一定的局限性，轨头宽度、轨腰厚度、轨底宽度、轨高等仍旧达不到标准要求，在1965年之后，我国利用资源优势成功试制了高强、耐磨、耐压低合金钢品种，铺设在不同大小的曲线轨道上均体现了优越性，寿命提高了1~3倍，其中高硅、高硅含铜钢的耐磨性尤为显著，如U71Mn、U71MnSi、U71MnSiCud等基本满足了我国铁路对钢轨的运输需求。

为解决以上问题，我国在1981年制定完成了《铁路用每米38~50公斤钢轨技术条件》（GB 2585—1981）。这一版标准的修订，在钢轨品种、强度等级、内部质量、表面质量、检验项目上，已经达到了日本、欧洲、美国等先进国外标准的水平；但尺寸偏差方面，受生产条件的制约，还有进一步努力和提高的空间。本版标准的完成为我国铁路钢轨向高质量发展奠定了基础。

自1997年4月至2007年4月，我国铁路共经历了六次提速，时速为120km/h及以上线路延展里程达到2.2万千米，时速为200km/h及以上动车组大量开行。列车运行速度越来越快，使钢轨的服役条件越来越苛刻，对钢轨质量的要求越来越高，包括向更重的60kg/m及75kg/m轨型转化、尺寸精度提升、内部冶金质量的提升、强韧性提升、热处理等。自1981年开始实施的钢轨标准GB 2585已经完全无法满足以上需求。GB/T 2585—1981的此次修订，明确应积极采用国际标准或国外先进标准，在参考ISO、UIC、BS、JIS、ГОСТ等国际标准的前提下，结合我国资源特点和生产水平，以及铁路的发展、使用情况，非等效采用EN标准，增加60kg/m、75kg/m钢轨、增加U75V、U76NbRE、U70Mn牌号、增加超声波检验的要求、增加残余应力、疲劳、断裂韧性、显微组织、脱碳层、非金属夹杂物等各项关键指标要求，标准水平达到国际先进，对促进我国钢轨生产企业设备升级、我国铁路提速以及未来高速铁路的发展起到了巨大的推动作用。

2008年我国拥有了第一条设计时速为350km/h的高速铁路——京津城际铁路。京津城际铁路的建设掀开了我国高铁建设的高潮，截至2021年12月，我国高速铁路里程超过40000km，占世界高铁总量的60%以上。在重载铁路方面，通用货车轴重已由21t提高到27t和30t。高速铁路和重载铁路的发展，对钢轨强度、韧性、成分、尺寸、表面等提出更加严苛的要求。

3. 现行版本主要内容

我国钢轨生产企业的设备和工艺能力和水平也取得了飞跃式的进步。截至2008年，攀钢、包钢、鞍钢、武钢四家国内钢轨生产厂完成技术和设备改造，改造后的重轨生产设备及生产工艺技术达到国际先进水平。为满足高速铁路的快速发展，GB/T 2585—2007的修订工作正式启动。这次修订主要参考了国际标准（ISO 5003）、欧盟标准（EN 13674）、国际铁路联盟标准（UIC 860）、美国铁路保养协会标准（AREMA）、日本工业标准（JIS E1101）及我国的铁道部部颁标准TB/T 2344（适用于普通轨）、TB/T 3276

（适用于高速轨）等，增加了热处理钢轨，纳入新轨型，增加我国自主研制的U71MnG、U75VG及U77MnCr（鞍钢）、U78CrV（攀钢）、U76CrRE（包钢）等新牌号。除此之外，还提高了N含量、脱碳层、非金属夹杂物、表面质量、疲劳裂纹扩展速率等关键技术指标。经过修订的标准达到了国际先进水平，为推动我国高速铁路的快速发展、中国高铁走出去提供了重要支撑。

（四）高铁列车车轮用钢

1. 简介

铁路用整体车轮作为列车的重要零部件，把车辆承受的载荷传递到钢轨，在机车制动时，它又承受闸瓦的作用。我国车轮标准自1965年“两部协议”——《车轮、轮箍技术条件协议》开始，之后经历了1988版、2020版，共3个版本。

2. 发展历程

我国铁路用车轮标准演变历程如图6-11所示。

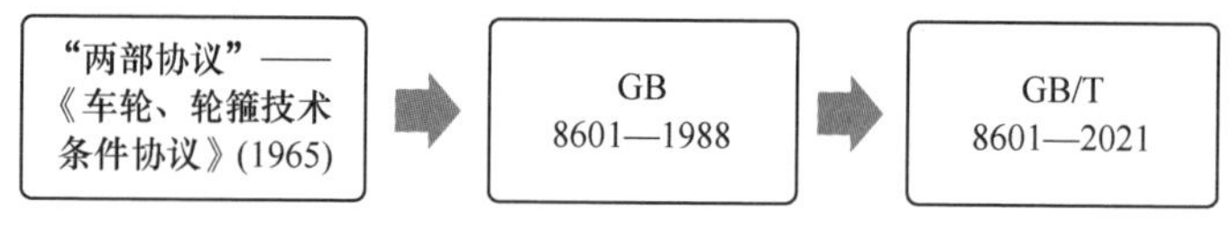

图6-11 铁路用车轮标准演变历程

在马钢具备生产车轮的能力之前，我国车轮一直依靠进口。1961年春，在由邓小平同志主持的中共中央书记处专门会议上决定建立马钢车轮轮箍厂，1963年11月18日22时45分，中国第一个辗钢轮箍在马鞍山钢铁公司车轮轮箍厂试轧成功，1964年7月29日23时10分我国第一个热轧车轮在该厂轧制成功，它标志着中国结束了使用洋轮、洋箍和铸铁车轮的历史，使我国铁路车轮生产跨入了新的时代。

为推进马钢生产的车轮在我国铁路线路的应用，1965年由冶金工业部、铁道部共同起草的“两部协议”——《车轮、轮箍技术条件协议》的相关技术条款主要是参考苏联标准，并以满足生产厂当时的生产条件为前提，其标准水平相当于美国20世纪30年代、英国40年代、苏联50年代水平，在当时的生产条件和应用条件下可以基本满足用户需求，“两部协议”是我国自主生产并供应铁路车轮的里程碑式的“标准”。

随着我国铁路运输的发展，铁路对车轮提出的要求也在不断变化和提升，虽然在“六五”“七五”期间，马钢对车轮生产设备及工艺进行了改造，但按原有“两部协议”供货的车轮产品，已经无法满足应用需求。1987年4月23日新华通讯社发布的“国内动态清样”指出，我国火车时速由60~70km/h提高到80~120km/h，挂车也由以前的12节增加到18节左右，货车轴重也由20t提高到23t，车轮和轮箍在极度疲劳和超负荷的状态下，无法满足要求。

根据1987年4月27日“中共冶金工业部党组简报”，按“两部协议”只能满足3000~36000马力机车、时速80km/h以下、20.5t轴重以下的行驶条件，无法满足运行要求。虽然马钢经过40多项技术改造，但仍存在以下问题：只能生产单一品种钢，无法满足不同气候、轴重条件下的质量需求；缺乏钢水净化设备，夹杂物级别高，机械性能低；尺寸偏差大；检测手段缺乏（超声波探伤、磁粉检测、静平衡试验等）。

1984年，在国家标准局的要求下，根据采用国际标准精神，由冶金工业部负责按铁道部使用要求起草车轮、轮箍标准。国家经济委员会科技局领导多次批示，责成马钢牵头负责起草标准，组织有关单位参加，根据不同车辆、车速、载重量和使用地区条件，制定不同的车轮、轮箍标准。经过不懈努力，标准于1988年1月发布。GB 8601—1988标准列入了直径为840mm、915mm和950mm的三种车轮轮型，列入CL60和CL45MnSiV两个车轮钢牌号，规定了化学成分、力学性能、落锤试验、低倍组织、高倍组织、超声波探伤和磁粉探伤等检验项目，并将高低倍缺陷评级图列入附录，该标准在个别技术条款方面并未达到先进水平，但它是首次对车轮生产的一个较为规范性的技术标准，改变了我国铁路车轮没有国家标准的历史，对我国铁路事业的发展起到了重要的推动作用。

近年来，中国轨道交通行业得到了迅猛发展，特别是随着我国轨道交通客运高速、货运重载跨越式发展战略的实施，中国轨道交通的发展进入了快车道。但是，随着速度提高、载重增加、车轮服役环境恶化，各种隐患问题日趋严重，如机车轮早期剥离、大秦线车轮异常磨耗等。为满足高速铁路的飞速发展，保证客货车运输安全，我国启动了对GB 8601的修订工作。

3. 现行版本主要内容

在参考车轮相关国际标准和国外先进标准的基础上，遵循吸收采用国外先进标准的原则，以欧洲标准《铁路应用—轮对和转向架—车轮—产品要求》（EN 13262）和北美轨道交通联盟《碳素钢车轮规范》（AAR M-107）

要求为基础，同时结合铁路行业的相关标准和技术条件等文件，修订完成了GB/T 8601—2021。GB/T 8601—2021 增加了按轴重和速度划分的 1 级、2 级、3 级车轮级别，取消了 A 级、B 级车轮的分级规定，分级后可以满足 250km/h 的高铁应用需求；增加了马钢承担的国家“863”项目“重载轨道交通列车用车轮钢及关键技术的研究”的研究成果 CL50、CL55 牌号，形成 CL65、CL70 等四个车轮钢牌号系列；车轮关键指标辐板拉伸性能、冲击韧性、轮辋表面硬度、热处理均匀性、非金属夹杂物级别、低倍组织要求、超声波探伤、疲劳性能等关键技术指标，标准水平达到了国际先进水平，能满足我国 250km/h 及以下、轴重 25~33t 或最高运行速度大于 120km/h 货车的需求，为我国高速铁路、重载铁路的发展提供了重要保障。

（五）高铁列车零部件用钢

1. 简介

中国铁路的发展是一个从百废待兴到世界第一的过程。新中国成立初期，我国仅有大批瘫痪的铁路，里程约 22000km，其中能维持通车的仅 11000km。经过几十年发展，截至 2021 年底，全国铁路运营里程突破 150000km，其中高铁超过 40000km。我国是目前世界上高速铁路系统技术最全、集成能力最强、运营里程最长、运行速度最高、在建规模最大的国家。

随着我国铁路时速从最初的 43km/h 提升到 350km/h，对列车用钢的要求也相应提高。例如，高铁列车变速箱齿轮采用的齿轮钢，需要满足 10^7 数量级的磨损寿命，对齿轮的耐磨性能提出了极高的要求。

2. 重点标准

（1）高铁用轴承钢标准。高铁列车轴承在高交变应力的复杂环境下工作，要求轴承钢具有长寿命和高可靠性。渗碳轴承钢也称表面硬化轴承钢，表面经渗碳处理后具有高硬度和高耐磨性而心部仍有良好的韧性，能承受较大冲击。1982 年首次发布了《渗碳轴承钢技术条件》（GB 3203—82），包括 20CrMo、G20CrNiMo、G20CrNi2Mo、G10CrNi3Mo、G20Cr2Ni4、G20Cr2Mn2Mo 共六个牌号，适用于制作承受冲击载荷较大的轴承，如铁路机车、轧机、重型机械、矿山机械轴承的内外圈或滚子。2016 年完成标准第一次修订。GB/T 3203—2016 将轧制圆钢直径扩大到 200mm，锻制圆钢直径扩大到 600mm，增加了我国自主研制的 G23Cr2Ni2Si1Mo 贝氏体钢。对于争议较大的带状组织评级问题，参照国外标准改为协议项目，由供需双方协商确定取样部位、检测方法和评级标准。标准的修订提高了标准水平和可操作性，部分技术指标达到国际先进水平。

高铁列车轴承还对材料提出了超高洁净度、高组织均匀性和高接触疲劳性能等要求。近年来，我国在超高洁净高碳铬轴承钢领域取得了突破，产品质量已达到国外先进水平，主要应用于铁路、能源、汽车、数控机床等高端装备关键轴承部件，部分领域可代替进口。2017—2019 年在科研和生产应用成果基础上制定了《超高洁净高碳铬轴承钢通用技术条件》（GB/T 38885—2020），纳入了 G8Cr15、GCr15、GCr15SiMn、GCr15SiMo、GCr18Mo 五个牌号。规定氧含量（质量分数）不大于 0.0005%，钛含量（质量分数）不大于 0.001%和 0.0015%，DS 类夹杂物不大于 0.5 级。首次规定采用水浸超声无损检测技术检测宏观夹杂物，大幅提高了轴承钢的冶金质量要求。标准主要指标参照国外超高洁净轴承钢的实物水平，标准达到了国际先进水平，可满足高端装备长寿命轴承的使用需求。

（2）高铁用齿轮钢标准。高铁齿轮箱是高铁列车的动力传动装置，负责将电机的动力传送到列车上，是高铁列车核心部件之一。随着我国工程机械行业的迅速发展，已经能够自主研制生产高铁齿轮箱，如 CRH380A 型齿轮箱等，这些产品实现了我国高铁装备的自主化，为我国高铁“走出去”发展战略奠定了坚实基础。

齿轮钢相关标准《合金结构钢》（GB/T 3077）和《保证淬透性结构钢》（GB/T 5216）无法满足高铁列车的高端需求。由于缺少相关专用标准，材料的采购、生产、检验等环节在以上两个标准的基础上，结合铁道行业标准《机车车辆牵引齿轮》（TB/T 2989—2015）进行，带来了诸多不便。在这个大背景下，由钢铁研究总院牵头制定了适用于高速列车齿轮箱的行业标准《轨道交通用齿轮钢》（YB/T 4741—2019）。标准纳入了 8 个牌号，包括 GB/T 3077 和 GB/T 5216 中的相关牌号以及 1 个中车戚墅堰机车车辆工艺研究所自主研发的牌号。标准对齿轮钢的低倍组织和非金属夹杂物指标按照不同用途分为了Ⅰ组（300km/h 以上动车组用）、Ⅱ组（300km/h 以下动车组、客运机车和重载货运机车用）和Ⅲ组（其他用途）要求，满足了不同使用条件下的要求。同时参照国外标准补充了适用的淬透性带。标准技术指标能够满足高铁用齿轮钢的可靠性、长寿命等使用要求，标准的制定对加快我国轨道交通装备技术快速发展具有积极的促进作用。

（3）高铁转向架用钢标准。转向架是高铁的关键零部件，起到承载列车重量、缓冲减震、转向、制动的作用，引导列车在钢轨上运行，保证列车平稳，避免在高速运行中失稳。动力转向架还有驱动作用。高铁列车转向架用钢长期以来一直依赖进口，在“十一五”期间材料的国产化取得了突破性进展。结合研发成果及生产应用情况，2012—2017 年陆续制定了国家标准《高速列车转向架构架用热轧钢板及钢带》（GB/T 33972—2017）和《转向架用银亮钢》（GB/T 36225—2018）。两项标准的制定为我国高铁列车等轨道交通装备的国产化应用及推广提供了有力的技术支持。

（六）船舶用钢板

1. 简介

中国是典型的海洋大国，截至 2021 年底，我国海洋经济总量达到 9.0385 万亿元。船舶制造业是发展海洋经济的先决条件，是航运业、海洋工程等行业的核心载体。据不完全统计，2021 年，我国造船完工 3970.3 万载重吨，承接新船订单 6706.8 万载重吨，手持船舶订单 9583.9 万载重吨，分别占全球总量的 47.2%、53.8% 和 47.6%，连续十年位列世界第一。

钢板是船舶制造的关键结构材料，在船舶用钢材产品中的应用占比为 95%。近 60 年，中国船舶用钢板的生产完成了从“军用”到“军民混用”，从“学习借鉴”到“自主研发”，从“依赖进口”到“出口全球”的三级跳。我国船舶用钢板在 2005 年时仍大量依赖进口，但在 2010 年，国产船舶用钢板的生产量就达到了 1700 万吨，并开始出口海外。虽然 2008 年的金融危机、2015 年国际货币的大幅贬值以及 2019 年开始的新冠疫情等因素，造成国际国内船舶行业持续低迷的状态，但 2021 年起，我国船舶用钢板市场开始回暖。据统计，2021 年我国造船用板材年度消耗量约为 820 万吨，与 2020 年相比增长了 2.5%，如图 6-12 所示。

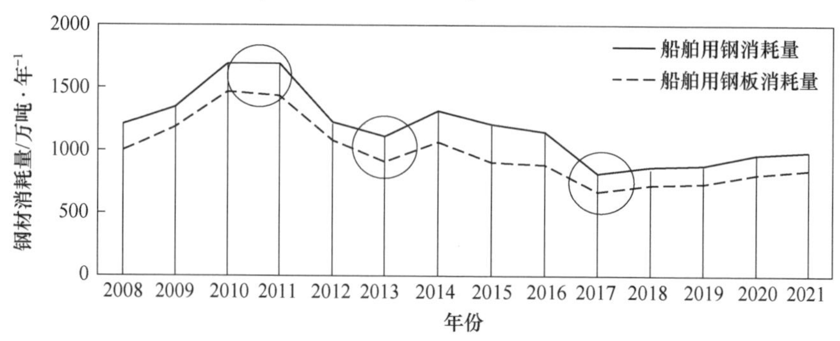

图 6-12　中国船舶用钢、船舶用钢板近 15 年消耗量

目前国内船舶用钢板的选材订货要求以《船舶及海洋工程用结构钢》（GB/T 712—2011）为基础，中国船级社（CCS）制定的规范文件《材料与焊接规范》（2022 年版）为原则，供需方的附加条件为约束，形成了规范该产品生产的技术要求。随着船舶制造业生产结构不断完善，生产绿色减重型钢板、提升船板焊接效率从而减少船舶生产成本的研究逐渐成为全球船舶用钢板领域聚焦的热点，为了和日韩等传统造船强国在国际市场的激烈竞争中取得先机，将“产品技术标准化”既是我们进攻海外市场时的“先锋军”，也是保卫国内市场免受海外冲击的“第一面墙”。

2. 发展历程

作为船舶用钢板领域的“定海神针”，GB/T 712 在 1965 年第一次发布之后经过了 5 次修订，目前最新修订的 2022 年版已发布，即将实施。

20 世纪 60 年代初期，我国逐渐开始生产民用船，同时，各大钢厂依据国外成熟技术逐步建设中厚板生产线，用于船舶生产，相关标准也借鉴国外标准制定，YB 183—63 和 GB 712—1965 就是参照苏联标准制定的。为了解决船级社规范和国家标准技术内容不统一的问题，在 GB 712—1965 发布实施后的 35 年间，经过了 3 次修订。第一次修订主要调整了碳素钢的分类，由“2C、3C、4C、5C”改为“A、B、C、D”，同时提升了高强钢的技术要求。但因国家标准和国内生产水平难以统一，修订版从 1972 年开始历经 8 年，在 1979—1980 年间才发布并实施，同时为了保证标准的有效性，同意冲击试验采用 U 形试样的钢厂有一年的时间过渡到 V 形试样。

第二次修订版本发布于 1988 年，最核心的修改是将允许缺陷深度要求加严到负偏差之半，解决了困扰行业近 20 年的问题，标准条目修改为与国际标准更为相似的《船体用结构钢》。2000 年，GB/T 712 开启了第三次修订工作，其目的是对标国际先进标准，因此与前两个版本参考英国船级社规范不同，本次修订标准等同采用国际船级社协会最新统一要求。

2000—2010 年，我国的船用钢板生产制造水平已经实现了世界级的“产量要求”和“质量要求”的双重目标。2010 年，我国新船订单位列世界第一，其中散货船全球市场占有率第一，油船及集装箱船位列第二，LNG 船市场占有率也达到 20%，造船用钢材达到千万吨以上；同时国内钢厂中厚板生产线超过 50 条，装备和工艺也已经达到世界先进水平，获得了世界各国船级社认可，国产船用钢板开始大量出口到世界顶级造船厂。第四次修订

GB/T 712时，增加了Z向钢级别、纳入了超高强度的新钢级，同时再次修改标准名称为《船舶及海洋工程用结构钢》（GB 712—2011）。标准不再等同采用国际船级社的要求，主要参考CCS的技术规范文件，并部分纳入经过协调统一后的国外船级社的技术要求，使标准能够满足世界范围内新型现代化大型船舶的设计和建造要求。

2019年和2020年，我国根据本土最新科技成果相继制定了《热轧纵向变厚度钢板》（GB/T 37800—2019）和《大线能量焊接用钢》（GB/T 38817—2020）两项国家标准。此外，由于全球造船业逐渐向高端船舶类方向发展，液化天然气船（LNG船）、极地船舶等产品相继面世，散货船等传统造船市场占有率不断被压缩，我国为了保持自身的国际市场竞争力，降低国外产品的进口率，持续推进国内船舶工业转型升级，为此不断制定适合行业使用的专用产品标准，即油船用的《原油船货油舱用耐腐蚀钢板》（GB/T 31944—2015）、LNG船和极地船舶用的《低温压力容器用镍合金钢板》（GB/T 24510—2017）和《船舶及海洋工程用低温韧性钢》（GB/T 37602—2019）、集装箱船用的《船用高强度止裂钢板》（GB/T 38277—2019）4项国家标准。船舶用钢板标准的历史发展关系如图6-13所示。

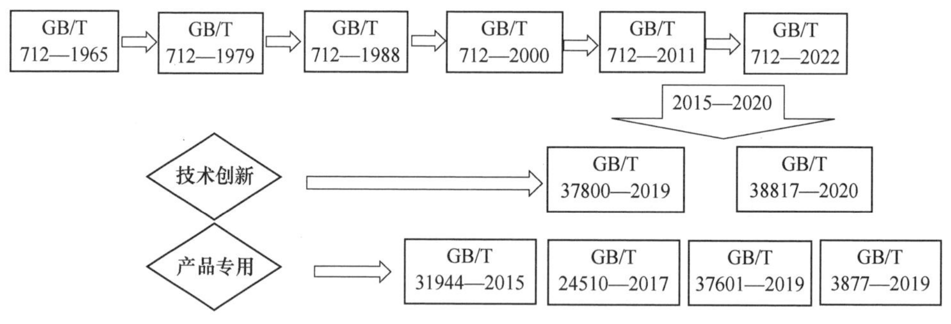

图6-13　船舶用钢板标准历史图

3. 实施效果及意义

到2022年，全球船舶制造业在十年间经历了三次世界级市场危机后逐渐走出低迷状态，我国船舶制造业也经过多年软硬实力的累积，稳坐世界船舶生产国头把交椅，极具国际竞争力。2011版GB/T 712发布实施后，极大地推动了当时的造船用钢生产厂家工艺装备和生产技术的进步，为了不断扩大我国船舶用钢板行业的发展，作为“定海神针”的GB/T 712需要再次修订。在2022年版本中，标准增加了790、890、960共3个钢级10个牌号，并修改了超高强度钢板化学成分、碳当量等核心技术要求。此外由于2011年版融合了世界各国船级社的技术规范，结合其最新修订版本，扩大了2022年版标准的应用范围，提高了国家标准的适用性，利于我国造船用钢板的出口，支撑国家实施“一带一路”倡议。

（七）航空航天用高温合金

1. 简介

高温合金是指以铁、镍、钴为基，能在600℃以上的高温及一定应力作用下长期工作的高端金属结构材料。高温合金因具有较高的高温强度，良好的抗氧化、抗腐蚀、抗疲劳等性能，如今已成为军用和民用燃气涡轮发动机热端部件不可替代的关键材料，其中先进航空发动机中高温合金用量占比甚至高达50%以上。

高温合金有多种分类方法：按主要元素可分为铁基、镍基和钴基三类高温合金，其中，镍基高温合金应用范围最广，占比达80%；按制备工艺可分为变形高温合金、铸造高温合金（等轴晶、定向柱晶和单晶）、粉末高温合金和金属间化合物高温合金；按强化方式可分为固溶强化、时效强化、氧化物弥散强化和晶界强化。区别于国外各高温合金制造商各成体系，我国为高温合金建立了统一的高温合金命名规则《高温合金和金属间化合物高温材料的分类和牌号》（GB/T 14992），为高温合金在各个领域的推广应用提供了技术基础。GB/T 14992中规定的牌号命名规则（见图6-14）充分考虑了高温合金多样化分类方法的特点，在一个牌号中将材料的基体、制备工艺和强化方式均予以体现，为提高各领域高温合金的规范性和通用性起到了良好的推动作用，见表6-2。

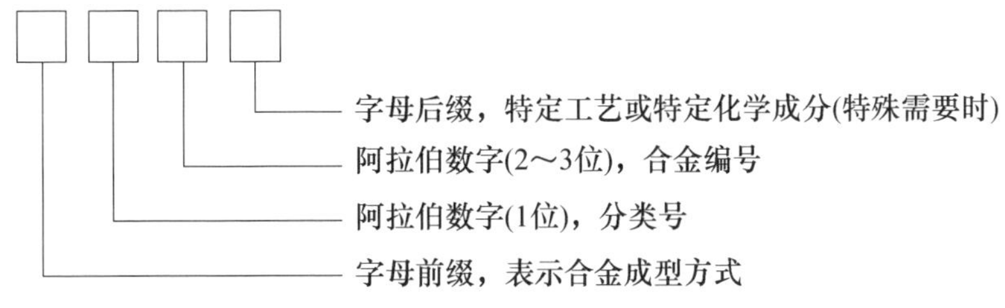

图6-14 我国高温合金牌号命名规则

表 6-2　我国高温合金牌号表示方法

<table>
<tr><td rowspan="2">字母前缀</td><td colspan="2">表　示</td><td rowspan="2">分类号</td><td colspan="2">表　示</td><td rowspan="2">合金编号</td></tr>
<tr><td colspan="2">高温合金分类</td><td>基本元素</td><td>强化方式</td></tr>
<tr><td rowspan="8">GH</td><td colspan="2" rowspan="8">变形高温合金</td><td>1</td><td rowspan="2">铁基或铁镍基（镍质量分数小于50%）</td><td>固溶强化</td><td rowspan="8">3 位阿拉伯数字；
不足 3 位用“0”补齐；
“0”位于分类号与编号之间</td></tr>
<tr><td>2</td><td>时效强化</td></tr>
<tr><td>3</td><td rowspan="2">镍基</td><td>固溶强化</td></tr>
<tr><td>4</td><td>时效强化</td></tr>
<tr><td>5</td><td rowspan="2">钴基</td><td>固溶强化</td></tr>
<tr><td>6</td><td>时效强化</td></tr>
<tr><td>7</td><td rowspan="2">铬基</td><td>固溶强化</td></tr>
<tr><td>8</td><td>时效强化</td></tr>
<tr><td>K</td><td rowspan="3">铸造高温合金</td><td>等轴晶铸造高温合金</td><td>1</td><td colspan="2">钛铝系金属间化合物高温合金</td><td rowspan="6">铸造高温合金；
——（一般）2 位阿拉伯数字；
其他高温合金：
——同变形（GH）高温合金</td></tr>
<tr><td>DZ</td><td>定向凝固柱晶高温合金</td><td>2</td><td colspan="2">铁基或铁镍基（镍质量分数小于 50%）</td></tr>
<tr><td>DD</td><td>单晶高温合金</td><td>4</td><td colspan="2">镍基</td></tr>
<tr><td>FGH</td><td colspan="2">粉末冶金高温合金</td><td>6</td><td colspan="2">钴基</td></tr>
<tr><td>MGH</td><td colspan="2">弥散强化高温合金</td><td rowspan="2">8</td><td colspan="2" rowspan="2">铬基</td></tr>
<tr><td>JG</td><td colspan="2">金属间化合物高温合金</td></tr>
</table>

2. 重点标准发展历程

新中国成立初期，我国航空工业还停留在只能维修少量国外进口飞机，且维修所需的高温合金全由苏联供给的水平。为了解决我国高温合金“原材料不能立足国内”的问题，1956 年我国研制出第一个高温合金牌号 GH 3030，并在涡喷发动机上通过了长期试车，标志着国内生产喷气式飞机用材的开始。1960 年，苏联中断我国航空用冶金材料的供应，冶金战线职工大搞两个“三结合”，克服困难，在短短 5~6 年时间内，成功研制 GH4033、GH4037、GH3039 等十余种高温合金牌号，满足了当时超音速轻型战斗机飞机发动机的生产需求。该时期我国生产高温合金时一直沿用苏联材料技术条件 AMTУ。但由于我国的设备条件与苏联不尽相同，生产工艺也有差别，因此亟须制定适合我国国情的技术标准。1961 年，抚顺钢厂根据冶金工业部的指示，起草了我国的高温合金标准草案，并召集有关单位进行讨论。1963

年，由冶金工业部、三机部技术司联合主持，对7个合金牌号、6个产品标准草案和5个检验方法标准进一步讨论、修改，通过此次修订，标准内容更具体，条款更完善。会后国内又有一些高温合金生产厂、科研院所和使用单位参与到高温合金标准的制定工作中，通过反复修改、补充及试行，冶金工业部于1965年、1967年先后颁布了23项部颁标准，涵盖了锻制圆饼、锻件、锻制和轧制棒材、热轧及冷轧板材、冷拉材和丝材等当时可生产的各类高温合金品种。这些部颁标准不仅对冶金工艺的改进和发展起到了直接推动作用，也保证了国产高温合金的质量稳定性。

20世纪70年代后期，随着我国高温合金的应用由航空、航天推广到民用行业，为更好地将高温合金前期研究成果推广到民用领域，冶金工业部和国家标准局组织冶金工业部标准化研究所、钢铁研究总院、抚顺钢厂、长城钢厂、大冶钢厂、上海第五钢铁厂等单位组成标准编制组，重新修订高温合金的23项部颁标准，并上升为国家内部颁标准（GBn），此次修订为我国高温合金的发展和推广应用奠定了技术基础。

自2000年以来，随着高温合金生产应用水平的提高和一批批定型发动机用高温合金新材料的成熟应用，组织对已有高温合金标准开展了一次全面的修订工作并形成了目前的高温合金标准体系。

3. 实施效果及意义

目前，我国高温合金已形成了国家标准、行业标准、团体标准协调统一的标准体系，共计40项标准。形成了与高温合金材料体系相统一的，涵盖了变形高温合金、铸造高温合金、粉末高温合金各品种的产品标准、测试方法标准的标准体系，保证了我国高温合金准化工作的先进性与实用性。

三、能源用钢

（一）管线钢

1. 简介

我国管线钢的应用起步较晚，早期铺设的油气管线大部分采用Q235和16Mn钢。“六五”期间，我国开始按照美国石油学会API Spec5L标准研制X60、X65钢级管线钢，基本形成了X65以下管线专用钢的系列化生产，填补了我国石油天然气输送管线用钢的空白。20世纪90年代初，我国首次采用API标准生产的X52钢级管线钢，应用于第一条沙漠输气管道塔轮线的建设，管道全长302.15km，板卷由宝钢生产，实现了X52钢级管线钢的全面国产化。

2. 发展历程

1993 年，我国第一个石油天然气输送管线用热轧宽钢带标准发布，《石油天然气输送管用热轧宽钢带》（GB/T 14164—93），当时标准的钢级设置为 S205～S480，相当于 API 标准的 A-X70 钢级，该标准由上海宝山钢铁总厂牵头编制，参考了 API 标准，因 API 标准是钢管标准，对于焊接钢管所用原材料没有具体要求，正是因为我国首次采用 API 标准生产的 X52 钢级管线钢成功应用到第一条沙漠输气管道塔轮线的建设，推动了我国首次编制管线钢卷板产品标准，也反映了我国从产品生产和标准制定参考 API 标准到实现我国自主生产和制定标准的进步。

1997 年 6 月建成投产的库鄯输油管线首次采用 X65 钢级管线，全长 475km，管径 610mm，钢卷由宝钢提供。1997 年 9 月，我国第一条 X60 钢级输气长输管线——陕京线建成投产，钢卷由宝钢提供，实现了 X60 钢级管线管的国产化，同时也拉开了我国长输管线建设的序幕。2000—2015 年，我国钢管的产量、品种、质量进入高速发展阶段，在此期间，“西气东输”一线、二线、三线、川气东送、陕京二线、三线、中贵线、中缅管线等工厂建设，国内几大钢厂能够提供绝大部分的 X70、X80 钢级管线钢，满足工程建设的需要。在此期间，《石油天然气输送管用热轧宽钢带》（GB/T 14164）标准也经过两次修订，第一次修订是 2005 年，此次修订将质量等级分为 PSL1 和 PSL2，增加了高强度等级 X80，PSL1 等级的牌号 S175～S485，相当于 API 标准的 A25，C1-X70 钢级；PSL2 等级的牌号 S245～S555，相当于 API 标准的 B-X80 钢级。第二次修订是 2013 年，此次修订将质量等级 PSL2 的钢级提高到 X120，标准技术水平的提升，充分彰显了我国在管线钢生产技术的进步和大型管线建设上的国产化应用。同时，2007 年，为了应对“西气东输”二线和三线建设对于宽厚钢板的需求，我国首次编制了石油天然气输送管用宽厚钢板标准，《石油天然气输送管用宽厚钢板》（GB/T 21237—2007），该标准是由舞阳钢铁有限责任公司牵头编制，参考了 API 标准，并结合国内直缝埋弧焊管用宽厚钢板生产发展情况和使用要求编制。标准的钢级设置为 L245～L690，相当于 API 标准的 B-X100，该标准的发布实施，对推动我国“西气东输”工程大口径、高钢级，大壁厚天然气管道工程建设具有划时代的意义。2018 年该标准进行了第一次修订，此次修订增加了 PSL1 质量等级的 L210/A～L485/X70、PSL2 质量等级的 L245/B～L830/X120 牌号及其相关规定，标准的修订是在近几年管线钢研发基础和大量数据基础上，总结生产经验，结合“西气东输”三线试验段方案及四线、五线规划而编制。标准技术水平大幅度提升，满足国家能源工程发展对钢材级别和质量不断提高的要求，促进管线钢向高钢级、大口径、大壁厚的方向发展。

2015 年以后，进入供给侧结构性改革阶段，我国钢管行业从高速发展阶段转向高质量发展阶段，在此阶段，管道建设也呈现高潮，以中俄管线、“西气东输”四线等重大管道工程建设为主，国内的一些管线钢生产企业已经能开发出 X90、X100、X120 等钢级管线钢，但这些高钢级管线钢基本都是实验室或者中试开发，在管道建设中应用较难。一些特殊的管线钢逐渐开发并应用，比如海底管线、抗酸管线、抗大变形管线、高应变海洋油气输送管线等的研发和应用。

3. 实施效果及意义

我国管线用钢板标准是按照直缝埋弧焊管和螺旋焊管所用的钢板设立标准体系，典型代表为《石油天然气输送管用热轧宽钢带》（GB/T 14164）和《石油天然气输送管用宽厚钢板》（GB/T 21237），如图 6-15 所示。在这两个标准基础上，近些年逐渐制定了海底管线、抗酸管线、抗大变形管线、高应变海洋油气输送管线等用钢标准。这些标准的制定和实施，对推动我国管线钢在“西气东输”等重要管线工程建设中的应用起到十分重要的作用，同时也推动我国油气输送管道建设从陆地向海洋、深海方向发展，保证我国油气资源和能源的有效供给和安全。

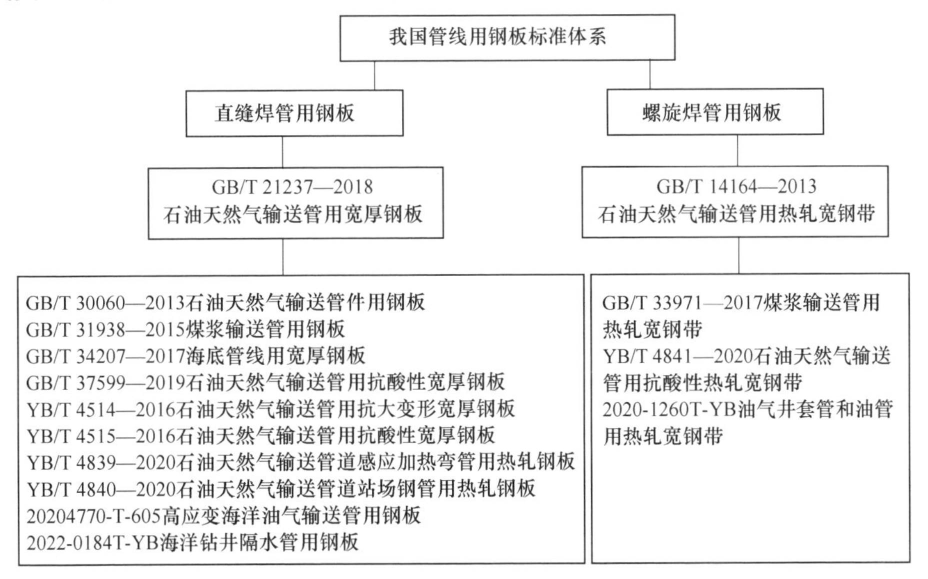

图 6-15　我国管线用钢板标准体系

（二）油井管

1. 简介

油井管是套管、油管、钻杆、方钻杆、加重钻杆、钻铤和连续管等石油天然气（包括石油、天然气、页岩气、煤层气和天然气水合物）钻采专用管的统称。油井管贯穿钻井、完井和采油（气）工程的各个环节，是石油天然气行业重要的必不可少的原材料，其用量占石油工业用钢总量的40%以上。我国油井管的生产从无到有，质量从低到高，品种从低端到全面高端，标准从无到有并与国际全面接轨。目前，我国已成为世界油井管产量最大的国家，年产量已连续多年超过500万吨，国产化率约99%，并大量出口。我国油井管的发展为我国钢铁行业和石油工业的发展做出了积极贡献，其中标准化发挥了重要的支撑作用。

油井管服役条件恶劣，油管柱和套管柱通常要承受几十甚至上百个兆帕的内压或外压，几百吨的管柱拉伸载荷，地质运动挤压，H_2S、CO_2 及 Cl^- 单独或共存的介质腐蚀；有时还需要在高温或低温工况下作业。油井管的质量、性能、寿命对油井、油田的安全可靠、寿命和经济性至关重要，对石油工业的发展关系重大。油井管标准的技术可靠性、互换性、安全性和良好的工程实践及作业经验反馈显得尤为重要。

2. 发展历程及重要作用

我国油井管的标准化与产品生产同步推进，相互支撑。我国油管生产起步于1954年的鞍钢无缝钢管厂，执行的是鞍钢企业标准。1957年，冶金工业部发布部颁标准《石油油管及接头》（YB 15—1957），该标准于1963年等效采用苏联标准《带接箍的油管》（GOST 633—1957）修改为《石油油管及其接头》（YB 239—1963）。

20世纪60年代中后期，鞍钢无缝钢管厂开始生产套管，参照苏联标准《带接箍的套管及其接头》（ГОСТ 632—1957）。1970年，冶金工业部参照API标准，发布部颁标准《石油套管》（YB 690—1970）。

鞍钢无缝钢管厂于20世纪60年代初按照企业标准生产加厚钻探管。1965年，冶金工业部等效采用苏联标准《端部加厚的钻杆及其接箍》（YB 690—1970），发布部颁标准《石油钻探管》（YB 528—1965）。

1966年，鞍钢无缝钢管厂参照API规范开始生产钻杆。1970年，冶金工业部参照API规范，发布部颁标准《石油对焊钻杆、钻铤、方钻杆管材》

(YB 691—1970)。至此，我国套管、油管、钻杆、钻铤等系列油井管产品标准体系基本建成。

20世纪60—80年代，我国油气田开发迅速发展，国内油井管的产量、质量、品种满足不了市场需求，直到1987年90%以上的消耗量仍然需要进口。为此，我国先后从苏联、东欧及欧美、日本等工业发达国家和地区进口油井管产品和钢管生产设备、螺纹车丝加工机床。与此同时，为了保证国产和进口油井管尺寸规格特别是螺纹参数的一致性和产品互换性，鞍钢、包钢、成都无缝等油井管生产厂家按照国际通用的美国石油学会（API）标准对生产系统进行改造，并于20世纪80年代初建立企业的内控标准。

为了加快我国油井管与国际接轨，体现产品的优质优价，原冶金工业部参照API标准，发布系列推荐性冶金行业标准：《套管、油管和钻杆规范》(YB(T) 3—81)，《套管、油管和管线管螺纹的加工测量和检验》(YB(T) 4—81)，《限制屈服强度套管和油管规范》(YB(T) 5—81)，《高强度套管、油管和钻杆规范》(YB(T) 6—81)，《套管、油管和管线管的丝扣剂》(YB(T) 7—81)，《旋转钻井设备》(YB(T) 8—81)，《套管、油管和钻杆性能》(YB(T) 9—81)。1986年1月，冶金工业部正式废止部颁标准YB 239、YB 690和YB 691。1999年，国家冶金工业局废止了YB(T) 3、YB(T) 4、YB(T) 5、YB(T) 6、YB(T) 7、YB(T) 8、YB(T) 9等冶金行业标准。我国油井管标准开始与国际标准、API标准全面接轨，并等同或修改采用系列国际标准制定相应国家标准。

3. 发展前景

随着石油天然气工业的发展，石油行业面临深井、超深井、高压气井、盐膏层、腐蚀介质井的勘探开发，这类油气井对油井管的强度、抗腐蚀性能、抗挤性能、连接性能提出了特殊要求，现有国家标准已经不能完全涵盖这类特殊油井管的要求。我国目前已经能够生产（高）抗H_2S应力腐蚀、抗CO_2腐蚀、抗硫抗挤和H_2S、CO_2及Cl^-共存环境等抗腐蚀系列、低温高强韧系列、（高）抗挤系列、稠油热采系列、深井超深井系列、膨胀套管等满足各类特殊油气井工况的系列非标油井管，开发出了抗弯和抗拉压能力强、容易上卸扣、密封性能好、抗过扭矩能力强的系列特殊螺纹。油井管产业链上的生产、下游设计、检测、使用等单位需要相互协调、分工合作，共同完善特殊油井管的产品标准、设计和选材标准、技术评价规范、检测规范及现场验收、存储、使用推荐做法的成套标准体系。

（三）石油化工管

1. 简介

石油化工行业是国民经济重要基础产业，包括以石油和天然气为原料生产石油产品和石油化工产品的石化领域和化工领域等两大部分。钢管是石油化工行业工程项目建设、设备制造和生产运行检修的重要原材料，包括石油裂化管、高压化肥管、化纤管、煤化工管等。石油化工用钢管接触介质往往是有毒、有害、易燃和易爆等危险品；运行工况的压力从低中压到高压，温度从高温到低温，还有真空。不同的接触介质和运行工况，对钢管选材有不同的要求，这就造成石油化工用钢管的特点是品种多、规格多。因此需要更加专业、先进和完善的钢管标准体系来满足石油化工行业发展的需要。

2. 发展历程及重要作用

我国石油化工发展起步于20世纪50年代。石油裂化管适用于石油精炼厂的炉管、热交换器管和连接管道，是石油化工行业应用最广泛的产品。鞍钢无缝钢管厂在1955年按《石油加工和石油化学工业用无缝钢管》（ГОСТ 550—1941）成功试制Cr7SiMnTi牌号石油裂化管，并按苏联标准制定鞍标4401—1956企业标准。1963年，冶金工业部根据国民经济建设需要，颁布了《裂化用钢管》（YB 237—1963）试行标准，该标准的发布引领了钢铁行业石油裂化管的品种开发。20世纪60年代，我国相继开发出Cr2Mo、Cr5Mo等合金钢牌号的石油裂化管。1970年，鞍山钢铁公司提出并起草，对YB 237—1963进行了修订，冶金工业部发布了《石油裂化用钢管》（YB 237—1970）。此次修订涵盖了10、20、12CrMo、15CrMo、Cr2Mo、Cr5Mo和15Al3MoWTi等7个牌号，标准中规定合金钢的交货状态为退火，检验项目有扩口试验（用于胀接连接的炉管和热交换器管）和水压试验（如无条件，供方能保证可不作），无损检测为协商条款（包括探伤数量和合格指标）。

1970年，由鞍山市第一生产组提出，冶金工业部发布了《化肥用高压无缝钢管》（YB 800—1970）试行标准。该标准适用于公称压力220kg/cm^2、320kg/cm^2，工作温度-40~400℃的输送化工介质（合成氨、甲醇、尿素等部分）用无缝钢管。标准中涵盖了20、15MnV、12MnMoV、10MoVNbTi、Cr17Mn13Mo2N等5个牌号，钢管的检验项目有拉伸、冲击和压扁（最大压扁距为钢管外径的50%，检验结果是否作为交货依据由双方协商确定），无损检测为协商条款（包括检验标准和判定方法）。至此，我国石油化工用钢管标准基本建成，为20世纪70年代我国加快石油化工行业发展步伐提供了有力支撑。我国在这个阶段相继建立了上海石化、燕山石化等一系列大型石油化工厂，以及河北省沧州化肥厂、辽河化肥厂等一批大型氮肥厂等，成套引进多套化纤、化肥技术设备。

20 世纪 80 年代，我国加大引进国外先进石油化工技术设备力度；90 年代，中国石化等企业掌握了现代炼厂全流程技术，形成了催化裂化、加氢系列技术，千万吨级大型炼油联合装置、百万吨级大型乙烯等成套技术和装置实现工业化应用。1986 年，冶金工业部提出的，由鞍钢起草的《化肥设备用高压无缝钢管》（GB 6479—86）首次发布。1988 年，冶金情报标准总所提出，鞍钢起草，冶金工业部批准了《石油裂化用无缝钢管》（GB 9948—88）。两项标准实施之日起，YB 800—1970 和 YB 237—1970 相继作废。两项国家标准在钢管尺寸规范范围、尺寸精度、牌号数量、化学成分有害元素、热处理、室温和低温冲击韧性、压扁和扩口等工艺性能、水压试验、无损检测等方面的指标和要求均有大幅度的提升，反映了当时我国无缝钢管工艺和品种技术的进步，响应了石油化工技术设备发展对钢管品种质量的需求。

进入 21 世纪，我国钢管行业的工艺装备和品种开发取得快速进步，一大批代表世界先进水平的连轧管机组和斜轧机组相继投产；12Cr5Mo、12Cr9Mo 等铁素体合金钢、奥氏体不锈钢、双相不锈钢、铁素体不锈钢、尿素级不锈钢等品种相继开发并批量供货。我国石油化工行业迈入了高质量发展的新阶段，化肥、酸碱等基础行业也陆续进入黄金发展期；以神华宁煤 400 万吨煤制油项目的建成并长周期稳定运行为代表的替代石油天然气生产油品、乙烯、丙烯等石化产品的现代煤化工技术取得重大突破；恒力石化、浙江石化建设了 2000 万吨/年以上的炼化一体化项目；壳牌、埃克森美孚、巴斯夫等跨国石化企业纷纷在中国建设大型炼化一体化项目。石油化工用钢管标准体系得到长足发展，GB 6479 和 GB 9948 相继进行了修订，分别在 2000 年、2006 年进行了第一次修订，2013 年同步进行了第二次修订。2017 年 1 月 14 日，按强制性标准整合精简结论，GB 6479—2013 和 GB 9948—2013 从强制性国家标准转化为推荐性国家标准，标准编号分别转化为 GB/T 6479—2013 和 GB/T 9948—2013。

为适应石油化工行业发展对钢材品种多规格的要求，钢管原材料领域不断完善标准体系，已初步建成较为完善的石油化工用钢管标准体系。石油化工用钢管现有体系涵盖了无缝钢管、焊接钢管、复合钢管（碳钢与不锈钢、合金、钛、树脂陶瓷的复合）和异型钢管（内螺纹管、波纹管、内波外螺纹管、槽道管、螺旋扁管、涡节管、丁波管）等各个品种大类的碳钢、合金钢、奥氏体不锈钢、双相不锈钢、铁素体不锈钢钢种的钢管产品标准30余项。

3. 发展前景

当前，我国石油化工行业的发展方向是“大型、先进、系列、绿色”，炼油、化肥等传统产业加快向现代石油化工转型。钢管作为石油化工行业的重要原材料，在品种规格和产品质量上需要不断创新提升，为下游发展提供坚实原材料保障；在钢材标准体系建设上，对GB/T 6479—2013和GB/T 9948—2013、GB/T 18984—2016、GB/T 14976—2012等量大面广的重要产品标准开展修订完善，研制《工业管道用浸塑复合钢管》等产品标准和《U形钢管通用技术要求》基础标准，为下游发展提供强有力的标准支撑。

（四）耐蚀合金

1. 简介

耐蚀合金是以耐蚀性为核心，镍含量（质量分数）不小于30%的一系列合金的统称。根据合金基体组成元素，耐蚀合金可分为铁镍基合金（含镍30%~50%且镍加铁不小于60%）和镍基合金（含镍不小于50%）。耐蚀合金由于含镍量高且添加了Cr、Mo、Cu、W、Si、N等元素，其抗点蚀、抗应力腐蚀和在氧化性介质和还原性介质中的耐蚀性均优于普通不锈钢。经过60余年不断的发展和改进，我国现已形成了10种耐蚀合金系列，见表6-3。

表6-3 10种耐蚀合金系列

类别	系列	代表牌号				
		GB/T 15007—2017		美国ASTM牌号	特性	用途
		统一数字代号	中国牌号（旧牌号）			
铁镍基耐蚀合金	Ni-Fe-Cr	H08800	NS1101（NS111）	N08800 Incoloy 800	抗氧化性介质腐蚀，高温上抗渗碳性良好	用于化工、石油化工和食品处理，核工程，用作热交换器及蒸汽发生器管、合成纤维的加热管以及电加热元件护套
	Ni-Fe-Cr-Mo	H01301	NS1301（NS131）	—	在含卤素离子氧化-还原复合介质中耐点腐蚀	湿法冶金、制盐、造纸及合成纤维工业的含氯离子环境

续表 6-3

类别	系列	代表牌号				
		GB/T 15007—2017		美国 ASTM 牌号	特　性	用　途
		统一数字代号	中国牌号（旧牌号）			
铁镍基耐蚀合金	Ni-Fe-Cr-Mo-Cu	H08825	NS1402（NS142）	Incoloy 825	耐氧化物应力腐蚀及氧化-还原性复合介质腐蚀	热交换器及冷凝器、含多种离子的硫酸环境；油气集输管道用复合管内衬；高压空冷器
	Ni-Fe-Cr-Mo-N	H01501	NS1501（NS151）	—	抗氯化物、磷酸、硫酸腐蚀	烟气脱硫系统、造纸工业、磷酸生产、有机酸和酯合成
	Ni-Fe-Cr-Mo-Cu-N	H01602	NS1602（NS162）	—	耐强氧化性酸、氯化物、氢氟酸腐蚀	硫酸设备、硝酸-氢氟酸酸洗设备、热交换器
镍基耐蚀合金	Ni-Cu	H04400	NS6400（Ni68Cu28Fe）	N04400 Monel 400	耐海水、稀氢氟酸和硫酸的酸和碱性能	海洋和海洋工程、盐生产、给水加热管，化工和油气加工
	Ni-Mo	H10001	NS3201（NS321）	N10001 Hastelloy B	耐强还原性介质腐蚀	热浓盐酸及氯化氢气体装置及部件
	Ni-Cr	H06690	NS3105（NS315）	N06690 Inconel 690	耐高温氧化物介质腐蚀	热处理及化学加工工业装置、核电和汽车工程
	Ni-Cr-Mo	H10276	NS3304（NS334）	Inconel 276 N10276	耐氧化性氯化物水溶液及湿氯、次氯酸盐腐蚀	强腐蚀性氧化-还原复合介质及高温海水中的焊接构件、核电主泵机屏蔽套、烟气脱硫装备
	Ni-Cr-Mo-Cu	H06985	NS3403（NS343）	N06985 Hastelloy G-3	耐盐酸和其他强还原物质、较高的热稳定性和耐应力腐蚀开裂	用于含有硫酸和磷酸的化工设备

2. 重点标准发展历程

我国对耐蚀合金的研究源于20世纪50年代对镍铜合金的生产和应用。到1960年，为满足我国核工业特别是具有苛刻腐蚀环境的核燃料生产需求，我国开始自主研制、生产和应用多种耐蚀合金。如研制成功了压水堆核电厂蒸发器传热管用铁镍合金NS1301（0Cr20Ni43Mo13）等。为了满足该时期我国耐蚀合金的发展需求，1975年，冶金工业部发布了我国第一个耐蚀合金标准《镍基耐蚀合金技术条件（试行）》（YB/T 687—75）。20世纪80年代是我国耐蚀合金研发和生产的快速发展时期，也是我国耐蚀合金标准制定的成熟期。1988年，我国参照日本耐蚀合金标准体系，制定了棒、板（带）、无缝管、焊丝等8个国家内部标准（GBn）。

由于耐蚀合金的镍含量较高，价格昂贵，耐蚀合金在很长一段时间内只用于我国军工和核工业领域，严重制约了我国耐蚀合金研发和生产的发展。20世纪90年代以后，我国耐蚀合金标准化工作基本处于停滞状态，仅根据国家标准改革，分别于1990年将原来的国家内部标准（GBn）调整为国家标准，2006年又再次将其调整为冶金行业标准，这两次调整只修改了标准编号，均未对标准文本做任何修改。

进入21世纪，随着我国工业化进程的加快，为了保证大规模工业生产的连续性和安全性，国内一些对耐腐蚀要求高的现代化新建设备及构件，在选择腐蚀场合应用的结构材料时，不仅要考虑成本，而且更要考虑设备容易维护、停止操作时间短、使用寿命长、可靠性高，这些高质量要求极大地促进了我国耐蚀合金的研发、生产与应用，耐蚀合金的应用范围与使用量呈现不断上升的势头，也促进了我国冶金装备的全面升级。许多特殊钢企业的冶金设备及工艺水平均达到了国际先进水平，通过引进、消化、吸收、国产化，已研发了相当于N08028、N08825、N06985、Inconel 600、Inconel 625、Incoloy 800、Incoloy 825及Hastelloy系列合金的典型耐蚀合金并实现了工业化生产，产品大量用于国内新建的现代化设备上，不仅可以顶替进口，而且使用性能稳定。自2008年起，我国陆续开始对耐蚀合金标准进行了修订。这次修订主要是根据国内生产及应用的实际情况，在合金系列上增加了镍-铬-钼-氮系和镍-铬-钼-铜-氮系两个系列，标准牌号增至36个，并增加了10个铸造耐蚀合金牌号；在品种上增加了耐蚀合金复合管标准。

“十三五”期间，为了促进我国重大工程项目用耐蚀合金实现国产化，使我国耐蚀合金的质量有新的突破，达到国外先进水平，全国钢标准化技术委员会特殊合金分委会协同全国锅炉压力容器标委会及化工、石油、石化、核电等行业，以修订《耐蚀合金牌号》（GB/T 15007—2008）标准为牵引，逐步开展耐蚀合金标准制修订工作。

经过近50年的发展，我国现已基本建立了品种齐全、水平先进，与国际标准水平接轨的耐蚀合金标准体系（见图6-16），现有国家标准19项，包括基础标准1项、产品通用技术条件标准3项、通用产品标准10项和专用产品标准5项，全面覆盖了耐蚀合金棒、板带、盘条和丝材、锻件、管材等产品类型。

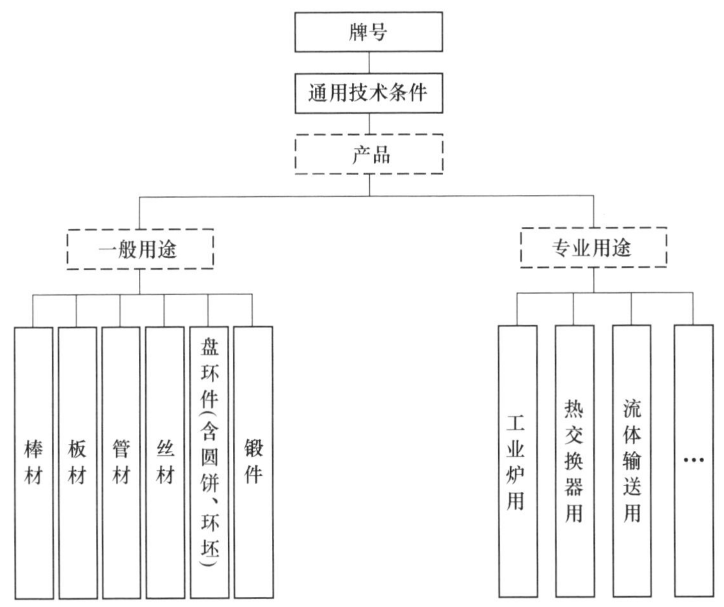

图6-16　耐蚀合金标准体系

3. 实施效果及意义

耐蚀合金作为重要的耐蚀结构材料，其产量、质量、性能直接关系到核能、化工、石油、轻工、纺织、航空、航天、火力和水力发电、海洋开发等工业部门的设计与应用。在国家一系列新材料发展规划的推动和支撑下，我国已基本形成了与ASTM标准体系一致的耐蚀合金标准体系，为提高耐蚀合金标准水平和国际通用性，提升我国耐蚀合金产品质量，推动我国重大工程项目用耐蚀合金国产化起到了良好的促进作用，更好地满足我国耐蚀合金生产及应用的需求。

（五）火电用钢

1. 简介

火力发电是我国的主要发电方式，2021 年的占比为 74.13%。中国的煤炭资源丰富，未来较长时间内火电仍将是电力供应的主力。电站锅炉是火力发电的三大主机设备之一，高压锅炉管是电站锅炉过热器、再热器、省煤器、水冷壁及主给水管道、主蒸汽管道、再热蒸汽热段管道、再热蒸汽冷段管道的重要原材料。高压锅炉管需要在高温、高压、腐蚀工况下长期服役，应具有良好的组织稳定性、高温持久强度、抗烟气腐蚀性能和抗氧化性能，以及优良的焊接性能和较大的导热系数、较低的热膨胀率。

按照《锅炉安全技术规程》（TSG 11—2020），A 级锅炉分为超临界、亚临界、超高压、高压、次高压、中压，其中高压的压力范围界定为 $9.8\text{MPa} \leqslant p < 13.7\text{MPa}$。高压锅炉管目前执行的标准是《高压锅炉用无缝钢管》（GB/T 5310），标准适用范围为高压及以上压力（包括超超临界和高效超超临界）的蒸汽锅炉及管道。该标准是我国钢管标准中技术要求最高、最全面的标准，在钢管生产和锅炉制造行业中发挥着重要作用。该标准也是我国钢管行业工艺装备、品种研究发展历程的一个缩影。

2. 发展历程及重要作用

新中国成立初期，我国的火电机组基本上是低压、中压小机组，蒸汽温度不超过 450℃，使用钢管牌号为 10 钢、20 钢，过热器和再热器高温段使用少量 0.5Mo 钢和 0.5Cr-0.5Mo 钢，所用高压锅炉管全部从苏联进口。这个阶段我国没有自己的锅炉管标准。1960 年，上海钢管厂开始试制 20A 小口径冷拔高压锅炉管，1962 年，鞍钢无缝钢管厂按苏联标准生产出我国首批热轧高压锅炉管。1965 年，冶金工业部颁布我国第一个高压锅炉管标准《锅炉用高压无缝钢管》（YB 529—65）。该标准主编单位为上海冶金局，参照苏联标准编制。标准中纳入 20、12CrMoA、15CrMoA、12Cr1MoVA 共 4 个牌号，这 4 个牌号沿用至今并仍然是高压锅炉管中产量较大的钢种。该标准的颁布实施，在我国钢铁行业和电站锅炉制造行业具有里程碑意义。

20 世纪 60—70 年代，我国相继建造投运超高压、亚临界火电机组。60 年代后期是我国高压锅炉管自主研发的活跃阶段，研制的 12Cr2MoWVTiB（G102）、12Cr3MoVSiTiB（П11）等高压锅炉管在 100～300MW 机组过热器、再热器上成功应用。根据发展需求，锅炉管标准也及时进行了修订，1970 年发布的 YB 529—70 新增了 15MnV、12MnMoV、12MoVWBSiRE、

12Cr2MoWVTiB、12Cr3MoVSiTiB 共 5 个新牌号。20 世纪 70 年代中期，我国引进了德国牌号 15Mo3、13CrMo44、10CrMo910、X20CrMoV121，并应用在火电机组，部分牌号在后续标准改版中纳标并沿用至今。

改革开放后我国火电机组快速发展。20 世纪 80 年代引进美国 300MW 和 600MW 亚临界火电机组的设计和制造技术，并相应引进了美国 ASME 标准中的耐热钢，如 T/P91、SA106C、TP304H、TP347H 等牌号。

20 世纪 90 年代，我国陆续从欧洲引进超临界机组，我国火电机组进入超临界时代，由此开启了我国高端锅炉用钢管国产化研究之路。1989 年，国务院批准冶金工业部提出的“发电设备用钢国产化措施方案”，方案由国家计委牵头组织实施，并组织冶金工业部、机械部、电力部、船舶总公司对技术改造工程及改造后生产的产品进行技术评定和验收。“大型超超临界火电技术研究”课题获得“863”计划支持。超超临界火电机组装备与技术国产化是国家“十一五”规划和“国家中长期发展规划”支持项目。经过数年研发，以原成都无缝钢管厂生产的大口径 P22、12Cr1MoV、P91 管和小口径 T91 管为代表的 5 家钢管厂的高压锅炉管改造工程和质量评定通过验收，我国正式具备火电机组所需大中小口径规格、高参数机组牌号的钢管生产能力。由宝钢等单位历时十多年合作完成的“600℃超超临界火电机组钢管创新研制与应用”项目荣获 2014 年度国家科学技术进步奖一等奖。

高压锅炉管标准紧跟时代发展步伐，1985 年从行业标准上升为国家标准，并以《高压锅炉用无缝钢管》（GB 5310—85，鞍钢为主编单位）发布实施。此次升版，增加了 12CrMo、12Cr2Mo、304H、347H 共 4 个牌号。此外，标准中重要的变化是将热处理制度由推荐变为要求，增加晶粒度、显微组织要求。这些变化是针对高压锅炉管的使用特殊性做出的科学、适宜要求，并在后续版本中得以延续。1995 年再次升版时，该标准以强制性标准发布为 GB 5310—95（成都无缝钢管厂为主编单位），标准中增加了 20MnG、25MnG、15MoG、20MoG、T/P91 共 5 个从美国、德国标准中引进的牌号，增加强制要求的超声检测，修改高温力学性能数据。这两次升版，对材料牌号的增加主要以国外牌号为依据，有效地推动了高端锅炉管的国产化研发和以产顶进。

进入 21 世纪，我国 600MW、1000MW、1300MW 的超临界、超超临界发电技术迅猛发展。2006 年我国第一台自主设计制造的超超临界机组投产。到 2013 年底已建成 600℃超超临界机组 141 台约 1.224 亿千瓦，占全球同类装机容量的 80%。我国钢管行业和电站锅炉制造的高参数、大型化形成了相互引领、相互支撑的良好局面，国内众多钢管生产厂能够稳定批量供应 T/P91，并相继实现了 T/P92、超级 304、HR3C、TP347HFG 等高端锅炉管的国产化研发和应用，超超临界火电机组的设计、建造技术也实现自主化并领先全球。随着钢管制造行业的发展和高参数锅炉对管材要求的提高，许多锅炉管材的新技术、新要求和新品种在标准中不断得到规范。GB 5310—2008 增加了 15Ni1MnMoNbCu（WB36、T/P36）、10Cr9MoW2VNbBN（T/P92）、10Cr18Ni9NbCu3BN（S30432）、07Cr25Ni21NbN（310HNbN）、08Cr18Ni11NbFG（347HFG）等 9 个牌号；高品质耐热钢在科研生产中积累的晶粒度、显微组织和高温性能等基础数据不断得到完善和纳标。

2017 年 1 月，国标委印发强制性标准整合精简结论，GB 5310—2008 的标准属性从强制性转化为推荐性，标准编号转化为 GB/T 5310—2008。2014 年完成审定并报批的标准随后以 GB/T 5310—2017 发布。2017 年版标准，增加了牌号 07Cr25Ni21（TP310H），增加了总延伸系数要求，其余变化主要从更加有利于规范钢管制造环节的质量控制，确保钢管制造、锅炉制造使用和电力行业验收使用等上下游领域对材料验收要求的一致性方面进行修改完善。21 世纪的两次标准升版，扩大了我国高端新型耐热钢的应用，统一了上中下游的验收要求，提高了我国高端无缝钢管的国产化率。

3. 发展前景

2021 年，我国火电装机容量 12.9939 亿千瓦，居世界第一，并且比排名后几位国家的总量还多。在国家节能、降耗、减排的政策导向下，以化石能源为原料的火电行业面临低碳绿色发展的严峻挑战。发展高效清洁的大型超超临界发电机组是火电发展的必然选择。目前世界各主要工业发达国家在役的高参数机组为 605℃ 超超临界机组，并将 650℃、700℃ 的机组作为研究和发展的方向。我国目前正在推广应用 620~630℃ 高效超超临界机组。锅炉机组温度和压力的提高，依赖能够承受更高温度和压力的钢管。高压锅炉管标准的后续升级，必将与我国钢管行业的品种研发和下游锅炉制造、电力行业的发展需求紧密结合。

（六）核电用钢

1. 简介

核能作为稳定可靠的清洁低碳能源，是我国能源向清洁化、低碳化转型的重要选项之一。我国于 1985 年自行设计、建造和运营管理第一座 30 万千瓦压水堆核电站（秦山核电），经过 30 多年的发展，我国核电从无到有、从小到大，实现了完全自主化。截至2022年3月底，我国已建成54台在运核电机组，核电装机容量为5443万千瓦，核电发电量在总发电量中的占比达到5.1%，在建核电机组23台。核电用系列钢管标准体系也已基本建成。

我国核电标准体系的建立伴随核电的发展历程。我国在1983年确定了核电技术的来源途径为“引进技术和自主研发相结合”。2007年发布的《国家核电中长期发展专题规划（2005—2020年)》明确要求实现先进百万千瓦级压水堆核电站的自主设计、自主制造、自主建设和自主运营。历时30余年，我国完成拥有完全自主知识产权的先进压水堆第三代核电技术华龙一号（HPR1000）和国和一号（CAP1400）的研发，2021年福清核电站5号机组华龙一号投入商业运营。建立我国自主的核电钢管标准体系是我国核电自主化发展的重要组成部分。

核电管标准的研制与核电管的国产化研发相互支撑、相互促进。用于核电站的钢管有燃料包套管、堆内结构管、控制棒用管和蒸汽发器用管、辅助热交换器用管、给水加热器用管、主管道用管、冷却水管道用管等。钢管在核电站中除少量用于结构件外，其余主要用于通过蒸汽、冷却水传递热能的承压部件。由于各部件的功能和工况各不相同，因此对钢管的技术要求也相差甚大。

2. 发展历程及重要作用

1977年开始，成都无缝钢管厂相继开发出了核电站主管道和二回路蒸汽发生器用管；1988年，上钢五厂等单位成功试制出U型蒸发器合金管。核电管的成功研制为我国第一座核电站的自主化奠定了基础。在引进技术路线上，核电站的设计和设备制造一直采用国外技术。与此同时，按照国家对核电逐步国产化的发展要求，核电管道系统的国产化研制从未停步。2004年建设的中广核岭澳二期核电项目是我国首个百万千瓦级自主化项目，其常规岛二回路中的合金管道、控Cr管道和管件全部国产化。2007年建设的辽宁红沿河核电项目中所有不锈钢无缝钢管实现了国产化。核电钢管产品的国产化研制和应用为我国钢管标准化的发展奠定了坚实基础。2007年，我国首次启动了核电相关标准的研制，先后由攀成钢牵头制定了《核电站用无缝钢管　第1部分：碳素钢无缝钢管》（GB 24512.1—2009）和《核电站用无缝钢管　第2部分：合金钢无缝钢管》（GB 24512.2—2009），中兴能源牵头制定了《核电站用无缝钢管　第3部分：不锈钢无缝钢管》（GB 24512.3—2014），江苏银环牵头制定了《核电站热交换器用奥氏体不锈钢无缝钢管》（GB/T 30073—2013），浙江久立牵头制定《核电站用奥氏体不锈钢焊接钢管》

(GB/T 30813—2014)，珠江钢管牵头制定了《核电站用非核安全级碳钢及合金钢焊接钢管》(GB/T 31941—2015)。至此，包括无缝和焊接碳钢、合金钢和不锈钢的核电用钢管标准体系基本建成。

核电用钢板标准的研制紧跟核电建设用钢的国产化步伐。钢板在核电站建设中主要用于核岛、核反应堆压力容器、蒸汽发生器等关键核心设备。碳钢及低合金钢钢板主要应用于蒸汽发生器、堆芯补水箱、安全壳、安注箱及其他结构或基础构件，奥氏体不锈钢钢板主要应用于压水堆核电站的核岛核心部件，双相不锈钢在核电站设备与部件选材中被广泛采用，合金钢钢板主要应用于 CPR1000 核岛（蒸汽发生器壳体用钢）、核反应堆压力容器支撑用钢、电机组稳压器的筒体板和封头板等，这些都属于核一级安全要求产品。为实现核电建设用钢的国产化，为我国建造具有自主知识产权的核电机组提供可靠的钢材保障。2010 年，信息标准院与鞍钢共同承担了《核电用钢体系研究和关键技术标准研制》国家公益性行业科研专项课题，同年启动了核电站用钢板标准研制工作。先后由鞍钢股份有限公司牵头制定了《核电站用碳素钢和低合金钢钢板》(GB/T 30814—2014)、《核电站用合金钢钢板》(GB/T 36163—2018) 和《核电站用双相不锈钢钢板》(GB/T 41754—2022)，由山西太钢不锈钢股份有限公司牵头制定了《核电站用奥氏体不锈钢钢板和钢带》(GB/T 34915—2017)，核电用钢板标准体系基本建成。

核电安全关乎国家安全和社会稳定。核电标准对核安全和核文化意识的要求具有很强的特殊性，制造常规产品的习惯思维和习惯操作无法保证核电产品质量。核电管和核电钢板标准的结构和总体技术要求与其他通常产品标准存在很大差异，内容涉及面特别广，牵涉从资质、订货、生产、检验、监督、发运到资料存档的整个过程。因此，核电标准不仅要将采购和监理的要求纳入，而且在制造工艺、检验取样、无损检测等技术要求中要全面贯彻和落实核安全要求和理念，要对技术要求进行指标量化，对具体做法进行详细规定。

GB 24512. 1—2009 和 GB 24512. 2—2009 系列标准是我国首次制定核电用钢标准，为我国从无到有建立核电用钢标准体系做出了示范，提供了思路，开好了新局。国家标准在制定中，完全结合了我国核电运营和建设中的实际经验反馈和使用要求，针对性和适用性强，有效规范了核电用钢的质保、制造、检验、交付，成功解决了实际订货时的技术障碍，为我国核电自主发展做出了积极贡献。两项标准被评为 2012 年冶金科学技术奖三等奖，四川省2012年科学技术进步奖三等奖，四川省首届标准创新贡献一等奖。

3. 发展前景

我国目前在运在建核电机组数位列全球第二，核电发展规模和质量不断迈上新台阶，技术、装备、建设、运行等能力水平跻身国际先进行列。预计在2022—2025年间，我国将保持每年6~8台核电机组的核准开工节奏；到2025年，我国在运核电装机将达到7000万千瓦；到2030年，我国核电在运装机容量有望达到1.1亿千瓦，核能发电量在总发电量的占比将达到7%；到2035年，我国核电在总发电量中的占比将达到10%，相比2021年翻倍。系列核电用钢标准历经10年左右的实施，后续将结合我国核电发展的技术进步和经验反馈，以及我国钢管和钢板行业的品种研发和质量提升，适时进行修订升版。

（七）风电用钢

1. 简介

风能是一种洁净、无污染的绿色能源，是未来新能源行业的重要发展方向。我国风能资源丰富，陆地与海上可开发与利用风能共计10亿瓦。据国家能源局数据，截至2021年底，我国风电累计装机容量达到328.5GW，同比增长16.7%，占我国全部电力装机容量的13.9%，占全球风电装机容量837GW的近40%。

中国风电投资规模的高速增长，带动了相关下游行业的发展。风电设备用的零部件因其尺寸大、服役环境恶劣、维修条件差，要求零部件具有极高的稳定性和可靠性、少维修甚至终身不维修。随着大容量的兆瓦级别大型风力发电机组的推广，风电装备关键部件用钢的质量要求随之提高。

2. 重点标准

按用途来分，风电装备用钢主要包括齿轮钢、轴承钢、螺栓钢等。为满足风电装备用钢材的特殊要求，近年来全国钢标准化技术委员会陆续制定了相应的风电装备专用的钢产品标准。

（1）风电装备用齿轮钢标准。齿轮是风力发电设备的核心部件，由于风电用齿轮尺寸较大、低维修率、长寿命的要求，其所采用的齿轮钢要求有更高的强度、硬度、韧性、表面耐磨性、心部韧性和抗冲击性。《风力发电用齿轮钢》（GB/T 33160—2016）是风电装备专用的齿轮钢标准，在齿轮钢基础标准《保证淬透性结构钢》（GB/T 5216—2014）的基础上，根据风电行业多年的使用经验，纳入了适用于风电装备的4个牌号18Cr2Ni2MoH、20CrNi2MoH、22CrNiMoH和20CrMnMoH，主要用于制造风电的行星轮、中间齿轮轴、太阳轮、高速轴、LSS行星轮、IMS行星轮、二级花键输出轴、二级行星齿轮、高速轴等。

（2）风电装备用轴承钢标准。为了满足风电用特大型轴承的需求和发展，2013年制定了《风力发电设备用轴承钢　第1部分：偏航、变桨轴承用钢》（GB/T 29913.1—2013）。标准纳入了G50Mn2、G42CrMo、G55CrMnMo、G55SiMoV共4个牌号，该标准也适用于制作掘进、起重、大型机床等重型设备上用的特大尺寸轴承。

（3）风电装备用螺栓钢标准。风电装置连接中用到较多大尺寸高强度螺栓。随着近些年我国冶金行业装备及制造水平的不断提高，以及大量国家科研项目、企业研发项目技术成果的转化，已经成功开发出与国外风电装备螺栓材料性能相当的风电领域用螺栓钢，并且已经批量应用。2022年发布的风电专用螺栓钢标准《风电装备用螺栓钢》（YB/T 4986—2022）包括了42CrMoA、40CrNiMoA、35CrMoA三个牌号，各项技术指标均严于GB/T 3077—2015，能很好地满足我国风电装备领域的高端需求。

（八）气瓶管

1. 简介

气瓶是指主体结构为瓶状，充装压缩气体（如氢气、天然气等）、高（低）压液化气体（如氙气、氯化氢、氨气、氯气丙烯等）、低温液化气体（液氧、液氢、液氮、液化天然气）、溶解气体（乙炔）、吸附气体、混合气体（如液化石油气）的一类移动式压力容器。按照《气瓶安全技术规程》（TSG 23—2021），气瓶按瓶体结构分为无缝气瓶、焊接气瓶、纤维缠绕气瓶、低温绝热气瓶和内装填料气瓶；按公称容积（水容积）分为小容积（不大于12L）、中容积（大于12L且不大于150L）和大容积（大于150L）气瓶；按公称工作压力分为高压（不小于10MPa）和低压气瓶；按用途分为工业用、医用、燃气用、车用、呼吸器用和消防灭火用气瓶。

由此可见，气瓶应用非常广泛，无论在生产领域还是生活领域，几乎都离不开气瓶。气瓶是一种承压设备，其充装介质一般具有易燃、易爆、有毒、强腐蚀等性质，使用环境又因其移动、重复充装、操作使用人员不固定和使用环境变化的特点，比其他压力容器更为复杂、恶劣。气瓶一旦发生爆炸或泄漏，往往发生火灾或中毒，甚至引起灾难性事故。长管拖车、管束式集装箱用大容积气瓶还纳入《移动式压力容器安全技术规程》的监管。

无缝钢管是制造气瓶的重要原材料，这类材料也可以制造蓄能器壳体。气瓶用无缝钢管目前执行的标准是《气瓶用无缝钢管》（GB/T 18248—2021）和《大容积气瓶用无缝钢管》（GB/T 28884—2012）。

2. 发展历程及重要作用

20 世纪 50 年代，钢质无缝气瓶是采用 35 钢、45 钢的钢坯加热、立式冲孔、顶拔、收口等工艺制成，统称为冲拔瓶。这种工艺一次只能生产一支气瓶，生产效率极低。无缝钢管制瓶（通称管制瓶）最早在德国使用，其工艺为钢管端部加热、旋压（挤压、锻压）收底、端部加热、收口、热处理等工序制成。这种工艺不仅生产效率高、尺寸精度高、表面质量好、成材率高，而且可生产单支长度超过 12m 的气瓶。20 世纪 70 年代，成都无缝钢管厂和包钢无缝钢管厂就开始按国家劳动部 1965 年公布的《气瓶安全监察规程》规定，采用与用户签订技术协议方式供应无缝钢管作为气瓶用原料。鉴于气瓶收底封口技术尚未完全成熟，管制瓶没有得到快速发展。

1985 年，我国发布第一个气瓶标准《钢质无缝气瓶》（GB 5099—1985）。成都无缝钢管厂和包钢无缝钢管厂依据该国家标准分别制定企业标准并陆续供货，并先后开发出 40Mn2V、30CrMo、35CrMo 等品种的气瓶管。部分产品按 ASME SA372 生产并进入国际市场。1994 年 GB 5099 改版，其中增加了 37Mn 和 34Mn2V 牌号；1993 年，机械工业部发布《液压隔离式蓄能器壳体技术条件》（JB/T 7038—1993），该标准中列入 30CrMnSiA 这一壳体主要牌号；1998 年，由劳动部提出，北京天海牵头制定《汽车用压缩天然气钢瓶》（GB 17258—1998）。这些气瓶标准的发布为无缝钢管企业大力开发和推广应用钢制瓶提供了依据，也为钢管行业制定原料标准打下了基础。

2000 年，宝钢牵头制定《气瓶用无缝钢管》（GB 18248—2000）。该标准是钢管行业制定的第一份气瓶管标准。标准中列入了 37Mn 和 34Mn2V、30CrMo、35CrMo 共 4 个生产应用成熟牌号。进入 21 世纪后，世界经济快速发展，气瓶的需求呈现快速增长。这一时期，我国无缝钢管行业建成了 ϕ180mm、ϕ340mm、ϕ460mm 等多台套具有世界先进水平的连轧管机组，这些机组非常适合批量生产中大口径薄壁气瓶管。在气瓶管标准的支撑和引领下，气瓶管和气瓶的品种开发和市场推广相得益彰，产量均快速增长，品种不断扩大，气瓶大量出口欧美。2008 年，宝钢牵头对该标准进行了第一次修订，修订后的标准增加了欧洲牌号 34CrMo4，以满足气瓶大量出口需要；增加了蓄能器壳体材料牌号 30CrMnSiA；结合气瓶使用特点，将力学性能修改为提供实测值，并将参考值作为资料性附录。

20 世纪 60 年代，工业发达国家就开始采用多个大容积钢质无缝气瓶集束在一起放入框架，组成集装管束，盛装天然气、氢、氧、氦、氮等。集装管束放在半挂拖车上，称为长管拖车，用于公路运输和加气站的储气罐。集装管束还可放入集装箱，称为管束式集装箱。采用集装管束方式运送气体，大大提高了气体的运输效率和安全性。该产品进入中国后，制造气瓶的钢管长期依赖意大利和美国的个别钢管供应商。2001 年，成都无缝钢管厂联合石家庄安瑞科公司开发出了第一支 φ559mm×21mm×11000mm 大容积高压气瓶管。2007 年，天津钢管 φ720mm 旋扩机组和衡阳钢管 φ720mm 轴轧机组相继投产，我国又开发出 φ610mm、φ711mm 规格大容积高压气瓶管。2012 年，攀成钢联合石家庄安瑞科公司等单位共同制定《大容积气瓶用无缝钢管》（GB 28884—2012）。该标准纳入了 30CrMoE、42CrMoE 共两个适用于大容积高压气瓶管的牌号，这两个牌号等同于美国的 4130X 和 4142。2016 年，全国气瓶标准化技术委员会提出，石家庄安瑞科公司联合相关单位制定了《大容积钢质无缝气瓶》（GB/T 33145—2016）标准。至此，我国气瓶用无缝钢管系列产品标准基本建成。在系列国家标准引领下，国内淮安振达、扬州承德、无锡德新、浙江泰富等钢管企业陆续开发出了大容积高压气瓶管。如无锡德新采用扩管+冷拔工艺开发出 φ850mm 规格大容积高压气瓶管。当前，我国大容积高压气瓶管已完全替代进口，产量和质量处于世界领先水平，在满足国内需求的同时还出口欧美。

2000 年，缠绕气瓶技术进入我国。缠绕气瓶具有瓶身重量轻、刚度好、容积比系数高、可靠性高、生产费用低等诸多优点。该技术在压缩气体、液化气体、呼吸气体等气瓶不断得到推广应用，特别是车用压缩天然气气瓶应用较好。2017 年发布的《钢质无缝气瓶》（GB/T 5099—2017）按气瓶热处理方式、强度和材质分为 4 个部分。结合气瓶行业的品种发展和对材料技术要求的变化，2021 年，宝钢牵头完成了《气瓶用无缝钢管》（GB/T 18248—2021）的修订。此次修订扩大了规格范围，新增了 42CrMo 牌号；结合大口径缠绕气瓶的特点，允许按照 30CrMo 和 42CrMo 的成分供应 30CrMoE 和 42CrMoE 牌号钢管；为满足气瓶出口需要，将美国、欧洲的 3 个牌号列入资料性附录；删除气瓶行业已淘汰牌号 34Mn2V；结合气瓶厂采购验收特点，增加了力学性能选项Ⅱ和Ⅲ，以及选项Ⅱ的性能参考值。修订后的标准紧密结合了当前钢管行业和气瓶行业的发展，适用性和针对性更强。

3. 发展前景

当前，在绿色低碳发展背景下，天然气、氢气等清洁能源的使用将不断上升，对气瓶以及气瓶管的需求也将不断增大。用于压缩气体和液化气体等特种气体运输和存储的大容积气瓶需求迅速增长，且品种和要求也在不断更新。钢管领域要及时修订 GB/T 28884—2012，研制氢气、液氢气瓶用钢管标准，引领钢管行业开发满足下游使用需求的气瓶管。

（九）电工钢

1. 简介

电工钢也称硅钢片，是电力、电子和军事工业不可缺少的重要软磁合金，也是产量最大的金属功能材料，是国家经济安全运行的重要保障之一，其产品主要用于制作各种电机、发电机和变压器的铁芯，对国家节能降耗，低碳环保起着十分重要的作用。由于生产工艺复杂、周期长，工序过程控制要求严格，技术含量高等特点，被誉为钢铁产品中的最高级别“工艺品”。国外的生产技术都以专利形式加以保护，视为企业的生命。电工钢板的制造技术和产品质量是衡量一个国家特殊钢生产和科技发展水平的重要标志之一。我国太原钢铁（集团）公司于 1954 年首先生产热轧硅钢，1974 年，武汉钢铁（集团）公司从日本新日铁引进冷轧硅钢制造装备和专利技术并于 1978 年生产出第一卷电工钢，从此开创生产冷轧电工钢先河，为中国冷轧电工钢发展奠定了基础。当时产能为 7 万吨/年，其中取向电工钢 2.8 万吨/年、无取向电工钢 4.2 万吨/年。经过 60 多年的发展，我国取向和无取向电工钢的产能和产量已双双位居世界第一，中国已成为全球电工钢最大的生产和消费国，且品种齐全，质量已基本达到世界先进水平。可以满足国内各种电力设备、家电及国防建设需要。

近五年来，我国电工钢产业出现了惊人发展，电工钢产能从 1978 年的 7 万吨/年，到 2016 年已上升到 1131 万吨/年，其中取向电工钢 129 万吨/年，无取向电工钢 1002 万吨/年。2016 年，我国共生产电工钢约 864.8 万吨，其中无取向电工钢 752.39 万吨，取向电工钢为 112.41 万吨。2016 年，我国电工钢表观消费量为 871.72 万吨，其中无取向电工钢 766.93 万吨，取向电工钢 104.79 万吨。但按下游行业统计的实际消耗量统计，2016 年，我国电工钢实际消耗量约 765.90 万吨，由此可见，我国电工钢产能出现过剩，产能利用率低，特别是中低牌号无取向电工钢和一般用途取向电工钢（CGO）

产能严重结构性过剩。

随着我国电工钢产业的飞速发展，电工钢标准体系也在不断地发展完善，自20世纪60年代以来，我国电工钢标准几经修改，已形成一套含产品及配套检测方法标准的完整的标准体系，这对于我国电工钢的发展和当前化解过剩产能具有十分重要的引领作用。

2. 我国电工钢的标准发展历程

标准是科学技术水平和生产实践成果的综合成果，不同时期的标准反映了当时的科学技术和生产实际水平。自20世纪60年代以来，我国电工钢的标准演变历程如下：

（1）热轧电工钢标准演变历程如图6-17所示。

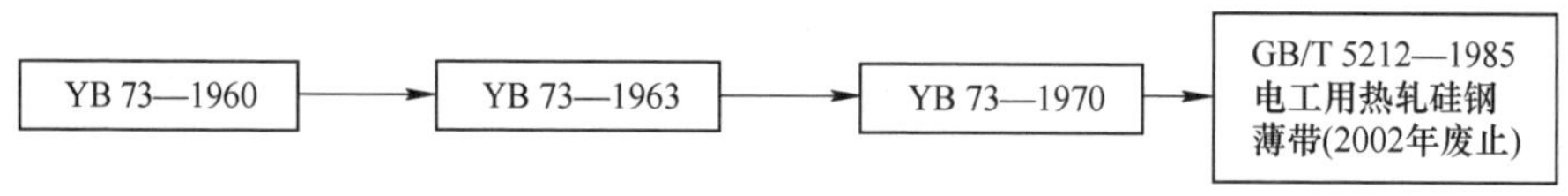

图6-17　热轧电工钢标准演变历程

（2）冷轧电工钢标准演变历程如图6-18所示。

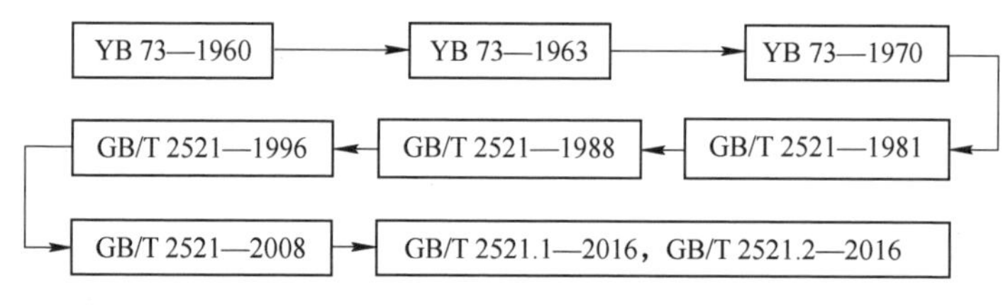

图6-18　冷轧电工钢标准演变历程

（3）电讯用冷轧薄钢板标准演变历程如图6-19所示。

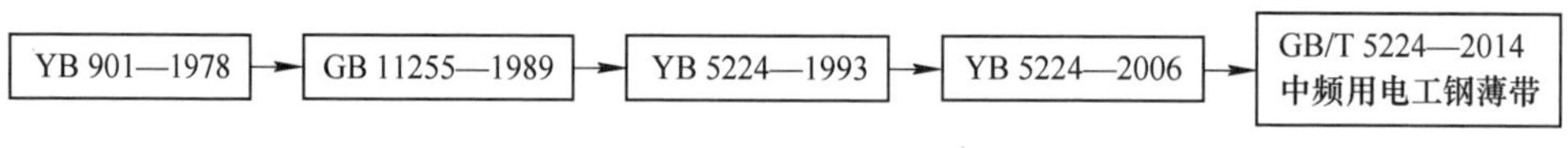

图6-19　电讯用冷轧薄钢板标准演变历程

（4）我国电工钢技术标准体系见表6-4。

表6-4　我国电工钢标准体系

标准类型	工　艺	技术及方法
产品标准（通用）	全工艺　取向钢	GB/T 2521.2—2016 全工艺冷轧电工钢　第2部分：晶粒取向钢带（片）

续表 6-4

标准类型	工　艺	技术及方法
产品标准（通用）	全工艺　无取向钢	GB/T 2521.1—2016 全工艺冷轧电工钢　第 1 部分：晶粒无取向钢带（片）
	半工艺　合金钢	GB/T 17951.2—2014 半工艺冷轧无取向电工钢带
	半工艺　非合金钢	GB/T 17951.2—2014 半工艺冷轧无取向电工钢带
	半工艺　薄带	YB/T 5224—2014 中频用电工钢薄带
产品标准（专用）	全工艺　取向钢	YB/T 4518—2016 500kV 及以上变压器用冷轧取向电工钢带
	全工艺　无取向钢	GB/T 25046—2010 高磁感冷轧无取向电工钢带（片）
		YB/T 4517—2016 700MW 及以上级大型电机用冷轧无取向电工钢带
产品标准（其他）	—	GB/T 6983—2008 电磁纯铁
		GB/T 9971—2004 原料纯铁
测试方法标准	工频	GB/T 3655—2008 用爱泼斯坦方圈测量电工钢片（带）磁性能的方法
		GB/T 13789—2008 用单片测试仪测量电工钢片（带）磁性能的方法
	中频	GB/T 10129—1988 电工钢片（带）中频磁性能测量方法
	其他	GB/T 2522—2017 电工钢带（片）涂层绝缘电阻和附着性测试方法
		GB/T 20831—2007 电工钢片（带）层间绝缘涂层温度特性测试方法
		GB/T 19289—2003 电工钢片（带）的密度、电阻率和叠装系数测试方法
		YB/T 4292—2012 电工钢带（片）几何特性测试方法
		YB/T 4148—2006 电工钢片（带）小单片试样磁性能测量方法
		YB/T 4293—2012 双管直流磁性能测量方法
		GB/T 13012—2008 软磁材料直流磁性能的测量方法
		GB/T 3656—2008 软磁材料矫顽力的抛移测量方法
		GB/T 3658—2008 软磁材料交流磁性能环形试样的测量方法

3. 实施效果及意义

从我国电工钢标准演变历程可知，20 世纪 60—70 年代，我国电工钢标准是以行业标准的形式出现。60 年代，我国电工钢以热轧产品为主，冷轧电工钢处于实验室研制阶段，因此在 YB 73—1960、YB 73—1963 标准中的牌号冷热未予区分，这些行业标准都是由当时生产电工钢的太原钢铁（集团）公司牵头制定的。1974 年，武汉钢铁（集团）公司从日本引进全套电工钢生产设备和专利技术，1979 年正式生产冷轧电工钢。批量生产冷轧电工钢后，电工钢标准由武汉钢铁（集团）公司牵头制定，且上升为国家标准，GB/T 2521—1981 同时涵盖取向和无取向电工钢，经过 1988 年、1996 年、2008 年的三次修订，标准的技术水平不断得到提高，该标准对我国冷轧电工钢的发展具有十分重要的意义。2015 年在修订 GB/T 2521—2008 版标准时，参照 IEC 标准体系，将取向和无取向电工钢分成两个标准，分别修改采用了 IEC 60404-8-4 和 IEC 60404-8-7 标准，即 GB/T 2521. 1—2016 和 GB/T 2521. 2—2016。两项标准于 2017 年 5 月 1 日正式实施，GB/T 2521. 1—2016 增加了共 7 个牌号，其均为铁芯损耗较低的高端产品牌号，促进下游用户使用高性能的产品，实现产品的升级换代，提高标准准入门槛，淘汰落后产能。GB/T 2521. 2—2016 增加了经过磁畴细化生产的高磁极化强度冷轧取向电工钢共 11 个牌号，其均为高性能取向电工钢。该系列产品的应用有利于提升电器装备制造业全产业链竞争力，同时取消了 23Q130、27Q110、27Q140、30Q140、30Q150、35Q135 共 6 个牌号，涉及国内相关产能 5 万吨，标准实施后，可淘汰 5 万吨一般取向电工钢产能，促进电工钢生产企业的结构调整和产品升级。两项标准的实施，符合节能减排方针，对推动我国电工钢产品、电机产业和变压器产业的发展具有重要意义。

电工钢标准体系的建设推动着我国电工钢产品的升级换代，产品质量不断升级，全面淘汰热轧电工钢，引领着我国电工钢向精细化、高质量发展，对国家节能降耗、绿色低碳起到重要作用。

（十）非晶纳米晶合金

1. 简介

根据《快淬金属分类和牌号》（GB/T 15019—2017）中给出的术语和定义：非晶金属指一般由液态金属的原子组态冻结下来的金属，其结构为长程无序、短程有序。纳米晶金属指晶粒尺寸在几纳米至几十纳米范围内，并且性能发生突变的金属。国内外开发的非晶纳米晶合金因具有铁芯损耗小、电阻率高、频率特性好、磁感应强度高、抗腐蚀性强等优异的软磁性能多作为软磁材料的一类，并被誉为21世纪新型绿色节能材料。其中，铁基非晶合金用作配电变压器铁芯，可取代硅钢，使配电变压器空载损耗降低60%~70%。

我国非晶合金的研发始于20世纪80年代。在随后的20年中，我国先后建设了百吨级和千吨级铁基非晶带材中试线、百吨级非晶纳米晶元器件中试线、千吨级铁基纳米晶合金带材生产线，同时涌现了大批中小规模的非晶纳米晶合金带材生产企业，形成了具有中国特色的非晶纳米晶材料产业，产品在漏电保护、电力互感器、电能计量互感器、中频变压器、高频变压器及共模电感等方面得到了迅速应用。2010年，我国建成了4万吨铁基非晶合金宽带生产线，产品已经成功应用于配电变压器，部分替代进口非晶带材。

2. 重点标准发展历程

随着我国非晶合金产业的发展，"七五"期间我国首次发布了《快淬合金分类和牌号》（GBn 292—89，现GB/T 15019）。20世纪90年代标准清理整顿时，GBn 292—89改号为GB/T 15019—1994，后经两次修订，现行为GB/T 15019—2017，对规范非晶材料的发展起到了重要技术基础支撑。

21世纪，经过10余年的发展，我国突破了非晶带材在线自动卷取技术，并建成年产20万只非晶铁芯中试生产线（带材宽度达到220mm）和年产600t非晶配电变压器铁芯生产线。这一时期，为了促进非晶合金产业化进程，国家科学技术部（简称"科技部"）将"非晶材料标准体系及配套磁测系统研究"列入了重大科技攻关项目。由信息标准院牵头，联合钢铁研究总院国家非晶微晶合金工程技术研究中心（安泰科技非晶纳米晶制品分公司）共同编制了我国第一个非晶纳米晶合金带材及带材磁性能测试方法标准《非晶纳米晶软磁合金带材》（GB/T 19345—2003）和《非晶纳米晶软磁合金交流磁性能测试方法》（GB/T 19346—2003）。

当时，我国的非晶纳米晶带材产业尚处于发展初期，规模最大的生产企业也只有千吨级中试线，非晶纳米晶带材的生产工艺水平参差不齐，带材产品质量还无法严格控制。同时，我国非晶纳米晶合金的应用水平也处于初级阶段，仅有美国Allied公司在上海组建了合资企业（上海置信），利用进口非晶带材生产配电变压器铁芯。无论电力行业还是电力电子行业，主流企业对非晶纳米晶材料了解都很少，还不能根据使用要求对非晶纳米晶带材提出有针对性的技术要求。GB/T 19345—2003的制定与实施，对我国的非晶纳米晶合金的产业化发展及推广应用起到了指导性作用。

21 世纪，随着我国对能源和环境保护重视的不断加强、非晶带材制造技术的巨大突破和电力电子行业对非晶纳米晶合金的认可，我国非晶纳米晶合金领域得到了快速发展。我国建成了万吨级铁基非晶带材生产线，产品质量与日立金属、德国 VAC 等并驾齐驱，使我国成为世界上第二个独立掌握铁基非晶宽带产业化技术的国家。从非晶带材到非晶变压器的产业链已初具规模，生产企业达数十家。对铁基非晶宽带的技术要求、铁芯和变压器生产工艺、产品检测等已初步形成完整的技术系统。随着技术的成熟，非晶纳米晶带材已广泛应用于电力互感器、电能计量互感器、漏电保护互感器、高频开关电源变压器、共模电感、高频电抗器与滤波电感等。

为满足下游用户对非晶纳米晶合金带材提出的差异化要求，2014 年由中国钢研科技集团有限公司（安泰科技股份有限公司）、信息标准院等单位组成编制组，开始对 GB/T 19345 和 GB/T 19346 进行第一次修订，并以标准分部分的形式将 GB/T 19345 细分为《非晶纳米晶合金　第 1 部分：铁基非晶软磁合金带材》（GB/T 19345. 1）和《非晶纳米晶合金　第 2 部分：铁基纳米晶软磁合金带材》（GB/T 19345. 2）；GB/T 19346 细分为《非晶纳米晶合金测试方法　第 1 部分：环形试样交流磁性能》（GB/T 19346. 1）和《非晶纳米晶合金测试方法　第 2 部分：带材叠片系数》（GB/T 19346. 2），以满足并细化不同行业和应用领域的技术要求。

同年，IEC 也启动了 Magnetic Materials—Part 8 - 11：Specifications for individual materials-Fe-based amorphous strip delivered in the semi-processed state（IEC 60404-8-11/NP）（《磁性材料　第 8-11 部分：单项材料规范　半工艺状态交货的铁基非晶带材》）和 Amorphous and nanocrystalline alloys—Part 3：DC magnetic properties by means of a single sheet tester（IEC 60404-16/NP）（《用单片测试仪测量铁基非晶片（带）磁性能的方法》）两项国际标准的制定。日本为召集国，我国是重要的参与国，并参与完成了国际比对试验。因此，GB/T 19346 的此次修订是与国际标准同步进行的，借鉴了很多国际先进技术，也在国际标准化舞台上贡献了中国智慧和经验，新标准综合水平达到国际先进水平。

3. 实施效果及意义

经过 30 余年的研究与发展，我国已初步建成了覆盖现有所有非晶合金品种（GB/T 19345 系列标准）和检验方法（GB/T 19346 系列标准）的现行标准体系。这既满足我国非晶纳米晶合金的生产需要，为我国非晶纳米晶合金的产业化发展起到了推动作用，也细化了不同行业和应用领域对非晶纳米晶合金的技术要求，为非晶合金的推广应用起到了指导性作用。

四、其他装备用钢

（一）工模具钢

1. 简介

工具钢按用途分为刃具钢、模具钢和量具钢。但世界各国的标准通常按钢的化学成分分为碳素工具钢和合金工具钢，模具钢在标准中只作为一个牌号类别。21 世纪，随着我国装备制造业和模具工业的发展，模具钢的高品质化受到特殊钢企业和国家的重视，推动了模具钢标准化进程。

2012 年，我国对工模具钢标准体系进行了改革，将模具钢从工具钢标准中分离出来单独成体系制定标准。目前我国已基本建立起工模具钢的标准体系，纳入了近百个牌号，对国民经济的高速发展起到了重要作用。下面分碳素工具钢、合金工具钢和模具钢三部分介绍标准现状及其发展历程。

2. 重点标准

（1）碳素工具钢标准。我国现有碳素工具钢标准 7 项，包括国家标准 2 项、行业标准 5 项；现有 T7～T13 和 T8Mn 共 8 个牌号，标准的发展历程见表 6-5。

表 6-5　碳素工具钢标准发展历程

品　种	标准编号	标准名称	原标准编号
条材、盘条	GB/T 1299—2014①	工模具钢	重 6—52、重 6—55、YB 5—59、GB 1298—77、GB 1298—86、GB/T 1298—2008
板带材	GB/T 3278—2001	碳素工具钢热轧钢板	YB 538—65、GB 3278—82
	YB/T 5058—2005	弹簧钢、工具钢冷轧钢带	YB/T 5058—1993
	YB/T 5062—2007	锯条用冷轧钢带	YB/T 5062—1993
丝材	YB/T 5322—2010	碳素工具钢丝	YB 548—65、GB 5952—86、YB/T 5322—2006
	YB/T 5187—2004	缝纫机针和植绒针用钢丝	GB 8712—88、YB/T 5187—1993
盘条	YB/T 4854—2020	切割钢丝用热轧盘条	—

① GB/T 1298—2008 与 GB/T 1299—2000 整合并修订为 GB/T 1299—2014。

《碳素工具钢分类及技术条件》（重 6—52）是原重工业部发布的第一个碳素工具钢标准，该标准是苏联标准 ГОСТ 1435—1942 的翻版，包括 T7～T13 和 T8Mn 等 8 个牌号，分优质钢和高级优质钢两个质量等级，适用于制造工具用热轧、锻制、冷拉碳素工具钢条钢。该标准于 1955 年、1958 年分别进行两次修订，由冶金工业部发布为 YB 5—59，对指导我国碳素工具钢的生产和质量控制起到了重要的作用。以 YB 5—59 为基础制定了《碳素工具钢板》（YB 538—65）、《碳素工具钢丝》（YB 548—65）、《手表用碳素工具钢带》（YB 318—64）、《碳素工具钢银亮钢棒》（YB 468—64）、《锯条用冷轧钢带》（YB 530—65）及军工用钢（YB 483—64 和 YB 689—76）等专用产品标准。

1976 年，对 YB 5—59 进行修订并上升为国家标准 GB 1298—77。1985 年，对 GB 1298 进行了第一次修订，标准水平达到国际一般水平。与此同时，碳素工具钢板和钢丝标准也做了相应修订并上升为国家标准；两项行业军工标准也上升为国家军用标准。

2007 年，对《碳素工具钢技术条件》（GB 1298—86）和《工具钢淬透性试验方法》（GB/T 227—1991）整合修订为《碳素工具钢》（GB/T 1298—2008）。2012 年，又将《碳素工具钢》（GB/T 1298—2008）与《合金工具钢》（GB/T 1299—2000）整合修订为《工模具钢》（GB/T 1299—2014），只保留了 GB/T 1298—2008 中高级优质碳素工具钢的技术要求，标准水平达到国际先进水平，满足了当前我国模具生产的需求。

（2）合金工具钢标准。我国现有合金工具钢标准 12 项，包括国家标准 6 项、行业标准 6 项，现有标准牌号 92 个，具体的标准发展历程见表 6-6。

表 6-6　合金工具钢标准发展历程

品　种	标准编号	标准名称	原标准编号
条材、盘条	GB/T 1299—2014①	工模具钢	重 8—52、重 8—55、YB 7—59、GB 1299—77、GB 1299—85、GB/T 1299—2000
条材	GB/T 1301—2008	凿岩钎杆用中空钢	YB 159—63、GB 1301—77、GB/T 1301—1994
	YB/T 155—1999	电渣熔铸合金工具钢模块	
板带材	GB/T 33811—2017	合金工模具钢板	
	GB/T 24181—2009	金刚石焊接锯片基体用钢	

续表 6-6

品　种	标准编号	标准名称	原标准编号
板带材	YB/T 4688—2018	金属冷切圆锯片基体用钢	
	YB/T 4689—2018	金属热切圆锯片基体用钢	
	YB/T 4519—2016	铲刀刃用钢板	
	YB/T 4685—2018	农机刃具用热轧钢板和钢带	
丝材	YB/T 095—2015	合金工具钢丝	YB/T 095—1997
制品	GB/T 6481—2016	凿岩用锥体连接中空六角形钎杆	YB 2003—78、GB 6481—86、GB/T 6481—1994、GB/T 6481—2002
	GB/T 26280—2010	凿岩用硬质合金整体钎	

① GB/T 1299—2000 与 GB/T 1298—2008 整合并修订为 GB/T 1299—2014。

1952 年，重工业部发布了第一个合金工具钢标准重 8—52，该标准是参照 ГОСТ 14958—39 编制的，共包括 29 个牌号。1955 年参照 ГОСТ 5950—51 对重 8—52 进行了修订，重 8—55 标准牌号增加到 31 个。1959 年，以重 8—55 标准为基础，制定了冶金工业部部颁标准《合金工具钢技术条件》（YB 7—59），保留了重 8—55 中的 22 个牌号，新增 34 个牌号，对当时我国合金工具钢的生产和使用水平的提高起到了一定的促进作用。

1977 年，对 YB 7—59 标准中的牌号进行整顿，制定了第一个合金工具钢国家标准《合金工具钢技术条件》（GB 1299—77）。GB 1299—77 首次按用途将合金工具钢牌号细分为量具刃具用钢、耐冲击用钢、冷作模具钢、热作模具钢和堆焊模块用钢 5 个系列，除保留了 YB 7—59 中的 21 个牌号外，增加了 12 个我国自主研制的新牌号。1985 年，对 GB 1299 进行了第一次修订，增加了无磁模具钢和塑料模具钢牌号，标准水平达国际一般水平。2000 年，对 GB 1299 标准进行了第二次修订。

为推动钢铁工业品种结构调整、规范我国工模具生产及应用，促进工模具钢产业的健康快速发展，将《碳素工具钢》（GB/T 1298—2008）和《合金工具钢》（GB/T 1299—2000）整合修订为《工模具钢》（GB/T 1299—2014）。GB/T 1299—2014 除纳入了 GB/T 1298—2008 中 8 个刃具模具用碳素工具钢牌号外，还增加了 47 个新牌号，共有 92 个牌号，进一步完善了我国工模具钢牌号体系，标准水平达到国际先进水平。

（3）模具钢。20 世纪 90 年代末，随着家电、电子、仪器仪表、汽车等相关行业领域高速发展，塑料模具钢市场需求越来越大，质量要求也越来越高。针对塑料模具钢使用特点，制定了《塑料模具钢用扁钢》（YB/T 094—1997）、《塑料模具钢模块技术条件》（YB/T 129—1997）和《塑料模具钢用热轧厚钢板》（YB/T 107—1997）三项行业标准（目前均已废止），并根据塑料模具不同加工条件和使用环境选择了不同质量档次的 10 个牌号，第一次完成了我国塑料模具钢牌号系列化、标准化的进程。为了满足汽车、家用电器、电子、仪器仪表等行业对高端模具钢的需要，2009 年在 GB/T 1299—2000 和 YB/T 094—1997 基础上，参照 ASTM A681—94（2004）和 NADCA 207—90 制定了《优质合金模具钢》（GB/T 24594—2009）。

自 2012 年起，模具钢从工具钢标准中分离出来，按照塑料模具钢、热作模具钢和冷作模具钢制定标准，初步建立了模具钢标准体系，标准达到国际先进水平。模具钢标准的发展历程见表 6-7。

表 6-7　模具钢标准的发展历程

类型	标准编号	标准名称	原标准编号
基础	GB/T 1299—2014①	工模具钢	重 8—52、重 8—55、YB 7—59、GB 1299—77、GB 1299—85、GB/T 1299—2000
	GB/T 33811—2017	合金工模具钢板	
塑料模具钢	GB/T 35840.1—2018	塑料模具钢　第 1 部分：非合金钢	
	GB/T 35840.2—2018	塑料模具钢　第 2 部分：预硬化钢棒	
	GB/T 35840.3—2018	塑料模具钢　第 3 部分：耐腐蚀钢	
	GB/T 35840.4—2020	塑料模具钢　第 4 部分：预硬化钢板	
	YB/T 107—2013	塑料模具用热轧钢板	YB/T 107—1997
热作模具钢	GB/T 34565.1—2017	热作模具钢　第 1 部分：压铸模具用钢	GB/T 24594—2009
冷作模具钢	GB/T 34564.1—2017	冷作模具钢　第 1 部分：高韧性高耐磨性钢	
	GB/T 34564.2—2017	冷作模具钢　第 2 部分：火焰淬火钢	

① GB/T 1298—2008 与 GB/T 1299—2000 整合修订为 GB/T 1299—2014。

近年来，为适应我国模具业向高纯净度、高等向性、高韧性、高均匀性方向发展，生产高档模具钢产品，我国引进了具有国际先进水平的生产设备和技术，极大地拉动了国内模具钢的生产和研制，同时推进了模具钢的标准化进程。

（二）精密合金

1. 简介

精密合金一词来源于苏联，是指具有特殊物理和化学性能的金属材料，属于“金属功能材料”或“金属电子材料”的范畴，是电子电讯、导航和控制系统、电真空器件、低压电器、家用电器、精密仪器仪表等行业不可缺少的重要材料。

按照《精密合金　牌号》（GB/T 37797—2019）的规定，根据合金的主要物理性能，精密合金主要分为六大类。

（1）软磁合金（1J）：矫顽力低于几百安培/米的铁磁性或亚铁磁性合金。该类合金是磁性材料中应用最广泛的合金，因其具有较小的矫顽力，是电子、电力、自动化仪器、仪表等行业不可或缺的关键合金材料。

（2）变形永磁合金（2J）：矫顽力大于1000A/m可变形的铁磁性或亚铁磁性合金。此类合金在外界磁场为零时仍具有较强的磁性，被广泛用于制作电机、传感器、通信机器、磁性医疗器具等。

（3）弹性合金（3J）：具有特定弹性性能的合金，主要分为高弹性合金和恒弹性合金。该类合金因具有强度高、耐高温、无磁性等特点，被广泛用于制造高端仪器和仪表中的发条、轴尖、振子等。

（4）膨胀合金（4J）：具有特定线热膨胀系数的合金，主要分为定膨胀合金和低膨胀合金。此类合金根据不同的伺服温度区间具有不同的线膨胀系数，被大量用于封接线、气象卫星及宇航仪器仪表和电真空行业。

（5）热双金属（5J）：由两层或多层具有不同线热膨胀系数的金属或合金构成的复合材料。该合金具有随温度变化而弯曲的特性，被广泛应用于制作家电和军工电气上热—机械变换元器件和温度控制器件。

（6）精密电阻合金（6J）：电阻温度系数绝对值和铜热电动势绝对值均小，并且稳定性好的电阻合金。该类合金主要用于制作各种测量仪器、仪表等精密电阻元件。

2. 重点标准发展历程

我国精密合金标准化工作起步于20世纪50年代中期，采取走出去、请进来的办法。我国派人去苏联中央黑色冶金科学研究院下属的精密合金研究所学习，并带回了大批珍贵的技术资料。1958 年，在北京、大连、上海等地区建立了精密合金研究与生产基地，有计划地仿制苏联的精密合金牌号，同时邀请苏联专家来我国指导科研与生产。经过几年的努力，1961 年 12 月，冶金工业部首次发布了我国精密合金部颁标准 12 项，由于当时精密合金只限于军工使用，这 12 项标准也是冶金行业第一批军用标准。

20 世纪 70 年代，根据国家科委召开的无线电仪器仪表金属材料会议要求和国防专案工程的需求，精密合金行业得到了全面发展。在总结前期精密合金研制、实际应用、积累试验数据的基础上，从 1969 年开始由冶金工业部钢铁研究院、冶金工业部科学技术情报产品标准研究所、上海市钢铁研究所、陕西钢铁研究所、大连钢厂、北京钢丝厂、上海电器科学研究所、上海开关厂、上海钟表元件二厂等单位组成精密合金标准起草小组，对精密合金标准进行了第一次全面制修订工作。12 项产品标准修订后成为 10 项，又新制定了 1 项牌号标准和 16 项产品标准。截至 1979 年，标准数量达到 27 项，包括 1 项国家标准《高电阻电热合金》（GB 1234—76）和 26 项冶金工业部部颁标准。这一阶段，标准中合金的各项性能指标均有一定提高，特别是标准中纳入了 68 个我国自主研制的牌号，标志着我国精密合金的标准工作已由仿制阶段步入发展创新阶段。

20 世纪 80 年代，为适应我国改革开放时期的要求，我国实施了采用国际标准和国外先进标准的技术路线。随着彩电工程的引进和家用电器工业的发展，民用精密合金的需求量越来越大，对国产精密合金提出更高的要求。原国防科学技术工业委员会（简称“国防科工委”）和原电子工业部对精密合金提出了“七专”质量控制与反馈措施。原冶金工业部对相关生产厂进行了改造，引进先进技术设备，我国精密合金标准水平亟待提高。通过对比分析苏联、日本、美国及国际电工 IEC 等标准，在总结过去十几年标准实际应用及科研、生产实践中所取得的一系列创新成果的基础上，对精密合金标准进行了第二次全面制修订。此次修订主要特点为：一是加强了牌号、术语及定义、包装、标志和质量证明书等基础标准和试验方法标准的制定；二是产品标准在合金牌号及化学成分、性能指标、尺寸偏差、表面质量等方面逐渐与国外先进标准接轨，标准水平按性能指标分为三级，其中Ⅰ级达到当时的国际先进水平，Ⅱ级和Ⅲ级达到当时的国际一般水平，综合标准水平可以达到苏联、美国、日本等先进国家 20 世纪 70—80 年代的水平。标准总数由 27 项增长至 52 项，这一阶段的标准制修订后均被国家标准总局批准为国家内部标准（GBn）或国家标准。该批标准在随后 90 年代的清理整顿中，全部调整为国家标准或行业标准并进行了重新编号，但标准内容没有修改。

21 世纪，随着我国对能源和环境保护的重视不断加强，进一步促进了精密合金领域技术的快速发展，该时期涌现出大量的精密合金新材料、新产品。与此同时，精密合金的标准体系进行了重新梳理和整顿。经过 21 世纪前 20 年的两次清理整顿，形成了现有的精密合金标准体系。

3. 实施效果及意义

经过多年发展，我国精密合金标准从无到有，从仿制到创新，基本形成与国防建设、工业生产和人民生活紧密结合的标准体系，现有标准 61 项，包括基础标准 4 项、软磁合金 12 项、变形永磁合金 8 项、弹性合金 16 项、膨胀合金 14 项、热双金属 1 项和精密电阻合金 6 项，为我国高新信息技术和国防现代化发展起着基础和支撑作用。

（三）增材制造用金属粉末

1. 简介

增材制造（3D 打印）技术，是一种通过简单二维逐层增加材料直接实现三维复杂结构制造的数字化、智能化、低成本、短周期先进制造的技术。它突破了传统零件成形和加工制造技术的原理限制，仅通过简单的“二维数字打印”就可以直接制造出任意内部结构和外形、几何尺寸的高性能三维复杂结构，在航空、医疗、能源、汽车和模具等各个领域具有广泛的应用前景，欧美等发达国家纷纷将其列入国家发展战略。

随着增材制造技术的快速发展，2002 年美国汽车工程师协会（SAE）发布了全球第一个增材制造技术标准《退火 Ti-6Al-4V 钛合金激光沉淀产品》。随后，各国际标准化组织也先后成立增材制造技术委员会，致力于推动增材制造技术的标准化工作。2016 年，我国成立全国增材制造标准化技术委员会（SAC/TC 562），负责增材制造术语和定义、工艺方法、测试方法、质量评价、软件系统及相关技术服务等领域的标准化工作。2020 年 8 月，全国钢标委（SAC/TC 183）与全国增材制造标准化技术委员会（SAC/TC 562）就共同推进钢及合金领域国家标准研制工作达成了联合归口管理的协议，并于 2021 年 4 月成立了全国钢标准化技术委员会增材制造工作组（TC 183/WG 14），以建设钢铁材料领域的增材制造标准体系，解决实际问题为切入点，着力保障钢铁领域增材制造技术的标准化需求。

2. 重点标准

目前，钢领域增材制造标准化工作组（TC 183/WG 14）共有4项在研标准（见表6-8），均为增材制造用金属粉末产品标准。

表6-8 全国钢标委增材制造工作组在研标准

计 划 号	项目名称	备 注
20214352-T-605	增材制造 材料 模具钢粉	国家标准
20202875-T-605	增材制造用金属铬粉	国家标准
2021-0007T-YB	增材制造用高强不锈钢粉末	行业标准
CSTM LX 0100 00784—2021	增材制造 材料 不锈钢粉末	团体标准

目前，金属增材制造用原料主要有金属粉末和金属熔丝两大类，其中以使用金属粉末为增材技术主流工艺。为了保障增材制造用金属粉末能够液化、粉体化，在打印完成后又能重新结合起来，并具有合格的物理化学性质。增材制造用的金属粉体除需具备良好的可塑性外，还必须满足粉体粒径细小、粒度分布较窄、球形度高、流动性好和松装密度高等要求。

以《增材制造 材料 模具钢粉》国家标准研制项目为例，该标准拟纳入增材制造用00Ni18Co9Mo5TiAl、12Cr9NiAlMo、4Cr13等目前应用较成熟的增材制造用模具钢粉，其中00Ni18Co9Mo5TiAl（18Ni300）模具钢材料常被用于选取激光熔化成形。4Cr13模具钢粉适宜制造承受高载荷、高耐磨及在腐蚀介质作用下的塑料模具等，有望解决石油工业中某些复杂零件加工制造的难题。12Cr9NiAlMo是一种新开发的模具级钢粉，碳含量极低，铬含量（质量分数）在11%以上，因具有优异的耐腐蚀性，高硬度和优异的机械强度，使其成为腐蚀性塑料和橡胶的注射成型工具和挤压模具的有力候选材料。此外，对于需要高强度和良好腐蚀性能的金属的船舶、造船、海底油气、海洋学、能源和国防等领域，也可用于增材制造12Cr9NiAlMo部件。

3. 预期实施效果及意义

通过制定和实施增材制造用金属粉末相关标准，将有利于统一规范上下游产业对增材制造用金属粉末的性能和要求，规范增材制造用金属粉末的市场秩序，提升我国金属粉末产品竞争力，打破高品质增材制造用金属粉末依赖进口的消费模式，对提高增材制造制品、促进增材制造行业的高质量发展具有重要意义。

五、战略资源保障

（一）铁矿石直接还原铁

1. 简介

铁矿石与直接还原铁是钢铁工业的基础原料，是钢铁行业高质量发展的重要保障。国产铁矿石有效供给严重不足，直接导致我国铁矿石对外依存度连续多年保持在80%以上的水平。为提升我国铁素资源保障能力，中国钢铁工业协会于2021年提出了“基石计划”，旨在用10~15年时间，切实改变我国铁资源来源构成，从根本上补足钢铁产业链资源短板、保障我国经济安全。

完善的铁矿石与直接还原铁技术标准体系在产品质量控制上发挥了积极作用，为钢铁行业发展提供了重要技术支撑。

2. 发展历程

早在20世纪50年代，我国的铁矿石标准参照苏联标准，在1955年由重工业部以部颁标准重67—55发布实施了《铁矿及锰矿化学分析方法》。进入20世纪60年代后，在此部颁标准的基础上进一步完善铁矿石化学分析方法，制订完成了冶金行业标准YB/T 506—1965，共分析测定了铁矿石中18个元素的化学成分。到70年代，随着分光光度计的普遍采用和三元络合物在分光光度法中的应用与发展，参照国内外有关铁矿石分析技术资料，开展了新一轮的标准制修订工作。此次共确定了23个元素共44个分析方法，并分别由57个参加单位同时开展了方法的实验和验证工作，历时4年时间，在原冶金行业标准的基础上制定了GB/T 1361—1978~GB/T 1384—1978共24项国家标准。这次增加了20个分析方法，其中RE、Nb、Co、F、Ba元素的八个分析方法为国内外标准中首次制定。新制定的国家标准方法中如5-Cl-PADAB光度法测定钴、DDTC-Ag光度法测定砷、邻苯二酚紫-CTMAB光度法测定锡、乙酸丁酯萃取磷钼蓝光度法测定磷、氯磺酚S光度法测定铌和钽、La-茜素络合腙光度法测定氟等分析方法均代表了当时分析技术的先进水平；同时，对原冶金行业标准中的方法在技术上进行了较大的改进，如燃烧碘量法测硫改用硫酸铅作基准物质、EDTA法测定镁用EGTA分离钙、丁二酮肟分离测镍用EDTA洗铜等。通过进一步的修改完善，标准方法在准确度和精密度方面均有显著提高。20世纪80年代，随着我国分析实验室里火焰原子吸收光谱分析技术的普及，以及铁矿石国际贸易交往的迅速增多，为了适应新的形势，与国际惯例接轨，积极响应采用国际国外先进标准的方针政策，从 1982 年开始对铁矿石分析方法标准进行了新一轮的制修订工作。此次的重点放在积极采用国际国外先进标准，结合国内外情况，制定新方法与修订原标准方法并举。此次共确定了 31 个分析项目共 51 个分析方法，对原标准体系中的方法废止 7 个，修订 37 个，新制定 14 个。对标准方法中的校正试验、空白试验、分析值的处理等一般规定采用与国际标准通用要求相一致的规定。该系列标准于 1986 年完成，并发布为 GB/T 6730. 1—1986～GB/T 6730. 51—1986 共 51 项国家标准。20 世纪 90 年代，对分析方法标准按照 GB/T 6379 系列标准要求开展了标准方法的精密度共同试验工作，标准水平进一步提高；同时，相继制定了 7 个取样及制样标准和 6 个物理试验标准，1998 年通过等同采用 ISO 3082:1998、ISO 3084:1998、ISO 3085:1996、ISO 3086:1998 和 ISO 3087:1998 五项国际标准完成了铁矿石评定品质波动、校核取样精密度和取样偏差、交货批水含量的测定、热裂指数的测定、粒度分布的筛分测定国家标准的制定工作。

经过多年来对铁矿石与直接还原铁标准体系的不断完善，目前已形成了一套较为科学合理的铁矿石与直接还原铁标准体系，共包括 168 项标准，其中国家标准 123 项，行业标准 45 项。在标准体系中涵盖了铁矿石与直接还原铁领域的基础、产品、方法、管理四个方面的标准：

（1）基础标准包括术语、质量等级划分、取制样方法、评价品质波动、检查取制样偏差等；

（2）产品标准包括铁精矿、铁烧结矿、铁球团矿、直接还原铁等产品；

（3）方法标准包括化学成分测定方法和物理性能试验方法，产品的成分测定方法标准测定了水分、全铁、金属铁、亚铁、硅、铝、钙、镁、硫、磷、锰、钛、稀土总量、钡、铬、钒、锡、铜、钴、镍、锌、铌、铋、钾、钠、碳、铅、砷、镉、汞、氟、氯、灼烧减量和化合水共 35 个项目；

（4）管理标准包括智慧矿山、绿色矿山、铁矿山采矿和选矿能耗、排土场复垦、污水处理等方面的标准。

3. 实施效果及意义

铁矿石标准体系为铁矿石产品质量保驾护航。2016 年，为应对纷繁复杂的铁矿石市场，信息标准院牵头组织制定了国家标准《铁矿石产品等级的划分》（GB/T 32545—2016）。该标准将铁矿石产品分为块矿、粉矿和精矿，并根据精矿产品中所含伴生金属情况又将精矿分为以磁铁矿为主的精矿、以赤铁矿为主的精矿、以钒钛磁铁矿为主的精矿（如攀西矿为代表的钒钛磁铁矿）和以多金属铁矿为主的精矿（如包头矿为代表的稀土铁矿），按照产品的主要化学成分、水分和粒度要求共划分为27个不同的等级。通过标准的实施进一步规范市场，引导企业科学合理使用铁矿石资源，促进行业技术进步，为铁矿石进出口贸易和国内铁矿石生产提供技术保障。

《铁矿石中铅、砷、镉、汞、氟和氯含量的限量》（GB/T 36144—2018）对铁矿石产品中的有害元素进行了限制性规定，为加强铁矿石进口贸易过程中的有毒有害元素监控提供了重要的技术标准支撑，对维护我国钢铁企业的利益，加强铁矿石产品质量的控制，提升环境保护起到了积极作用。

（二）生铁及铁合金

1. 简介

铁合金是指在钢铁和铸造工业中作为合金添加剂、脱氧剂、脱硫剂和变性剂等使用的由铁元素和其他金属或非金属元素组成的合金（如硅铁、锰铁、铬铁、钒铁、钛铁、铌铁等），但有一些（如金属铬、金属锰、五氧化二钒、硅钙合金等）产品中虽然不含铁，但其作用是作为合金添加剂、脱氧剂、脱硫剂、变性剂使用，按照国际惯例，习惯上也把这类产品纳入铁合金范畴。生铁是含碳量（质量分数）大于2%的铁碳合金，是铁矿石经高炉冶炼的主要产品，其组成以铁为主，并含碳、硅、锰、硫、磷等元素。

2. 发展历程

早在1965年，冶金工业部发布实施了《硅铁》（YB 58—65）部颁标准，填补了我国当时硅铁标准缺失的空白，对铁合金行业的发展起到了规范和指导作用。经过近60年的发展，我国生铁及铁合金领域建立了比较完善的标准体系，随着产业发展和技术进步，一些重要的产品标准也在标准制修订过程中不断的升级和提升。

例如，《硅铁》（YB 58—65）标准经过十多年的应用，为缩小与国际国外标准的差距，根据我国当时生产的实际水平，在YB 58—65行业标准的基础上，开展了硅铁国家标准的制定工作，经过向100余个全国大中小型铁合金生产单位征询意见，收集分析了美、苏、日、德等国外先进标准资料，完成了《硅铁》（GB/T 2272—1980）国家标准的制定，按照硅铁用户需求、节约能源和优质优用的原则，将原行业标准中的3个牌号增加到7个，并增加了产品中铝和钙的成分限制要求，满足了当时行业发展的需求。1987年，为顺应快速发展的技术水平需求，完成了对GB/T 2272的首次修订，牌号增加到了16个，其中FeSi75Al0.5A等7个牌号达到国际先进水平。进入21世纪，由于硅铁的生产采用了炉外精炼技术，硅铁的品种和质量有了很大的发展和进步，满足了硅钢、不锈钢、钢帘线用钢的生产需要，因此在2009年进行了第二次修订，增加精特JT字头的7个牌号，满足了国内75%硅铁炉外精炼需求。

2020年，硅铁国家标准完成了第三次修订，该国家标准按硅铁的冶炼工艺和杂质元素含量不同，分为高硅硅铁、普通硅铁、低铝硅铁和高纯硅铁。硅铁牌号由21个调整为40个，更加细化产品等级，提高杂质元素的控制能力，新标准更加贴近市场，提高产品的品质要求，为满足下游用户的使用需求提供了重要保障。

随着下游用户对质量的要求越来越高，铁合金行业也在不断地进行升级，提升质量。在原料进口使用过程中，通过制修订先进的检验方法标准，保证进口原料的质量，同时加强微量元素和有害元素的控制，提高进口原料的有效性。对于行业集中度低、高附加值品种比例小等问题，通过提高标准的质量水平，推进技术进步，将不符合市场发展的产品逐渐进行淘汰，使产业集中度得到提高，产品高附加值比例得到提升；涉及高耗能、污染等问题，通过制修订一批绿色低碳标准，加强资源综合利用的标准，不断提高行业的综合利用水平。

经过多年来的发展与完善，我国生铁及铁合金领域逐步形成了较为完备的标准体系，目前共有国家标准和行业标准348项，其中，国家标准198项，行业标准150项，包含基础、产品、方法和管理标准。基础标准主要包括术语、分类、取样、制样、包装、标志等基础类标准；产品标准主要包括生铁、铁合金领域内的硅系合金、锰系合金、铬系合金、钼、钨、钒、钛、铌合金等特种铁合金、复合铁合金等产品标准和锰矿石、铬矿石的标准。生铁类产品主要包括与生铁相关的产品，如炼钢用生铁、铸造用生铁、含镍生铁、离心球墨铸铁管用生铁等。方法标准主要包括生铁及铁合金的物理检验方法、化学分析方法标准。

主要生铁和铁合金产品的纳标年代见表6-9。

表6-9 主要生铁和铁合金产品及纳标年代

序号	类 型	产品名称	标准编号	纳标年代/年
1	硅系铁合金	硅铁	GB/T 2272	1980
2	硅系铁合金	硅铬合金	GB/T 4009	1980
3	硅系铁合金	硅铝合金	YB/T 065	2019

续表 6-9

序号	类　型	产品名称	标准编号	纳标年代/年
4	硅系铁合金	硅钡合金	YB/T 5358	2009
5	锰系铁合金	金属锰	GB/T 2774	1980
6	锰系铁合金	锰硅合金	GB/T 4008	1980
7	锰系铁合金	软磁铁氧体用四氧化三锰	GB/T 21836	2010
8	锰矿石	碳酸锰矿	GB/T 3714	1980
9	锰系铁合金	锰氮合金	YB/T 4136	2019
10	铬系铁合金	金属铬	GB/T 3211	1993
11	铬系铁合金	铬铁	GB/T 5683	1980
12	特种铁合金	钼铁	GB/T 3649	1980
13	特种铁合金	钨铁	GB/T 3648	1980
14	特种铁合金	硼铁	GB/T 5682	1980
15	特种铁合金	钒氮合金	GB/T 20567	2016
16	特种铁合金	五氧化二钒	YB/T 5304	2014
17	生铁	含镍生铁	GB/T 28296	2012
18	生铁	铸造用生铁	GB/T 718	1980
19	生铁	炼钢用生铁	YB/T 5296	2005
20	生铁	含钒钛生铁	YB/T 5125	2011
21	生铁	铁氧体用氧化铁	GB/T 24244	2018
22	特种铁合金	镍铁	GB/T 25049	2016
23	特种铁合金	铌铁	GB/T 7737	1980
24	特种铁合金	钒渣	YB/T 008	2007
25	特种铁合金	磷铁	YB/T 5036	2019
26	复合铁合金	铸铁丸	YB/T 5151	1993
27	复合铁合金	铸铁砂	YB/T 5152	1993
28	特种铁合金	酸溶性钛渣	YB/T 5285	1993
29	特种铁合金	硫铁	YB/T 4551	2007
30	锰系铁合金	锰铁	GB/T 3795	1980
31	特种铁合金	钒铁	GB/T 4139	1980
32	特种铁合金	钛铁	GB/T 3282	1980
33	硅系铁合金	硅钙合金	YB/T 5051	2016
34	复合铁合金	包芯线	YB/T 053	2016
35	复合铁合金	铝铁	YB/T 4664	2018
36	铬矿石	冶金用铬矿石	YB/T 5277	2014
37	锰矿石	冶金用锰矿石	YB/T 319	2015

3. 实施效果及意义

经过多年的发展，我国铁合金工业无论从产品品质还是数量上都取得了飞跃性发展，在国际铁合金工业中的地位也日益提高，我国已成为名副其实的铁合金生产、消费和出口大国。标准化工作促进了我国铁合金产业技术的进步，助力我国铁合金产品质量和工艺技术达到了国际先进水平。

一些重要的生铁及铁合金领域标准，在促进技术进步和产业升级过程中，发挥了非常重要的标准支撑作用。例如，《铁合金产品粒度的取样和检测方法》（GB/T 13247—2019）和《铁合金化学分析用试样的采取和制备》（GB/T 4010—2015）标准是生铁及铁合金领域重要的基础标准，是铁合金产品粒度抽样、检验及化学成分测定数据的重要指导依据。该标准的发布实施为铁合金生产和钢铁企业的使用以及检验标准达成一致提供了重要的标准技术支撑。

《氮化钒铁》（GB/T 30896—2014）和《离心球墨铸铁管用生铁》（YB/T 4464—1993）标准是生铁及铁合金领域重要的产品标准，钒是钢铁冶金过程中的重要合金元素，氮化钒铁具有氮钒比高和产品杂质含量少的优点，而且氮化钒铁生产过程更符合清洁生产原则，实现了节能降耗，有着显著的经济与社会效益。离心球墨铸铁管是用于我国供水行业的首选优质管材，关系到国计民生，因而对离心球墨铸铁管的材质标准要求是极为严格的。优质生铁是保证离心球墨铸铁管金相组织和力学性能合格的必要条件，该标准对离心球墨铸铁管质量提供了重要技术保障。

我国生铁及铁合金领域的标准化工作对助力我国钢铁行业产品质量的提升，促进我国铁合金产业技术的进步发挥了重要的作用。同时，在促进我国铁合金企业和相关组织加强与国外的互联互通，在对外交流和国际贸易中发挥了重要的作用。

（三）再生钢铁原料

1. 简介

《禁止洋垃圾入境推进固体废物进口管理制度改革实施方案》要求我国原则上全面禁止进口固体废物。根据生态环境部等四部委《关于调整〈进口废物管理目录〉的公告》（2018 年第 68 号），自 2019 年 7 月 1 日起，将废钢铁等 8 个品种的固体废物调入《限制进口类可用作原料的固体废物目录》，没有经过加工处理的国外废钢铁不能进入到国内，国外再生铁素资源无法进口，对铁矿石的替代作用也无法实现。

为了尽快改变进口再生钢铁原料资源难以充分利用的困局，2020 年 3 月，在国家市场监督管理总局的指导下，全国生铁及铁合金标准化技术委员会启动《再生钢铁原料》国家标准的编制规划，通过组织开展标准编制工作，对标准的框架及内容形成了设计方案。标准中将严格限制再生钢铁原料对环境影响的因素，规范原料加工处理过程，突出产品质量属性，体现标准的先进水平。通过标准的制定，将为进口国外高品质的优质再生铁素资源，限制掺杂对环境及生产造成影响的污染物，保证优质的可再生铁素资源能够进口提供标准技术支撑。

2. 发展历程及主要内容

1964 年，随着国民经济的发展，我国为回收利用废钢铁，开始制定冶金工业部标准，并颁布了《回炉碳素废钢分类及技术条件》（YB 518—64）、《回炉废铁分类及技术条件》（YB 519—64）和《回炉合金废钢分类及技术条件》（YB 520—64）三项冶金工业部标准，该三项标准于 1984 年修订完善。1996 年，随着内贸的发展，将冶金工业部标准进行了整合，颁布了《废钢铁》（GB/T 4223—1996）国家标准，满足国内贸易需求，并与国际接轨。随着我国加入 WTO，也为了适应进出口需要，同时加强人身、环保安全，将标准修订为强制性国家标准，即《废钢铁》（GB 4223—2004）国家标准。2017 年，根据《国务院办公厅关于印发强制性标准整合精简工作方案的通知》（国办发〔2016〕3 号），将废钢铁国家标准修订为推荐性国家标准，即《废钢铁》（GB/T 4223—2017）国家标准。

2020 年，根据《禁止洋垃圾入境推进固体废物进口管理制度改革实施方案》的要求，《废钢铁》（GB/T 4223—2017）国家标准已经不适用于进口优质再生铁素资源的需求。因此，在生态环境部等部委的指导下，制定了《再生钢铁原料》（GB/T 39733—2020）国家标准。

《废钢铁》（GB/T 4223—2017）国家标准仅适用于国内废钢铁资源的回收及使用，不适用于作为原料进口。《再生钢铁原料》（GB/T 39733—2020）国家标准，是在当前的生产技术条件下，经过分类回收及加工处理，符合国家法律法规和环保技术要求，为满足我国钢铁行业高质量发展而制定的炉料产品标准。

《再生钢铁原料》（GB/T 39733—2020）国家标准针对优质的再生铁素资源，在术语和定义、加工方式、表观特征、分类、牌号、夹杂物、危险废物、取样检验等方面做了详细的规定。该项标准技术指标制定科学合理，对引导进口再生钢铁原料既能达到我国国家的环保要求，又能满足钢铁行业高质量发展起到了重要的作用。

标准强调再生钢铁原料分类及加工处理，明确按物理规格和化学成分将再生钢铁原料分为 7 个类别，分别为重型、中型、小型、破碎型、包块型、合金钢、铸铁再生钢铁原料；按原料来源及质量特征将再生钢铁原料分为 18 个牌号，每个牌号对原料属性和典型实例都做了解释说明。在夹杂物指标建立方面，通过品种分类、牌号、分等级要求，确定对夹杂物指标的规定。在取样和验收规则方面，通过大量试验，确定出适合再生钢铁原料的取样和检验规则，确保进口资源得到有效监察和验收。

3. 实施效果及意义

2021 年 1 月—2022 年 9 月，我国进口再生钢铁原料共计 86.31 万吨，在进口的再生钢铁原料贸易中，没有发生一起由于进口产品不符合《再生钢铁原料》国家标准而退运的情况，该项标准的技术指标在海关检验，现场操作等方面具有较好的可执行性。

《再生钢铁原料》国家标准在质量、环保等方面做了详细的规定，指标制定科学合理，可执行性强。该标准的制定有利于引导企业将回收料分类加工成环保达标的高质量产品，促进钢铁行业高质量发展。该项标准的实施，有力地弥补了国内资源不足，改善供需关系，缓解废钢价格长期高位运行的局面。

（四）冶金非金属矿

1. 简介

非金属矿是国民经济基础的原材料，是发展高新技术产业及环保工业的功能材料。矿产资源是国家战略物资，对国家发展和生存起着非常重要作用。工信部等单位编制的《新材料产业“十三五”发展规划》中强调，加强资源保护和综合利用，高度重视稀土、萤石、石墨、石英砂、优质高岭土等我国具有优势的战略性资源保护，合理规划资源开发规模，整顿规范矿产资源开发秩序，积极开发材料可再生循环技术，加强战略性资源储备，为新材料产业持续发展提供保障。《关于采取综合措施对耐火粘土萤石的开采和生产进行控制的通知》（国办发〔2010〕1 号）也将萤石和高铝黏土矿产列入调控产品，国家对资源矿产品开采、生产、税收、环保、产业准入、节能降耗、出口管理等方面采取综合措施，保护现有资源。我国的非金属矿藏丰富，但这几年乱采滥挖的现象十分严重，导致资源保有储量快速下降，有些矿藏匮乏，造成了市场短缺，矿产资源品位降低。

2. 发展历程

我国冶金非金属矿产品标准研究起步较早，初期以重点原料检测方法标准为主。本领域最早的标准化工作始于石灰石及白云石化学分析方法系列标准。石灰石及白云石是最基础的化工原料之一，在冶金行业、电石行业、玻璃行业、造纸业、建材、陶瓷、制碱、农业及环保等均被广泛使用。其中冶金行业是石灰石及白云石最主要的消耗产业，石灰石主要用于烧结碱度调控、炼钢造渣、烧结脱硫等工序，而白云石经煅烧可用于烧结、修补炉衬等，具有不可或缺的作用。石灰石及白云石的质量指标对冶金工艺的质量有显著影响，根据原冶金工业部关于下达《1980—1981 年冶金产品技术标准工作计划》的通知，开始推进石灰石，白云石，化学分析方法国家标准制修订任务。标准以当时冶金工业部行业标准《石灰石、白云石化学分析方法》（YB 808—55）为基础，对其中原有的 10 部分内容重新进行部分划分，并通过前期实地调研考察、参考国外标准等途径收集资料，对操作、试剂内容进行修改完善。1982 年，第一批石灰石及白云石化学分析方法系列标准《石灰石、白云石化学分析方法》（GB/T 3286.（1～12）—1982）由冶金工业部发布实施，包含了氧化钙、氧化镁、二氧化硅、磷、硫等常见成分的测定，标准反映了我国当时的检测技术水平，解决了当时对石灰石、白云石等多种成分统一的检测方法标准的需求。

之后，随着我国钢铁产业结构的调整升级，高性能品种钢产品不断增加，对高质量石灰石及白云石的需求呈持续增长态势。因此，石灰石及白云石的成分测定具有重要的经济意义和环境效益。随着对石灰石及白云石质量要求的提高，检验的成分种类越来越多；同时随着技术的进步，检测方法也越来越丰富。GB/T 3286 系列标准发布之后，根据标准实施反馈不断对各部分标准进行修订，通过修订不断更新完善标准的技术指标，优化操作流程，在节约人力物力财力的同时提高检测效率，减少有毒有害试剂材料的使用，符合环保要求；并对同一元素的多种测定方法的标准进行了合并，以方便使用。同时通过制定增加了检测元素及快速便捷的仪器方法以填补技术空白，如新制定了对二氧化钛含量的测定方法及 X 射线荧光光谱法仪器方法测定多元素含量两项新标准，以满足随着生产技术进步、对产品质量要求不断提高产生的对石灰石、白云石更多种类成分进行测定，实现快速检验的新需求。截至 2022 年 9 月，GB/T 3286 共计发布 11 个部分，目前的《石灰石及白云石化学分析方法》（GB/T 3286）系列标准基本建立了完善的石灰石及白云石化学分析方法标准体系，以满足行业需求。这些方法标准的制定对石灰石及白云石高效快速检测和使用，满足钢铁工业高质量发展需求具有重要的意义。

在产品标准方面，为促进行业绿色高质量发展，可持续发展工业打好原料供应基础，通过制定萤石、冶金用石灰石、白云石等产品标准，规范了产品种类，更好地服务于钢铁产品提质增效。《萤石》（YB/T 5217—2019）、《冶金用石灰石》（YB/T 5279—2016）、《白云石》（YB/T 5278—2020）等产品标准的发布实施，规范了企业对冶金非金属矿产品质量的控制要求。标准技术内容符合产业发展的方向，确保产品供需双方的利益，对于规范产品的生产、应用具有非常积极的意义，进而实现行业的健康、持续发展。

在标准体系方面，经过多年来标准体系的不断完善，目前已形成了一套较为科学合理的冶金非金属矿产品领域内的技术标准体系框架，如图 6-20 所示。现有标准体系按用途划分为钢铁原辅料、耐火原料两大部分。钢铁原辅料为在钢铁领域中主要做熔剂、造渣剂的非金属矿等，按炼铁、炼钢所用原料划分为 6 类，即石灰石、菱镁石、白云石、冶金石灰、萤石、保护渣等。

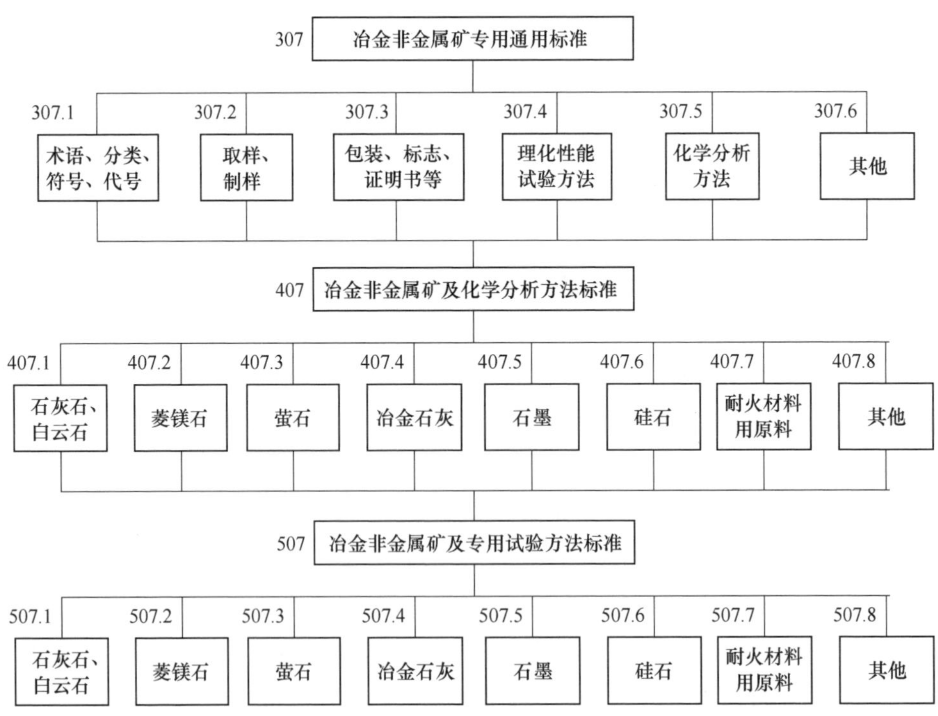

图 6-20 冶金非金属矿产品领域内的技术标准体系框架图

过去传统耐火原料根据耐火材料品种主要分为4类，即硅石、黏土、高铝、镁砂。随着钢铁、水泥建材等工业的迅猛发展，对耐火材料提出了越来越苛刻的要求，天然的原料已远远不能满足需要，于是出现了大量的人工合成原料，如莫来石、尖晶石、刚玉等。标准体系分类科学、层次清晰、结构合理，便于参照开展标准化工作。

3. 实施效果及意义

经过40余年的发展，我国冶金非金属矿产品领域标准化工作取得了飞跃性发展，全国钢标委冶金非金属矿产品分技术委员会现共有标准116项，其中国家标准41项，行业标准75项。冶金非金属矿领域标准体系的构建，在满足行业发展需要的同时，还将促进企业实现技术进步，不断开发出新型的更高质量的产品，通过不断完善的产品和配套检验方法标准体系的构建，在品种质量、杂质元素控制上不断进行优化，为推进我国钢铁工业的发展，促进行业转型升级，提升中国制造的能力做出贡献。

现行的标准能够代表行业的整体水平，基本满足行业发展的整体需求。矿产资源是国家战略物资，对国家发展和生存起着非常重要作用。通过标准化工作，促进了我国冶金非金属矿产品领域技术的进步，为实现产品质量控制、行业高质量发展提供了重要的技术支撑。

（五）石墨电极

1. 简介

石墨电极是以煅烧焦和煤沥青为主要原料，经成型、焙烧、石墨化和机械加工而制成，供电炉作导电用的关键基础材料，在钢铁冶炼等基础材料制造领域发挥着不可或缺的重要作用。尤其近年来，为实现“碳达峰、碳中和”目标，工信部于2019年8月29日发布《关于引导电弧炉短流程炼钢发展的指导意见（征求意见稿）》，2020年12月31日发布《关于推动钢铁工业高质量发展的指导意见（征求意见稿）》，意见中多次提到持续推动发展电弧炉短流程炼钢。根据国家控制总量、限产增效、淘汰落后、调整结构的方针，适应钢铁短流程的生产要求，石墨电极的发展也沿着加快开发新品种、新技术，改进工艺的整体思路，加快、完成了大规格超高功率石墨电极的开发与生产，满足了钢铁、化工等行业发展要求，为国民经济发展做出了巨大贡献。

我国石墨电极相关标准始于新中国成立初期，为我国电弧炉的生产提供了基础保障，根据我国的实际生产、加工能力和使用情况，参考苏联、德国、日本等国家的相关标准，我国发布了《石墨化电极及接头分类及技术条件》（YB 818—1955），制定了直径 75～400mm 的石墨电极的尺寸及技术要求，满足了当时我国炼钢电弧炉对石墨电极的要求。

2. 发展历程

随着我国国民经济的迅速发展，对石墨电极的质量和品种提出了许多要求，如要求石墨化电极的抗氧化性与导电性、机械强度等以便减少氧化与折断损失，降低电炉钢的电极消耗与电力消耗，有些钢厂要求生产能适用于较高功率电弧炉。根据需要，1978 年对 YB 818 进行修订，《石墨电极》（YB 818—1978）标准大幅提高原有指标水平，且优于日本 JIS R7201—1972 和苏联 OCT 4426—1971 的标准水平，并增加了适用于较高功率电弧炉用的特制石墨电极种类。按《石墨电极》（YB 818—1978）标准组织生产以来，1980 年钢厂每吨电炉钢较 1978 年节约 17%石墨电极的消耗量。

1955—1981 年，国内基本生产普通功率石墨电极。为实现全面节约能源，抓紧调整炭素产品结构，提高我国炭素制品生产技术水平，1981 年成功研制并批量生产高功率石墨电极。1982 年，国家标准总局首次发布了适用于高功率电弧炉的《高功率石墨电极》（GB/T 3073—1982）标准。同年进行了《石墨电极》第二次修订工作，增加了抗折强度和弹性模量两个重要指标要求，电极长度和短尺允许偏差及供货中短尺电极的比例直接采用国际电工协会 IEC 标准的规定，由原国家标准总局调整为《石墨电极》（GB/T 3072—1982）。1983 年，冶金工业部钢铁司根据国家科委批准的合金钢科技攻关课题，组织兰州炭素厂和吉林炭素厂开展超高功率石墨电极的研制任务，1984 年取得初步成功。1992 年，冶金工业部首次发布《超高功率石墨电极》（YB/T 4090—1992）行业标准，并再次对《石墨电极》和《高功率石墨电极》技术指标进行修订提升，标准号分别调整为 YB/T 4088—1992 和 YB/T 4089—1992。

至今，各个标准也随社会发展和时代进程，进行了 2000 年版和 2015 年版的更新迭代。

各版本标准对标 IEC 60239 国际标准及国际著名炭素企业的标准或产品样本，自实施以来，得到炭素行业企业及电炉冶炼相关企业的广泛认可。通过研究确定《石墨电极》（YB/T 4088—2015）、《高功率石墨电极》（YB/T 4089—2015）、《超高功率石墨电极》（YB/T 4090—2015）等行业标准的电极和接头尺寸及公差要求，参考 IEC 60239 国际标准，且部分公差要求高于

IEC 标准要求。电极和接头的理化指标及其他技术要求根据国内外企业标准及用户使用情况综合确定，包括电阻率、抗折强度、弹性模量、体积密度、热膨胀系数以及表面质量等要求，按不同种类、不同规格进行了划分。

3. 实施效果及意义

《石墨电极》《高功率石墨电极》《超高功率石墨电极》三个标准的发布规范了炭素企业的生产，对高品质、大规格石墨电极产品提出了具体技术要求，同时为用户提供了采购优质产品的标准，有效保证了产品优良的使用性能，降低炼钢成本。通过标准的实施进一步规范市场，引导企业科学生产和合理使用电极资源，促进行业技术进步，为石墨电极的生产和贸易提供技术保障。

（六）冶金焦炭

1. 简介

炼焦化学是将不同的煤按科学配比，通过高中低温干馏生产出固体燃料-焦炭、半焦，供钢铁冶炼、铸造、铁合金做原燃料。

焦化行业是典型的能源转换产业，其生产的焦炭近 90%用于钢铁行业的生铁冶炼；焦化行业又是典型的需求拉动型产业，其产销运营和产品的市场需求及生产的原料供给主要受钢铁和煤炭行业的产销运行发展的直接影响。冶金焦炭在高炉冶炼过程中主要起到高温热源、提供还原剂、疏松骨架三个方面作用，是钢铁冶炼过程不可或缺的关键基础原燃料。新中国成立后，钢铁产量的持续增长促进了我国焦化行业的发展。

2. 发展历程

1964 年，冶金工业部发布《冶金焦炭》（YB 287—1964）标准，该标准适用于由烟煤高温干馏所制得的冶金焦炭，供高炉冶炼用。参考苏联和日本相关标准，提出冶金焦炭的关键指标要求，并同时将配套的检测方法统一标准，为我国焦化行业生产提供了技术参考，进而为钢铁冶炼提供了基础原燃料保障。

从新中国成立到改革开放前的 30 年里，钢铁及焦化等行业由于工艺技术、装备落后和管理经验不足，生产过程中能源消耗强度高，技术指标波动性较大。改革开放后，随着炼焦用原料结构的持续优化，全国冶金焦炭机械强度普遍提高，1980 年，对《冶金焦炭》（YB 287—1964）冶金工业部部颁标准进行修订后转化为国家标准 GB/T 1996—1980，由国家标准总局批准发布。修订后的标准中将冶金焦用煤进行了修订，由“烟煤”修订为“洗精煤”；焦炭产品的机械强度、挥发分等技术指标进行了更新。此外，还制定了多项焦炭配套的质量检测方法标准，如《焦炭试样的采取和制备》《焦炭工业分析测定方法》《冶金焦炭的焦末含量及筛分组成的测定方法》《焦炭机械强度的测定方法》《焦炭全硫含量的测定方法》等。

进入21世纪后，焦炉大型化发展，炭化室高度增加使大型焦炉装炉煤密度提高，焦炭质量改善。同时，由于大型焦炉采用了许多配套的新技术措施和装备，炼焦生产控制水平明显提高，焦炭质量稳定性更高。捣固焦工艺、干熄焦工艺等先进焦化生产技术的应用，焦炭质量指标有较大提高。到2016年，全国已有200多套干熄焦装置在运行。焦炭质量的提高既是高炉大型化的要求，也是炼焦新技术新工艺发展应用的必然结果。2003年，我国首次将用于反应焦炭在热态状况下的技术指标“焦炭的反应性”和“反应后强度”纳入标准技术要求，2017年标准修订过程对焦炭抗碎强度M_{40}指标和反应后强度指标进行了较大幅度提升，以满足我国高炉大型化发展对冶金焦炭质量的要求。

3. 实施效果及意义

目前，我国焦炭总产能约6.3亿吨，焦炭产量约4.6亿吨，居全球首位，占比近70%。经过多年对焦炭生产技术及焦炭质量要求的跟踪，通过持续对已有标准进行有效性复审并制定新标准，进一步规范市场，为焦炭产品的合格生产、检验和国际贸易提供了有效的技术支持和保障。

第四节 重要综合标准

一、绿色低碳

（一）冶金低碳

实现碳达峰、碳中和是一场广泛而深刻的经济社会系统性变革。钢铁行业作为化石能源消耗大户，大力推动能源绿色低碳转型是实现“双碳”目标、加快构建现代能源体系的重要举措，其中低碳标准化工作是重要支撑。针对钢铁行业碳排放管理需求，需积极开展钢铁行业碳排放核算、碳排放限额、碳排放监测与管理、碳交易与碳资产管理、低碳冶金技术规范、低碳评价、碳捕集、封存与利用（CCUS）技术规范、碳汇等方面的标准化工作，建立健全钢铁行业低碳发展标准体系，推动钢铁行业低碳发展。

钢铁行业温室气体排放管理标准化工作尚处于起步阶段，目前现行及计划的标准项目主要来自组织层面碳排放核算核查和项目层面的减排量核算等基础层面。《温室气体排放核算与报告要求　第5部分：钢铁生产企业》（GB/T 32151. 5—2015）提供了钢铁生产企业核算温室气体的方法和报告要求，是当前钢铁生产企业核算碳排放的主要依据；《基于项目的温室气体减排量评估技术规范 钢铁行业余能利用》（GB/T 33755—2017）是钢铁行业余能利用项目（包括余压、余热和副产煤气）温室气体减排量评估的依据。

国家及各部委高度重视钢铁行业的低碳标准化工作，2021年下达了一系列碳达峰、碳中和专项标准计划，重要急需的基础标准正在加速制定。《二氧化碳排放核算与报告要求 粗钢生产主要工序》《钢铁企业碳排放核查技术规范》等计划标准项目制定完成后，将为钢铁行业参与碳排放权交易、确定碳排放基准值和配额分配等政策的制定提供支撑；《钢铁产品碳披露导则》《钢铁产品碳足迹评估通用要求》等计划标准制定完成后，将以全生命周期理念对钢铁产品的碳排放情况做出评估，为钢铁行业全产业链减碳提供支撑；《钢铁企业低碳发展对标指南》《钢铁企业低碳设计导则》等计划标准制定完成后，将为现有企业提供低碳发展对标依据，同时对新建钢铁企业从设计端提供低碳发展的设计要求；《钢铁生产过程二氧化碳排放监测技术规范》等计划标准制定完成后，将通过科学有效的监测技术规范来保证二氧化碳排放数据的准确性。

此外，低碳领域的冶金技术与装备类标准项目制定完成后，将有效推广成熟先进的低碳技术在行业内的应用，为碳减排和碳排放权交易提供技术支撑。目前，钢铁企业和科研院所共同完成了钢铁企业二氧化碳循环利用行业标准的研制（见图6-21），为行业减碳提供了具体的技术支撑。《钢铁企业O_2-CO_2气体混合利用技术规范》（YB/T 4890—2021）、《钢铁企业二氧化碳利用技术规范　第1部分：用于转炉底吹》（YB/T 4891. 1—2021）、《钢铁企业二氧化碳利用技术规范　第2部分：用于转炉顶吹》（YB/T 4891. 2—2021）、《钢铁企业二氧化碳利用技术规范　第3部分：用于电弧炉炼钢》（YB/T 4891. 3—2021）等系列标准，解决了钢铁企业二氧化碳循环利用技术在设计、建设及运行过程中的一些问题，如二氧化碳气源的需求参数、氧气与二氧化碳的混合设备及工艺、混合效果的评估等应用过程中的共性问题，对推动钢铁企业二氧化碳利用具有重要意义。

在当前碳达峰、碳中和的约束下，碳排放总量减少是低碳转型的最终目标。钢铁行业需要不断研发、推广和应用先进成熟的低碳技术，统筹产业结

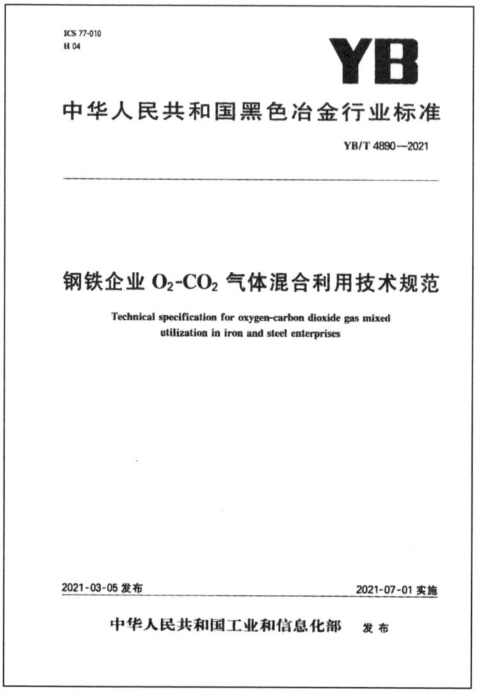

ICS 77-010
H 04

YB

中华人民共和国黑色冶金行业标准

YB/T 4890—2021

钢铁企业 O_2-CO_2 气体混合利用技术规范

Technical specification for oxygen-carbon dioxide gas mixed utilization in iron and steel enterprises

2021-03-05 发布　　2021-07-01 实施

中华人民共和国工业和信息化部　发布

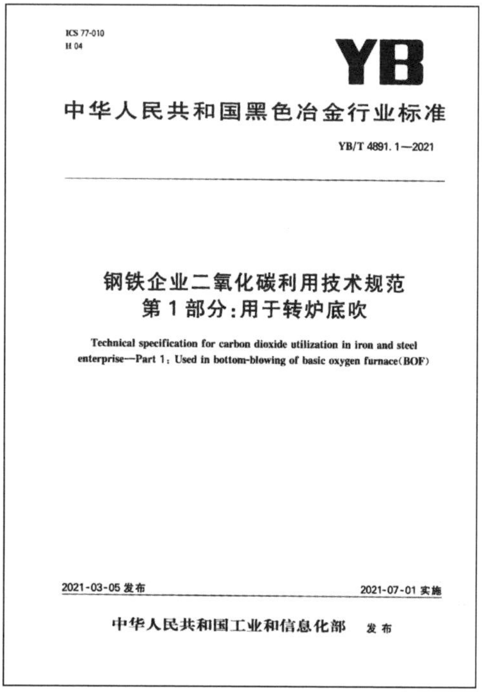

ICS 77-010
H 04

YB

中华人民共和国黑色冶金行业标准

YB/T 4891. 1—2021

钢铁企业二氧化碳利用技术规范
第 1 部分:用于转炉底吹

Technical specification for carbon dioxide utilization in iron and steel enterprise—Part 1: Used in bottom-blowing of basic oxygen furnace(BOF)

2021-03-05 发布　　2021-07-01 实施

中华人民共和国工业和信息化部　发布

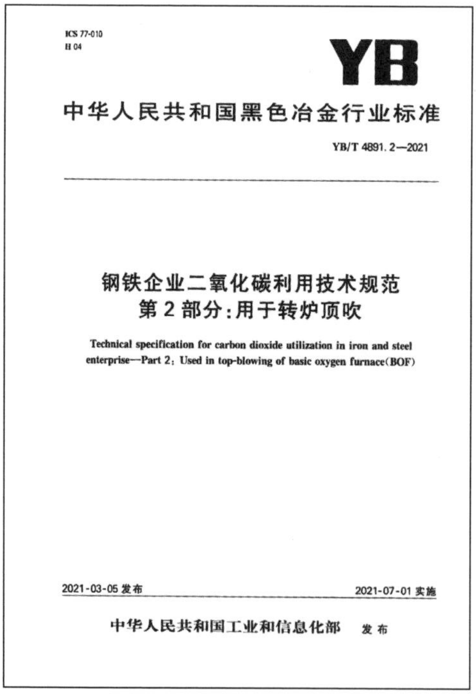

ICS 77-010
H 04

YB

中华人民共和国黑色冶金行业标准

YB/T 4891. 2—2021

钢铁企业二氧化碳利用技术规范
第 2 部分:用于转炉顶吹

Technical specification for carbon dioxide utilization in iron and steel enterprise—Part 2: Used in top-blowing of basic oxygen furnace(BOF)

2021-03-05 发布　　2021-07-01 实施

中华人民共和国工业和信息化部　发布

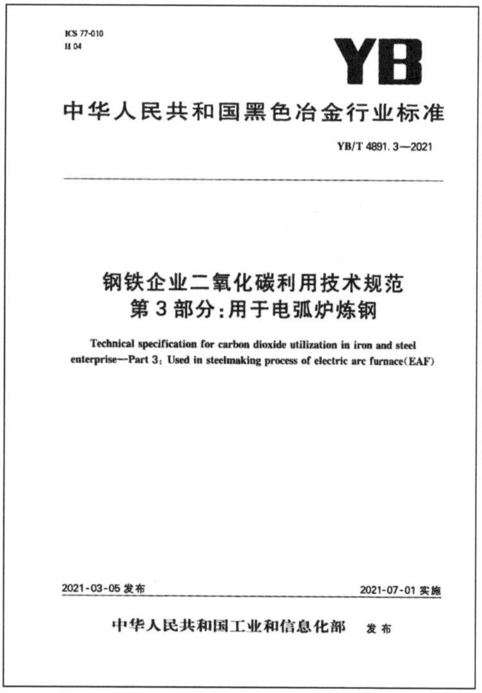

ICS 77-010
H 04

YB

中华人民共和国黑色冶金行业标准

YB/T 4891. 3—2021

钢铁企业二氧化碳利用技术规范
第 3 部分:用于电弧炉炼钢

Technical specification for carbon dioxide utilization in iron and steel enterprise—Part 3: Used in steelmaking process of electric arc furnace(EAF)

2021-03-05 发布　　2021-07-01 实施

中华人民共和国工业和信息化部　发布

图 6-21　钢铁企业二氧化碳循环利用系列行业标准

构、能源结构调整，创新研发革命性的低碳冶金工艺和技术，做到从源头削减、过程管控和末端治理三个方面减少和清除碳排放，包括工艺流程技术，原燃料替代技术，产业链协同技术，智能化、数字化、绿色化融合技术，碳捕集、利用与封存技术等，将科技成果转化为标准，为行业低碳高质量发展提供技术支撑。

（二）绿色制造

1. 简介

全面推进绿色制造、实现绿色转型已成为当前钢铁工业的重要任务。为发挥标准体系在绿色制造体系建设中的引领作用，结合钢铁行业转型升级需求，钢铁行业开展了冶金绿色制造领域的标准化研究。

2. 重点标准

（1）绿色设计产品标准引导绿色升级。“十三五”以来，完成了《绿色设计产品评价技术规范　取向电工钢》（YB/T 4767—2019）、《绿色设计产品评价技术规范　汽车用冷轧高强度钢板及钢带》（YB/T 4873—2020）等60余项绿色设计产品标准的研制。标准的实施促进先进企业加快开发高强度、耐腐蚀、长寿命的绿色产品，引导绿色生产和消费，进而推动钢铁行业的供给侧结构性改革。此外，多项绿色设计产品评价标准已被工信部采信，标准化已成为引领钢产品的绿色升级，促进绿色发展的重要举措。

（2）绿色工厂标准推动绿色化改造。“十三五”以来，完成了《钢铁行业绿色工厂评价导则》（YB/T 4771—2019）等绿色工厂评价标准的研制，从用地集约化、生产洁净化、废物资源化、能源低碳化等多元化维度，规定了绿色工厂评价指标体系，为正确评价钢铁企业、铁矿山企业、铁合金企业绿色工厂创建水平和实施绿色化改造提供了技术支撑，推动了行业绿色化水平的整体提升。

（3）绿色园区标准助力钢铁生态圈建设。绿色园区标准从生态环境及空间布局、产业共生耦合、资源消耗与产出、污染物协同处理等方面，规范能源利用绿色化、资源利用绿色化、基础设施绿色化、产业绿色化、生态环境绿色化、运行管理绿色化等指标，为创建及评价绿色园区提供技术支撑，推动循环经济产业链条和钢铁生态圈建设。

（4）绿色供应链标准引领产业链绿色发展。绿色供应链标准将规范钢铁生产企业绿色供应链管理的目的、范围、总体要求、绿色供应链的策划、实施及评价要求。通过研制符合我国国情的钢铁行业绿色供应链管理评价指标，使钢铁行业绿色供应链管控做到可规范、可操作、可监督，做到有章可循、有据可依，发挥供应链上核心企业的主体作用，引领带动供应链上下游企业持续提高资源能源利用效率，改善环境绩效，实现绿色发展。

（三）节能降耗

1. 简介

钢铁工业的节能减排对全社会节能减排工作的推进具有重要意义。进入21世纪，我国钢铁行业跟踪产业政策和行业发展需要，开始布局节能领域的标准化研究。

20世纪80年代，国家确立了“能源开发与节约并重，把节约放在首位”的节能方针，逐步形成了行之有效的节能政策。全国人民代表大会常务委员会（简称“人大常委会”）于1997年通过的《中华人民共和国节约能源法》，为开展节能工作提供了宏观指南。2005年，《钢铁产业发展政策》（中华人民共和国国家发展和改革委员会令第35号）印发，提出“吨钢综合能耗高炉流程低于0.7t标煤，电炉流程低于0.4t标煤”等要求。为实施国家节能法及相关政策要求，钢铁行业制定了《粗钢生产主要工序单位产品能源消耗限额》（GB 21256—2007）等能耗限额领域标准，通过强制性标准的实施，引导重点钢铁企业采取节能措施。一方面加强生产过程中的能源管理，优化用能结构；另一方面大力开展对生产过程中产生的二次能源（包括余压、余热、余能和副产煤气等）的回收利用。

“十一五”末，《国家重点节能技术推广目录（第一批）》（国家发改委公告2008年第36号）、《关于印发钢铁企业烧结余热发电技术推广实施方案的通知》（工信部节〔2009〕719号）等文件印发，蓄热式燃烧技术、烧结余热发电、干熄焦、炼焦煤调湿等技术急需在业内推广。钢铁行业开展了蓄热式燃烧技术、烧结余热发电、干熄焦、炼焦煤调湿等先进技术的标准转化。为推进蓄热式燃烧技术制定了《钢铁行业蓄热式燃烧技术规范》（YB/T 4209—2010），配套制定了热平衡测试标准，系列标准规范了该技术应用的设计施工、设备选择、安装调试、生产维护、故障处理与检修、生产操作运行，以及热平衡测试与诊断、监测、计算等多个方面，正确引导该技术的应用。标准研制时行业内仅130余台套设备应用了该技术，当前蓄热式燃烧技术已实现全行业基本覆盖。“十一五”期间，重点统计钢铁企业平均吨钢综合能耗从2005年的694kgce降低到2010年的605kgce，节能减排成效显著。

“十二五”期间，钢铁工业坚持科学发展观、落实国家节能减排政策，重点节能技术在行业内得到广泛应用，能源管理中心建设启动，企业能量梯级利用和能源系统整体优化改造力度加大。《钢铁工业“十二五”发展规划》（信部规〔2011〕480号）提出了“重点统计钢铁企业平均吨钢综合能耗低于580kgce”的主要目标。《国务院关于化解产能严重过剩矛盾的指导意见》（国发〔2013〕41号）提出了“通过提高能源消耗、污染物排放标准，严格执行特别排放限值要求，加大执法处罚力度，加快淘汰一批落后产能”的要求。国家发展和改革委员会（简称“发改委”）先后印发了《国家重点节能技术推广目录（第四批）》（国家发改委公告2011年第34号）等文件。配合节能技术推广需求，钢铁行业先后制定了《烧结系统余热回收利用技术规范》（YB/T 4254—2012）、《干熄焦节能技术规范》（YB/T 4255—2012）、《钢铁企业能源管理中心技术规范》（YB/T 4360—2014）等多项节能技术标准。截至“十二五”末，冶金节能领域发布国家标准19项、行业标准28项，初步形成了冶金节能标准体系，为行业节能减排提供了保障。“十二五”期间，重点大中型企业吨钢综合能耗由605kgce下降到572kgce，钢铁能源消耗总量呈下降态势。

进入“十三五”，一批节能难点技术实现突破，企业在荒煤气显热回收、烧结烟气循环等技术难点领域开展了试点示范，以能源管控中心为基础的“三流一态”模式，已成为钢铁企业节能管理耦合智能制造的重要途径。技术创新和管理水平的提升，有力保证了节能指标持续改善。

《工业绿色发展规划（2016—2020年）》（工信部规〔2016〕225号）提出，钢铁行业实施高温高压干熄焦、烧结烟气循环等技术改造。《钢铁工业调整升级规划（2016—2020年）》（工信部规〔2016〕358号）提出了全面推广、示范推广的节能技术。《国家重点节能低碳技术推广目录（2016年本，节能部分）》（国家发改委公告2016年第30号）等提出了新技术推广要求。为贯彻落实国家节能减排相关政策，钢铁行业制定了《热轧带肋钢筋单位产品能源消耗限额》（YB/T 4885—2020）等能耗限额标准，《炼焦入炉煤调湿技术规范》（GB/T 32966—2016）、《高辐射覆层节能技术规范》（GB/T 33785—2017）等节能技术标准，《高炉工序能效评估导则》（GB/T 34193—2017）、《钢铁行业蓄热式工业炉窑热平衡测试与计算方法》（GB/T 32974—2016）等节能监测与管理标准，为行业节能减排、可持续发展提供了保障。截至“十三五”末，冶金节能领域现行标准已达百余项，形成了较为完善的标准体系，为钢铁行业节能工作的开展发挥了重要作用。2020年重点统计钢铁企业吨钢综合能耗下降至545kgce。

“十四五”以来，钢铁行业以推动高质量发展为总纲，以深化供给侧结构性改革为主线，以力争提前实现碳达峰为目标，坚持绿色发展和智能制造，大力推广应用先进适用的节能环保工艺技术装备，进一步提升节能环保水平。《高耗能行业重点领域能效标杆水平和基准水平（2021 年版）》（发改产业〔2021〕1609 号）、《关于印发工业能效提升行动计划的通知》（工信部联节〔2022〕76 号）等文件先后印发，明确了节能提效是绿色低碳的“第一能源”和降耗减碳的首要举措，并提出了能效全面提升约束性指标。为落实国家能效提升等政策要求，结合企业节能增效需求，钢铁行业制定了《钢铁行业节能监察技术规范》（YB/T 4905—2021）等相关标准，开展了能效对标等标准研制，通过标准的规范和引导作用，推进能效提升技术的推广，加强能源管理，促进钢铁工业的节能减排，支撑“双碳”目标实现。此外，高炉炉顶均压煤气回收、一罐到底、智能化能源管控等一批标准正在制定中，标准体系将进一步完善，届时将更好地服务钢铁工业能效提升行动，在中国钢铁工业碳达峰、碳中和进程中发挥更大的支撑作用。

2. 重点标准

（1）能耗限额标准提升行业准入。根据国家节能政策部署，配合钢铁行业化解过剩产能要求，钢铁行业开展了能源消耗限额标准的制修订工作，《粗钢生产主要工序单位产品能源消耗限额》（GB 21256—2013）删除了电炉工序能耗，制定了《电弧炉冶炼单位产品能源消耗限额》（GB 32050—2015）、《焦炭单位产品能源消耗限额》（GB 21342—2013）、《矿山企业采矿选矿生产能耗定额标准　第 1 部分：铁矿石采矿》（YB/T 4417. 1—2014）等标准。以《电弧炉冶炼单位产品能源消耗限额》（GB 32050—2015）为例，该标准比原《粗钢生产主要工序单位产品能源消耗限额》（GB 21256—2007）的电炉工序能耗指标更严，同时增加了电耗指标，标准的实施促进企业加强节能管理，采用先进节能技术，且标准已在国家专项节能监察中应用，提供了有力支撑。

（2）节能监测标准引导节能挖潜。为引导钢铁企业科学开展节能挖潜，钢铁行业开展了节能监测、热平衡测试、能效评估、节能管理等节能监测与管理标准研制。《钢铁行业蓄热式工业炉窑热平衡测试与计算方法》（GB/T 32974—2016）、《高炉工序能效评估导则》（GB/T 34193—2017）、《钢铁行业节能监察技术规范》（YB/T 4905—2021）等系列标准发布，为企业提供了多维度手段。其中，《高炉工序能效评估导则》（GB/T 34193—2017）等系列标准涵盖了钢铁生产主要工序，规范了科学、系统、精细、适用性强的钢铁生产能效评估诊断体系和方法。宝钢、湘钢、武钢、酒钢等多家企业进行贯标，通过评估诊断及优化后，单工序能耗可下降5%~10%，全流程可节能3%~5%。

（3）节能技术标准助力能效提升。为落实《国家重点节能技术推广目录》等节能技术推广政策，钢铁行业开展了节能技术标准研制，涵盖矿产品生产、烧结球团、炼焦、炼铁、炼钢和轧钢等钢铁生产工序，以及铁合金、炭素、耐火材料等原辅料生产工序，为引导钢铁企业实施节能技术改造，提升能效水平提供了支撑。发布了《烧结系统余热回收利用技术规范》（YB/T 4254—2012）、《干熄焦节能技术规范》（YB/T 4255—2012）、《钢铁企业能源管理中心技术规范》（YB/T 4360—2014）等多项节能技术标准，开展了高炉高效喷煤技术、高辐射覆层技术、高炉余压发电干式TRT技术等先进节能技术的标准转化，促进先进节能技术的应用，通过标准在行业实施，产生了可观的经济效益和社会效益。

（四）冶金节水

1. 简介

钢铁行业是重点高耗水行业，进入21世纪后，国家、行业、地方层面开展了一系列具体工作推动钢铁行业节水进程。我国钢铁企业坚持节约与开源并重、节约优先、治污为本，企业用水指标全面改善。

冶金节水标准化工作开始于“十一五”时期。“十一五”期间，钢铁行业对重点耗水企业相关工艺、技术、装备及企业标准化工作情况进行调研，收集整理行业现状及问题，分析未来发展趋势，开展钢铁行业水资源利用标准体系研究及建设工作，为后续钢铁行业节水标准的制定打下了良好的基础。“十二五”期间，钢铁行业按照相关政策文件要求，贯彻加强重点行业节水技术改造及海水利用理念，加快标准体系建设并形成了以基础、取水定额、节水型企业评价、节水工艺、污废水处理及回用、非常规水资源利用（海水淡化等）、节水设备及装置等较为完善的细化标准体系。“十三五”期间，钢铁行业充分调动全行业企业及资源，由全国钢标准化技术委员会组织相关企业、研究机构、大专院校等共同编写并发布了节水型企业、取水定额、海水淡化、钢铁企业典型污废水处理及回用等一系列标准。

面向“十四五”，钢铁行业将高度重视钢铁企业的高质量、绿色低碳发展，标准化工作也从量变向质变转型。钢铁行业节水标准化工作经历了从无到有、从薄弱到强大的发展历程，并已逐渐走向国际。

2. 重点标准

钢铁行业深入贯彻国家政策法规要求，同时重点考虑行业发展需求，在节水型企业评价、取水定额、典型废水处理及回用、海水淡化等重点领域制定并发布了一系列标准。

（1）节水型企业评价领域。截至2022年12月底，钢铁行业发布了《节水型企业 钢铁行业》（GB/T 26924—2011）、《节水型企业 炼焦行业》（GB/T 34610—2017）、《节水型企业 铁矿采选行业》（GB/T 34608—2017）3项国家标准，形成了覆盖原料采选、烧结球团、焦化、炼铁、炼钢、轧钢等全流程生产工序的节水型企业评价标准体系，有效评估钢铁企业用水情况，通过评估挖掘节水潜力，提高用水效率。

（2）取水定额领域。截至2022年12月底，钢铁行业发布了《取水定额 第2部分：钢铁联合企业》（GB/T 18916.2—2022）、《取水定额 第30部分：炼焦》（GB/T 18916.30—2017）、《取水定额 第31部分：钢铁行业烧结/球团》（GB/T 18916.31—2017）、《取水定额 第32部分：铁矿选矿》（GB/T 18916.32—2017）4项国家标准，形成了较为完善的取水定额标准体系。

《取水定额 第2部分：钢铁联合企业》（GB/T 18916.2—2022）代替2012版，对现有、新建企业的吨钢取水定额指标等均给出了新的规定，并且细化到各工序吨钢（铁）产品取水量指标。现有钢铁联合企业含有焦化和冷轧的取水定额为4.8m^3/t，新建和改扩建钢铁联合企业含有焦化和冷轧的取水定额均为3.9m^3/t，先进钢铁联合企业含有焦化和冷轧的取水定额均为3.1m^3/t。取水定额标准是钢铁企业水资源利用需要遵循的最重要、基础性标准，通过制定科学合理的取水指标，推动钢铁企业节水改造，使企业进一步认识到节水的重要性，减少新水取用量，提高水资源利用效率。

（3）海水淡化领域。截至2022年12月底，钢铁行业制定并发布了《钢铁行业海水淡化技术规范 第1部分：低温多效蒸馏法》（GB/T 33463.1—2017）1项国家标准，以及《钢铁行业海水淡化技术规范 第2部分：低温多效水电耦合共生技术要求》（YB/T 4256.2—2016）、《钢铁行业海水淡化技术规范 第3部分：低温多效蒸发器酸洗要求》（YB/T 4256.3—2016）、《钢铁行业海水淡化技术规范 第4部分：浓含盐海水综合利用》（YB/T 4256.4—2018）3项海水淡化行业标准，共同构成了钢铁企业海水淡化系列标准。

《钢铁行业海水淡化技术规范 第1部分：低温多效蒸馏法》（GB/T 33463.1—2017）是钢铁行业海水淡化的第一个国家标准，开创了非常规水资源利用标准体系建设的新时代。海水淡化系列标准的制定开创了钢铁行业海水淡化工程应用的先例，为后续其他钢铁企业海水淡化工程项目实施及其他行业借鉴提供了重要参考。目前海水淡化项目应用广泛，已在沿海钢铁企业广泛应用。

（4）典型废水处理及回用领域。截至2022年12月底，钢铁行业制定并发布了《钢铁污水除盐技术规范　第1部分：反渗透法》（YB/T 4257.1—2012）、《炼焦废水深度处理技术规范》（YB/T 4599—2018）、《冷轧酸性废水处理工艺技术规范》（YB/T 4661—2018）、《钢铁企业综合废水深度处理技术规范》（YB/T 4699—2019）、《烧结烟气湿法脱硫废水处理技术规范》（YB/T 4788—2019）、《钢铁工业浓盐水处理技术规范》（YB/T 4791—2019）、《钢铁企业冷轧含铬废水处理技术规范》（YB/T 4884—2020）等标准，形成典型废水处理及回用系列标准。

《钢铁污水除盐技术规范　第1部分：反渗透法》（YB/T 4257.1—2012）是钢铁行业工业污废水处理技术的首个行业通用技术标准，显著推动了反渗透法在钢铁行业的应用，为之后钢铁企业典型污废水处理及利用技术标准的制定打下了坚实基础。

《炼焦废水深度处理技术规范》（YB/T 4599—2018）标准的制定和实施，极大地缓解了钢铁企业焦化废水难处理及利用的难题；《钢铁企业综合废水深度处理技术规范》（YB/T 4699—2019）解决了钢铁典型废水脱总酚和难降解毒性有机物深度去除等技术难题，推动了絮凝沉淀、过滤、O/A工艺、高级氧化、深度脱盐等先进成熟工艺技术的利用。此外，针对钢铁行业排放新标准中的特征污染物制定关键技术，有效实现苯并芘、氰化物等毒性污染物减排，填补了我国在该方面的空白，目前该技术已在鞍钢、本钢、攀钢、新疆天雨、河钢邯钢东区西区、河南中鸿集团、安阳钢铁集团等企业污水治理工程中得到成功应用，节水效果显著。

（五）资源综合利用

1. 简介

钢铁工业生产过程会产生大量矿尾渣、高炉渣、铁合金渣、钢渣、废旧耐火材料、粉尘、污泥等冶金固废，固废堆积会造成环境污染。冶金固废中含有金属铁及氧化钙、氧化硅、氧化铝、氧化镁、氧化铁等成分，通过科学合理的回收处理可变为二次资源。冶金固废分类处理后部分固废返回钢铁生产，余下尾渣由于其主要矿物组成和化学成分与传统的建筑材料、陶瓷、玻璃原料很相近，可替代天然砂、黏土、石等，用于建材、水泥、混凝土、道路和农林肥料等领域，应用后可降低下游企业生产成本，同时减少二次资源浪费和堆积污染。

行业非常重视固体废弃物资源利用和环保工作，钢铁行业自 20 世纪 80 年代开始，由信息标准院牵头开展钢铁行业固体废弃物综合利用标准的制定工作，促进应用技术在行业推广，重点在水泥和混凝土、道路工程、钢铁炉料中进行应用，节约资源，保护环境。21 世纪，随着钢铁产能不断增长，冶金固体废弃物产生量不断攀升，由于利用率很低（钢铁渣利用率为 20%、矿尾渣不足 10%、废旧耐火材料大量闲置等），大量冶金固废堆积，占用大量土地，造成冶金企业“渣满为患”的局面，对生态和环境造成了严重污染，固废的综合利用成为行业重要课题。

为推动钢铁固体废弃物应用，信息标准院加强标准化研究工作，开展综合利用标准体系建设，规划标准化发展蓝图，设计标准体系框架，配合产业政策落实，加大技术成果应用，强化标准制定工作，冶金固废资源化综合利用标准化工作取得了很大进展，研制了一系列相关标准，建立并形成了符合行业发展需求的标准体系。

目前，本领域国家标准、行业标准、团体标准合计 140 多项，包括基础标准、产品标准、方法标准。其中，基础标准主要包括术语、分类、取制样、堆放、包装标志等；产品标准主要包括尾矿渣、高炉渣、铁合金渣、钢渣、粉尘污泥等；方法标准包括物理和化学试验方法。本领域标准基本满足行业发展需求，有力支撑了行业节能减排和资源化利用。为更好推动标准化工作，加强标准化人才队伍建设，2019 年成立了全国钢标准化技术委员会冶金固废资源分技术委员（TC 183/SC 18），秘书处设在信息标准院。

2. 重点标准

（1）用于水泥和混凝土中的钢渣粉（GB/T 20491）。钢渣用作水泥和混凝土有利于减少钢渣堆积侵占耕地，降低污染，更有利于水泥和混凝土工业的可持续发展。磨细钢渣粉作为一种新的水泥混凝土掺合料，活性明显优于粉煤灰，而且分布较广，数量较多，有较好的市场前景。“十一五”期间配合国家产业政策和市场需求，制定 GB/T 20491—2006 用于水泥和混凝土中的钢渣粉，规定钢渣粉的物理和化学性能，严控产品的质量，提高钢渣稳定性和安全性，促进钢渣利用水平，为解决钢渣“零排放”提供技术支撑，满足生产和使用的要求。

“十二五”期间，工信部和发改委出台《大宗工业固体废物综合利用“十二五”规划》《“十二五”资源综合利用指导意见》及《大宗固体废物综合利用实施方案》等政策，针对钢渣主要用于生产水泥和混凝土掺合料，建材制品、道路材料及工程回填材料等，提高相关的技术指标，特别是钢渣中含有一定量的膨胀性矿物如游离氧化钙、游离氧化镁等，如不对体积稳定性进行控制，直接用作胶凝材料和骨料，很容易引起水泥和建材制品的膨胀破坏，因此在《用于水泥和混凝土中的钢渣粉》（GB/T 20491—2017）中加严了相关技术要求，提高钢渣资源利用率，促进行业节能减排。

（2）GB/T 21254 钢渣处理工艺技术规范。炼钢产生大量钢渣，并且随钢产量的增长不断增加。由于处理不及时或者处理工艺落后，废弃钢渣会占用大量土地并污染周边环境。钢渣中含有丰富的资源。灼热的钢渣中含有丰富的热能，这些热量随钢渣排放冷却流失。钢渣中含有 10%左右的废钢，可以回收利用投入转炉炼钢或返回烧结。另外，处理后的钢渣含有 CaO、SiO_2 等物质，广泛用于水泥、混凝土、道路等，可用于替代天然砂石。受钢渣处理水平和工艺的影响，国内钢渣处理技术不规范等原因造成即使处理过的钢渣也不能实现钢渣资源的有效利用，产生了很大的浪费，同时钢渣处理的不规范带来很大的安全隐患。

“十二五”期间配合国家固废综合利用产业政策，提高钢渣能源的综合利用，促进钢铁行业节能减排和循环经济的发展，正确引导钢铁行业钢渣处理技术的发展方向，促进钢渣处理的健康有序发展，2010 年制定了《钢渣处理工艺技术规范》标准，其中国内钢渣处理方式分为闷渣法、滚筒法、风碎法、水淬法、热泼法、冷弃法、粒化轮法和浅盘法等。根据不同工艺优缺点，在标准中重点考虑了引导先进技术推广、淘汰落后的工艺技术，《钢渣处理工艺技术规范》（GB/T 29514—2013）标准中主要推广闷渣法、滚筒法、风碎法、水淬法等先进工艺技术，规范处理工艺和技术及装备，提高安全性和自动化水平，引导企业利用先进技术应用，提高钢渣利用水平。

“十三五”期间，配合国家提出推广有压热闷、钢渣深加工等政策，有效提取钢渣中含铁物质，降低尾渣中金属铁含量，基本实现全部利用。《钢渣处理工艺技术规范》（GB/T 29514—2017）标准中增加有压热闷等先进技术工艺，规范处理过程中有害物的控制，限制有害元素，从源头严控污染产生，标准中提高钢渣处理工艺的自动化水平和有效回收余热余能利用等，突出绿色低碳理念，有力支撑产业政策，更好满足市场需求。

（3）《钢铁渣人工鱼礁》（YB/T 4553—2017）。钢铁渣是很好的二次资源，通过制定《钢铁渣人工鱼礁》（YB/T 4553—2017）标准，扩大冶金渣的应用途径，提高应用水平。混凝土人工鱼礁制备需要消耗大量水泥，间接排放大量CO_2。通过标准规范钢渣的技术指标，严控质量，更好地满足应用要求。标准的实施促进替代部分水泥，从而减少CO_2排放，促进环境保护。

总之，通过钢渣综合利用系列标准的实施，推动了钢渣综合利用产业的技术进步，形成了新的产业链，大幅提高了钢渣综合利用率及金属资源回收率，取得了显著的经济和社会效益，年累计实现产值40.8亿元，每年减少排渣1000多万吨，节省占地500多亩。钢渣作胶凝材料，可以为水泥厂和混凝土搅拌站降低成本，带来显著的经济效益，如1t钢渣水泥中掺加15%钢渣，可节省30元，而预拌混凝土中每使用1t钢渣粉代替1t水泥，可节省原材料成本150元。同时，使用钢渣从而减少了高消耗、高耗能水泥和熟料的使用，也减少了因水泥生产带来的石灰石和煤炭消耗及CO_2排放，每年可节省石灰石资源数百万吨，节省40万吨标准煤，减排269万吨CO_2。另外，钢渣作道路和回填材料是钢渣实现大宗综合利用的主要途径，不仅可以提高道路性能，每年还可减少近千万吨天然砂石料的开采，对于保护周边地区的青山绿水具有重要意义。

（六）烟气综合治理

1. 简介

钢铁工业是国民经济中重要的基础性和支柱性产业，同时也是高消耗、高排放行业。目前，我国钢铁联合企业生产过程消耗空气量为33500m^3/t，其中生产系统消耗空气量为9795m^3/t；废气排放量为34650m^3/t，其中生产系统废气排放量为10945m^3/t、除尘系统废气排放量为23705m^3/t。多年来，粗钢产量连年超过10亿吨，生产过程产生大量的排放，对生态环境造成巨大压力。

当前，我国钢铁行业烟气综合治理领域现已发布的标准有《钢铁烧结、球团工业大气污染物排放标准》（GB 28662—2012）、《炼铁工业大气污染物排放标准》（GB 28663—2012）、《炼钢工业大气污染物排放标准》（GB 28664—2012）、《轧钢工业大气污染物排放标准》（GB 28665—2012）等，对行业烟气排放治理提出了较高的要求，推动企业加快技术改造，实现企业绿色发展。2018年6月，国务院印发《国务院关于印发打赢蓝天保卫战三年行动计划的通知》（国发〔2018〕22号），其目标指标中要求大幅减少主要大气污染物排放总量，从强化“散乱污”企业综合整治、深化工业污染治理等方面对钢铁、焦化等行业提出具体要求。特别是2019年4月，生态环境部等五部门联合发布《关于推进实施钢铁行业超低排放的意见》（环大气

〔2019〕35号)，对钢铁企业所有生产环节的大气污染物有组织排放、无组织排放及运输过程提出超低排放指标要求。以钢铁行业超低排放为烟气综合治理的主要抓手，推动钢铁行业大气环境工作持续进步，促进行业绿色发展。

“绿色制造、标准先行”，标准是促进科技创新的技术基础，是科技成果产业化的桥梁和纽带。钢铁行业烟气治理涉及全工序、全流程，涉及工程设计、生产运营、设备管理等各个方面，涉及大量的规范、标准。“十一五”前，标准没有得到重视，钢铁行业烟气综合治理领域标准缺失严重，标准体系不健全。“十二五”以来，在钢铁行业大气污染物排放控制方面，我国制定了全球最严格的指标要求，在烟气减排技术、污染物控制技术、排放监测技术等方面居于国际先进水平。标准制定工作推动先进技术应用，提升企业管理水平和环保意识；推动行业清洁生产技术应用和普及；促进企业环境治理，实现绿色钢铁、城市钢铁；促进行业的清洁生产。

2. 重点标准

(1)《高炉烟气通风除尘技术规范》(YB/T 4979—2021)。钢铁行业是排放大户，对社会造成一定影响，根据《关于推进实施钢铁行业超低排放的意见》(环大气〔2019〕35号)要求，以及工信部《工业绿色发展规划(2016—2020年)》加强绿色制造、绿色发展，降低污染物排放，营造良好的职业卫生环境的要求，加强对生产过程中的环保控制，规范高炉炼铁厂房的烟气高效捕集关键技术(基本形式、专有技术)，规范烟气输运、高效除尘净化设备的技术要求，明确评价指标及精细化设计的技术路线，规范提倡推广高炉出铁口和摆动流嘴等关键位置烟气捕集先进技术，服务绿色制造的重大需求，符合国家节能减排发展战略方向。

《高炉烟气通风除尘技术规范》(YB/T 4979—2021)规定了高炉烟(粉)尘源控制、除尘管道及通用设备、施工、安装及验收、运行与维护等技术内容。高炉炼铁是钢铁冶炼过程中的重要生产工艺，也是烟气等空气污染物大量释放的工艺流程，在高炉炼铁工艺中，矿焦槽、转运站和出铁场等多个位置都会产生大量烟气。高炉烟气的捕集和处理是影响炼铁工业大气污染物排放最关键的环节。标准指标加强了对各排放点的污染物分等分级控制，规定了高炉炼铁工艺中大气污染物的有组织排放和无组织排放，提高厂房环境质量和保障工人健康，对生产过程中产生的烟气进行有效的捕集和处理。

(2)《烧结烟气除尘灰回收处置利用技术规范》(YB/T 4727—2018)。

伴随我国钢铁行业的不断发展，每年钢铁生产产生的固体废弃物不断增加，钢铁企业环境保护压力越来越大，这些废弃物已不能简单地排放或进行外卖处理。钢铁冶炼过程各工序都会产生大量的尘泥，由于尘泥含有较高的Fe、C等有用物质，钢铁企业一般作为二次原料返回烧结利用。随着这些固体废物在烧结地循环利用，烧结烟气除尘灰中钾、钠、铅、锌、砷等有害元素不断富集，对烧结矿的质量、工序顺行和除尘效率造成明显负影响。经过大量调研发现，全国各钢铁企业烧结烟气除尘灰均存在不同程度的氯、钾、钠和重金属铅超标现象。如果将烧结烟气除尘灰返回烧结系统循环使用，致使钾和钠严重富集，从而促进低熔点物质形成，易造成蓖条和隔热垫间隙糊堵，抽风系统粘料，阻塞气流通道，严重影响烧结矿产量和质量；更严重的是使高炉碱金属负荷增加，造成高炉结瘤等诸多危害。一些钢铁企业未能有效利用烧结烟气除尘灰，也未进行无害化处理，将烧结烟气除尘灰堆存或者排放，对大气、水、土壤等环境造成严重污染；同时也造成二次资源浪费。

《烧结烟气除尘灰回收处置利用技术规范》（YB/T 4727—2018）规定了钢铁企业产生的烧结烟气除尘灰回收处置的技术和工艺，回收有价元素，引导企业利用先进的工艺和技术，加强对烧结烟气除尘灰的回收、处置、环保管理，促进行业清洁生产。本技术利用烧结烟气除尘灰中钾盐的易溶性，用水浸方法提取钾盐，并使多种元素富集，得到铁泥、富铅泥、富银泥等。通过一定的工艺手段将除尘灰中可以提取利用的元素提取出来，实现烧结烟气除尘灰的综合利用。

标准的制定和实施，促进技术创新，增强产品的国内外市场竞争力，为推进产业结构调整与优化升级创造条件，对规范市场竞争，引导市场良性发展，加快我国烧结烟气除尘灰回收处置利用技术规范快速发展具有积极的促进作用；同时推广了先进综合利用技术，促进了有价元素的回收利用，二次资源的合理利用，直接回收铁返回生产过程，替代部分铁矿，回收贵金属和化学元素，作为下游行业的原料，节约资源，降低企业生产成本，减少对环境造成的污染，为企业和社会均创造较高的经济价值。

二、智能制造

钢铁行业自2020年全面启动智能制造标准化工作，以支撑钢铁行业智能制造技术应用为着力点，结合智能制造跨行业、跨领域、系统融合等特点，积极推动钢铁行业上下游产业链各环节、产学研用各方共同开展标准制定。两年来，钢铁行业已有140余家企业和科研机构参与到100项标准的研制工作中，在研标准已发布42项，58项正在研制中，其中，智能工厂评价、工业数据编码等基础共性标准，工厂设计与数字化交付、数字孪生模型等规范标准，5G及工业互联网应用等关键技术应用标准，无人行车、无人驾驶运输车、工业机器人应用等智能装备标准是目前钢铁行业智能制造研制的重点标准。

（一）智能工厂评价

1. 简介

智能制造是推动质量变革、效率变革、动力变革的重要引擎，智能工厂是智能制造的实现载体。《“十四五”智能制造发展规划》《“十四五”原材料工业发展规划》《关于促进钢铁工业高质量发展的指导意见》等重要政策文件对智能制造示范工厂的建设提出了具体的量化任务。钢铁企业响应政策要求，不断开展技术创新应用。

据中国钢铁工业协会统计，截至2021年11月底，国内已有约80%的钢铁企业在推进智能制造，数字化转型成效初显，也涌现多项行业标杆。在工信部发布的2021年度智能制造试点示范的110个示范工厂和241个优秀场景中，钢铁行业的武钢、南钢、首钢、青岛特钢、承德建龙等7家示范工厂和鞍钢、唐钢、荣程、德龙等12个优秀场景入选，其中示范工厂占原材料行业的32%，占全国的6.4%。在工信部公示的2022年度智能制造试点示范的99个示范工厂和389个优秀场景中，钢铁行业的唐钢、永锋临港、石横特钢、宝钢湛江、中天钢铁等12家示范工厂和河钢承德分公司、鞍钢、永钢、陕钢汉中、宁钢等29个优秀场景入选，其中示范工厂占比原材料行业的33%，全局的12.1%。

从行业整体来看，我国钢铁企业智能化转型仍面临较多挑战，智能工厂的建设过程中缺乏清晰的路径，没有明确的发展规划和目标，行业智能制造发展存在不平衡不充分的问题，需要完整的评价指标体系、评价方法及结构化的评价实施建议。另外，很多钢铁企业投入大量资金进行智能化升级改造，但智能制造项目给企业创造的价值难以评估，需要完整的评价指标体系、评价方法及结构化的评价实施建议。最重要的一点，钢铁行业亟须发挥智能工厂标杆示范引领作用，通过评价遴选出一批智能化改造成效突出、智能化水平高、具备复制推广价值的标杆工厂，为提升全行业的智能制造水平总结提炼标杆经验模型，但目前尚无面向钢铁行业特征的智能工厂整体评价模型。

2. 主要内容

《钢铁行业智能工厂评价导则》《钢铁行业智能工厂评价方法》为钢铁行业首批智能工厂评价类系列标准，主要从钢铁行业智能工厂的特征展开描述。标准采用“工厂/车间”两级评价对象，将评价对象初步定义为“钢铁行业独立运行且具备从原料到产品完整制造过程的工厂及（或）车间”。工厂主要包括长流程钢铁厂、短流程钢厂、独立运行的热轧厂、冷轧厂、原料厂、烧结厂、焦化厂、动力厂等，车间主要包括高炉车间、脱硫车间、转炉车间、连铸车间、加热炉车间、轧钢车间、检修车间、制氧车间等。考虑到不同企业对于“制造基地”“工厂”“分厂”“车间”“作业区”等术语定义不一致，标准研制过程中对评价对象的定义做到“去行政化”，以便在评价工作中进行合理裁减与组合。

在标准研制过程中，以《国家智能制造标准体系建设指南（2021 版）》为指导，考虑到钢铁产品和工艺的高度相关，并且产品、工艺、产线设计优化的交叉迭代关系复杂，将《国家智能制造标准体系建设指南（2021 版）》中智能工厂设计、智能工厂交付、智能设计三项指标合并为智能设计，并将智能设计分解为工厂设计、产品与工艺设计两项二级指标；综合考虑行业特点和政策要求，将《国家智能制造标准体系建设指南（2021 版）》的智能生产、厂内物流、厂内集成优化、智能管理（去除安全环保健康）合并到智能生产；考虑到钢铁行业的高能耗性及保障钢铁行业生产安全，推动智能技术在安全领域的应用，将安全环保健康列为一级指标；保留与《国家智能制造标准体系建设指南（2021 版）》中一致的智能装备、智能供应链、智能服务三项指标。最终从“智能设计、智能装备、智能生产、智能供应链、智能服务及智能安全环保健康”六个方面构建先进合理、具备鲜明行业特征的评价指标体系，详细叙述了各部分的评价要素，明确了各部分的关键技术组成，并制定了各个维度的评价指标及评价方法，初步拟订的钢铁行业智能工厂评价指标体系如图 6-22 所示。

3. 实施效果及意义

钢铁行业智能工厂评价系列标准的研制，对行业上下游及第三方评价都有重要意义。钢铁生产企业可以按照此标准做企业自评价及企业间对标，了解行业发展平均水平和先进标杆的基准，制定符合自身发展阶段的智能制造规划；智能制造服务供应商可以通过该系列标准了解行业智能工厂发展目标，推动智能装备、技术服务等供应能力的提升；政府部委、评估机构等可采纳此标准，作为遴选行业标杆依据；下游客户可用此标准作为遴选优秀供应商的评价依据。为企业分级、全面建设智能工厂提出了指导意见，也为企业自诊断提供了依据。

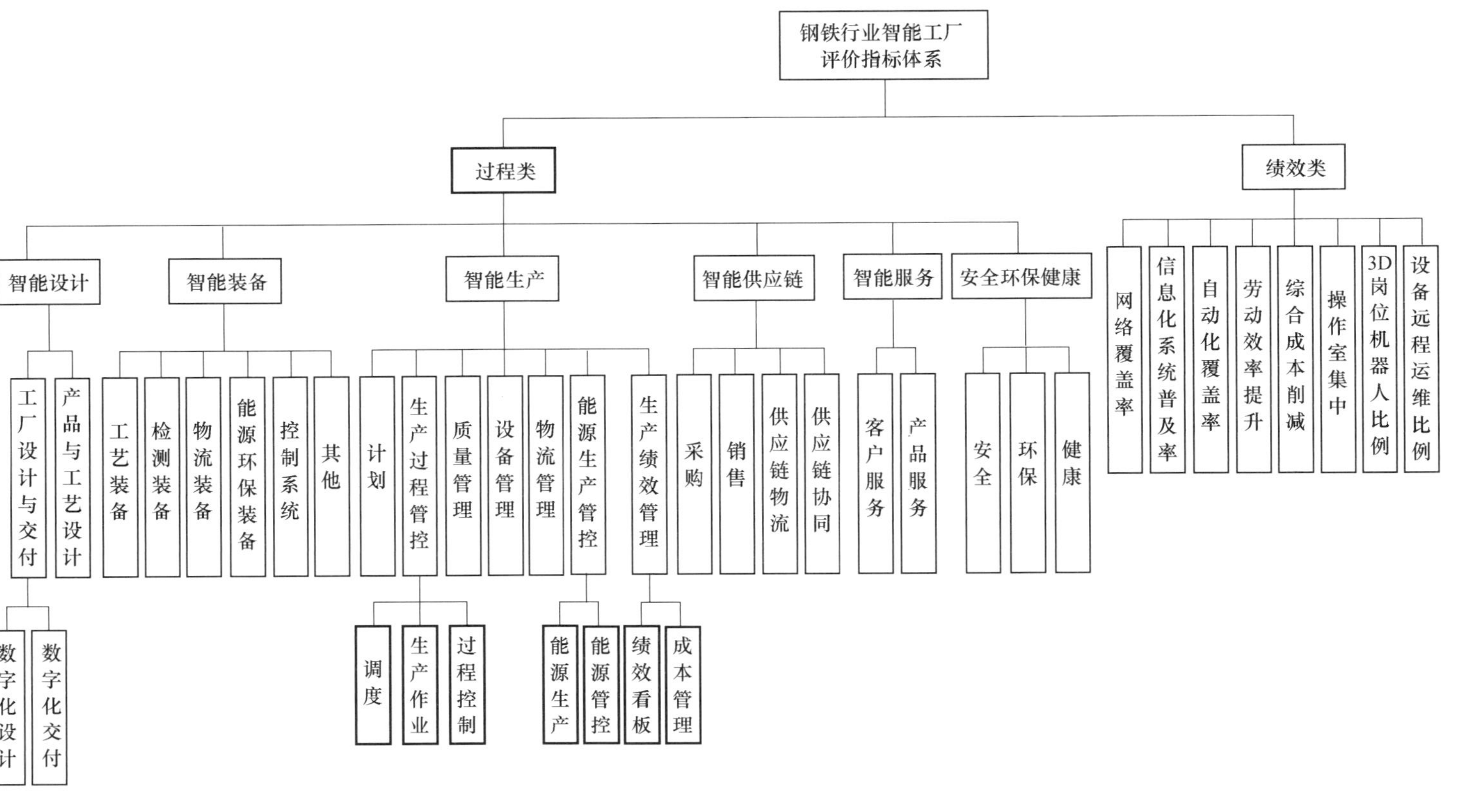

图 6-22　钢铁行业智能工厂评价指标体系（拟）

（二）工业数据分类与编码

1. 简介

随着钢铁工业高质量发展及大数据技术在钢铁工业领域的深度融合，提高产品质量成为企业的迫切需求，乃至成为国家的战略要求。在大数据背景下，与其他领域的数据相比，钢铁工业数据呈现出大数据的5V特征，即规模大（Volume）、类型多（Variety）、价值高（Value）、产生速度快（Velocity）和数据真实（Veracity），还具有专业性强、涉及面广、规律性强、采集成本高、采集难度大等特点。全产业链多源数据的融合是实现互联网与工业融合创新的必要条件，是智能制造的前提，而要实现对多种来源、多种类型海量数据的分析处理，以及复杂的数据关联关系挖掘，需要建设“数据资源体系”，构建“大数据中心”，以支撑数据挖掘和分析，为企业制造与管理流程优化，产品、服务和商业模式创新，以及整个行业生态圈的快速聚合提供有效服务。钢铁行业当前缺乏钢铁工业数据分类与编码标准的研究，影响了钢铁工业大数据的互融、互通，形成数据“篱笆”和数据“孤岛”，阻碍了钢铁产业高质量发展。

2. 主要内容

《钢铁工业数据分类与编码》主要内容包括钢铁工业数据分类与编码原则、钢铁工业数据分类方法、编码方法、钢铁工业数据分类代码表，对钢铁工业数据进行编码，实现一数据一码，保障代码唯一性。编码分类实例见表6-10。

表6-10 钢铁工业数据编码分类实例

序号	类别	基本元素
1	生产管理类	生产计划号、作业计划号、炉号、铸坯号、钢锭号、钢种、生产区域、生产物料号、生产库区、物料计划、各种生产指标等
2	质量管理类	检化验号、冶金规范号、产品规范号、产品标准号、质保书号、各种质量指标
3	物流管理类	库区号、运输计划号、发货计划号、发运单、出库单号、入库单号等
4	销售管理类	客户号、销售订单号、发运计划号等
5	财务类	会计科目、成本中心号、财务指标等
6	能源类	能源介质、生产单位、变（配）电站、能源计划号、能源指标等
7	采购类	供应商号、采购物料号、采购计划号、采购合同号等

续表 6-10

序号	类别	基本元素
8	设备管理类	设备号、固定资产号、安装区域号、故障类型号、点检、维修、定修计划号等
9	计量类	计量点、计量单位、计量方式、计量单号等
10	环保类	环保标准号、污染点号、污染物号、污染指标等
11	科技管理类	科技项目号、科研成果号、专利号等
12	人力资源类	职工号、学历、职务、专业、岗位、机构、技术职务等
13	其他	统计指标、报表号等

3. 实施效果及意义

钢铁工业数据分类与编码标准将是支撑钢铁工业大数据产业发展和应用的重要基础，钢铁工业数据的分类、编码、存储、应用规划是推进数据流通共享、多源数据融合创新应用的重要工作，标准的研制，为整合行业数据资源，分析创造数据资产价值奠定坚实的基础，实现钢铁工业大数据准确应用、开放共享、高质量发展。

（三）数字孪生

1. 简介

数字化转型、智能化升级是当前制造业高质量发展的核心驱动力。数字孪生契合了我国钢铁行业以信息技术为制造业转型升级赋能的战略需求，为实现智能制造提供了一种途径。钢铁行业急需借助数字孪生技术实现钢铁行业的智能化转型。随着数字孪生技术的不断发展与应用，国内各大钢铁企业已经有丰富的数字孪生应用案例，也积极将优秀解决方案转化成标准。

国家智能制造总体组也鼓励研制数字孪生在钢铁行业应用标准，其中《国家智能制造标准体系建设指南（2021 版）》指出，针对钢铁生产流程连续、工艺体系复杂、产品中间态多样化的流程制造业特点，围绕智能工厂建设，制定工厂设计与数字化交付、数字孪生模型等规范标准；到 2025 年，在数字孪生、数据字典、人机协作、智慧供应链、系统可靠性、网络安全与功能安全等方面形成较为完善的标准簇。

2. 主要内容

钢铁行业数字孪生标准主要包括高炉、转炉、连铸机、轧机等设备级的数字孪生标准，炼铁、炼钢、轧钢车间级的数字孪生标准，以及数字钢卷等面向供应链创新服务的数字孪生应用技术要求标准。其标准主要用于规范钢铁行业资产、工艺及生产的数字孪生在系统架构、接口、应用等方面的技术要求标准等，共有 5 项中国钢铁工业协会数字孪生团体标准在研。其中，《钢铁行业　长材车间数字孪生系统技术要求》已发布并在多家企业实施应用。

《钢铁行业　长材车间数字孪生系统技术要求》标准以长材车间作为数字孪生技术应用具体落脚点，通过规定长材车间数字孪生系统的术语和定义、体系架构、数字孪生车间建设要求、建设实施路径，指导长材车间数字孪生系统的建设，系统架构图如图 6-23 所示。

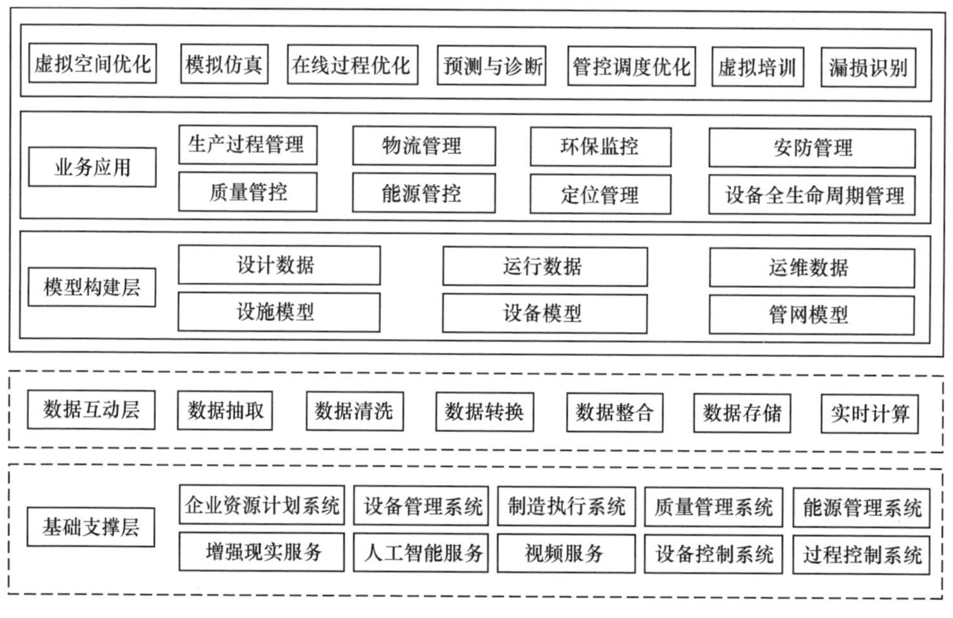

图 6-23　长材车间数字孪生系统架构图

基础支撑层应能提供长材车间各个设备、各个工序的各种数据，是数字孪生系统的数据基础；数据互动层是对获取的各种数据进行加工处理，为数字孪生层提供满足应用要求的数据；模型构建层应构建长材车间设施、设备、管网等物理对象模型，在物理对象模型的基础上绑定设计数据、运行数据和运维数据等全生命周期数据；业务应用层应能基于物理对象模型实现长材车间生产过程、物流、环保、安防、质量、能源、定位、设备等全流程和全生命周期数字孪生系统；虚拟空间优化层应能够基于模型构建层、业务应用层相关数据实现模拟仿真、在线过程优化、预测与诊断、管控调度优化、虚拟培训和漏损识别等优化功能。

3. 实施效果及意义

《钢铁行业　长材车间数字孪生系统技术要求》将指导钢铁企业建立统一的数字化工厂平台，切实解决钢铁企业面临的难点问题，将业务需求、管理痛点与数字化的优势相结合，通过创新数据组织和展示方式，集成展示工厂设计和建设信息、动态生产工艺信息、设备动作和运维信息、管网管线信息、物流和安防信息，完成“数字化设计—数字化交付—数字化运维”的全面贯通，真正实现全生命周期的数字化管理。通过数据流、信息流与工作流的数字化，实现工厂更高效的运营与管理模式；此外也能提升我国钢铁制造核心竞争力，促进产业升级的迫切需求。

钢铁产业的数字化工厂平台建设可对产品、制造过程乃至整个工厂进行虚拟仿真，升级现有制造模式，打造柔性化、数字化和智能化的生产体系，提高企业产品研发、生产效率，以适应需求方个性化日益提升的需求以及市场快速变化，是提升我国钢铁制造核心竞争力、促进钢铁产业升级制造模式的迫切需求，可形成行业和区域示范效应；按照本标准建设长材车间数字孪生系统，实现经营、生产、能源、设备、物流等各业务数据大集成，实现企业全生命周期数据的数字化、可视化和一体化，从而实现对企业生产线的生产计划、资源利用、设备产能和效率、物流供需有效控制和优化，从而推动从规模制胜向质量制胜、技术制胜转变，树立两化融合、智能制造的新标杆。

（四）5G+工业互联网

1. 简介

随着工业互联网创新发展战略的逐步深入，钢铁行业已成为工业互联网融合创新在原材料领域的主阵地，数字化正为促进中国钢铁工业“既大又强”发展增添新的动力。近年来，钢铁行业基于国内外发展形势和自身转型升级需求，不断推进工业互联网建设与实践，提质、增效、降本、绿色、安全发展成效初显，一批数字化车间、智能工厂和5G+工业互联网示范标杆不断涌现。2018—2021年，钢铁行业共有25个项目被工信部评为工业互联网试点示范项目。“智能制造，标准引领”，一些优秀案例及解决方案在复制推广时往往会因为企业的组织架构、管理模式、产线规模及企业对系统部署的个性化需求等原因，造成理解上的歧义，标杆企业要想真正起到示范引领作用，需要将有价值的优秀项目转化为标准，通过标准给予企业方向性指导。

2. 主要内容

钢铁行业 5G+工业互联网标准主要包括：面向高炉、转炉等生产设备及仪器仪表实现数据的大范围高效采集标准，面向天车、机器臂机器人等钢铁生产设备及物流运输车辆设备的自动远程控制标准，面向钢材表面、生产现场与园区等高清图像视频传输交互标准，工业互联网应用标准等。目前有 7 项中国钢铁工业协会团体标准在研，其中《钢铁行业　工业互联网应用功能架构》总结提炼钢铁企业工业互联网功能的共性，规定了钢铁行业工业互联网的一般性应用功能架构，从钢铁行业的装备智能化、生产智能化、运营管理智慧化、产业链协同生态化四个方面提出了应用功能模块结构，形成标准，该标准是钢铁行业工业互联网领域关键基础标准，目前已发布实施。

3. 实施效果及意义

《钢铁行业　工业互联网应用功能架构》旨在提出钢铁行业工业互联网应用功能架构、应用功能组成、实施部署方法，为钢铁行业工业互联网的建设提供参考依据，给出钢铁行业实施工业互联网的方向性指导，逐步解决钢铁行业工业互联网应用功能架构千差万别的问题，并给出钢铁行业应用系统架构变革的方向，从现状到叠加再到融合，助力企业数字化转型，向智慧制造迈进。

（五）工业机器人

1. 简介

智能制造浪潮的推动下，中国机器人产业发展迅速，中国市场的机器人使用量占全球的 1/3。相对人力劳动，工业机器人具有更高的效率和工作时长，而且管理方便，是接管简单重复性劳动的最佳方案。使用工业机器人将人从钢厂繁重、恶劣的环境中解放出来，是未来钢铁企业进行制造升级和提升产品质量的重要方向之一。新型冠状病毒感染虽然在中国被有效控制，但依然放大了部分劳动密集型产业用工短缺的问题，工业机器人“换人”，对于很多制造企业来说从可选项成了必选项。工业机器人在传统制造业，尤其是低于平均应用密度的钢铁工业，具有巨大应用潜力，是钢铁工业在生产辅助工序和检测检验等环节实现工厂无人化、少人化的重要抓手。标准化对于新兴技术及前沿应用有着推广、促进技术升级以及标杆引领等作用，将对工业机器人在钢铁行业的推广使用发挥重要作用。

2. 主要内容

钢铁行业工业机器人应用标准主要包括外包板自动包装机器人、自动取样贴标机器人、自动焊牌机器人、自动取样贴标机器人、智能巡检机器人、实验室冲击智能机器人、测温取样机器人、自动捞渣机器人、自动取样机器人、全自动拉伸试验机器人、高线挂标机器人、径向自动打捆机器人等。目前有 5 项中国钢铁工业协会团体标准在研，其中《钢铁行业 金属材料室温拉伸试验六轴机器人系统技术规范》是面向钢铁行业的实验室拉伸试验领域的应用，兼顾传统钢铁企业转型升级的需求，确定行业通用应用导则、特定技术要求和范围，将创新技术成果转化为标准，提升标准对工业应用以及转型升级时的整体支撑和引导作用，目前已发布实施应用。

通过对市场进行分析得知，在国内钢铁企业的实验室中，拉伸试验的任务量相当庞大，而且随着产品种类增多，产品厚度也越来越厚，带来的就是拉伸试验用的试样厚度也越来越厚。实验室领域的人员相对固定，大部分工人年龄较大，大批量的拉伸试验劳动强度高，生产效率低。依靠自主研发的自动拉伸试验系统少之又少，像棒状试样拉伸试验系统暂无发现，且总体智能化水平低，远远达不到无人值守的运行状态。《钢铁行业 金属材料室温拉伸试验六轴机器人系统技术规范》规定了钢铁行业智能装备机器人自动拉伸试验机系统的范围、系统技术要求、分类、安全技术要求、数据处理要求、性能要求、功能测试要求、相关设备要求、适用场景和对象、试验操作要求，确定的系统架构图如图 6-24 所示。

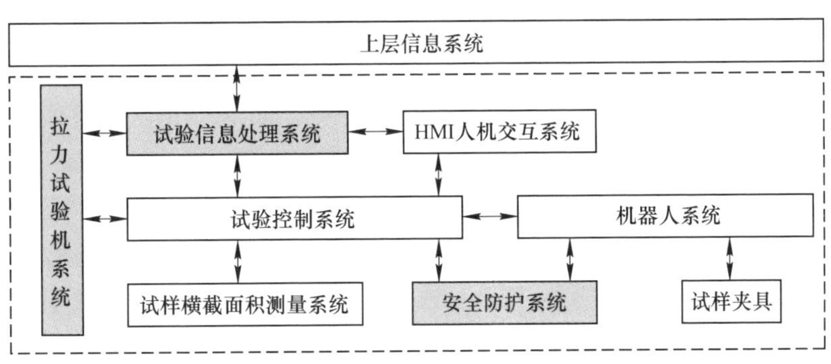

图 6-24 系统架构图

3. 实施效果及意义

《钢铁行业 金属材料室温拉伸试验六轴机器人系统技术规范》标准的制定是为了指导和规范机器人智能拉伸试验机系统在钢铁行业推广和实施，

发挥智能智造优势、提高数据可靠性，规划钢铁行业机器人智能拉伸试验机系统应用。目前本标准已在南京钢铁理化室拉伸机器人系统、新余拉伸智能机器人系统得到成功应用，应用效果全面验证了标准编写条款的适用性和可行性。

（六）无人行车

1. 简介

近年来，随着科学技术的发展，无人驾驶逐步进入人们的视野中。2018年1月，国家发改委发布《智能汽车创新发展战略（征求意见稿）》，提出到2035年率先建成智能汽车强国。同时，无人驾驶领域也逐步拓展到各个领域，并已经在钢铁行业中得到了一定程度的应用，尤其在建设智能工厂的时代大背景下，对于装卸自动化利用程度较高的钢制成品的运输进行无人化驾驶改造。这不仅是智能工厂在智能物流环节上的重要体现，同时也最大程度上降低人工干预带来的经济和安全成本。智能化技术的不断发展为无人全自动行车在钢铁企业的应用提供了技术保障。无人全自动行车系统在CLTS行车基础上，增加了三维成像、防摇、安全保护等硬件设备，同时也增加了行车自动控、库区自动管理等软件，实现了库区及行车的全自动无人管理。这不仅减小了工人的劳动强度，提高了劳动效率，还降低了人员作业风险，提高了库空用率，实现了物流信息化。

目前，适用于钢铁行业的无人驾驶钢制品运输车辆的智能管控标准较少，其高负载、大尺寸、工业园区内运行的特点使其与一般民用生活领域的无人驾驶车辆的适用标准有较大的差异，为充分发挥标准在推进钢铁产业领域广泛应用无人驾驶运输车技术的引导性作用，亟须针对钢铁行业领域制定规范合理的智能制造标准。

2. 主要内容

无人行车类标准主要有《钢铁行业　无人驾驶钢制品运输车智能管控系统技术要求》，该标准主要规定了钢铁行业无人驾驶钢制品运输车智能管控系统的相关要求，包括运行物理环境的安全要求，硬件要求、数据采集要求、车辆调度系统要求和接口要求等。其主要包括运行物理环境的安全要求（道闸控制、监控探头布置等）、无人驾驶钢制品运输车硬件应具备的条件（接触式防碰、急停、手动模式等）、车辆本体程序对数据采集的要求（数据分类、多传感器融合要求等）、车辆调度系统的模块化设计（通用场景下应具备的车辆调度功能、与其他智能生产、智能物流系统的对接等），作为行业内首个无人行车类标准已发布实施应用。

3. 实施效果及意义

通过制定钢铁行业无人驾驶钢制品运输车智能管控参考标准，统一无人驾驶钢制品运输车运行的场地要求、场地安全措施规范，为开展无人运输作业提供前置安全指南。对于无人驾驶钢制品运输车必要的环境感知所需硬件提供明确的安全技术要求及试验方法，以保证产品切实符合生产和安全要求；同时为无人驾驶钢制品运输车的调度工艺设计提供明确的模块化设计建议，提高调度系统设计的通用性。除规范钢铁行业无人驾驶钢制品运输车智能管控的相关处理外，还能起到对智能工厂在智能配送环节的有力补充，对推动中国智能制造在钢铁行业无人驾驶运输车的标准化工作具有很强的指导意义。

三、纳米材料

（一）简介

新中国成立后，我国的纳米材料产业实现了从无到有、从小到大的根本转变。纳米尺度的材料和具有纳米结构的材料已广泛应用于国防科技、电子信息、医药卫生、能源、环境、农业和食品等领域。标准是科技创新走向产业的桥梁，可对高新企业甚至行业技术路线和发展方向发挥关键影响。纳米领域的创新成果要通过标准的制定和应用转化为新的生产力，标准因而成为纳米材料创新链条中的重要环节。伴随着纳米材料产业的腾飞，标准化工作也经历了较快的发展，成果丰硕。

（二）发展历程

我国纳米材料标准研究起步较早，在纳米科技发展的开始阶段标准化工作就同国际发展保持同步。早在20世纪90年代初，就已经制定了标准《超细羰基镍粉》（GBn 214—84），由于当时并没有提出纳米材料的概念，对超微细羰基镍粉是以埃（1×10^{-10}m）为单位衡量尺寸的，首次从标准化的角度对纳米级材料的性能进行了规定。进入21世纪，国家加大了对纳米材料研究及其相关标准制定的研究力度。科技部于2001年将“纳米材料标准及数据库”列入基础性重大研究项目，提供经费支持我国纳米材料技术标准的研究工作，为我国纳米材料标准化工作取得一系列成果打下了坚实基础。2003年12月，国标委批准成立全国纳米材料标准化联合工作组，秘书处设在信息标准院。在秘书处的领导下，在各界专家的共同努力下，2004 年，我国首次发布了《纳米材料术语》（GB/T 19619—2004）、《纳米镍粉》（GB/T 19588—2004）、《纳米氧化锌》（GB/T 19589—2004）、《超微细碳酸钙》（GB/T 19590—2004）、《纳米二氧化钛》（GB/T 19591—2004）、《纳米粉末粒度分布的测定　X 射线小角散射法》（GB/T 13221—2004）和《气体吸附 BET 法测定固态物质比表面积》（GB/T 19587—2004）7 项纳米材料国家标准，成为世界首个发布纳米标准的国家，受到了国内外的广泛关注，标志着我国纳米材料标准化已位于国际前列。这些标准都是在我国前期纳米材料研究的基础上制定的，建立了合理的市场准入门槛，营造了公平的市场竞争秩序，有效缓解了纳米材料产业发展阶段“炒概念”“伪纳米”等混乱的局面，对规范纳米材料市场秩序起到了积极作用。

2005 年 3 月，为了全面开展纳米技术标准化工作，根据我国纳米科技发展趋势及纳米技术产业化的需求，国标委批准成立了全国纳米技术标准化技术委员会（SAC/TC 279），秘书处由国家纳米科技中心承担，全国纳米材料标准化联合工作组也改为 SAC/TC 279 下设的一个分技术委员会——纳米材料分技术委员会（SAC/TC 279/SC 1），秘书处由冶金工业信息标准化研究院承担。SAC/TC 279/SC 1 自成立以来，委员的专业覆盖面不断扩大。从最初的仅有来自纳米领域科研院所、检测机构和企业的专家，扩大到专业覆盖冶金、建材、医药、化工、能源等领域的专家队伍，对开展相关地区和领域的纳米材料标准化工作起到积极的推动作用。标准化工作不断延伸，从最初的标准起草、征集意见、审定等工作，延伸到标准比对试验、标准外文版研制以及标准实施后的应用评估。

同时，纳米材料所涉及的范围逐渐扩大，种类增多，面对目前市场上定义不一致、检测方法各异、试验数据无可比性的局面，因此需要明确标准化工作的重点，建立合适的标准体系来规范市场健康有序地发展。2008 年，SAC/TC 279/SC 1 建立了基本覆盖纳米材料已产业化或即将产业化的领域、分类科学、层次清晰、结构合理、具有一定的可分解性和可扩展空间、便于使用和管理的标准体系，如图 6-25 所示；同时总结了科学的纳米材料、检测技术、安全评价经验，积极稳步开展本领域国家标准、行业标准、国际标准制修订，为纳米材料产品质量的提升、规范市场做出了积极的贡献。截至 2022 年 12 月底，现行纳米材料标准共 39 项，在研项目 3 项，预研项目 10 余项。

针对基础标准、检测与表征及纳米产品等方面，SAC/TC 279/SC 1 研制了《纳米材料术语》（GB/T 19619—2004）国家标准，对纳米材料概念、种

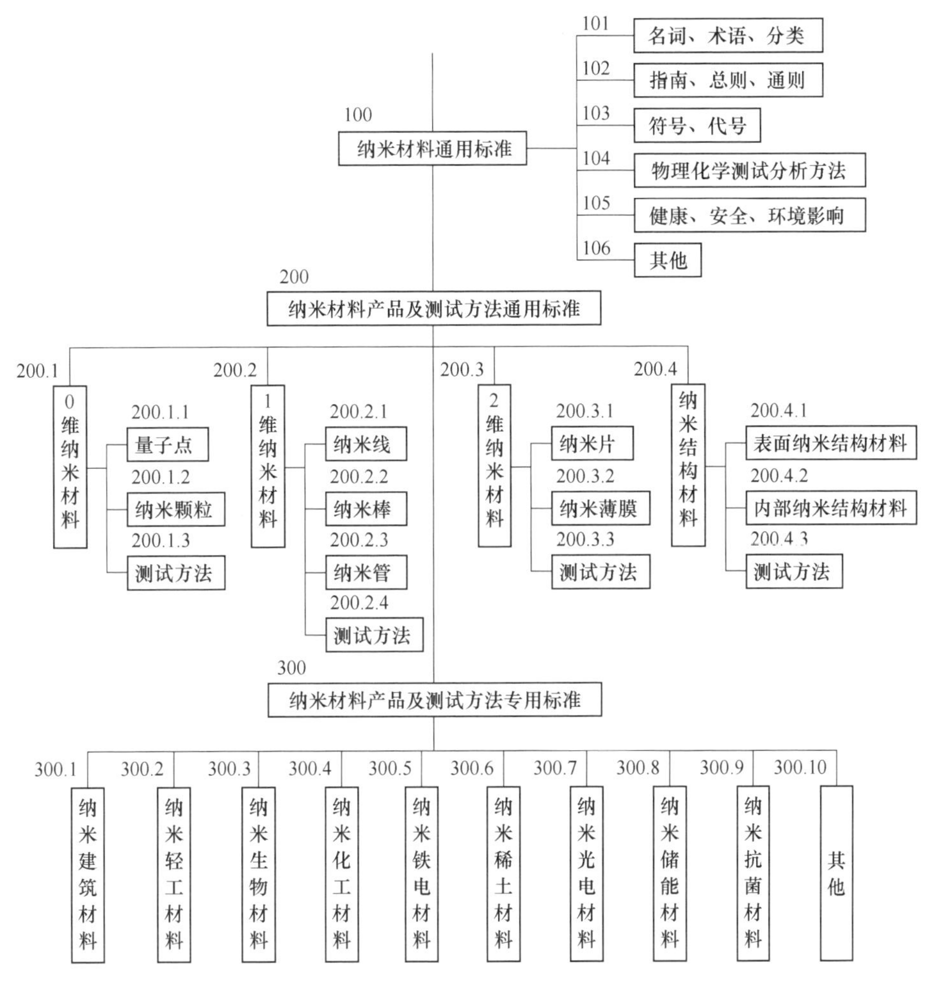

图 6-25 纳米材料标准体系框架

类、特性、制备方法、处理方法和表征方法共 68 个术语进行了统一界定，是全世界第一个纳米领域的术语标准，为促进纳米产业的语言沟通，建立纳米产品的术语体系和市场准入门槛有重要作用。为了使科研成果更好地转化到生产中，陆续发布了《纳米二氧化锡》（GB/T 30449—2013）、《碳纳米管导电浆料》（GB/T 33818—2017）、《纳米技术 多壁碳纳米管 热重分析法测试无定形碳含量》（GB/T 34916—2017）等多项试验方法标准和产品标准。同时，召集了一大批研究院所、大专院校及企事业单位共同对标准中规定的测试内容和步骤进行了大量试验，获得了广泛的支持与良好的收效，为试验方法标准的制定和产品性能指标的设定奠定了坚实基础，规范市场，同时为行业提供了可靠、精确的检测手段。

（三）实施效果及意义

石墨烯是一种重要的前沿新材料，我国高度重视石墨烯标准化工作，相继印发《战略性新兴产业标准化发展规划》《关于加快石墨烯产业创新发展的若干意见》《新材料产业发展指南》《新材料标准领航行动计划（2018—2020年）》等政策文件，重点布局石墨烯标准化工作。根据国家标准委和工信部的系列指示和要求，TC 279/SC 1在国内率先开展石墨烯标准前期调研和标准需求分析，加强石墨烯标准化顶层设计，及时提出适应石墨烯战略性新兴产业发展需求的标准体系；组织国内优势科研院所和相关生产、应用企业的专家力量开展研究，根据产业发展急需和标准制定规律，开展了石墨烯术语等多项国家标准的制定工作，并取得积极成效。同时，为强化标准化工作对石墨烯产业发展的支撑和引领，2016年由国标委牵头成立了石墨烯标准化推进工作组。推进组秘书处设在信息标准院，下设通用基础专业组、表征与测量专业组、环境安全健康专业组和产品规范专业组4个专业组。专业组由政府部门、核心石墨烯生产、应用、检测和科研单位的60多名专家组成，集合政产学研用五方力量推动我国石墨烯标准化工作的科学发展。目前，我国已发布石墨烯国家标准9项，在研国家标准1项，在研行业标准1项。同时，根据行业现状和标准需求情况，已征集了一批标准项目，即将开展《石墨烯改性柔性电热膜》等一系列行业标准研制。为提升石墨烯产业技术水平和国际竞争力，我国正积极开展国际技术交流与合作并广泛参与石墨烯国际标准的研制。目前，我国联合英国成立了“中英石墨烯标准化合作工作组”，从检验检测、操作、运输和包装等方面开展标准化合作。经过工作组四年多的努力，中英双方多次就石墨烯产业现状和标准化进程交换信息，合作开展了《BET法测试石墨烯材料比表面积》等7项标准项目；同时瞄准国际领先水平，积极参与ISO的标准化活动。在IEC/TC 113国际电工委员会纳米电工产品与系统技术委员会，我国专家牵头《燃烧法测量石墨烯材料的灰分含量》（IEC/TS 62607-6-22）等4项国际标准的制定，占IEC/TC 113在研项目的20%。在ISO/TC 229国际标准化组织纳米技术委员会，我国专家作为联合召集人制定了《纳米技术　石墨烯结构表征　第1部分：石墨烯粉末和分散液》（ISO/TS 21356-1:2021）并提出了《石墨烯粉体和浆料的化学表征》等1项国际标准化工作项目，基本牵头了石墨烯领域国际标准化工作。以上国际标准的研制均以我国在研和预研的标准项目为蓝本，通过参与国际标准化工作，推动我国标准“走出去”，提升我国石墨烯优势产品及其检测方法的国际话语权。整体而言，我国石墨烯标准化工作成绩显著，参与国际标准化工作程度高。我国的石墨烯检测方法标准和产品标准无论从数量还是引领产业发展的效果上都走在了世界前列。

第五节　冶金标准样品

一、简介

标准样品是具有一种或多种规定特性、足够均匀且稳定的材料，已被确定其符合测量过程的预期用途。标准样品是一个通用术语，它的特性可以是定量的或定性的，其用途包括测量系统的校准、测量程序的评估、给其他材料赋值和质量控制等。均匀性、稳定性、准确性、溯源性是标准样品的基本属性，其具有统一化作用（化学组分、物理性能、度量衡关系等）、评价作用、辨识作用、保护作用（使每个产品的制造都符合质量规定）。

冶金标准样品作为实物标准归属于标准范畴，与产品标准、检测分析方法标准共同构成完整的冶金行业标准体系。冶金标准样品范围包括钢、铁及铁合金、铁矿石、冶金原辅料等基体标准样品，以及依据使用需求建立的标准溶液、其他相关标准样品等。冶金标准样品用于同类产品生产质量控制、校准仪器、评价测量方法、确定材料量值和量值传递，在冶金领域及冶金产品上、下游领域和质检、商检、出入境检验等领域有广泛的应用。

冶金标准样品体系由文字标准和实物标准构成。文字标准为标准样品研制和使用的技术规范，其确定了标准样品制备、加工、检验、定值、审定、发布等技术文件，以及标准样品使用的技术规范等内容。实物标准包括钢、生铁及铁合金、矿石、冶金辅料、高纯金属、标准溶液和其他冶金标准样品。

截至 2022 年，冶金标准样品数量共计 969 项，其中国家标准样品 404 项；行业标准样品 565 项。在研的标准样品项目计划 135 项，其中，国家标准样品计划 27 项；行业标准样品计划 108 项。

二、发展历程

新中国成立后，战后重建新家园需要大力发展钢铁工业。钢铁工业的发展对冶金标准样品提出了需求，但是我国没有自行研制发布的标准样品，限量使用的标准样品都是从国外进口的。1951 年 3 月，中央钢铁工业局指示天津钢厂参考进口标准样品研制我国冶金标准样品。天津钢厂的技术人员在当时既无经验、又无专用设备的条件下，在全国理化检验委员会的组织下，在钢铁研究总院和上海材料研究所等单位的共同支持下，成功地研制出了我国第一批冶金标准样品（钢 3 种、铁 2 种，见图 6-26），填补了冶金标准样品的空白，形成了具有我国特色的冶金标准样品的研制流程的雏形。

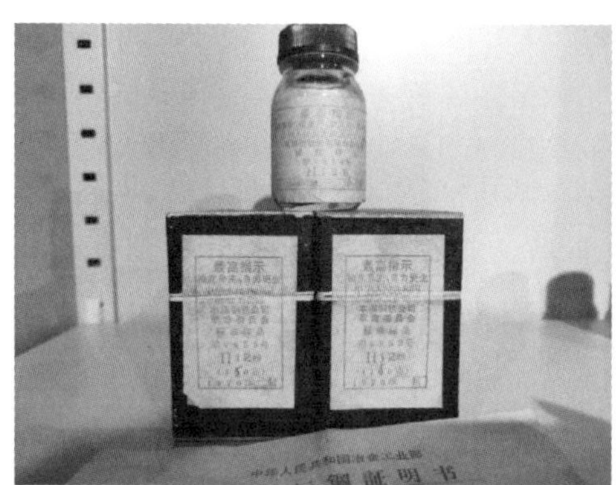
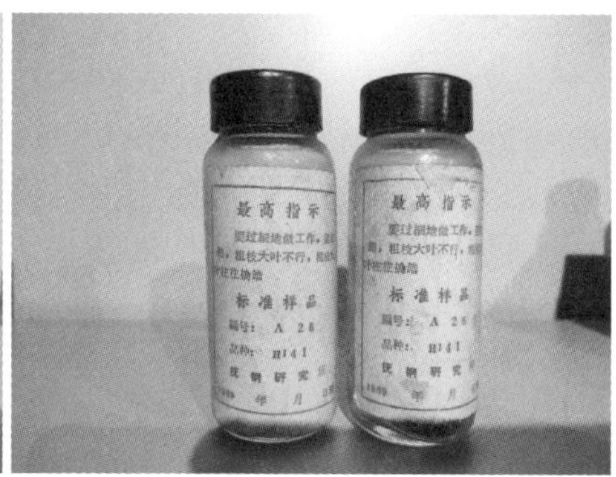

图 6-26　我国 20 世纪 60 年代研制的冶金标准样品

随着钢铁工业的蓬勃发展和标准化工作的实施，以及对冶金标准样品的不断再认识，冶金标准样品研制技术不断改进，研制质量不断提高，管理工作不断完善，冶金标准样品的种类快速扩展到纯铁、生铸铁、碳钢、合金钢、矿石、原材料等各个领域，并在 20 世纪 70 年代完成了援外（越南、朝鲜、坦桑尼亚、阿尔巴尼亚、罗马尼亚等 7 国）任务，有力支撑了我国冶金工业及现代化建设的发展。进入 21 世纪，我国由钢铁大国逐步发展成为钢铁强国，高端钢铁材料不断涌现，与之配套的冶金标准样品也不断研制成功（见图 6-27），为冶金行业的高质量发展做出了重要贡献。

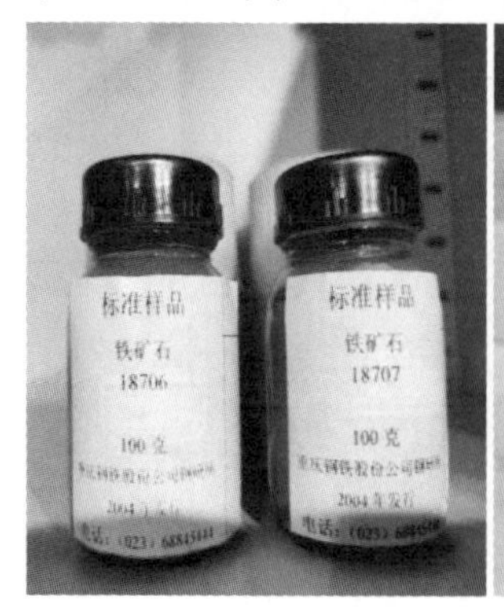

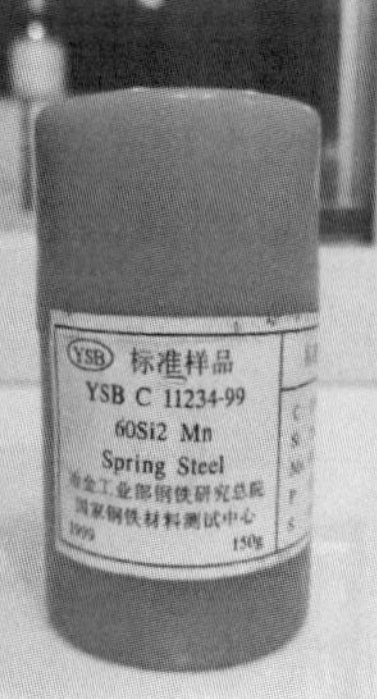

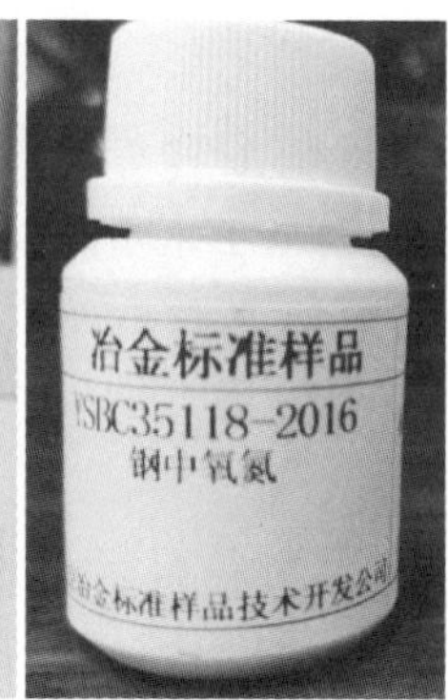

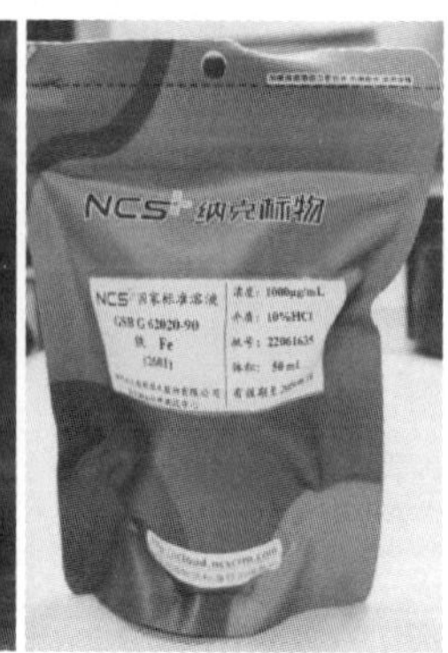

图 6-27　我国研制的部分冶金标准样品

为配套开展冶金标准样品的研复制工作，我国还制定了一系列相关文字标准。1978 年，我国颁布了首个冶金标准样品研制的文字标准《冶金产品标准样品技术条件》（YB 944—78），该行业标准系统地规定了冶金标准样品的成分设计、材料选取、均匀性检验、样品粒度、物理状态、分析定值、成线性检查及包装等技术要求，进一步规范了冶金标样的研制。随着行业的发展，我国又陆续制定了《冶金产品分析用标准样品技术规范》（YB/T 082—2016）、《冶金标准样品的包装、运输及储存》（YB/T 083—2016）、《处理光谱分析数据用统计学规则》（YB/T 4142—2006）、《火花源原子发射光谱法测定固体金属均匀性检验方法》（YB/T 4143—2019）、《建立和控制原子发射光谱化学分析工作曲线规则》（YB/T 4144—2019）、《碳硫分析专用坩埚》（YB/T 4145—2006）等冶金行业标准，以及“冶金标准样品研制工作程序及要求”“冶金标准样品初审和终审工作细则”等技术要求，在冶金标准样品领域建立了比较完善的技术管理体系，为提高冶金标准样品的研制技术水平奠定了基础，保障了冶金标准样品的质量稳定和规范发展。

三、实施效果及意义

随着新中国的发展，冶金标准样品走过了半个多世纪的历程，为我国标准样品的发展及钢铁行业的发展做出了重要贡献，同时也为我国钢铁工业质量体系的构建和技术进步做出了重要支撑，特别是为大量新产品的研发和质量检验提供了检测实物依据，满足了我国钢铁工业现代化发展过程中质量稳定和校准测量的需要，促进了钢铁工业的高质量发展。

第七章　推动科技课题与标准化互动转化

钢铁行业积极落实“以科技创新提升标准水平”的要求，把更多的自主创新成果、核心关键技术转化为标准，发挥标准作为科技创新“助推器”的作用。钢铁行业持续加强科技创新与标准互动机制，将标准研制嵌入科技研发全过程，开展“钢铁工业科技成果转化标准”行动（见图 7-1 和图 7-2），承担科技部重点专项计划“战略性关键矿产材料及相关试验方法国际标准研究与应用”等国家部委 100 余项重点标准科研项目（见表 7-1），转化标准数量超 500 项，加快推动一批科技创新成果转化为标准，依靠科技创新提升标准质量水平和竞争力，提高标准的“含金量”，服务钢铁行业创新发展。

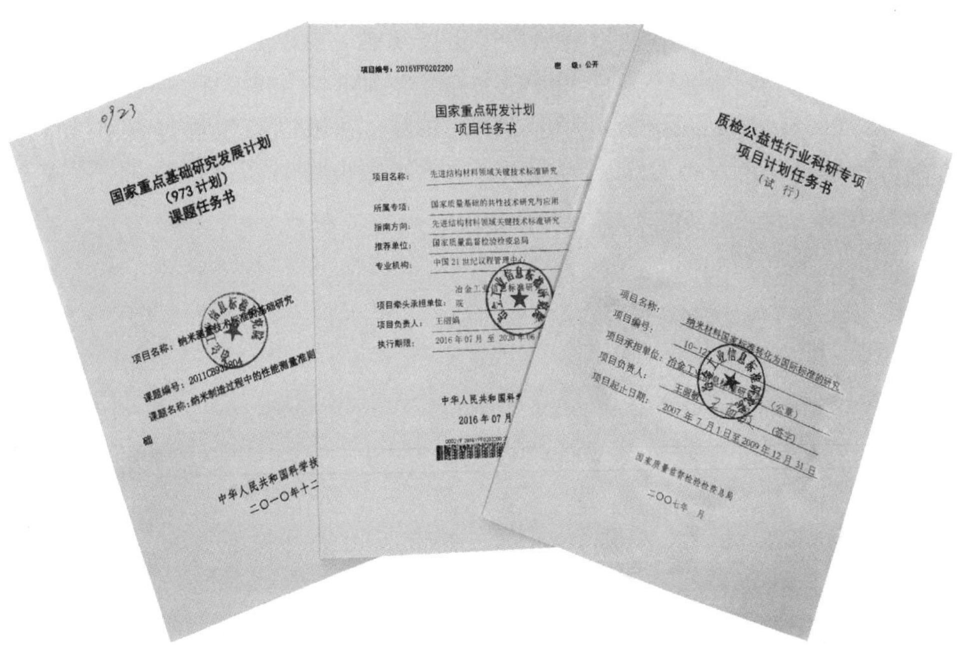

图 7-1　国家重点研发计划任务书

图 7-2 质检公益性行业专项项目计划任务书

表 7-1 2000 年以来承担和参与的重大课题

序号	项 目 名 称	牵头/参与	开展周期	项目类型（单位）
1	战略性关键矿产材料及相关试验方法国际标准研究与应用	牵头	2021 年 12 月—2024 年 11 月	国家质量基础设施体系
2	钢铁领域国际标准研究	牵头	2018 年 7 月—2021 年 6 月	国家重点研发计划
3	第五版《军用标准体系表》编制（冶金行业部分）	牵头	2018 年 1 月—2019 年 12 月	军委装备发展部装备项目管理中心
4	超低温及低成本容器用钢焊接、使用性能评价及工程化应用	参与	2017 年 7 月—2021 年 6 月	重点基础材料技术提升与产业化重点专项
5	抗震耐蚀耐火钢应用技术体系及钢结构设计指南	参与	2017 年 7 月—2021 年 6 月	重点基础材料技术提升与产业化重点专项
6	新材料领域先进功能材料关键技术标准研究	参与	2017 年 7 月—2020 年 6 月	国家重点研发计划
7	石墨烯等碳基纳米材料 NQI 技术研究、集成与应用——课题 2：石墨烯等碳基纳米材料标准研制及应用	牵头	2016 年 7 月—2020 年 6 月	国家重点研发计划

续表 7-1

序号	项 目 名 称	牵头/参与	开展周期	项目类型（单位）
8	先进结构材料领域关键技术标准研究	牵头	2016 年 7 月—2020 年 6 月	国家重点研发计划
9	桥梁缆索用钢等 23 项国际标准研制	牵头	2015 年 3 月—2017 年 12 月	国家质检总局
10	化解产能过剩关键技术标准研制	牵头	2015 年 3 月—2017 年 6 月	国家质检总局
11	航空装备等重要制造领域 49 项基础及关键共性技术标准研究	参与	2015 年 1 月—2016 年 12 月	国家质检总局
12	标准支撑钢铁行业淘汰落后产能专项研究	牵头	2014 年 7 月—2014 年 10 月	工信部科技司
13	耐腐蚀钢材关键技术标准研制	牵头	2014 年 1 月—2015 年 12 月	国家质检总局
14	重点领域（战略性新兴产业）标准化技术组织体系构建研究	参与	2014 年 1 月—2015 年 12 月	国家质检总局
15	技术标准核心要素的选择和确定方法研究	牵头	2013 年 1 月—2014 年 6 月	国家质检总局
16	基于模糊数学理论的产业标准化绩效评估与微观比对研究	参与	2013 年 1 月—2014 年 5 月	国家质检总局
17	高效安全承压设备用钢关键技术标准研究	牵头	2013 年 1 月—2015 年 12 月	国家质检总局
18	铸造镁合金锭等 6 项国际标准研究	牵头	2013 年 1 月—2015 年 12 月	国家质检总局
19	支撑国际突破与国际贸易的重要国际标准研究	参与	2012 年 9 月—2015 年 9 月	科技部
20	9310 钢标准研究	牵头	2012 年 6 月—2012 年 12 月	解放军原总装备部技术基础管理中心
21	烧结烟气脱硫除尘设备运行效果监测及评估方法研究	牵头	2012 年 1 月—2014 年 12 月	科技部
22	高品质资源节约型不锈钢系列国家标准研究	牵头	2012 年 1 月—2014 年 6 月	国家质检总局
23	非调质冷镦钢盘条等 5 项国际标准研制	牵头	2012 年 1 月—2014 年 12 月	国家质检总局

续表 7-1

序号	项目名称	牵头/参与	开展周期	项目类型（单位）
24	稀土、陶瓷、玻璃、金属等新材料标准体系研究	参与	2011 年 4 月—2011 年 11 月	国家标准委
25	纳米制造过程中的性能测量准则和标准制定基础	参与	2011 年 3 月—2015 年 12 月	科技部“973”计划
26	高档模具钢关键技术标准研究	牵头	2011 年 1 月—2013 年 6 月	国家质检总局
27	钢纤维和原生镁锭等 6 项国际标准研究	牵头	2010 年 9 月—2012 年 12 月	国家质检总局
28	核电用钢体系研究和关键技术标准研制	牵头	2010 年 9 月—2013 年 3 月	国家质检总局
29	国外技术法规及国际国外通行标准的编写规则和形式研究	参与	2010 年 6 月—2011 年 9 月	国家质检总局
30	铁矿石品质评定系列标准研究	牵头	2010—2012 年	国家质检总局
31	高速铁路等重点工程用钢关键技术标准研制	牵头	2009 年 12 月—2012 年 2 月	国家质检总局
32	建筑材料质量安全体系研究	参与	2009—2010 年	国家标准委
33	《铁路用热轧钢轨》国家标准转化为国际标准的研究	牵头	2008 年 10 月—2010 年 9 月	国家质检总局
34	高效节能无取向电工钢带（片）标准的研究	牵头	2008 年 10 月—2010 年 5 月	国家质检总局
35	高效节约型建筑用钢相关标准规范的研究	参与	2008—2010 年	科技部
36	纳米材料国家标准转化为国际标准的研究	牵头	2007 年 7 月—2009 年 12 月	国家质检总局
37	团体标准管理运行机制创新研究	参与	2007 年 6 月—2009 年 3 月	科技部
38	先进高强汽车钢板系列标准的研究	牵头	2007 年 1 月—2009 年 12 月	国家质检总局
39	重要纳米尺度测量方法的研究和标准制定	牵头	2006 年 12 月—2010 年 8 月	科技部“973”计划
40	ISO 7989 - 1，- 2 钢丝镀锌层国际标准	牵头	2005 年 6 月—2007 年 12 月	科技部
41	彩色涂层钢板产品及方法标准的研究	牵头	2005 年 5 月—2006 年 12 月	科技部

续表 7-1

序号	项 目 名 称	牵头/参与	开展周期	项目类型（单位）
42	冶金固体废弃物资源化利用标准体系的研究	牵头	2005 年 2 月—2007 年 12 月	科技部
43	钢丝的试验方法和尺寸偏差国际标准	牵头	2005—2008 年	科技部
44	钢丝尺寸偏差与试验方法国际标准的制定	牵头	2005—2007 年	科技部
45	技术性贸易措施战略与预警工程方案	参与	2004 年 11 月—2005 年 1 月	科技部
46	新型钢铁材料数据库	牵头	2003 年 4 月—2004 年 4 月	科技部
47	修订《废钢铁》标准-技术性贸易措施的研究	牵头	2003 年 1 月—2003 年 12 月	科技部
48	400～500MPa 级高强度碳素钢材标注、规范及评价体系研究	牵头	2002 年 12 月—2005 年 12 月	科技部“863”计划
49	纳米材料标准与数据库	牵头	2002—2007 年	科技部
50	安全环保型汽车用材料标准体系研究	牵头	2001 年 1 月—2003 年 6 月	科技部
51	非晶材料标准体系及配套磁测系统	牵头	2001 年 1 月—2002 年 12 月	科技部

第一节　支撑产业政策有效实施

一、化解过剩产能

2013 年，为了贯彻落实《国务院关于化解产能严重过剩矛盾的指导意见》（国发〔2013〕41 号）党中央、国务院关于推进结构性改革、抓好去产能任务的决策部署，化解钢铁等行业产能严重过剩矛盾。文中特别提出，要逐步提高热轧带肋钢筋、电工用钢、船舶用钢等钢材产品标准，修订完善钢材使用设计规范，在建筑结构纵向受力钢筋中全面推广应用 400MPa 及以上强度高强钢筋，替代 335MPa 热轧带肋钢筋等低品质钢材。

在化解过剩产能中，淘汰落后产能是关键，而标准化工作是基础，标准发挥着门槛作用。通过制定能耗、环境、安全、质量、健康等方面的标准，对于限制和淘汰高能耗、重污染、安全条件差、技术水平低、生产方式与生产工艺落后的企业，以及资源能源消耗多的落后产品，具有重要作用。

2015年，由信息标准院牵头，中国建筑材料科学研究总院、有色金属技术经济研究院、中国建材检验认证集团秦皇岛有限公司、中国船舶工业综合技术经济研究院、天津钢铁集团公司等参与的质检总局质检公益性行业科研专项“化解产能过剩关键技术标准研制”课题，研究制定37项质量提升标准，通过提高标准门槛值，淘汰一批产品质量低劣的落后产能，通过填补标准空白和提升技术指标水平，引导下游扩大需求，消化一批过剩产能，通过标准化解国际贸易壁垒，促进国内产品出口，实现转移一批过剩产能，发挥对淘汰落后产能的技术支撑作用。

电工用钢领域通过研究提高一般用途“冷轧取向和无取电工钢带（片）”标准指标，提升产品性能，淘汰落后产能，引导并推动产品升级；研究制定“特高压变压器用冷轧取向电工钢带（片）”标准、“700MW以上级大电机用冷轧无取向电工钢带（片）”标准，推进钢产品质量上新台阶，填补国内空白，引导部分产能升级；研究制定“电力变压器用硅钢铁芯”标准，衔接上下游，促进部分产能有效利用，支撑衍生产业链的健康发展；研究制定“电工钢带（片）环保涂层”，化解国际贸易壁垒，促进国内产品出口。

2015年，信息标准院承担了工信部行业标准化研究项目“标准支撑钢铁行业淘汰落后产能专项研究”，主要围绕热轧钢筋、电工用钢、船舶用钢、钢结构用钢等钢铁产品（约占钢产量的70%）的产业现状及发展趋势进行调研分析，通过对标准体系及现行产品及配套标准的梳理，在重点分析我国目前淘汰落后产能界定标准的现状及存在的主要问题的基础上，提出了上述四类产品及配套方法（不包括通用试验方法和技术条件）的标准体系建设方案，以发挥标准对淘汰落后产能的技术支撑作用。

2016年，信息标准院承担了国标委工业标准一部委托的“钢铁行业化解产能过剩相关标准体系及实施案例研究”研究专项，围绕化解钢铁行业产能严重过剩矛盾，以产品升级换代、高端产品引领为重点，研究提出化解产能过剩相关标准体系框架，促进钢铁行业结构调整、转型升级。同时，选择近年来在钢铁行业化解产能过剩工作中发挥重要作用的关键技术标准，按照“消化一批、整合一批、转移一批、淘汰一批”方针进行标准案例分析，深入研究总结标准发挥作用的方式、实施效果、经验模式、存在的问题和改进方向，形成钢铁行业化解产能过剩相关标准实施案例，促进标准化更好地支撑钢铁行业化解产能过剩工作。

二、绿色低碳

目前，我国钢铁行业节能环保水平进入世界先进行列，一大批钢铁企业能效已达到世界先进水平。绿色发展已成为钢铁企业发展的共识，也已成为新时代钢铁行业发展的方向。但同时消耗大量资源、能源，产生大量废弃物，制约行业发展，节能减排、绿色发展成为行业发展的重要课题。“十三五”以来，我国出台了相关的节能减排绿色低碳发展产业政策，钢铁工业加大了对节能减排、绿色低碳发展标准化研究，加快先进技术标准制定和标准体系建设，特别是2017年以来，配合钢铁工业节能与绿色发展标准化研究工作，信息标准院连续5年开展“钢铁工业节能与绿色标准研究项目”研究工作，完成100多项重点节能减排、绿色低碳标准专项研究，促进了先进、实用的节能减排技术和工艺的应用和普及，推动钢铁企业清洁生产、低碳、环保、高质量发展，标准化工作为行业绿色发展提供了有力支撑。

系列标准的制定实施可缓解现有的能耗评估体系粗放、与现代钢铁企业能源精细化管理和节能技术发展的需求不适应的问题，通过提出科学、系统、规范、精细的能效评估方法和步骤，可降低工序能耗，促进落后产能淘汰。

第二节　助力产业共性技术有效推广

一、新材料

近年来，国家高度重视新材料产业的发展。“十二五”以来，国家相继出台了与新材料有关的一系列政策规划，如《新材料产业“十二五”发展规划》《关于加快新材料产业创新发展的指导意见》《新材料产业发展指南》等。

在这些政策规划中对“新材料”进行了明确定义，即新材料指新出现的具有优异性能或特殊功能的材料，及传统材料改进后性能明显提高或产生新功能的材料。新材料通常包括先进基础材料、关键战略材料和前沿新材料。

为有效支撑我国新材料产业高质量发展，近年来国家相继出台了一系列与标准化工作有关的政策，特别是2018年3月由国家质量监督检验检疫总局联合工信部等9部委共同发布的《新材料标准领航行动计划（2018—

2020)》中明确，到2020年，将完成制修订600项新材料标准、构建完善新材料产业标准体系，重点制定100项“领航”型标准，规范和引领产业健康发展；新材料标准供给结构得到优化、基于自主创新技术制定的团体标准、企业标准显著增多；建立3~5个国家级新材料技术标准创新基地，形成科研、标准、产业同步推进的新机制新模式；建设一批新材料产业标准化试点示范企业和园区，促进新材料标准有效实施和广泛应用；以我国为主提出30项新材料国际标准提案，助力新材料品种进入全球高端供应链。《新材料标准领航行动计划》提出10项主要行动，包括构建新材料产业标准体系、研制新材料“领航”标准、优化新材料标准供给结构、推进新材料标准制定与科技创新、产业发展协同、建立新材料评价标准体系、探索新材料标准制定机制创新、提高新材料军品标准通用化水平、推动新材料标准“走出去”、开展新材料产业标准化应用示范、建设新材料标准化平台。提出重点研制8类“领航”标准，包括碳纤维及其复合材料、高温合金、高端装备用特种合金、先进半导体材料、新型显示材料、增材制造材料、稀土新材料、石墨烯等。

钢铁行业紧密围绕《中国制造2025》和战略性新兴产业发展急需，以满足重大装备和重大工程需求为目标，不断加大了先进基础材料、关键战略材料、前沿新材料标准的研制，重点围绕高强汽车用钢、超超临界锅炉用钢、核电用钢、耐低温钢、油船用耐腐蚀钢、高温合金、耐蚀合金、高磁感取向硅钢、高速车轮用钢、建筑桥梁用高强钢筋、节镍型高性能不锈钢、非晶合金、薄层石墨材料以及耐高温、抗疲劳、高强韧、超长寿命轴承钢、齿轮钢、模具钢等领域开展了近200项新材料标准的研制，有效保证了先进新材料的推广应用，促进了企业的转型升级和我国材料工业的结构调整。

（一）耐蚀合金

近年来随着我国工业化进程的加快，为了保证大规模工业生产的连续性和安全性，国内一些对耐腐蚀要求高的现代化新建设备及构件，在选择腐蚀场合应用的结构材料时，不仅要考虑成本，而且更要考虑设备的维护、使用寿命和可靠性。以上需求极大地促进了我国耐蚀合金的研发、生产与应用，耐蚀合金的应用范围与使用量呈不断上升的势头，从而带动了我国冶金装备的全面升级。

为了更好地体现近年来我国在耐蚀合金领域的科研成果，规范产业的健康有序发展，从2014年开始，全国钢标委协同全国锅炉压力容器标委会及化工、石油、石化、核电等行业，从规划、建立耐蚀合金标准体系入手，先后组织开展了18项耐蚀合金系列标准制修订工作，见表7-2。以上工作的顺利开展，进一步完善了我国耐蚀合金标准体系，为促进行业转型升级，满足我国重大装备制造业的发展急需提供了技术保障。

表7-2 耐蚀合金领域标准

序号	标准编号	标准名称
1	GB/T 15008—2020	耐蚀合金棒
2	GB/T 38589—2020	耐蚀合金棒材、盘条及丝材通用技术条件
3	GB/T 37620—2019	耐蚀合金锻材
4	GB/T 37607—2019	耐蚀合金盘条和丝
5	GB/T 37614—2019	耐蚀合金无缝管
6	GB/T 37610—2019	耐蚀合金小口径精密无缝管
7	GB/T 37605—2019	耐蚀合金焊管
8	GB/T 37792—2019	耐蚀合金焊管通用技术条件
9	GB/T 38682—2020	流体输送用镍-铁-铬合金焊接管
10	GB/T 38688—2020	耐蚀合金热轧厚板
11	GB/T 38690—2020	耐蚀合金热轧薄板及带材
12	GB/T 38689—2020	耐蚀合金冷轧薄板及带材
13	GB/T 37609—2019	耐蚀合金焊带和焊丝通用技术条件
14	GB/T 37791—2019	耐蚀合金焊带
15	GB/T 37612—2019	耐蚀合金焊丝
16	GB/T 36026—2018	油气工程用高强度耐蚀合金棒
17	GB/T 30059—2013	热交换器用耐蚀合金无缝管
18	GB/T 38681—2020	工业炉用耐蚀合金无缝管

（二）纳米石墨烯材料

信息标准院是全国纳米技术标准化技术委员会纳米材料分技术委员会（SAC/TC 279/SC 1）秘书处和ISO中国石墨烯产业技术创新战略联盟标准化委员会秘书处和ISO功能颜料和体质颜料标准化工作组（ISO/TC 256/WG 7）召集人等挂靠单位，负责国内纳米材料相关国家标准的技术归口管理工作，是国内最早开展纳米材料标准化研究工作的单位之一。根据我国纳米科技“十一五”发展规划，按照国家质检总局的总体部署，从2002年开始，信息标准院承担了科技部重大专项“纳米材料标准与数据库”、2007年科技部

"973"专项"重要纳米尺度测量方法的研究和标准制定"和国家质检总局质检公益性行业专项"纳米材料国家标准转化为国际标准的研究"、2011 年科技部"973"专项"纳米制造过程中的性能测量准则和标准制定基础"等一批重要课题的研究工作，取得了重要科研成果和重大社会经济效益。信息标准院是国内率先启动石墨烯术语国家标准的制定单位，提出的石墨烯术语体系方案获得行业广泛认可；先后组织了 6 项纳米材料国际标准的研制，其中《密封胶用纳米碳酸钙》（ISO 18473-1:2015）和《防晒用纳米二氧化钛》（ISO 18473-2:2015）是 ISO 首次制定并发布的纳米材料国际标准，具有里程碑意义。

2016 年，信息标准院承担了由中国计量科学研究院承担的国家质量基础的共性技术研究与应用专项"石墨烯等碳基纳米材料 NQI 技术研究、集成与应用"中的子课题"石墨烯等碳基纳米材料标准研制及应用"的研究工作。课题以石墨烯为代表的碳基纳米材料为对象，围绕石墨烯标准体系建设和产业急需，开展术语、定义和产品代号、命名指南等基础标准制定，为产业和学术交流提供统一的技术语言，为培育良好的发展环境和市场秩序提供保障；开展石墨烯材料基本物性、成分、性能的检测与评价方法标准，为石墨烯材料的品质改进及产业化应用示范推广提供技术支撑。

通过课题研究，将研究成果转化成了 13 项关键技术标准，分别为《碳纳米管导电浆料》（GB/T 33818—2017）、《纳米技术　多壁碳纳米管　热重分析法测试无定形碳含量》（GB/T 34916—2017）、《纳米科技　术语　第 4 部分：纳米结构材料》（GB/T 30544.4—2019）、《纳米科技　术语　第 13 部分：石墨烯及相关二维材料》（GB/T 30544.13—2018）、《纳米技术　用于拉曼光谱校准的标准拉曼频移曲线》（GB/T 36063—2018）、《纳米技术　石墨烯材料表面含氧官能团的定量分析　化学滴定法》（GB/T 38114—2019）、《纳米技术　石墨烯材料比表面积测试　亚甲基蓝吸附法》（GB/Z 38062—2019）、《纳米技术　碳纳米管粉体电阻率　四探针法》（GB/T 39978—2021）、《纳米技术　氧化石墨烯厚度测量　原子力显微镜法》（GB/T 40066—2021）、《纳米技术　石墨烯粉体中硫、氟、氯、溴含量的测定　燃烧离子色谱法》（GB/T 41067—2021）、《纳米技术　石墨烯粉体中水溶性阴离子含量的测定　离子色谱法》（GB/T 41068—2021）、《纳米技术　石墨烯相关二维材料的层数测量　拉曼光谱法》（GB/T 40069—2021）、《纳米技术　石墨烯相关二维材料的层数测量　光学对比度法》（GB/T 40071—2021）。

通过上述课题的研究，不仅建立了我国石墨烯技术标准体系，使我国石墨烯产业在国际同行领域拥有更大的话语权。通过检测方法、标准的研究，对石墨烯等碳基纳米材料评价体系指标化研究，解决目前国内石墨烯材料及产品生产方式不统一、质量不均衡的问题，形成质量评价标准，促进石墨烯等碳基纳米材料产业中上下游企业、研究院校之间的交流与合作，加快我国石墨烯材料产业化和商业化步伐，激活潜在的消费，提升产品的竞争能力，助推石墨烯在新型显示、储能、防腐和热控等典型应用领域及下游市场创造巨大的社会效益和经济效益。

（三）先进结构材料

先进钢铁结构材料是支撑国防军工以及国家重大工程等领域发展的重要物质基础，先进钢铁结构材料的进步不仅对国家支柱产业的发展和国家安全的保障起着关键作用，而且还可影响和带动一大批基础材料和传统材料的转型升级。2016 年，信息标准院承担了国家重点研发计划项目“先进结构材料领域关键技术标准研究”的子课题“先进钢铁结构材料领域关键技术标准研究”的相关工作。该课题主要围绕我国先进钢铁结构材料产业发展急需，重点聚焦高品质特殊钢、海洋工程用钢、建筑用钢、新一代高温合金及耐蚀合金等领域完成 14 项产业急需的关键技术标准研制。

1. 高品质特殊钢和海洋工程用钢领域

高品质特殊钢是指具有更高性能、更长寿命、环境友好的高技术含量、高附加值的特殊钢品种，代表了特殊钢材料的发展方向，对保障国家重大工程建设、提升装备制造水平、促进节能减排和相关应用领域技术升级具有重要意义，是体现一个国家整体工业发展水平的重要标志。通过 8 项重要标准的研制（见表 7-3），充分发挥标准的引领作用，进一步推动我国高品质特殊钢行业的高质量发展。

表 7-3　高品质特殊钢领域标准

序号	对应领域	标准名称	标准类型	标准状态
1	高品质特殊钢	超高洁净高碳铬轴承钢通用技术条件	国家标准	已发布 GB/T 38885—2020
2	高品质特殊钢海洋工程用钢	超级奥氏体不锈钢通用技术条件	国家标准	已发布 GB/T 38807—2020
3	高品质特殊钢	低合金超高强度钢通用技术条件	国家标准	已发布 GB/T 38809—2020

续表 7-3

序号	对应领域	标准名称	标准类型	标准状态
4	高品质特殊钢	核电用耐高温抗腐蚀低活化马氏体结构钢板	国家标准	已发布 GB/T 38875—2020
5	高品质特殊钢	船用高强度止裂钢板	国家标准	已发布 GB/T 38277—2019
6	高品质特殊钢海洋工程用钢	金属和合金的腐蚀　奥氏体及铁素体-奥氏体（双相）不锈钢晶间腐蚀试验方法（修订 GB/T 4334—2008）	国家标准	已发布 GB/T 4334—2020
7	高品质特殊钢	高强度钢氢致延迟断裂评价方法	国家标准	已发布 GB/T 39039—2020
8	高品质特殊钢	经济型奥氏体-铁素体双相不锈钢中有害相的检测方法	国家标准	已发布 GB/T 39077—2020

2. 建筑用钢领域

建筑用钢质量的稳定性、可靠性直接影响着人民的生命财产安全。建筑用钢的标准化可在一定程度上规范我国建筑用钢的生产、采购等，保证建筑用钢的高质量发展，进而推动基础建设等的快速发展。本项目在建筑用钢领域重点开展了 4 项关键标准的研制工作，见表 7-4。

表 7-4　建筑用钢标准

序号	对应领域	标准名称	标准类型	标准状态
1	建筑用钢	建筑结构用波纹腹板型钢	国家标准	已发布 GB/T 38808—2020
2	建筑用钢	热轧纵向变厚度钢板	国家标准	已发布 GB/T 37800—2019
3	建筑用钢	钢筋混凝土用钢术语	国家标准	已发布 GB/T 38937—2020
4	建筑用钢	钢丝绳　验收及缺陷术语（修订 GB/T 21965—2008）	国家标准	已发布 GB/T 21965—2020

3. 高温合金、耐蚀合金领域

高温合金、耐蚀合金作为航空航天、石油化工、核工业、汽车等多个重要工业领域发展的关键特种材料。在高温合金、耐蚀合金领域，通过 2 项重要标准的研制（见表7-5），实现我国高温合金的全自主研发和进口替代，解决各项“卡脖子”技术。

表7-5 高温合金、耐蚀合金标准

序号	对应领域	标准名称	标准类型	标准状态
1	高温合金	铸造高温合金电子空位数计算方法	国家标准	已发布 GB/T 31309—2020
2	高温合金、耐蚀合金	金属材料高温蒸汽氧化试验方法	国家标准	已发布 GB/T 38804—2020

标准的发布实施，更好地规范和指导我国先进钢铁结构材料的生产、使用和科研工作，进一步健全我国先进钢铁结构材料标准体系，推动先进钢铁结构材料领域的科技创新，更好地保证国民经济的有序运行，提升国际竞争力，进一步促进我国经济社会发展的质量和效益提升。

二、培育重大装备制造

产学研用融合发展是实施创新驱动发展战略的关键环节，是推动经济从高速增长迈向高质量发展的必然要求。面对实现高水平科技自立自强的时代诉求，产学研用融合发展承担着推动自主创新成果加速转化为现实生产力，并将市场应用需求加速反馈研发主体，进而推动自主创新能力快速提升的全新任务和使命。衔接研发与市场活动、弥合技术与产业鸿沟，打通从科技强、产业强、经济强到区域强、国家强的发展通道，亟须以全新逻辑加快推进产学研用深度融合。

在此背景下，近些年，国家一些重大科技项目逐渐都将标准研究单位纳入重大课题参与单位，有利于将科技项目研究成果及时转化成标准、专利，进而快速推动科技项目的成果转化。比如2017年由东北大学联合18家企业、科研院所、大专院校组建了国内镍系低温钢和轧制复合领域最优秀的“产、学、研、检、用”研发团队共同承担科技部重点基础材料技术提升与产业化专项——“超低温及严苛腐蚀条件下低成本容器用钢开发与应用”，项目研究的总体思路是“基础研究—关键共性技术研发—工业化试制—产品定型生产—工程应用与性能评价—形成标准”。信息标准院作为“超低温及低成本容器用钢焊接、使用性能评价及工程化应用”子课题参与单位，及时将项目研究成果低温容器用7Ni钢和高锰钢制定了相关材料标准，成功立项“承压设备用钢板和钢带　第4部分：规定低温性能的镍合金钢”（项目编号

20211835-T-605）和“承压设备用钢板和钢带　第5部分：规定低温性能的高锰钢”（项目编号20202832-T-605），从而有效推动了新材料在重大装备制造应用。

数控机床属于现代企业的生产和发展的高端装备，是制造业发展的基石，其性能水平直接影响着制造业水平的高低。轴承和齿轮作为数控机床中的关键基础零件，其制造材料轴承钢和齿轮钢的质量和稳定性对数控机床的精度水平有关键作用。我国数控机床用钢存在基础通用标准与数控机床等重大装备不配套、不协调、技术指标与国外先进标准差距较大，而专用产品标准缺失的问题，直接影响了数控机床用钢的生产和使用。

为此，2015年信息标准院承担了国家质检公益性行业专项“航空装备等重要制造领域49项基础及关键共性技术标准研究”课题研究工作。通过对数控机床用轴承钢和齿轮钢的国内外现状进行了分析研究，对比了发达国家标准的关键技术指标，在此基础上开展必要的试验验证工作，并结合我国的实际生产和使用情况，提出并制定了《高碳铬轴承钢大型锻制钢棒》（GB/T 32959—2016）和《数控机床用齿轮钢》（GB/T 37786—2019）两项国家标准，两项标准的制定和实施解决了数控机床用钢规范化生产的问题，发挥了标准的引领作用，进一步夯实制造业技术基础，搭建起先进制造业创新发展的标准化基石，完善了我国先进制造业基础及关键共性技术标准体系，提高了数控机床用轴承和齿轮的产品质量水平和稳定性，满足了数控机床高性能、高精度、高柔性化和模块化的发展要求，推动了高档数控机床的发展和应用，引导我国机床用钢产业向技术先进、规模化、高端化的方向发展，对加快我国制造业转型升级、促进产业结构调整和建设“制造强国”具有重要意义。

承压设备用钢是重大技术成套装备制造的关键原材料，是承压设备安全运行的基本保障。根据2013年发布的《中华人民共和国特种设备安全法》，锅炉、压力容器、压力管道属于特种设备压力管道元件范畴。其产品的生产、经营、使用、检验、检测应当遵守有关特种设备安全技术规范及相关标准，其生产纳入了生产许可制度管理，其产品标准规定的技术指标应满足《锅炉安全技术监察规程》（TSG G0001—2012）、《固定式压力容器安全技术监察规程》（TSG R0004—2009）、《压力容器　第2部分：材料》（GB 150.2—2011）和《热交换器》（GB/T 151—2014）等法规和强制性标准的规定。

随着我国经济的快速发展，中国钢铁行业生产能力已经跃居世界前列，装备和技术的不断进步使得我国钢材的质量和水平大幅度提高，部分牌号的技术性能指标已经达到或接近国际先进水平。承压设备用钢的质量、性能和稳定性等均有了长足进步。目前，电力、石化等下游行业和战略性新兴产业的发展对钢材提出了更高的要求，特别是高效能超临界、超超临界火电机组在国内大力推广应用，高效安全承压设备用钢的产品升级迫在眉睫。

2013 年，信息标准院承担了国家质检公益性行业专项“高效安全承压设备用钢关键技术标准研究”课题研究工作。项目按《国家中长期科学和技术发展规划纲要（2006—2020 年）》“积极发展基础原材料，大幅度提高产品档次、技术含量和附加值，全面提升制造业整体技术水平”的发展思路，研究制定了《锅炉和压力容器用钢板》（GB/T 713—2014）、《低温压力容器用钢板》（GB/T 3531—2014）、《高压锅炉用无缝钢管》（GB/T 5310—2017）、《低温管道用无缝钢管》（GB/T 18984—2016）及配套试验方法《金属材料 拉伸试验 第 2 部分：高温试验方法》（GB/T 228. 2—2015）5 项承压设备用钢领域标准，研究高效安全承压设备用钢产品升级关键技术标准，推动原材料工业调整优化，提升了我国制造业在全球经济中的竞争优势。

三、支撑国防建设所需材料标准

钢铁行业是国防装备配套的重要行业，其标准体系是围绕装备型号配套的专用材料而建立起来的。多年来，钢铁行业的国家军用标准（简称“国军标”）体系以国家和行业标准体系为基础，形成了用途较为专一、体系较为散乱的特点，已越来越不适应当前装备发展的需要。“十三五”以来，钢铁行业按照新时代国防建设与改革的要求，对国军标体系进行全面的梳理，配合上级管理部门开展了一系列课题研究，重点在军民融合、国军标体系表编制和国军标分级分类等方面，研究成果为军用标准化深化改革工作提供了重要决策参考。

（一）军民标准通用化工程

党的十八大以来，党中央把军民融合发展上升为国家战略。标准作为技术载体，凝结并体现了国家的技术基础水平，标准化活动贯穿于整个国防建设和国民经济建设领域，标准的军民通用是军民融合深度发展的有力支撑和有效途径。钢铁行业积极响应并落实军民标准通用化工程的重点任务，对“民用材料标准采用分析与验证”和“材料领域可转化国军标现状研究”两个课题进行了研究。

“民用材料标准采用分析与验证”对钢铁行业1200余项国家标准进行了梳理，依据总体原则，针对标准的对象和适用范围，给出初步结论，并对初步结论进行了必要的确认和验证。课题最终形成可采用的国家标准项目清单，为上级管理部门全面了解作为国军标体系基础的民标体系提供了参考。

“材料领域可转化国军标现状研究”对钢铁行业约150项国军标进行了梳理分析，提出了转化总体原则，逐项分析并形成标准逐项分析单，确定了多项可转化国军标，作为国家标准体系的重要补充。经过梳理后，形成了较为简练的钢铁行业国军标体系，这是首次对国军标体系探索精简优化，为后续课题的开展打下了基础。

（二）第五版《军用标准体系表》钢铁行业部分编制

军用标准体系表是反映军用标准体系结构关系和一定时期内军用标准体系建设需求的图表，是国军标体系建设的总体规划和发展蓝图。2019年，钢铁行业根据第五版《军用标准体系表》总体方案确定的体系表编制工作的指导思想和体系方案，在总结第四版国军标体系编制与使用经验的基础上，提出钢铁行业新的标准体系图；结合军民标准通用化工程等工作成果，对现行国军标进行清理，提出标准明细表；研究分析新时代国防现代化建设对标准的需求，提出钢铁行业新的标准需求明细。课题经过评审后顺利通过，形成了一套科学完善的钢铁行业国军标体系，对指导当前和今后较长一段时期钢铁行业军用标准化建设提供了指南。

（三）钢铁行业军用材料标准分级分类研究

钢铁行业军用材料标准分级分类研究课题在第五版《军用标准体系表》编制工作的基础上，对当前负责归口的及相关的国军标进行梳理分析，进行分级分类的研究，旨在建立一个分类和分级更科学的标准体系。该课题分析了国军标覆盖的材料层级、标准类型、命名方式等现状及问题；研究并提出钢铁行业国军标、国家标准、行业标准的内涵与范围，提出军用材料国军标覆盖材料层级原则、标准类型设置等；梳理分析用途、成分、性能、品种规格等分类方式，提出钢铁行业军用材料标准的分级分类原则和方法。

该课题从顶层设计出发，结合全军标准体系的要求，梳理了钢铁行业国军标的定位、分级、分类、命名等原则和规律，提出了新标准体系按通用规范+详细规范的总体设计思路，重点是在标准命名中去“用途”，从而改变现有的标准制定零散混乱现象，进一步加强钢铁行业国军标分级分类建设，为实现强军目标提供更加强有力的标准化支撑。

第三节 促进产业优势产品和技术国际化

国际标准是国际共同遵守的基本准则，是产品进入国际市场的门槛。国际标准的产生就是为适应贸易国际化和贸易自由化的需要，为国际贸易提供基本的技术依据，消除技术性贸易壁垒，实现贸易自由化创造条件。同时也可解决国际贸易质量纠纷，创造公正的条件，提供仲裁的技术依据。世界贸易组织的有关协定给予了国际标准化很重要的地位和作用。国际标准是各成员国协调一致的产物。各国在制修订国际标准时，从本国利益出发，尽可能在国际标准中使本国利益最大化。因此，不参加国际标准化活动，就没有机会为自己的国家争取利益。尤其在全球化的今天，随着社会化、专业化大生产发展，现在许多产品的生产已不在一个国家内完成，许多企业也不仅是国内的企业，国家之间联系越来越紧密，要想长久发展，就必须与他国合作。国际标准可以为这些产品的生产提供共同的技术依据，也可以为这些企业的管理和运行提供技术支撑。因此，只有积极参加国际标准化活动，多参与国际标准制、修订，在标准审议讨论时多结合我国国情发表意见，才能得到委员会和各成员国的关注，争取和维护我国在国际标准中的利益，树立我国在ISO 中的威信，进而使我国在国际市场竞争中处于优势地位。

中国是 ISO 常任理事国，长期以来国家十分重视国际标准化工作，鼓励各相关方积极参与国际标准化活动，将我国的优势技术推向国际，提高我国在各领域的国际话语权。钢铁领域从 1982 年开始，就组织中国代表团参加 ISO/TC 17/SC 2 钢的名词术语、分类和符号分委员会，以及 ISO/TC 17/SC 8 结构钢型材和棒材的尺寸和偏差分委员会会议，参与国际标准化活动。

自“十五”以来，我国加强了对国际标准研制工作的支持力度，科技部在“十五”和“十一五”的两个标准专项中都设立了国际标准研制课题。自 2000 年以来，钢铁领域承担了大量的国际标准化科研课题，如 2004—2012 年科技部的“技术性贸易措施战略与预警工程方案”“钢丝尺寸偏差与试验方法国际标准的制定”“钢丝镀锌层国际标准”（ISO 7989-1，ISO 7989-2）、“钢丝的试验方法和尺寸偏差国际标准”“支撑国际突破与国际贸易的重要国际标准研究”5 项课题；2007—2015 年国家质检总局质检公益性行业专项课题“纳米材料国家标准转化为国际标准的研究”“‘铁路用热轧钢轨’国家标准转化为国际标准的研究”“国外技术法规及国际国外通行标准的编写规则和形式研究”“钢纤维和原生镁锭等 6 项国际标准研究”“非调质冷镦钢盘条等 5 项国际标准研制”“铸造镁合金锭等 6 项国际标准研究”“桥梁缆索用钢等 23 项国际标准研制”7 项课题；2018 年国家重点研发计划“钢铁领域国际标准研究”；2021 年国家质量基础设施体系（NQI）课题“战略性关键矿产材料及相关试验方法国际标准研究与应用”。上述科研课题的研究，孵化出一大批国际标准项目，推动国际标准成功立项，通过标准国际化抢占国际市场制高点，提升我国优势产品的国际竞争力，推动钢铁产业的技术进步、结构调整和振兴；同时促进我国在国际标准化活动中发挥实质性作用，为实施我国标准化国际突破战略做出贡献。

第八章　响应市场需求大力发展团体标准

钢铁行业积极开展团体标准制订工作，致力于形成一系列适应市场需求、引领行业发展、填补空白的标准。作为市场主导制定的标准，团体标准具有制定周期短、响应市场速度快、技术指标水平高、针对性和实用性强等特点，可以快速满足细分市场定制化的需求，提升标准的有效供给，通过团体标准促进钢铁行业践行供给侧结构性改革，让标准成为联通上下游产业链的渠道，满足产业链上下游行业对钢铁产品的定制化需求，支撑钢铁行业创新发展。其中，中国特钢企业协会、中国钢结构协会团体标准化工作委员会作为团体标准试点单位，多项团体标准被评为工信部团体标准应用示范项目。

第一节　钢铁行业团体标准发展概况

根据国务院深化标准化工作改革的要求，钢铁行业具有相应能力的学会、协会、联合会等社会组织和产业技术联盟相继开展团体标准的研制工作，增加了标准的有效供给。截至 2022 年 12 月底，中国钢铁领域在“全国团体标准信息平台”注册开展团体标准研制工作的主要社会团体已有 10 家(见表 8-1)，发布或注册标准数量共计 1190 项。

表 8-1　钢铁领域团体标准发布情况

序　号	社会团体组织	发布或注册标准数量/项
1	中国钢铁工业协会	289
2	中国特钢企业协会	261
3	中关村材料试验技术联盟	531
4	中国耐火材料行业协会	27
5	中国金属学会	8
6	中国金属材料流通协会	16
7	中国冶金矿山企业协会	9

续表 8-1

序　号	社会团体组织	发布或注册标准数量/项
8	中国钢结构协会	29
9	中国铁合金工业协会	1
10	中国炼焦行业协会	19
合　　计		1190

注：数据来源于全国团体标准信息平台。

其中中国钢铁工业协会是承担钢铁领域团体标准研制工作的主要社会团体之一，于2015年12月率先响应行业对团体标准的诉求，开始组织开展团体标准制定工作，依托协会平台优势，构建具有行业特色的团体标准工作机制，具体工作由质量标准化工作委员会负责，秘书处设在信息标准院。信息标准院对钢铁行业质量标准化体系发展及具有战略性、综合性的重大技术问题进行研究和评议，并受中国钢铁工业协会委托，对协会团体标准计划、报批文件进行审查。中国钢铁工业协会团体标准的制修订由所属的国家（行业）标准化技术委员会归口并负责组织实施，主要涉及钢产品、铁矿石、铁合金、冶金设备、耐火材料、焦化产品、冶金标样等专业领域。

自开展团体标准研制工作以来，中国钢铁工业协会先后制定并发布了《中国钢铁工业协会团体标准管理办法》《中国钢铁工业协会团体标准制修订工作细则》及《中国钢铁工业协会团体标准涉及专利的管理规定》等相关规章制度，并完成了《中国钢铁工业协会团体标准组织架构设计方案》及《中国钢铁工业协会团体标准体系框架设计方案》的编制工作，旨在充分发挥团体标准的优势，以满足市场和创新需要为目标，聚焦新技术、新产业、新业态和新模式，围绕产业发展重点，增加标准的有效供给。截至2022年12月，共立项643项（见图8-1），共发布实施286项团体标准如图8-2所示。

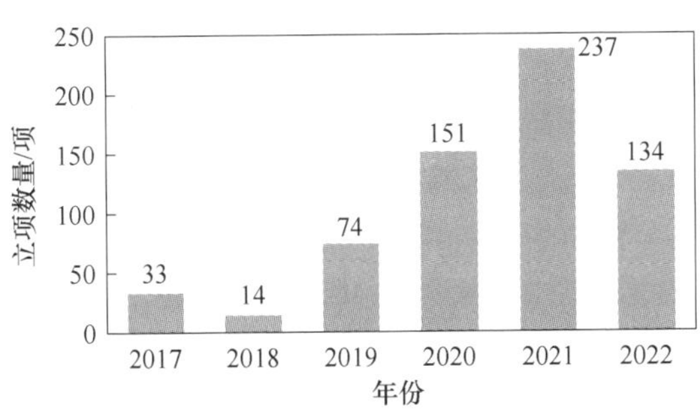

图 8-1　团体标准年度立项数量

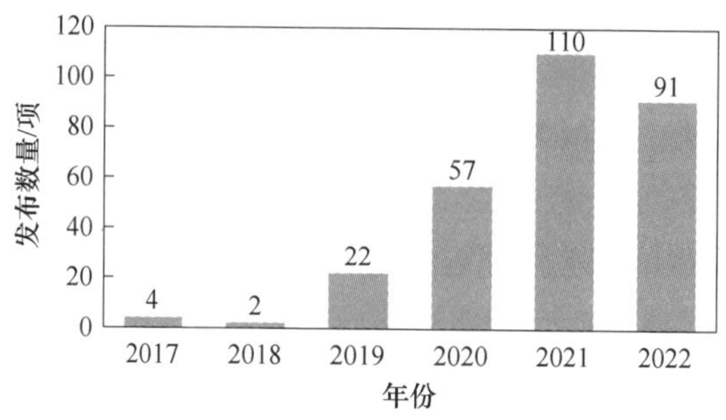

图 8-2　团体标准年度发布数量

第二节　百项团体标准应用示范项目

为进一步深入贯彻落实《国家标准化发展纲要》，推进团体标准应用示范，引导社会团体制定高质量标准，2018 年 7 月 27 日，工信部发布《关于开展 2018 年百项团体标准应用示范项目申报工作的通知》，申报范围包括具有法人资格的协会、联合会、学会、商会及产业技术联盟等正式发布实施的工业通信业领域的团体标准，要求应用示范项目应至少实施 6 个月以上，且技术水平较高、应用效果较好，对促进工业通信业质量品牌提升、推动产业高质量发展具有较强的引领作用。经社会团体自愿申报、地方或行业推荐、专家审查和社会公示等环节，工信部遴选出首批 102 项 2018 年团体标准应用示范项目，其中钢铁领域 7 项。截至 2022 年 12 月底，中国钢铁工业协会发布实施的团体标准共有 18 项入选百项团体标准应用示范项目。入选项目及信息见表 8-2。

表 8-2　入选应用示范项目的中国钢铁工业协会团体标准

序号	团标编号	标准名称	入选年份
1	T/CISA 001—2017	汽车座椅骨架用钢丝	2018
2	T/CISA 002—2017	高压锅炉用中频热扩无缝钢管	2018
3	T/CISA 101—2017	绿色设计产品评价规范　管线钢	2018
4	T/CISA 102—2017	绿色设计产品评价规范　取向电工钢	2018
5	T/CISA 103—2017	绿色设计产品评价规范　新能源汽车用无取向电工钢	2018
6	T/CISA 005—2018	铸余渣钢用分隔板	2019

续表 8-2

序号	团标编号	标准名称	入选年份
7	T/CISA 104—2018	绿色设计产品评价规范　钢塑复合管	2019
8	T/CISA 008. 1—2019	钢铁产品质量能力分级规范　第 1 部分：通则	2020
9	T/CISA 008. 2—2019	钢铁产品质量能力分级规范　第 2 部分：船体结构用钢板	2020
10	T/CISA 008. 3—2019	钢铁产品质量能力分级规范　第 3 部分：焊接材料	2020
11	T/CISA 026—2020	钢筋混凝土用 HRB600E 抗震热轧带肋钢筋	2020
12	T/CISA 042—2020	压水堆核电厂安全壳用预应力钢绞线	2021
13	T/CISA 073—2020	桥梁用耐海洋大气环境腐蚀钢板	2021
14	T/CISA 158—2021 T/CSM 25—2021	超高强度桥梁缆索钢丝用盘条	2022
15	T/CISA160—2021 T/CSM27—2021	电动汽车驱动电机用高性能无取向电工钢带	2022
16	T/CISA 161—2021 T/CSM 28—2021	高性能桥梁用钢板及焊材	2022
17	T/CISA 045—2020	铬-锰-镍-氮系奥氏体不锈钢热轧钢板和钢带	2022
18	T/CISA 046—2020	铬-锰-镍-氮系奥氏体不锈钢冷轧钢板和钢带	2022

中国钢铁工业协会发布实施的《汽车座椅骨架用钢丝》（T/CISA 001—2017）、《高压锅炉用中频热扩无缝钢管》（T/CISA 002—2017）、《绿色设计产品评价规范 取向电工钢》（T/CISA 102—2017）、《绿色设计产品评价规范 新能源汽车用无取向电工钢》（T/CISA 103—2017）及《绿色设计产品评价规范 管线钢》（T/CISA 101—2017）5 项团体标准成功入选应用示范项目，该批团体标准应用示范项目对促进产品质量品牌提升、推动行业高质量发展具有较强引领作用。

一、《汽车座椅骨架用钢丝》

中国钢铁工业协会《汽车座椅骨架用钢丝》（T/CISA 001—2017）团体标准于2017年12月29日发布，2018年2月1日开始实施。该标准入选工信部2018年团体标准应用示范项目。

汽车座椅骨架用钢丝主要用作座椅的骨架增强材料，是金属制品领域的重要产品，其质量直接关系到乘坐人员的安全、舒适，也直接影响到座椅骨架的智能机器焊接机器人的生产效率和汽车的制造成本。通过本标准的制定与实施，规范了汽车座椅骨架用钢丝的产品质量，充分保证生产企业的产品控制，满足汽车行业领域的应用发展需求，促进行业产品的技术升级和发展。

二、《绿色设计产品评价技术规范　钢塑复合管》

中国钢铁工业协会《绿色设计产品评价技术规范　钢塑复合管》（T/CISA 104—2018）团体标准于2018年12月3日发布，2018年12月31日开始实施。该标准入选工信部2019年团体标准应用示范项目。

我国在《中国制造2025》中明确提出全面推行绿色制造，工信部印发的《工业绿色发展规划（2016—2020年）》也提出要开发绿色产品，并积极推进绿色产品第三方评价和认证；构建绿色制造标准体系，加快绿色产品、绿色工厂、绿色企业、绿色园区、绿色供应链等重点领域标准制修订。因此，绿色消费将成为推进供给侧结构性改革和消费升级的重点领域和方向之一，加快制定和完善相关绿色产品标准和评价体系成为重中之重。

钢塑复合管广泛应用于石油、化工、建筑、造船、通信、电力和地下输气管道等众多领域，是目前替代传统镀锌管的较佳产品，被誉为绿色环保管材。建立钢塑复合管的绿色设计产品评价规范，是在钢塑复合管生产领域迅速实现绿色制造的基础。

该项团体标准被工信部采信，作为绿色设计产品评价依据，为行业内进行绿色产品评价工作申报奠定基础，自2019年工信部首次对钢塑复合管产品开展绿色设计产品评价以来，已经有多家企业按照该项标准要求参与了绿色产品的申报活动。标准实施后具有良好的社会效益和生态效益，行业绿色品牌形象得到进一步提升，也使得产品更受消费者欢迎。随着越来越多的企业更加重视绿色设计产品及评价，促使生产过程进一步降低能源资源消耗和污染物排放，起到了推进行业绿色升级发展的引领作用。

第三节 支撑企业标准“领跑者”评估

企业标准“领跑者”制度是基于企业标准自我声明公开和监督制度，通过市场化机制，依托第三方机构开展的一项标准化创新性工作。为进一步贯彻落实企业标准“领跑者”制度，2018 年国家市场监管总局等八部门联合印发了《关于实施企业标准“领跑者”制度的意见》，提出实施企业标准“领跑者”制度的有关目标和主要任务。2019 年 5 月，国家市场监管总局发布了关于印发《2019 年度实施企业标准“领跑者”重点领域》的公告，启动了企业标准“领跑者”评估工作。

企业标准“领跑者”评估工作受到行业的高度关注，优势企业、优势产品脱颖而出，对培育品牌意识起到了积极作用。“领跑者”标准通过基础指标、核心指标和创新性指标三大类对企业标准进行了规范，反映了各大企业所制定的企业标准的水平高低，能够更好地从企业中遴选出高水平的领跑者。2020 年 12 月 19 日，企业标准“领跑者”大会在北京召开，会上正式发布了 2020 年第一批企业标准“领跑者”名单。

钢铁行业积极承担钢压延加工制品和铸造、锻造、粉末冶金制品等领域的评估机构，开展《“领跑者”标准评价要求 热轧钢板桩》（T/CISA 048—2020）近 50 项重点产品的“领跑者”标准制定。这些团体标准的制定为第三方评估机构在进行企业标准“领跑者”评估工作时提供技术支撑，同时也可为企业在制定企业标准时提供指导，助推企业转型升级，实现高质量发展。“领跑者”标准已逐步成为产业科技创新发展的风向标，通过高水平的标准引领，增加中高端产品和服务的有效供给，有效支撑高质量发展，对深化标准化工作改革、推动经济新旧动能转换、供给侧结构性改革和培育一批具有创新能力的排头兵企业具有重要的支撑作用。

第四节 实施高质量发展标准引领行动

为提高中国钢铁工业的国际影响力、突出行业发展亮点，中国钢铁工业协会、中国金属学会联合发起了“钢铁高质量发展标准引领行动”（以下简称“引领行动”），旨在制定国际最先进水平、最具有引领性的团体标准，进一步增强我国钢铁国际竞争力、树立国际品牌。“引领行动”倡议得到了国内企业、下游用户的积极响应和支持，在国内外都引起了重要反响。

本次“引领行动”团体标准计划共计10项（见表8-3），其中，“打造产品、技术国际最先进水平标准”团体标准计划5项，“打造节能环保领域国际最先进水平标准”团体标准计划5项，全部为推荐性标准，10项钢铁高质量发展标准引领行动团体标准于2021年12月9日发布。

表8-3　钢铁高质量发展标准引领行动团体标准

序号	标准编号	标准名称	实施日期
1	T/CISA 157—2021 T/CSM 24—2021	全工艺冷轧高性能取向电工钢带	2022-03-01
2	T/CISA 158—2021 T/CSM 25—2021	超高强度桥梁缆索钢丝用盘条	2022-03-01
3	T/CISA 159—2021 T/CSM 26—2021	超高洁净连铸高碳铬轴承钢	2022-03-01
4	T/CISA 160—2021 T/CSM 27—2021	电动汽车驱动电机用高性能无取向电工钢带	2022-03-01
5	T/CISA 161—2021 T/CSM 28—2021	高性能桥梁用钢板及焊材	2022-03-01
6	T/CISA 162—2021 T/CSM 29—2021	钢铁企业煤气蒸汽联合循环发电机组与低温多效蒸馏海水淡化耦合技术规范	2022-03-01
7	T/CISA 163—2021 T/CSM 30—2021	转炉烟气排放高精度过滤技术规范	2022-03-01
8	T/CISA 164—2021 T/CSM 31—2021	焦炉上升管荒煤气余热回收利用系统技术规范 外盘管式	2022-03-01
9	T/CISA 165—2021 T/CSM 32—2021	链篦机回转窑球团工艺烟气脱硝技术规范	2022-03-01
10	T/CISA 166—2021 T/CSM 33—2021	基于湿法的烧结烟气超低排放一体化治理技术规范	2022-03-01

“引领行动”团体标准发布实施，将对产业技术创新和发展有显著推进作用。通过制定国际最先进水平、最具有引领性的团体标准，进一步增强我国钢铁工业的国际竞争力、树立国际品牌。“引领行动”得到了我国政府部门、ISO、国外标准化机构及国内外先进钢铁企业的高度关注，充分体现了中国钢铁行业的引领作用。

第五节　研制钢铁产品质量分级标准

建立质量分级制度，是更好地发挥政府作用，规划市场环境，激发企业内生发展动力和质量创新活力的重要手段，是推动制造业从量大向质优转变的有效途径。推进钢铁产品质量分级工作对于落实供给侧结构性改革和质量提升战略具有重要意义。

中国钢铁工业协会完成系列钢铁产品质量能力分级规范系列标准：包括了船体结构用钢板、焊接材料、热轧带肋钢筋、轴承钢等产品，实施效果良好。以《钢铁产品质量能力分级规范　第2部分：船体结构用钢板》（T/CISA 008.2—2019）为例，该标准对屈服强度不大于690MPa船板产品质量能力（生产线）的分级评价结果：结果分为A+级、A级、B级和C级。通过钢铁产品的质量能力分级，使质量评价从静态走向动态，从指标走向流程，从局部走向全局，从质量门槛走向质量阶梯。

T/CISA 008系列标准从产品和技术竞争力角度，针对国内外主流钢铁企业开展了质量能力分级，引起行业积极响应，也被认为是钢铁行业争取国际话语权的非常有力的重要举措。钢铁产品质量评价体系是一套完整的评价方法，配合质量升级举措，为钢铁企业提供分级结果的同时，提供相应的解决方案，持续性地引导和驱动行业高质量发展，提升企业高质量产品的生产能力，为材料用户带来产品质量保证，提升我国钢铁产品的总体质量水平和品牌形象，构建我国原材料市场“优质优价”的良性市场环境。

第六节　制定新兴重点领域团体标准

一、智能制造

智能制造是《中国制造2025》中明确提出的通过“两化深度融合”实现制造强国和网络强国的主攻方向，是我国钢铁实现由大向强转变的重要手段，同时也是实现钢铁行业高质量发展，推动钢铁行业提升生产效率、提高产品质量、降低生产成本和重塑生产方式的重要抓手，对于钢铁行业高质量转型升级、提升国际话语权具有重要战略意义。“智能制造，标准引领”，标准化工作是实现智能制造的重要技术基础。截至2022年12月底，我国已累计制定400余项智能制造标准，但是适用于流程制造业的标准较少。

2020 年，钢铁行业全面启动智能制造标准化工作，全国钢标委冶金智能制造标准化工作组正式成立。在工信部的统一部署下，在中国钢铁工业协会的指导下，秘书处充分发挥行业标准化组织的积极作用，形成了较为完善的《钢铁行业智能制造标准体系》建设方案，按照“共性先立、急用先行”的总体原则，启动了国行团标的申报与研制工作。作为新兴领域、新型标准，智能制造标准化工作在体系建设过程中，充分发挥团体标准“先进创新、快速灵活”的特点，广泛吸收市场主体参与标准制定，保障团体标准研制的周期和质量，为后续遴选推荐行业标准、国家标准、国际标准打下坚实基础。

截至 2022 年 12 月底，钢铁行业智能制造领域有 105 项团体标准在研，其中已发布 42 项，有近 150 家企事业单位参与到团体标准的研制中，推动了优秀案例向标准的转化，为行业智能制造整体水平的提升贡献了力量。

二、绿色发展

随着“双碳”目标的提出，加快推进钢铁行业低碳转型不仅是国家政策的要求，同时也是钢铁行业高质量发展的重要标志。中国钢铁行业必须坚持以新发展理念为引领，加快步伐，深入推进创新发展、绿色发展、高质量发展相关研究。《钢铁企业绿色高质量发展指数》（T/CISA 044—2020）从装备技术、资源利用、能源效率、环保绩效、区域环境，经营质量、智慧创新、产品与供应链、区域发展贡献、应对气候变化等“多目标约束”统筹优化与集成解决为出发点，以清洁生产为基础，提出符合我国钢铁企业绿色高质量发展指数。标准能够对企业绿色发展和高质量发展水平做出科学、系统地量化，能够反映并引领中国钢铁工业的绿色发展水平，向社会、向世界展示中国钢铁工业的绿色发展形象，同时为中国钢铁工业协会清洁生产环境友好企业评比提供依据，将引领和促进钢铁企业绿色转型升级，推动整个行业的绿色高质量发展。

三、品牌价值评价

中国钢铁行业已成为最具国际竞争力的行业，但钢铁行业品牌发展基础总体还比较薄弱，品牌知名度的提高仍然滞后，在品牌建设方面普遍存在认知度低、起步晚、品牌管理混乱的现状，在国际市场中没有真正树立起“钢铁强国”的品牌大国形象。

2014 年，习近平总书记提出了“三个转变”重要指示，推动中国制造向中国创造转变、中国速度向中国质量转变、中国产品向中国品牌转变，确立了质量、创新、品牌是推动我国经济高质量发展的核心。近年来，国家先后颁布多项政策，从战略上引导企业实施品牌建设。在《中国制造 2025》中，“加强质量品牌建设”成了重要战略任务。《钢铁工业调整升级规划（2016—2020 年）》也明确提出要加强品牌建设，品牌体系要以质量为中心。工信部《关于做好 2020 年工业质量品牌建设工作的通知》提出，深化开展工业品牌培育的重点工作，支持行业、地方和专业机构继续组织开展企业品牌培育标准宣贯活动，推动开展品牌管理体系成熟度评价。可见标准已成为引领、规范和支撑品牌建设的重要手段。在系列政策引导下，全社会品牌意识不断增强，越来越多的企业自觉开展品牌建设，越来越多的中国品牌走向世界。对于钢铁行业来说，目前已经形成了一批在国际上具有一定影响力的品牌，但是综合国内整体情况来看，行业在品牌建设方面仍然存在认知度低、起步晚、品牌管理混乱的问题，离强国钢铁品牌形象差距较大，行业品牌建设任重道远。

为发挥标准在钢铁行业品牌建设中的规范和引领作用，钢铁行业积极制定相关标准《品牌价值评价　钢铁行业》（T/CISA 125—2021），该团体标准的制定规范了钢铁行业品牌价值评价相关要求，将发挥标准的引领作用和市场驱动作用，显著加强行业品牌优势效应，促进行业整体协同进步，提高行业企业的品牌意识，培育壮大中国钢铁自主品牌。

四、增材制造

增材制造技术作为一项备受关注的技术，在航空航天、汽车、家电、生物医疗等行业得到了大力发展。该技术利用激光、电子束等高能束直接熔化金属粉末，可成形全致密的高性能金属零件，大幅减少材料的切削加工，缩短加工周期，提高材料利用率，并有效弥补了传统加工在生产复杂构件方面的短板。西方国家把这种实体自由成形制造技术誉为将带来“第三次工业革命”的新技术。

我国在增材制造技术方面的研究起步较早，技术研究及应用方面具有良好的基础，特别是在国家自然科学基金重点项目、国家“973”项目、国家“863”项目等重要研究计划的重点支持下，增材制造技术得以快速发展。伴随着增材制造技术的不断成熟，增材制造用金属粉末的类别不断增加，金属粉末的需求不断扩大。

增材制造的原材料较为特殊，必须能够液化、粉体化、丝化，在打印完成后又能重新结合起来，并具有合格的物理化学性质。因制备原理及方法不同，粉末产品存在一定差异。《增材制造材料　不锈钢粉末》（立项编号：CSTM LX 0100 00784—2021）是国内首次制定的增材制造材料不锈钢粉末标准，通过该标准的制定和实施，我国不锈钢粉末在增材制造材料领域将会更加合理规范，能够促进在增材制造材料领域的应用，并提高增材制造不锈钢制件的品质，达到发达国家的应用水平，满足核电工业、石油化工、电子电器、航空航天等关键领域的应用需求，对推进增材制造技术的产业化发展，提升国内增材制造用粉末产品的市场竞争力，规范市场秩序，提升我国制造水平均具有重要的意义。

第九章　持续推动中国钢铁标准走向国际

自 1978 年中国恢复参加 ISO 以后，钢铁行业在国家标准化主管部门和行业主管部门的领导下，积极创新工作思路，瞄准重点产品，发挥国际秘书处和国际标准化组织国内技术对口单位的平台优势和资源优势，将行业内优秀的企业聚集起来，积极参与国际标准化治理，取得了良好的效果，有力推动了技术进步和转型升级，国际标准化地位得到了显著提升，服务钢铁行业全球技术创新和贸易发展。

截至 2022 年底，钢铁行业承担了 6 个 ISO 秘书处，约占中国承担 ISO 秘书处数量的 9%。承担 ISO 主席职务 6 人，约占中国承担 ISO 主席、副主席数量的 9%。钢铁行业承担秘书处和主席数量均在中国各产业领域处于领先地位，推动了中国钢铁走向世界，成为中国国际标准化工作一道亮丽的风景线。除了在 ISO 里发挥越来越重要的作用，钢铁行业的国际标准化工作也是表现日益亮眼。钢铁行业全面参与了 27 个技术委员会和分委会国际标准制修订工作。注册了 300 多位钢铁相关单位、企业、高校和科研院所的专家实质性参与国际标准制修订，累计牵头制定国际标准近百项，约占全国总量的 10%，如图 9-1 和图 9-2 所示。获得 ISO 卓越贡献奖 24 项，占全国总量的 40%。同时，罗伯·斯蒂尔先生和塞尔吉奥·穆希卡先生两位 ISO 秘书长先后考察钢铁领域国际标准化工作，给予高度肯定。经过 40 多年的发展，中

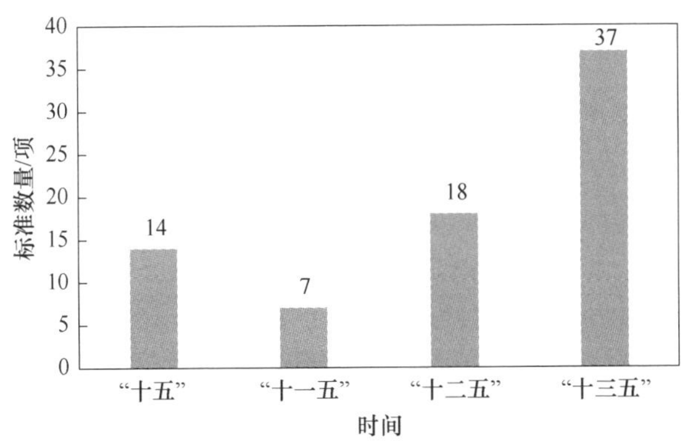

图 9-1　钢铁行业牵头发布 ISO 国际标准数量

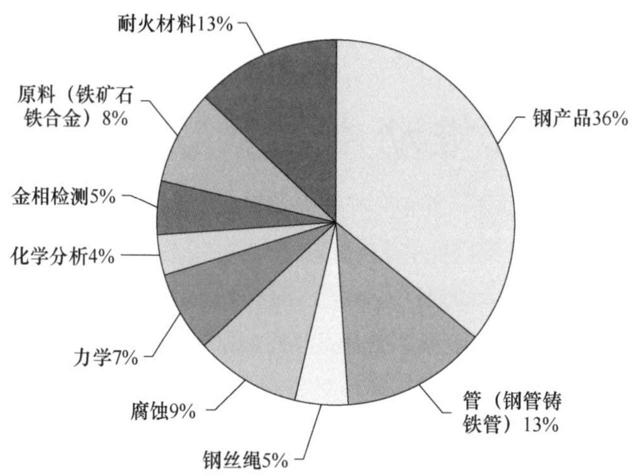

图 9-2　中国钢铁行业参与国际标准化活动领域分布

国已成功成为钢铁国际标准化工作中最活跃和最有影响力的国家之一，完成了从“标准执行者”到“标准制定者”的身份转变。中国钢铁相关单位的技术专家，要更加主动地在国际标准和国际规则的制定中，提供中国方案，贡献中国智慧，为国际标准化活动做出中国的贡献。

第一节　积极参与国际技术机构治理

自 1993 年承担中国第一个产品国际标准化技术委员会秘书处——ISO/TC 17/SC 17“钢/盘条与钢丝”以来，钢铁行业先后承担了 4 个 ISO 技术委员会、2 个分技术委员会秘书处，见表 9-1。同时，随着中国日益融入全球经济体系，一大批具有国际视野、熟悉国际规则的优秀企业家和专家在国际竞争与合作中迅速成长。越来越多的钢铁行业技术专家开始走到国际舞台中央，积极承担国际责任、奉献中国智慧。目前，钢铁行业承担了 ISO/TC 5 黑色金属管与金属配件、ISO/TC 17/SC 12 钢/连续轧制扁平材、ISO/TC 17/SC 15 钢/钢轨、车轮及配件、ISO/TC 17/SC 17 钢/盘条与钢丝、ISO/TC 132 铁合金和 ISO/TC 156 金属和合金的腐蚀 6 个 ISO 技术委员会/分技术委员会主席。2013 年，时任鞍钢集团总经理的张晓刚当选 ISO 主席（任期 2015—2017 年），这是中国人首次担任 ISO 国际组织的最高领导职务，成为我国钢铁标准化事业的一个里程碑。这些成绩的取得，有力证明了钢铁行业在国际标准化舞台影响力和话语权提升，更是国际标准组织对钢铁行业高水平、高质量参与国际标准化工作的充分肯定。

表 9-1 钢铁行业先后承担的国际秘书处

技术委员会	名 称	承担秘书处时间
ISO/TC 17/SC 17	钢/盘条与钢丝	1993 年
ISO/TC 17/SC 15	钢/钢轨、车轮及配件	2003 年
ISO/TC 132	铁合金	2004 年
ISO/TC 5	黑色金属管与金属配件	2006 年
ISO/TC 156	金属和合金的腐蚀	2008 年
ISO/TC 105	钢丝绳	2011 年

一、黑色金属管及配件标准化技术委员会（ISO/TC 5）

ISO/TC 5（国际标准化组织/黑色金属管和金属配件技术委员会）成立于 1947 年，主要负责钢管、铸管、金属柔性管及金属连接件、法兰、管支撑件、管螺纹、金属及有机涂层保护层领域的标准化工作。目前该委员会总计发布国际标准 61 项，在研国际标准 10 项，现有积极成员国（P 成员国）18 个，观察成员国（O 成员国）30 个。中国分别于 2006 年和 2013 年承担了 ISO/TC 5 秘书处和主席工作，秘书处设在信息标准院。

ISO/TC 5 作为技术委员会，没有直接管理的国际标准项目，根据专业技术领域划分 5 个分技术委员会，分别是 SC 1 钢管分技术委员会、SC 2 铸铁管、管件和连接件分技术委员会、SC 5 螺纹配件、焊料配件、焊接配件、管螺纹、螺纹规分技术委员会、SC 10 金属法兰及其连接件分技术委员会和 SC 11 金属软管和伸缩连接件分技术委员会，各分技术委员会分别管理专业领域内的国际标准化工作，并定期向技术委员会做 SC 的秘书处工作报告。

中国自 2006 年从瑞士接管 ISO/TC 5 秘书处工作以来，基本每两年召开一次全体会议，积极组建战略咨询组 AG 研究并更新技术委员会战略业务规划（SBP，strategic business plan），定期与各分技术委员会（SC）秘书处保持联络，及时转发和更新 ISO/IEC 导则和技术管理局的决议，向技术委员会各成员国宣传 ISO 导则变化与技术管理局（TMB）最新决议，确保各项工作顺利开展。2006 年以来 ISO/TC 5 国际标准发布情况如图 9-3 所示。

ISO/TC 5 秘书处为加强各国专家对委员会参与积极性，自 2018 年开始组织专家申请 ISO 卓越贡献奖，在秘书处组织和申请下，多位中国专家担任工作组召集人与国际标准的项目负责人，获得 ISO 卓越贡献奖（Excellence Award）。

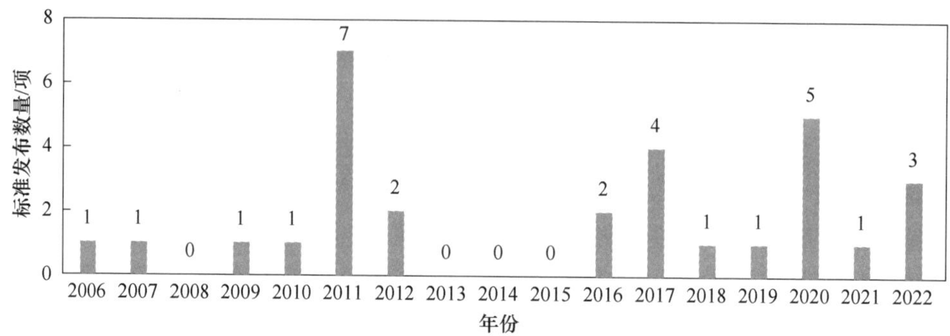

图 9-3 ISO/TC 5 国际标准发布情况

中国长期致力于在 ISO/TC 5 领域拓展国际标准化工作。2021 年在 SC 1 钢管分技术委员会提交了修订《平端焊接和无缝钢管　尺寸和单位长度重量常用表》（ISO 4200）的国际标准新工作项目提案，下一步还计划提出《平端精密焊接钢管　交货技术条件》（ISO 3305）国际标准修订项目，争取借助承担秘书处优势打开钢管领域国际标准化工作局面；SC 5 螺纹配件、焊料配件、焊接配件、管螺纹、螺纹规分技术委员会、SC 10 金属法兰及其接口分技术委员会的国内技术对口单位，以及 SC 11 金属软管和伸缩接口分技术委员会对应的中国标准化技术委员会全部挂靠在中机生产力促进中心，为落实好《国家标准化发展纲要》中提出的推动国内国际标准化协同发展要求，未来 TC 5 秘书处不仅要与 SC 1 秘书处加强联系与沟通，争取获得法国秘书处和其他 P 成员国的支持，同时也要积极在国内与相关联对口单位、技术委员会加强沟通，促进国内和国际标准化工作的有机结合。下一步，ISO/TC 5 秘书处将持续履行承担国际秘书处职责，将着力推动完善技术委员会 SBP，加强与各分技术委员会的沟通与合作，从战略层面引导和推动 ISO/TC 5 及各分技术委员会开展国际标准化工作，为黑色金属管和金属配件领域国际标准化工作可持续发展奠定坚实基础。

二、钢/钢轨、车轮及配件分技术委员会（ISO/TC 17/SC 15）

在中国铁路快速发展的背景下，争取更多的国际话语权就成为当务之急，钢轨及其紧固件的国际标准化工作急需得到加强。2002 年，经国标委批准，钢铁行业承担 ISO/TC 17/SC 15 钢轨、车轮及配件秘书处工作。

ISO/TC 17/SC 15 钢轨及其配件分技术委员会隶属于 ISO/TC 17 钢技术委员会，负责钢轨及配件的术语、试验方法、尺寸与偏差、技术要求方面标准的制修订工作。该分委员会原秘书处设在法国标准化协会（AFNOR）。1984年，法国 AFNOR 提出不再承担秘书处工作，多年来秘书处一直空缺，并于2000 年被取消。根据 ISO/IEC 导则规定，如果要继续开展工作，必须重新建立分委员会。重新建立分委员会的条件是必须通过表决程序，且要求至少要有 5 个 P 成员国参加。由于投票表决时间只有 3 个月，给通信联系工作带来了一定的难度，但经过多方有效沟通和协调，最终在 2002 年正式承担 ISO/TC 17/SC 15 秘书处，参加的 P 成员国有 7 个，即中国、德国、法国、韩国、乌克兰、意大利、葡萄牙；O 成员国有三个，即日本、英国、波兰。自 2003年 1 月秘书处正式启动工作，之后立即着手启动各项工作，在国际领域，向各 P 成员国和 O 成员国签发了 001 号五年复审文件；探讨新工作项目；扩大成员国（向 TC 17 的成员国征询）及确立第一次 TC 17/SC 15 国际会议的时间与地点，在国内领域，争取上级主管部门对秘书处工作的支持及组建技术团队，研究新工作项目。

国内的铁路用钢国家标准一直由原冶金工业部和原铁道部双方共同协调制修订。原冶金工业部在 1998 年转为冶金局后，双方在标准领域的合作也逐渐减少，原铁道部更多采用铁标。因此，在中国承担 TC 17/SC 15 秘书处工作之后两个领域的合作主要是以专家参与的形式。在国际领域，在中国承担秘书处前，TC 17/SC 15 共发布了 14 项国际标准，绝大部分为 1990 年之前发布的项目，技术内容落后，已经无法体现高速发展的铁路用钢的实际情况。2012 年，TC 269 铁路应用委员会及其分委员会 ISO/TC 269/SC 1 基础设施和 TC 269/SC 2 机车车辆成立之后，由于其工作范围与 ISO/TC 17/SC 15的工作范围存在交叉重叠，使 ISO/TC 17/SC 15 国际标准化工作开展缓慢。但是在上级主管部门的支持下，在主席的指导下，秘书处依靠国内专家，团结各国专家，克服重重困难，先后完成了《铁路部件——交货技术要求　第2 部分：非合金钢垫板》（ISO 6305-2:2007）、《43kg/m 及以上级对称平底钢轨》（ISO 5003:2016）、《铁路车辆材料—超声检测验收方法》（ISO 5948:2018）、《道岔钢轨》（ISO 22055:2019）等重大标准的制修订工作，为中国高铁走出去奠定了重要基础。

三、盘条与钢丝分技术委员会（ISO/TC 17/SC 17）

（一）承担中国第一个产品秘书处，探索秘书处组织治理

ISO 的钢标准化技术委员会盘条与钢丝分技术委员会（ISO/TC 17/SC 17）

秘书处工作，是1993年11月由澳大利亚转至中国，由信息标准院承担。这是中国承担的第一个产品类国际秘书处，是钢铁领域承担的第一个国际秘书处，开创了中国在ISO产品标准领域探索的先河，标志着中国钢铁行业由积极参与ISO活动和采用ISO标准，发展到具体组织管理ISO标准的制修订工作，在参与国际标准化工作的程度上和实效上取得了重要进展，对中国在国际标准化活动中充分发挥作用和扩大影响力具有深刻影响。

（二）全面启动秘书处工作，为世界贡献中国智慧和中国方案

1. 首次调研全球盘条与钢丝发展现状，助力秘书处快速步入正轨

自承担ISO/TC 17/SC 17国际秘书处后，秘书处承担单位积极筹划委员会工作，推进项目的启动，于1994年7月16—28日，中国代表团一行6人前往英国、德国进行考察，实地了解国际标准化工作现状及趋势，畅通沟通渠道，建立联络关系，借鉴国外先进的工作经验，重启委员会工作TC SC 。考察组分别在英国曼彻斯特、德国杜塞尔多夫和科隆与英国标准学会（BSI）、德国标准化学会（DIN）钢铁标准委员会秘书处、欧洲钢铁标准化委员会钢丝产品技术委员会（ECISS/TC 30）秘书处和德国标准化学会紧固件委员会秘书处的有关人士进行了座谈和交流。此次交流针对标准项目复审、新工作项目、中国承担秘书处后的第一次年会安排等事项进行研讨，取得实质性成果。

2. 首次组织国际年会，厘清现有标准进展

自承担ISO/TC 17/SC 17国际秘书处后，经过认真精心准备筹划，秘书处于1995年7月3—4日在德国杜塞尔多夫召开了ISO/TC 17/SC 17盘条与钢丝产品分技术委员会第五次会议。这次会议是中国1993年11月承担秘书处工作以来的首次会议。出席会议的有中国、日本、德国、美国、英国、韩国、意大利、阿根廷和比利时9个国家，以及ISO/TC 17秘书处代表共28名专家。SC 17自1985年东京会议后工作停滞了10年，这次会议是恢复后的第一次会议。

会上重点讨论了关于ISO/TC 17/SC 17工作范围变更的事宜TC SC，同意将工作范围修改为：制丝盘条与拉丝机生产的钢丝产品的尺寸与允许偏差标准化，制丝盘条（制丝用非合金钢和焊丝用盘条）的种类与质量标准化，仅以钢丝产品形式使用的钢丝的种类与质量标准化，但不包括不锈钢丝与耐热钢丝；不包括已经由其他委员会正在进行标准化的产品，例如钢丝绳。

同时，会上就非合金钢制丝用盘条、机械弹簧用钢丝的修订事项达成决议，一致同意由秘书处根据欧洲标准草案、美国标准、日本标准及中国标准修订 ISO 8458 系列标准。

3. 首次作为东道国承办年会，与活跃国家建立广泛联系

1997 年 5 月 14—15 日在中国上海召开了 ISO/TC 17/SC 17 盘条钢丝分技术委员会第六次会议，这是自中国 1993 年底承担 ISO/TC 17/SC 17 盘条和钢丝分技术委员会秘书处以来召开的第二次会议，也是首次在中国承办 ISO/TC 17/SC 17 年会。参加本次会议的有来自美国、韩国、日本、中国、德国、比利时、意大利 7 个国家的 19 名代表。

会上讨论了中国作为秘书处提出的 3 项机械弹簧钢丝国际标准草案。会前，秘书处对收到的各国意见首先进行了编辑整理，然后召集国内的标准专家对各国意见进行讨论，对会上可能引起争论的问题，设计了几套方案，保证了会议的顺利进行，在会上 3 项草案基本上被国际上接受。

（三）秘书处工作卓有成效，为世界标准化搭建沟通桥梁

近年来，在秘书处的协调下，在国内技术对口单位的组织下，在国内外专家的大力支持下，ISO/TC 17/SC 17 秘书处开展了大量卓有成效的工作。截至 2022 年 12 月底，发布 22 项国际标准（见图 9-4），其中近 5 年发布的国际标准中，由中国牵头的数量占据总数的 80%；累计组织召开超百次国际会议；选派数十家企业的百余人参与国际标准化活动，其中 12 人次获得 ISO 卓越贡献奖；为全球盘条与钢丝领域致力于技术进步搭建了沟通的桥梁，为全球盘条与钢丝领域国际标准化工作提供了技术舞台，为全球盘条与钢丝领域国际贸易提供了助力。

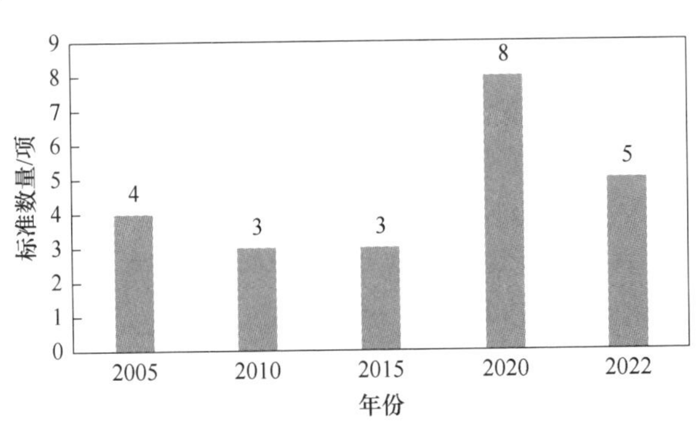

图 9-4　ISO/TC 17/SC 17 发布的标准

1. 立足国内，推动重要国际标准制定

中国是金属制品的生产和消费大国，ISO/TC 17/SC 17 秘书处以中国国内重点技术标准为基础，以优势领域国际标准为主题，推动“桥梁缆索用热镀锌及锌铝合金钢丝”等国际标准的制定。通过深度参与国际标准化工作，促进了国内生产企业与国际同行在技术、管理上的交流，增强了中国金属制品领域国际竞争力，推动产品国际贸易。

2. 快速响应市场要求，加快新产品标准研制

ISO/TC 17/SC 17 秘书处积极制定反映市场要求，反映新技术、新工艺的国际标准。例如，《橡胶软管增强用钢丝》国际标准中规定的超高强度钢丝用于大直径、高强度橡胶软管，是国际新开发的产品，应用前景非常好。通过制定《橡胶软管增强用钢丝》等国际标准，满足汽车工业对高品质产品的需求。

3. 加强标准包容性，国际标准被全球广泛采用和认可

ISO/TC 17/SC 17 秘书处在张晓刚主席等各位领导专家的支持下，注重加强标准的包容性。比如制定的《钢丝镀锌层》国际标准，镀层包含种类广，几乎涵盖了金属制品的镀黄铜镀层和青铜镀层等多种类型的所有镀层，包容性和实用性更强。同时，ISO/TC 17/SC 17 秘书处制定的国际标准由 ISO 发布，作为国际标准在全球应用，部分标准在英国、日本和中国等国家不同程度地参照执行。比如 ISO 16124 被等同采用为 BS ISO 16124，同时该标准在武钢、首钢、沙钢等企业得到广泛的应用，为盘条生产企业提高国际地位、适应国际贸易提供必要的技术支撑。

4. 加强顶层设计，搭建层次分明、专业配套的标准体系

随着各成员提出新标准项目积极性的提高，新提案间交叉重叠的现象开始出现。同时随着立项规则的改变，新项目立项难度越来越大。针对这些情况，为了加强对新工作项目提案的管理，引导各国有计划性地合理开展立项工作，秘书处在 2017 年提出了本领域的标准体系框架，对现有标准进行整理分类，搭建了层次分明、专业配套的标准体系。同时在体系框架中设计了还未开发的标准领域，将中国的优势产品纳入了其中，为中国企业下一步的项目立项提供了理论体系基础。

5. 扩大工作范围，为更多项目推向国际奠定基础

为解决现有范围和新提出项目范围不兼容的问题，秘书处立足现有工作范围，召集了中国、日本、比利时、法国、德国、西班牙、英国等成员国的

专家，并邀请相关的 ISO/TC 17/SC 4 的委员会经理参与，积极协调各方意见，经过激烈的会议研讨最终形成工作范围草案，按程序报 ISO/TC 17（日本作为秘书处）投票确认。日本在处理投票时积极与 SC 17 秘书处沟通，并编写相关解释文件，使得投票顺利通过，成功扩大工作范围。

（四）钢丝绳技术委员会（ISO/TC 105）

1. 积极跟踪参与钢丝绳领域国际标准化工作

ISO/TC 105 是 ISO 下属的钢丝绳技术委员会，负责全球钢丝绳产品规范、测试方法、术语定义等国际标准的研制。长期以来，ISO/TC 105 的秘书处工作一直由英国标准化协会（BSI）负责，中国作为 P 成员国积极参与，信息标准院作为钢丝绳领域国内对口单位负责组织国内专家参与国际标准化活动。

由于欧美国家钢丝绳行业发展较早，技术成熟，长期垄断钢丝绳国际标准的制定。在国际标准研制中都力图把自己的规格纳入标准中，使自己在将来的市场竞争中处于更有利的地位，同时对很多关键指标又提得很高，使得中国这样的发展中国家，在现有技术设备水平很难达到标准要求的技术指标。中国这一时期参与国际标准化工作主要是通过国际标准研制了解国外生产厂家的最新技术、最新发展动态，促进国内技术进步。

2. 积极承担钢丝绳领域国际标准秘书处

进入 21 世纪，随着国内生产装备与技术的提升，国内钢丝绳行业在规模与技术水平上都有了整体提高，《重要用途钢丝绳》《一般用途钢丝绳》等基础重大标准的发布为行业有序发展奠定基础，钢丝绳行业的组织管理上也不断完善。2008 年，经国际标准化管理委员会批准，TC 全国钢标委成立了钢丝绳分技术委员会（SAC/TC 183/SC 12），负责全国钢丝绳领域国家和行业标准制修订工作，秘书处设置在法尔胜泓昇集团有限公司。

钢丝绳分技术委员会的成立与运行为中国深度参与 ISO/TC 105 钢丝绳领域国际标准化工作提供了重要支撑。根据 ISO 结对原则，鼓励发达国家与发展中国家可以联合承担技术委员会秘书处，以此为契机，国标委向 ISO 提出申请，表明中国希望能与时任 ISO 钢丝绳技术委员会秘书处承担单位的 BSI 共同承担 ISO/TC 105 秘书处。在 BSI 层层商议后，该提议被回绝。

转机出现在 3 年后，因英国国内钢丝绳行业的衰退及秘书处事务减少，BSI 于 2011 年初提出不再担任秘书处的工作。随即国标委向 ISO 提出申请，表示中国愿意承担 ISO/TC 105 秘书处工作。在前期努力的基础上，这一申请最终获批 TC，秘书处设置在法尔胜泓昇集团有限公司，信息标准院作为钢丝绳领域国内对口单位为钢丝绳行业开展国际标准化活动提供指导。

自 2011 年承担 ISO/TC 105 秘书处工作后，在国标委的指导下，在国内技术对口单位信息标准院的支持下，秘书处积极开展相关工作，逐步进入正轨。在接手秘书处后，因 ISO/TC 105 已有十年未召开会议（上一次会议已是 2002 年 11 月），委员会近十年间一直处于半休眠的状态，故秘书处决定重启年会。经与技术委员会主席协商，2013 年 9 月，由中国在江阴成功组织召开了 ISO/TC 105 第 14 次会议，汇聚了来自美国、中国、德国、英国、日本的 19 名国际钢丝绳行业专家。此后，秘书处成功在中国、英国、美国和德国等国主持召开国际标准化会议。通过会议的召开，让各国钢丝绳领域的专家更好地面对面交流，技术沟通也日趋频繁，促进了信息的全方位传递。

3. 助力中国钢丝绳领域国际标准走出去

中国承担秘书处后，配合国内对口单位积极发挥秘书处作用，协助中国企业牵头国际标准研制工作。截至 2022 年 12 月底，ISO/TC 105 发布国际标准 22 项，其中近五年在研的由中国牵头的国际标准项目数量占总数的 80%，极大地激活了该领域的国际标准化活动。

以 ISO 2408 国际标准为例，《钢丝绳　要求》（ISO 2408:2017），全文有 54 页 6.3 万字，是 ISO/TC 105 体系中的一项重大基础标准。该标准是中国钢丝绳行业牵头研制的首个国际标准，实现了零的突破。该标准推动了钢丝绳技术、装备研发，引领了国际发展方向。培养了一批复合型人才，起草团队获“工人先锋号”称号（全国总工会发），成员获贵州省劳动模范。

ISO 2408 标准彰显了中国钢丝绳行业技术实力，促进钢丝绳行业技术进步，显著提升国际影响力，促进了钢丝绳产品国际贸易。该标准的发布，作为国际标准在全球应用，在英国被转化为 BS ISO 2408 使用，并在众多国家的标准中被引用。中国先进技术及产品随着标准的推广不断在海外工程得到应用，促进了中国产品“走出去”，取得良好的经济效益和社会效益。

4. 推动中国优势产品国际标准化

中国钢丝绳领域致力于推动中国优势产品走出去。截至 2022 年 12 月底，已经累计发布 5 项国际标准，同时还有 4 项国际标准在研制中。其中发布的桥梁建设国际标准 ISO 19427:2019，是在国际上没有关于预制平行钢丝索股（PPWS）方法的标准化的产品数据、生产和检测程序的情况下制定的，解决了设计师、监理、工程师、建筑公司和缆索供应商等之间存在的问题。英国、荷兰、比利时等欧洲国家已将该标准同步转化，打破了中国产品和技术“走出去”的技术贸易壁垒。

（五）铁合金技术委员会（ISO/TC 132）

铁合金国际标准化技术委员会（ISO/TC 132）主要任务是在国际范围内开展炼铁、炼钢用的铁合金和其他合金添加剂，以及铁合金用的原料锰矿石与铬矿石的标准化活动，不包括由 ISO/TC 155 归口的镍铁标准。

ISO/TC 132 于 1969 年成立，秘书处为南非。中国于 1969 年以 P 成员身份加入 ISO/TC 132，并于 2004 年承担 ISO/TC 132 秘书处。2018 年 ISO/TC 65 解散，ISO/TC 132 接收了 ISO/TC 65 管理的 40 个标准，标准数量由原来的 29 项增长为 69 项，秘书处工作由信息标准院承担。

截至 2022 年 12 月底，ISO/TC 132 有 6 个 P 成员国，27 个 O 成员国，4 个联络委员会。TC 132 下设 4 个工作组，具体情况见表 9-2。

表 9-2　ISO/TC 132 组织架构

序号	SC/工作组编号	名　称	召集人	国籍
1	TC 132 WG 1	锰矿石　锰含量的测定	Chunsheng Lu	中国
2	TC 132 WG 2	钒铁 规格和交货条件	Kaizhu Zhou	中国
3	TC 132 WG 3	铬矿石和铬精矿　铬含量的测定　滴定法	Chen Li	中国
4	TC 132 WG 4	钛铁　钛含量的测定　滴定法	Rong Zhu	中国

ISO/TC 132 铁合金国标准化技术委员共有国际标准项目 69 项，包含产品、术语、方法标准。其中，铁合金产品和检测方法等相关标准 29 项，锰矿石和铬矿石原料检验方法相关标准 40 项。在研标准项目 3 项，均为中国提出的修订项目。这些国际标准为铁合金及其原料的国际贸易提供了重要的支撑，也为相关国家在铁合金、锰矿与铬矿石进出口贸易中提供检验标准依据做出了重要的保障。

ISO/TC 132 按导则规定及时处理各类文件及投票，维持委员会各项事务正常进行；组织召开委员会会议，积极鼓励各国专家参与工作组工作并对标准草案发表意见；熟练运用导则，协助项目负责人按导则要求按时完成标准制修订任务；协调委员会意见不一致的情况，处理相关事宜。通过充分利用秘书处优势，积极鼓励中国专家积极参与国际标准制修订工作，促进中国专家与国外专家技术交流，借助国际标准化工作经验以及其他国家优势，为中国专家参与国际标准转化活动提供了有力支持。人才培养方面，截至 2022 年 12 月底共注册 11 名中国专家，为后续中国参与国际标准研制打下了坚实基础。

标准项目方面，ISO/TC 132 现有在研国际工作项目 3 项，均为中国提出。由中国牵头的《钒铁——规格和交货条件》（ISO/DIS 5451）已经通过国际标准草案（DIS）投票，正在等待发布；由中国牵头的《钛铁 钛含量的测定 硫酸铁铵滴定法》（ISO/AWI 7692）和《铬矿石与铬精矿 铬含量的测定 滴定法》（ISO/AWI 6331）国际标准修订项目经过秘书处努力协调沟通，在 2021 年顺利通过立项投票并注册，成立了相应工作组开展工作。此外，秘书处组织各国深入研究，积极策划新的国际标准项目，完善铁合金领域国际标准体系，近年来保持每年 1 项新工作项目的成功立项，保证了领域工作的可持续发展。其中，由中国牵头的《锰铁》（ISO 5446:2017）和《钒铁 钒含量的测定 电位滴定法》（ISO 6467:2018）、《锰矿石和锰精矿 锰含量的测定》（ISO 4298:2022）分别于 2017 年、2018 年和 2022 年正式发布实施。

（六）金属和合金的腐蚀技术委员会（ISO/TC 156）

金属和合金的腐蚀技术委员会（ISO/TC 156）于 1974 年成立，主要负责金属和合金领域的腐蚀试验方法、防腐方法及工程生命周期的腐蚀控制的标准化活动。其工作重点是制定国际化的金属防腐蚀及控制腐蚀的试验方法，为减少因金属腐蚀而造成的全球化经济损失、延长金属和合金产品的使用周期以及保证使用安全性等问题提供可靠全面先进的标准指导。

中国自 2008 年起承担该技术委员会秘书处，信息标准院为秘书处承担单位。尽管 ISO/TC 156 委员会历史悠久，但在中国承担秘书处之前，委员会工作处于停滞状态，2007—2008 年年会也未能如期召开。在中国承担秘书处后，ISO/TC 156 重启委员会技术工作并积极筹备国际会议，2009 年 1 月 12—16 日，ISO/TC 156 第 21 届年会在捷克首都布拉格顺利召开，来自 12 个国家的 30 余位代表参加了会议，本次会议为金属和合金的腐蚀领域国际标准化工作的蓬勃发展奠定基础。经过 ISO/TC 156 秘书处及腐蚀领域国内外专家不懈的努力，委员会工作中存在的遗留问题得以解决，委员会迅速恢复正常运行，2010 年底，共有 27 项国际标准制修订项目同时开展研制工作，ISO/TC 156 自此进入了全面活跃时期。在中国承担秘书处之前，ISO/TC 156 发布标准 29 项，而在中国承担秘书处后，截至 2022 年 12 月底共发布标准 111 项（见图 9-5），其中 2012 年、2015 年、2020 年、2022 年发布的标准数量均在 10 项以上，是 ISO/TC 156 创建以来的高峰。

中国在国际腐蚀标准化领域扮演越来越重要的角色，中国专家参与 ISO/

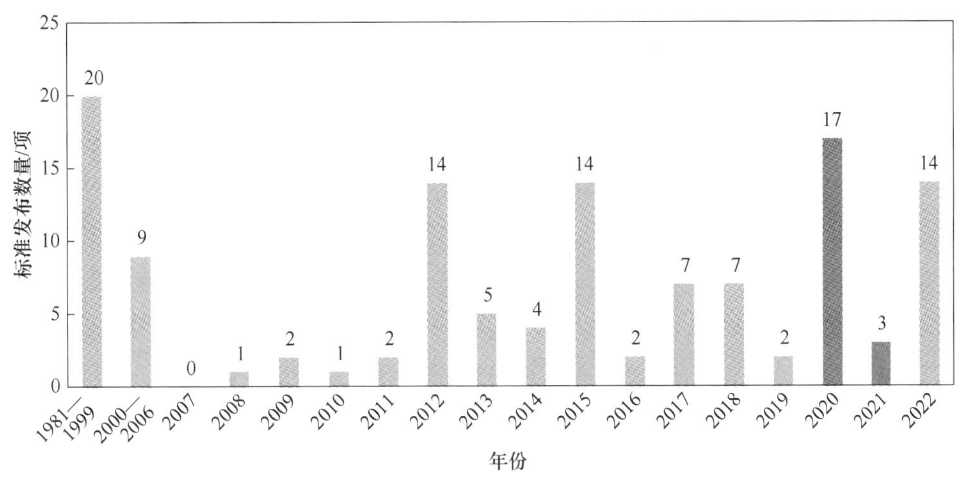

图 9-5　ISO/TC 156 国际标准发布情况

TC 156 国际标准化工作的广度和深度也在不断拓展，截至 2022 年 12 月底，中国牵头发布 9 项国际标准，积极为全球贡献智慧。

截至 2022 年 12 月底，ISO/TC 156 现有成员国 51 个，其中 P 成员国 25 个，O 成员国 26 个，下设 1 个分委会（SC）、1 个咨询工作组（AG）和 13 个工作组（WG）；ISO/TC 156 的主席和委员会经理均由中国专家担任，同时，由中国专家担任了 4 个工作组/咨询工作组/临时工作组召集人，其他工作组召集人分别来自美国、英国、捷克、日本、瑞典、韩国、瑞士等国家。

ISO/TC 156 技术委员会近年来活跃度非常高，截止到 2022 年 12 月底，共发布标准 111 项，在研标准 29 项，涉及大气腐蚀、晶间腐蚀、高温腐蚀、环境敏感开裂等领域，如图 9-6 所示。

ISO/TC 156 自 2009 年起每年召开年会，下设的分委会和工作组会议也在同期召开，随着 ISO/TC 156 影响力的不断扩大，参会人数逐渐增加。尽管受疫情影响，2020—2022 年年会通过线上举办，由于年会规模大，会议周期长，参会专家分散于世界各地，存在时差、ZOOM 平台使用、网络等多方面的问题，但秘书处的积极筹备保障了会议的流畅进行，委员会各项技术工作得以顺利推进，秘书处的工作得到了与会各国专家代表的充分认可。例如，在 2020 年 4 月，为指导技术委员会成员、工作组召集人、项目负责人、专家更有效地完成国际标准化制修订工作，ISO/TC 156 秘书处召开网络会议，对相关人员进行 ZOOM 会议培训，并在会上对 TMB 最新政策进行详细解读。

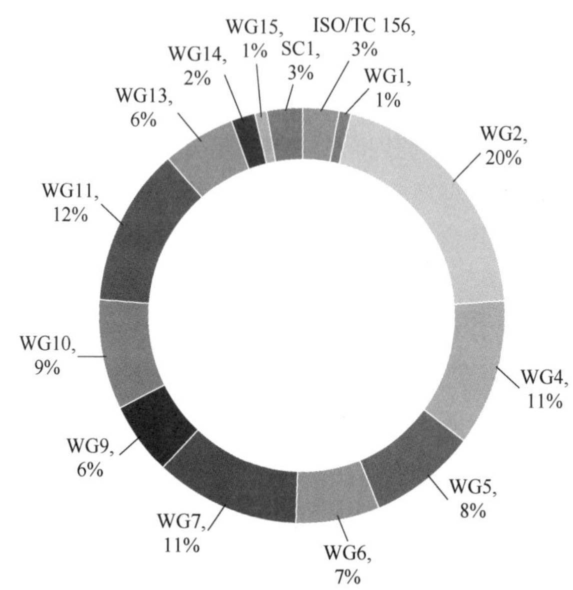

图 9-6 ISO/TC 156 发布国际标准

在近期举办的 2022 年 ISO/TC 156 第 34 届年会上，共有来自澳大利亚、丹麦、德国、法国、芬兰、韩国、荷兰、捷克、美国、日本、瑞典、瑞士、伊朗、意大利、英国和中国等 16 个国家的 116 名代表出席了 TC 156 各工作组会议全体会议，研讨了正在研制的 37 项国际标准项目。

自中国承担秘书处和主席工作以来，ISO/TC 156 始终注重对委员会的建设和管理，在 ISO/TC 156/AG 会议上，委员会主席每两年组织一次对商务战略计划（SBP）的讨论和修订，从市场角度出发，综合分析影响委员会发展的主要因素，顶层规划设计委员会发展方向，明确金属和合金的腐蚀领域 ISO 标准的制定原则，指导委员会开展技术工作。同时，秘书处为加强各国专家对委员会参与积极性，扩大委员会国际影响力，自 2017 年开始组织专家申请 ISO 卓越贡献奖。ISO 卓越贡献奖为了奖励 ISO 技术专家的成就而设立，表彰在 ISO 技术工作方面最近取得成就的个人。在 TC 156 秘书处组织和申请下，共有 29 名 ISO/TC 156 专家（31 人次）获得 ISO 卓越奖，其中包括中国专家 5 名（7 人次），如图 9-7 所示。

在 ISO/TC 156 技术委员会 SBP 的指导下，秘书处对 ISO/TC 156 技术委员会的未来发展进行顶层设计，在未来的工作中，将积极筹建微生物腐蚀工作组、冷却水环境腐蚀工作组，促进 ISO/TC 156 技术委员会健康有序可持续发展。

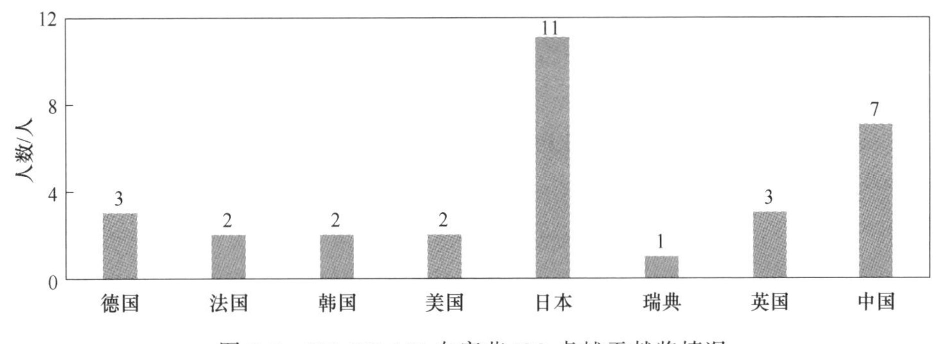

图 9-7　ISO/TC 156 专家获 ISO 卓越贡献奖情况

第二节　履行国内技术对口单位职责

钢铁行业在国际标准化舞台上扮演了重要角色，影响力持续提升，为本领域国际标准的发展奠定了坚实的基础，钢铁行业 ISO 国内技术对口统计表见表 9-3。经国标委批复，钢铁行业承担了 27 个 ISO 技术委员会/分委员会国内技术对口单位，代表中国参与相关行业的国际标准化活动，负责中国国内行业机构同 ISO 的沟通和联络，积极参与国际标准的制订、修订工作。钢铁行业积极有效推进了中国钢铁行业领域国际标准化工作的进程，提升了中国钢铁行业在国际标准化领域的话语权和影响力。特别是在铸铁管、管件及连接件、特钢、铁矿石与直接还原铁和力学领域，致力于加强国际标准化交流合作、实现联合国可持续发展目标，不断增强中国在上述领域国际影响力，助力中国由钢铁大国向强国迈进。

表 9-3　钢铁行业 ISO 国内技术对口统计表

技术委员会编号	名　　称
ISO/TC 5	黑色金属管和金属配件
ISO/TC 5/SC 1	黑色金属管和金属配件/钢管
ISO/TC 5/SC 2	黑色金属管和金属配件/铸铁管、管件及连接件
ISO/TC 5/SC 11	黑色金属管和金属配件/金属软管和膨胀连接件
ISO/TC 17	钢
ISO/TC 17/SC 3	钢/结构用钢
ISO/TC 17/SC 4	钢/热处理及合金钢

续表 9-3

技术委员会编号	名　　称
ISO/TC 17/SC 9	钢/镀锡钢板和黑钢板
ISO/TC 17/SC 10	钢/压力用钢
ISO/TC 17/SC 12	钢/连轧板卷材
ISO/TC 17/SC 15	钢/钢轨、车轮及配件
ISO/TC 17/SC 16	钢/钢筋混凝土与预应力混凝土用钢
ISO/TC 17/SC 17	钢/盘条与钢丝
ISO/TC 17/SC 19	钢/压力用钢管的交货技术条件
ISO/TC 17/SC 20	钢/一般交货技术条件　取样和机械检验方法
ISO/TC 27/SC 3	固体矿物燃料/焦炭
ISO/TC 102	铁矿石和直接还原铁
ISO/TC 102/SC 2	铁矿石和直接还原铁/化学分析
ISO/TC 105	钢丝绳
ISO/TC 132	铁合金
ISO/TC 156	金属和合金的腐蚀
ISO/TC 164	金属材料力学试验
ISO/TC 164/SC 1	金属材料力学试验/单轴向试验
ISO/TC 164/SC 2	金属材料力学试验/延伸试验
ISO/TC 164/SC 3	金属材料力学试验/硬度试验
ISO/TC 164/SC 4	金属材料力学试验/疲劳、断裂与韧性试验
ISO/TC 167	钢和铝结构

一、铸铁管领域对口工作

ISO/TC 5/SC2 主要负责铸铁管相关国际标准化工作，是 ISO/TC 5 黑色金属管与金属配件技术委员会下的 SC 2 铸铁管、管件和连接件分技术委员会，该分技术委员会秘书处设在法国，现有包括中国在内的 P 成员国 23 个，O 成员国 16 个，现行国际标准 23 项（含 1 项修改单），在研国际项目 8 项，下设工作组 7 个，目前有中国注册专家 69 人次，是中国钢铁行业国际标准化工作最为活跃的领域之一，信息标准院承担 ISO/TC 5/SC 2 国内技术对口单位。

ISO/TC 5/SC 2 国内技术对口单位积极组织中国铸铁管领域专家参与 ISO/TC 5/SC 2 国际标准化工作，20 世纪 90 年代便组团参加 ISO/TC 5/SC 2 国际会议，与国际专家交流技术产品规范，致力于将中国的优势产品和优势技术指标纳入国际标准，进一步增强中国标准化工作影响力。2010 年以来，中国承担并发布的铸铁管领域国际标准化文件已有 9 项（见表 9-4），占 ISO/TC 5/SC 2 现行国际标准总数的 40%，图 9-8 展示了中国牵头发布的 ISO/TC 5/SC 2 国际标准数量发展趋势。目前中国专家与国际专家联合承担了 3 个 ISO/TC 5/SC 2 工作组（见表 9-5），牵头或联合牵头了 2 项国际标准项目（见表 9-6），是 ISO/TC 5/SC 2 铸铁管分技术委员会最活跃的 P 成员国之一。

表 9-4　中国牵头发布的 ISO/TC 5/SC 2 国际标准

标准编号	标 准 名 称	发布时间
ISO 7186:2011	排水工程用球墨铸铁产品	2011 年 7 月 8 日
ISO 9349:2017	预制保温球墨铸铁管道系统	2017 年 3 月 20 日
ISO 18468:2017	球墨铸铁管件、附件及其接口和阀门　环氧涂层	2017 年 6 月 15 日
ISO 10804:2018	球墨铸铁管道自锚接口系统　设计规定和型式试验	2018 年 1 月 3 日
ISO 8180:2020	球墨铸铁管　现场用聚乙烯套	2020 年 6 月 26 日
ISO 10802:2020	球墨铸铁管道　安装后的水压试验	2020 年 8 月 28 日
ISO 21052:2021	球墨铸铁管道自锚接口系统　自锚长度计算方法	2021 年 11 月 3 日
ISO 23991:2022	球墨铸铁管的灌溉应用　产品设计和安装	2022 年 4 月 7 日
ISO/TR 4340:2022	水质腐蚀性评估与优化内衬选择	2022 年 6 月 3 日

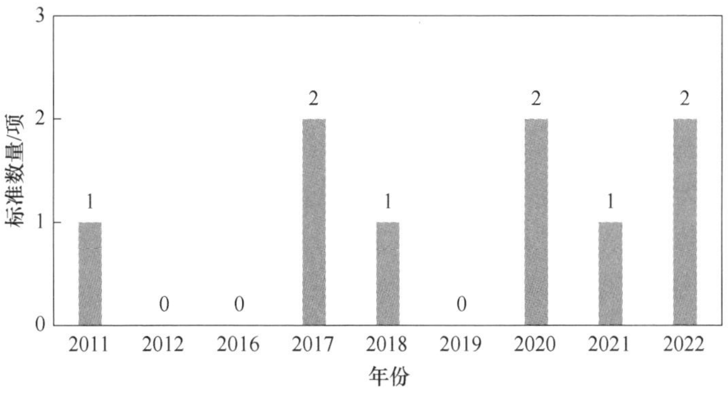

图 9-8　中国牵头发布的 ISO/TC 5/SC 2 国际标准数量

表 9-5 中国承担的 ISO/TC 5/SC 2 工作组

工作组编号	工作组名称	召集人国籍
WG 24	内防腐	中国、英国
WG 26	设计和资产管理	中国、西班牙
WG 27	与饮用水接触材料	中国、法国

表 9-6 中国牵头在研的 ISO/TC 5/SC 2 国际标准项目

标准编号	标 准 名 称	现在阶段
ISO/TR 7022	铸铁管、管件和连接件　与饮用水接触材料	AWI
ISO/TR 7035	给水球墨铸铁管线设计和资产管理	AWI

2019 年，在 ISO/TC 5/SC 2 铸铁管、管件和连接件分技术委员会国际年会上，中国专家承担了处理铸铁管领域核心产品标准《输水用球墨铸铁管、管件、附件及其接口》（ISO 2531:2009）复审的工作任务，并第一时间开展了信息搜集与技术跟进研发工作，为应对竞争对手新产品进入市场以及专利布局做了充足准备。在 2020 年年会，中国提出了针对 ISO 2531 的修订提案，中方提出拓宽球墨铸铁管尺寸规格至 DN3000，增加高强度管道并补充相关技术要求。该标准的修订引起了与会各国激烈的讨论，国际专家普遍认可标准修订的必要性以及中国对于该项目进行的充分预研工作。从 1991 年开始采用国际标准 ISO 2531:1986，到 2019 年牵头提出修订国际标准 ISO 2531:2009，在一代代标准人的共同努力下，铸铁管领域国内、国际标准化工作协同发展，见证中国智慧迈入国际标准化“舞台中央”。

二、特钢领域对口工作

ISO/TC 17/SC 3 钢/结构用钢分技术委员会负责结构用途的无涂层钢标准化工作，如在桥梁、建筑及一般工程上用的钢，一般不经热处理后使用，但不包括连铸连轧钢材、钢筋混凝土用钢、盘条和钢丝、中空结构钢。ISO/TC 17/SC 3 秘书处在法国，目前有 19 个 P 成员国、15 个 O 成员国，现有标准 33 项，包括通用产品标准 6 项，棒材标准 4 项，板材标准 14 项，型材产品 9 项，见表 9-7。

ISO/TC 17/SC 4 钢/热处理钢和合金钢分技术委员会负责机械和汽车领域用一般经热处理后使用的钢材标准化工作，主要包括易切削钢、银亮钢、不锈钢、耐热钢、工具钢、弹簧钢、气阀钢、轴承钢等领域。ISO/TC 17/SC

4秘书处在德国，目前有19个P成员国、14个O成员国，现有标准28项，包括基础和方法标准3项，不锈钢标准12项，非不锈钢标准13项，见表9-7。

ISO/TC 17/SC 7钢/试验方法（力学试验和化学分析除外）分技术委员会负责除力学试验、化学分析及ISO/TC 135之外的无损检测之外的试验方法标准化工作。ISO/TC 17/SC 7秘书处在法国，目前有15个P成员国、13个O成员国，现有标准16项，包括金相检验方法12项、腐蚀试验方法2项、无损检验方法1项、工艺试验方法1项，见表9-7。

表9-7 特钢领域对口的ISO技术委员会总体情况

序号	TC /SC 编号	TC /SC 名称	国际标准总数（含在研）/项	牵头国际标准数（含在研）/项	注册专家数（含工作组）/人	参加国际会议（含线上）/个	承办国际会/个	ISO卓越贡献奖/人
1	ISO/TC 17/SC 3	钢/结构用钢	34	3	16	5	0	0
2	ISO/TC 17/SC 4	钢/热处理钢和合金钢	31	1	6	4	0	0
3	ISO/TC 17/SC 7	钢/试验方法（力学试验和化学分析除外）	16	5	7	12	0	2

（一）推动中国牵头结构钢产品国际标准获得突破

作为ISO/TC 17/SC 3结构钢国内技术对口单位，联合国内重点结构钢生产和研究单位的专家成立了国内工作组，针对ISO 630结构钢系列产品标准修订的机遇，制定了中国牵头结构钢国际标准修订的总体方案，并经过多方争取，担任ISO/TC 17/SC 3/WG 12细晶粒结构钢交货技术条件和ISO/TC 17/SC 3/WG 16改进型耐大气腐蚀结构钢交货技术条件两个重要产品工作组的召集人，同时在部分工作组中担任专家，以反馈技术意见。与其他国家专家协同合作，为中国牵头的ISO 630-3和ISO 630-5两项标准的顺利修订创造条件，实现了中国在结构钢领域牵头标准零的突破。经过几年的努力，中国已深度参与了结构钢领域国际标准化工作，目前在ISO 630系列6项标准中已占据3项的牵头地位和话语权，扩大了中国在结构钢产品和国际标准的优势地位。由中国牵头的 ISO 630-3:2021 已成功发布、ISO 630-5 顺利进入最终国际标准草案（FDIS）阶段，结构钢系列其他部分也成功纳入了中国的优势产品，推动中国提出制定的新工作项目《热轧纵向变厚度钢板》（ISO 11772）成功立项。

（二）实现中国牵头热处理钢和合金钢领域标准零的突破

ISO/TC 17/SC 4 归口的产品标准均为技术含量较高的特殊钢产品，过去中国在这一领域不占技术优势地位，没有一项标准为中国牵头，对口单位参与 ISO/TC 17/SC 4 更多的是跟踪和学习相关的技术标准进展。但随着近年来国内企业在技术上不断努力追赶，部分产品已在国际市场上有了突破，具备了牵头特殊钢国际标准的实力。对口单位也在努力跟踪 ISO/TC 17/SC 4 的动向，于 2019 年牵头提出 ISO 683-17 轴承钢的修订工作，经过与秘书处的反复沟通，从复审、立项到 CD 阶段，积极反馈意见，实现中国首次牵头热处理钢和合金钢领域国际标准的突破。

（三）巩固中国在金相领域国际标准的牵头地位

ISO/TC 17/SC 7 归口的标准是除力学试验和化学分析之外的试验方法，在 2011 年组织国内专家成功申请了修订 ISO 4969 和制定 ISO 16574 两项国际标准，并于 2015 年发布，完成了在 ISO/TC 17/SC 7 中国牵头国际标准零的突破。在制修订 ISO/TC 17/SC 7 国际标准的同时针对老旧的国际标准，国内技术对口单位的组织和支持下，在 2014 年组织中国专家提出申请修订 ISO 3887 和制定 ISO/TR 20580 两项国际标准并成功立项；2016 年在硫印检验方法国家标准发布时，同步提出修订 ISO 4968 并成功获得立项。目前在积极牵头申请 ISO 643 和 ISO 4967 国际标准修订。截至 2022 年 12 月底，中国已在 ISO/TC 17/SC 7 领域牵头了 5 项国际标准，占比近 1/3，巩固了中国在这一领域的优势地位。

三、铁矿石与直接还原铁对口工作

ISO/TC 102 铁矿石与直接还原铁领域的标准化工作，包括术语、取样方法、样品制备、水分测定、粒度测定、化学分析和物理试验，见表 9-8。ISO/TC 102 下设 3 个分技术委员会，在该委员会内，工作以工作组（WG）和研究组（SG）为单位进行，每个工作组/研究组负责制定一种或一组元素的化学分析方法标准。

表 9-8 ISO/TC 102 组织架构

序号	TC/SC 编号	TC/SC 名称	秘书处
1	TC 102	铁矿石与直接还原铁	日本
2	TC 102/SC SC 1	取样	日本
3	TC 102/SC SC 2	化学分析	澳大利亚
4	TC 102/SC SC 3	物理性能检测	巴西

委员会成员方面，ISO/TC 102 目前有 18 个 P 成员国，21 个 O 成员国；TC 102/SC 1 目前有 13 个 P 成员国，14 个 O 成员国；ISO/TC 102/SC 2 目前有 15 个 P 成员国，12 个 O 成员国，ISO/TC 102/SC 3 目前有 16 个 P 成员国，10 个 O 成员国。TC 102、SC 1、SC 2 目前分别有 5 个、2 个、4 个联络委员会，SC 3 没有联络委员会。

委员会现有标准 81 项，除术语、取制样等少量标准外大部分标准为检测方法标准。由于铁矿石属于大宗产品，涉及进出口、铁矿石生产、进出口企业、海关检测机构、检测仪器厂商等单位参与较活跃。

ISO/TC 102 于 1969 年成立，中国自 1978 年恢复 ISO 成员身份的同时以 O 成员国身份加入 ISO/TC 102 参加工作，积极参加通信工作，对一些标准草案提出了不少修改意见，引起国际上的好评。从 1982 年开始中国以 P 成员国的身份参与和跟踪铁矿石国际标准的制修订工作，并提名中国专家参加顾问工作组，积极反映中国意见，取得了较好的效果。经过前期不断深入参与委员会工作，中国牵头发布标准中国牵头研制的第一项国际标准 ISO 17992:2013 于 2013 年正式发布。截至 2022 年 12 月底，ISO/TC 102 已发布 5 个中国牵头标准，见表 9-9。

表 9-9 ISO/TC 102 中国牵头已发布标准

序号	标准号	项 目 名 称
1	ISO 17992:2013	Iron ores—Determination of arsenic content—Hydride generation atomic absorption spectrometric method
2	ISO/TR 4688-1:2017	Iron ores—Determination of aluminium—Part 1: Flame atomic absorption spectrometric method
3	ISO/TR 9686:2017	Direct reduced iron—Determination of carbon and/or sulfur—High-frequency combustion method with infrared measurement
4	ISO/TS 2597-4:2019	Iron ores—Determination of total iron content—Part 4: Potentiometric titration method
5	ISO 21826-1:2022	Iron ores—Determination of total iron content using the EDTA photometric titration method—Part 1: Microwave digestion method

ISO/TC 102 在研项目见表 9-10，其中 6 个为中国牵头，占全部在研项目的 60%。

表 9-10 ISO/TC 102 在研项目

序号	标准号	项 目 名 称	国家	所属 TC /SC
1	ISO/DIS 21826-1	Iron ores—Determination of total iron content—EDTA titrimetric method	中国	TC 102/SC 2
2	ISO/WD TR 20133	Iron ores—Determination of sodium by X-ray fluoreScence spectrometry	中国	TC 102/SC 2
3	ISO/WD 18240	Iron ores—Determination of chromium, arsenic, cadmium, lead and mercury—Inductively coupled plasma-massspectrometic method	中国	TC 102/SC 2
4	ISO/WD 18239-1	Iron ores—Determination of loss on ignition—Part 1: Single micro sample TGA	中国	TC 102/SC 2
5	ISO/DTS 4689-1	Determination of sulfur content—Barium sulfate gravimetric method	中国	TC 102/SC 2
6	ISO/AWI 21826-2	Iron ores—Determination of total iron content—EDTA titrimetric method (wetmehod)	中国	TC 102/SC 2
7	ISO/AWI 6389	Determination of Fe Metal in sponge iron and briquettes	伊朗	TC 102/SC 2
8	ISO/WD TS 9516-2	Iron ores—Determination of various elements by X-ray fluorescence spectrometry—Part 2: Simplified procedure	日本	TC 102/SC 2
9	ISO/DIS 4698	Iron ore pellets for blast furnace feedstocks—Determination of the free-swelling index	日本	TC 102/SC 3
10	ISO/DIS 8371	Iron ores for blast furnace feedstocks—Determination of the decrepitation index	澳大利亚	TC 102/SC 3

近年，在项目参与方面中国重点参加了：

（1）由澳大利亚为召集人的 SC 3/ISO 8371 的 WG 20（热裂指数测定中升温速率的研究）的多轮共同试验活动，历时 5 年有余；

（2）由日本为召集人的 SC 3/ISO 4698 的 WG 21（干介质位移体积法测定自由膨胀指数）活动，提供试验数据；

（3）由澳大利亚为召集人的 SC 1/ISO 3087 的 SG 8（铁矿石水分测定）共同试验活动，为 ISO 3087 的修订提供依据；

（4）由瑞典为召集人的 SC 3/SG 24 活动，该研究组主要以碳中和、碳减排为目标，审视现有物理检测标准的适应性，为下一轮标准复审及修订工作打下基础并确定方向；

（5）由巴西为召集人的 TC R4 修订活动，在过程中积极提出意见建议，保证了中国在 SC 2 开展标准化工作的利益。

为了及时有效地参加标准化活动，截至 2022 年 12 月，中国在 ISO/TC 102 共注册了 21 名专家参与该领域标准化工作，其中 SC 1 有 4 位，SC 2 有 18 位（31 人次），SC 3 有 3 位。

ISO/TC 102 年会每两年召开一次，年会包括 ISO/TC 102 技术委员会会议及其三个分技术委员会会议。中国从 1982 年开始派出专家代表团参加年会，于 1998 年 9 月 15—18 日在北京第一次承办 ISO/TC 102 年会，2018 年 8 月 27—31 日，由中国承办的第 18 次 ISO/TC 102 铁矿石与直接还原铁技术委员会年会在沈阳召开，来自澳大利亚、巴西、加拿大、中国、德国、日本、荷兰、南非和瑞典 9 个国家的 96 名代表出席了会议。会上，中国召集人分别对由中国承担的《铁矿石　灼烧减量的测定　第 1 部分：热重法》（ISO 18239-1）等 5 个项目进行了试验研制工作汇报，并讨论了由中国提出的《铁矿石　砷和铅含量的测定　原子荧光光谱法》等 4 个新工作项目提案，获得了参会代表的认可。本次会议为中国进一步实质性参与 ISO/TC 102 国际标准化工作打下了坚实基础。

通过多年参与本领域工作，与国际铁矿石专家交流先进的分析技术，一方面提高中国专家在铁矿石分析领域里的水平，另一方面提升在国际上中国实验室数据的可比性和权威性，为中国进一步实质性参与 ISO/TC 102 国际标准化工作打下坚实基础。ISO/TC 102 国内技术对口单位将继续为国内企业与国际知名机构之间搭建沟通平台，为行业企业参与铁矿石与直接还原铁领域国际标准化活动、开展国际标准制修订工作提供更专业的指导，助推中国铁矿石领域标准“走出去”。

四、金属材料力学试验对口工作

ISO/TC 164 金属材料力学试验技术委员会成立于 1975 年，秘书处由日本工业标准委员会（JISC）承担，主要负责金属材料力学试验方法，包括测定金属材料性能的力学试验机的检验和校准的标准化工作。ISO/TC 164 下设 4 个分技术委员会，分别为 SC 1 单轴向试验，SC 2 延性试验，SC 3 硬度试验，SC 4 疲劳、断裂与韧性试验，另有两个工作组，分别是 WG 1 术语和符号，WG 2 不确定度，以及主席咨询组 CAG。截至 2022 年 12 月底，ISO/TC

164 现行国际标准 95 项，在研标准 31 项。

自 1995 年成立全国钢标委力学及工艺性能试验方法标准分技术委员会（SAC/TC 183/SC 4）后，力学试验标准化发展走上更为开放和广泛的国际趋势。虽然中国作为发展中国家，不具备明显的技术优势，依旧以采标的形式与国际标准接轨，但随着力学试验方法标准化工作的逐步推进，中国参与国际标准的深度也逐年增加。20 世纪 90 年代以前，力学领域国家标准主要以参照采用的形式转化国际标准及其他国外先进标准。20 世纪末到 21 世纪初，力学领域全面调整标准体系结构，研究国际标准的技术内容，使国家标准在应用范围、结构、技术内容和适用性方面有了很大改善和提高。21 世纪后，随着力学试验技术和试验机制造水平的不断发展，中国标准化战略开始进入鼓励用标准化支持产业创新的新阶段，参与国际标准化活动的程度也不断加深，截至 2022 年 12 月底国际标准转化率已达 95%，产学研用各方参与国内国际标准化活动积极踊跃。

20 世纪 90 年代初，中国即派专家参与 ISO/TC 164 及各 SC 的国际会议。随着国际工作的不断深入，2005 年中国首次承担《金属材料　旋转弯曲疲劳试验》（ISO 1143:1975）国际标准的修订起草工作。2011 年，中国提出了《金属材料　室温扭转试验方法》新工作提案，将拥有自主知识产权的国家标准和技术推荐给国际标准组织，并于 2015 年正式发布为国际标准。截至 2022 年 12 月底，在 ISO/TC 164 金属材料力学试验技术委员会中国负责制修订并出版的国际标准共 10 项（见表 9-11），参与制定的国际标准 60 余项。目前中国专家承担了 3 个 ISO/TC 164 工作组召集人（见表 9-12），牵头在研 5 项国际标准项目（见表 9-13）。

表 9-11　中国牵头发布的 ISO/TC 164 国际标准

TC/SC	标准编号	标准名称	发布时间
ISO/TC 164/SC 4	ISO 1143:2010	金属材料　旋转弯曲疲劳试验方法	2010 年 10 月 21 日
ISO/TC 164/SC 2	ISO 7800:2012	金属材料　线材　单向扭转试验方法	2012 年 3 月 20 日
ISO/TC 164/SC 2	ISO 18338:2015	金属材料　室温扭转试验方法	2015 年 9 月 9 日
ISO/TC 164/SC 2	ISO 11531:2015	金属材料　制耳试验方法	2015 年 11 月 6 日
ISO/TC 164/SC 2	ISO 9649:2016	金属材料　线材　双向扭转试验	2016 年 5 月 3 日

续表 9-11

TC/SC	标准编号	标准名称	发布时间
ISO/TC 164/SC 4	ISO 1143:2021	金属材料　旋转弯曲疲劳试验方法	2021 年 7 月 30 日
ISO/TC 164/SC 2	ISO 18338:2021	金属材料　室温扭转试验方法	2021 年 12 月 13 日
ISO/TC 164/SC 2	ISO 23838:2022	金属材料　高应变速率室温扭转试验	2022 年 6 月 21 日
ISO/TC 164/SC 2	ISO 11531:2022	金属材料　薄板和薄带　制耳试验方法	2022 年 9 月 30 日
ISO/TC 164/SC 3	ISO14577-5:2022	金属材料　硬度和材料参数的仪器化压入试验　第 5 部分：线弹性动态仪器化压入试验(DIIT)	2022 年 10 月 31 日

表 9-12　中国承担的 ISO/TC 164 工作组

工作组编号	工作组名称	召集人国籍
ISO/TC 164/SC 3/AG 1	不确定度	中国
ISO/TC 164/SC 3/WG 5	维氏硬度试验-努氏硬度试验	中国
ISO/TC 164/SC 4/WG 5	疲劳试验：通用条件	中国

表 9-13　中国牵头在研的 ISO/TC 164 国际标准项目

TC/SC	标准编号	标准名称	现在阶段
ISO/TC 164/SC 2	ISO 7801	金属材料　线材　反复弯曲试验方法	CD
ISO/TC 164/SC 2	ISO 9649	金属材料　线材　双向扭转试验方法	DIS
ISO/TC 164/SC 3	ISO 4545-1	金属材料　努氏硬度试验　第 1 部分：试验方法	DIS
ISO/TC 164/SC 3	ISO 6507-1	金属材料　维氏硬度试验　第 1 部分：试验方法	DIS
ISO/TC 164/SC 3	ISO 14577-6	金属材料　硬度和材料参数的仪器化压入试验　第 6 部分：升温仪器化压入试验方法	AWI

此外，中国也积极将国家标准推荐给国际标准组织，上升国家标准为国际标准，使国际标准的技术模式向有利于本国技术倾斜，标准化工作国际影响力逐步提升。下一步将把中国先进的技术推向国际，制定国际空白的《金

属材料　二次加工脆化试验方法》《金属材料　蠕变及蠕变-疲劳裂纹扩展速率测定方法》《金属材料　蠕变-疲劳损伤评定与寿命预测方法》等国际标准，提升中国力学领域国际话语权，不断迈入力学国际标准“核心圈”。

第三节　牵头开展重点国际标准研制

钢铁工业作为中国国民经济的重要基础和支撑产业，几十年来，通过技术装备水平的不断提升，产品结构的不断优化，实物质量的不断提高，对国家的建设和发展做出了巨大的贡献。无论从品种开发，还是流程、工艺和装备技术等方面来看，中国钢铁工业取得了举世瞩目的成就。钢铁行业国际标准化领域稳打稳扎，通过持续跟踪、研究国际标准化的发展趋势和工作动态，响应国家“一带一路”倡议，以我国标准在国内市场的实际应用为基础，支持企业、行业等牵头提出重点领域国际标准提案，持续深度参与国际标准化活动，积极贡献中国智慧，分享中国方案。截至 2022 年 12 月底，钢铁行业累计牵头发布 ISO 国际标准数量百余项，约占全国总数的 10%为推动优势产品“走出去”、在便利经贸往来、促进技术进步、提高国际影响力取得了积极成效。

一、消除国际贸易中的技术壁垒，便利经贸往来

当今世界已进入由标准规范、制约市场的时代，开发新标准甚至比研发新产品、新专利更加重要。随着国际竞争日益激烈，以标准为主要手段的技术性贸易壁垒日益兴起。越来越多的国家将标准上升到战略层面，标准成了影响全局的重大问题，也成为产品走向世界的重要武器。截至 2022 年 12 月底，钢铁行业牵头发布百余项国际标准，特别是在重点产品领域，比如在铁矿石领域，中国牵头研制的《铁矿石　砷含量的测定　氢化物发生原子吸收光谱法》（ISO 17992:2013），对维护中国的环境安全及人们身体健康安全发挥重大作用。牵头制定《悬索桥主缆预制平行钢丝索股》（ISO 19427:2019），化解出口技术贸易壁垒。牵头制定《包装用钢带》（ISO 24259:2022），通过“标准品牌效应”助力企业走出去。

（一）制定铁矿石砷含量的测定国际标准

铁矿石是国民经济建设不可或缺的大宗资源商品，是具有代表性的战略性关键矿产原料。中国国内铁矿石资源总量较大，由于“贫、散、细、杂”

的禀赋特点，国内生产成本大大高于国外铁矿石生产成本，导致铁矿石高度依赖进口的局面。据统计，中国铁矿石进口已经连续4年保持在每年10亿吨以上的水平，2022年的铁矿石进口量创出11.24亿吨新高，对外依存度超80%。铁矿石中伴生的砷不仅在钢铁冶炼中会影响钢铁产品的品质，而且也会污染环境、危害人们的身体健康，因此必须严格控制入炉铁矿石砷含量。

原有标准《铁矿石　砷含量测定　钼蓝分光光度法》（ISO 7834:1989）是对铁矿石进行品质检验的一种常规方法，但该标准使用有机试剂、萃取分离等手段，操作步骤烦琐，耗费大量的人力物力和财力，且污染环境，急需制定更环保的检测铁矿石的质量的国际标准。中国专家于2003年牵头承担了工作组WG 46铁矿石　砷含量的测定　氢化物发生原子吸收光谱法召集人，工作组由巴西、日本、荷兰、中国、波兰、南非、英国相关专家组成。于2005年形成工作组草案与召集人工作进展报告并提交ISO/TC 102/SC 2秘书处，并在2005年在澳洲珀斯举行的ISO/TC 102第12次年会上做了报告。草案于2007年在加拿大魁北克会议前提交，受到与会各国专家一致认可，会议决议项目进入委员会草案（CD）阶段。2008—2009年，项目组完成了国际精密度试验。2010年日本东京第14次年会上，会议决议项目进入CD投票阶段。

由于该标准的研制是以科研项目为基础，检测方法的关键性技术已经基本解决，研究内容主要针对ISO/TC 102/SC 2各成员国提出的意见和建议及国际间实验室验证发现的问题进一步分析与方法改进，研究方法的再现性和重现性。经过不懈的努力，中国牵头研制的第一项国际标准《铁矿石　砷含量的测定　氢化物发生原子吸收光谱法》（ISO 17992:2013）终于在2013年正式发布。

《铁矿石　砷含量的测定　氢化物发生原子吸收光谱法》（ISO 17992:2013）可方便地将待测元素砷与基体分离并富集，消除基体干扰；不使用有机试剂，克服了有机试剂对环境的污染；是一种先进的自动化在线分析技术；操作方便，分析灵敏度高，同时线性范围宽。项目通过利用氢化物发生技术大大提高了砷检测的灵敏度、检出下限，提高了铁矿石中砷含量检测的适用性，提高了自动化检测水平、减少了对环境的污染。铁矿石化学分析标准是体现经济利益的技术手段，中国加入世界贸易组织后应积极参与国际标准化活动，在国际标准化领域不断发出中国声音，使中国铁矿石制标能力和水平与中国的钢铁生产大国、铁矿石生产与进口大国相称。本标准的制定对中国在进口铁矿石中低含量砷控制、维护中国的环境安全及人们身体健康安全发挥重大作用，同时可减少中国钢铁企业对进口钢铁原料有害成分处理成本，维护中国钢铁企业的利益。

（二）制定悬索桥主缆预制平行钢丝索股国际标准

《悬索桥主缆预制平行钢丝索股》（ISO 19427:2019）是 ISO/TC 105 钢丝绳领域由中国牵头制定的产品标准，该标准制定的目的是切实解决国际贸易中的技术贸易壁垒。

随着生产技术的创新与更新发展，中国的桥梁缆索产品和技术不断走向世界，建造众多世界级桥梁工程，形成较大的出口量需求。但中国和欧美执行的工艺体系不一样，美国和欧洲在建设悬索桥时采用空中纺线法，将钢丝在桥梁建设现场放线，一根一根架设；中国和日本则采用预制平行索股法，将 127 根钢丝或者 91 根钢丝在工厂制成索股，再拉到现场架设。中日的预制平行索股法效率高于空中纺线法，但是由于没有国际标准，如悬索桥主缆用索股等产品出口到欧美市场时，往往需要进行长时间的技术谈判，解释工艺体系的差异，因此，迫切需要制定国际标准化解出口技术贸易壁垒。

该标准在制定过程中，中国企业拿出大量的桥梁工程图片、试验数据、客户反馈报告等作为佐证材料，一次次与欧盟专家进行沟通。最终得到了欧盟国家专家对 PPWS 技术的高度认可，也认同了 PPWS 技术能促进技术进步与工程建设发展。标准研制历经 4 年，《悬索桥主缆预制平行钢丝索股》（ISO 19427:2019）最终于 2019 年 1 月发布。

ISO 19427:2019 的技术内容在《锌铝合金镀层钢丝缆索》（GB/T 32963）的基础上，结合国际上相关国家和地区的发展现状和技术需求，进一步完善拓展了技术要求和试验方法。ISO 19427 包含关键技术内容远高于相关国际水平：

（1）首次将悬索桥主缆索股的强度提高到 1960MPa，满足相关工程需求，并实现了索股的高强化和轻量化；

（2）在国际上首次提出了主缆索股的灌锚材料可采用锌铝铜合金和环氧铁砂灌锚，也为无损探伤检测提供相关依据和支撑；

（3）在国际上首次提出了工厂预制的平行钢丝主缆索股的长度精度要求和控制方法，为施工控制提供了相关依据和基础；

（4）在国际上首次提出了主缆索股抗疲劳性能要求和试验方法，为悬索桥主缆服役安全性、可靠性和全寿命周期的寿命评估提供了基础；

（5）在国际上实现了平行预制钢丝索股产品结构技术参数的全覆盖。

该标准推广 PPWS 法，实现了悬索桥核心构件产品的标准化作业和工厂化生产，解决了国际上以往大型悬索桥主缆使用空中纺线法施工带来的安全风险高的问题、缆索产品质量控制难度大等问题。本标准发布后，极大地推动了 PPWS 技术在意大利、韩国、挪威、土耳其、也门等国家和地区的推广。打破中国产品和技术走出去的技术性贸易壁垒，助力国内单位成功中标世界级桥梁工程，产生了显著的经济效益。

（三）研制包装用钢带国际标准

包装用钢带作为黑色冶金行业高附加值的金属材料，广泛应用于钢铁、有色金属、木材、玻璃、轻纺和化工的包装。经过 30 多年的发展，伴随着科研实力的不断增强和生产水平的持续提升，中国包装用钢带品质与产量不断攀升。“中国制造”的包装用钢带在实现国产化的同时，成功走向国际市场，开始在国际市场上占有重要的一席之地。2008 年之后，国产包装用钢带成功替代进口产品，并成功走出国门，产品销往美国、英国、西班牙、瑞典、越南、秘鲁等全球几十个国家，“中国制造”开始占领国际市场。在包装用钢带行业蓬勃发展的同时，国内外竞争升级，中低端产品市场恶性竞争的问题日益凸显，通过研制标准规范全球市场的需求日益增加，研制国际标准工作蓄势待发。此外，由于包装用钢带产品各类项目参数设定、生产过程质量控制及检测过程等主要依托于各国的标准，产品在国际贸易过程中技术指标通常采用协议的商定，无法实现技术参数的有效对接，为包装用钢带产品的出口带来了困难。通过制定统一的国际标准对包装用钢带产品的全球化和中国包装用钢带产品的出口具有重要的意义。

为促进产品出口贸易和助力中国优势产品走向国际市场，2018 年，组织翻译《包装用钢带》（GB/T 25820—2018）国家标准英文版，为产品出口提供标准依据。2019 年，向 ISO/TC 122 国际标准化组织包装技术委员会提出《包装用钢带》国际标准新工作项目并于 7 月成功立项，于 2022 年 5 月 23 日，《包装用钢带》（ISO 24259:2022）国际标准正式发布。该标准作为中国包装领域第一个国际 ISO 标准，其正式发布填补了国际标准领域空白，也标志着中国在包装领域国际标准化工作取得重大突破。

ISO 24259:2022 以国内标准为基础，结合包装用钢带的技术发展和国际市场需求，以实际应用为导向，在充分研究、验证国内外相关产品的抗拉强度、伸长率、弯曲、防腐和包装等核心技术需求的基础上，确定标准技术指标和对应的试验方法。标准最重大的成果是解决国际包装用钢带领域内争议已久的伸长率检测初始标距（中国为30mm、欧盟为100mm、美国为152.4mm）的采标问题。通过大量的数据论证和实践支持，经各国专家的讨论，为更好地满足包装用钢带产品的质量控制，国际标准最终采用与国内标准一致的 L_0 = 30mm 作为伸长率测量的初始标距。

在国际标准的制定过程中，中国企业将高端产品的技术指标列入了标准，同时淘汰了低端产品，在一定程度上形成了行业壁垒，淘汰落后产能，将技术落后、质量不达标、服务不到位的企业拒之门外，提高竞争门槛并规范市场竞争，有助于形成良性循环的市场环境。此外，“标准品牌效应”助力企业营销战略优化，提高了企业在国内外市场竞争力。在国际标准研制的过程中，企业标准化水平和品牌形象不断提升。“标准品牌效应”提高企业知名度的同时，在客户洽谈、商业竞标、市场营销过程中起到了有力的推动作用，与国内大型知名企业纷纷与签订了长期合作的战略协议。在疫情得到有效控制后，出口订单数和出口量将迎来较大幅度的增加。据不完全统计，国内头部企业稳定客户占比从2018年的62%增加到2022年的82%。新开发客户从2018年的10家增加到2022年的35家。国际标准的制定提高了企业在国际上的影响力，产品出口量逐年增加，进一步巩固了企业在包装用钢带领域的领军地位。

二、促进技术进步，提高产品质量和效益

国际标准制定过程的国际化、公开化及协商一致的原则，确保了无论是产品还是服务的最终标准文本，都能反映所涉及的工业界、政府、研究机构、实验室和消费者组织等各方集体的知识、智慧和经验。国际标准中包含着许多世界上先进的科技成果，可以提供大量技术信息和数据。研制国际标准，相当于推广先进的技术和成果，加快促进本国的技术进步和产品开发，提高产品质量，增强市场竞争力。比如在金属和合金的腐蚀领域，中国牵头制定ISO 19097阴极保护用金属氧化物阳极加速寿命试验方法系列标准，推广核心技术和标准化工作优势；制订《钢丝绳　要求》（ISO 2408:2017）国际标准，推动中国先进钢丝绳技术应用；修订ISO 4968宏观硫印检验方法国际标准，助力我国试验方法和相关产品在国际上的推广。

（一）制订阴极保护国际标准，推动先进技术发展和应用

在金属和合金的腐蚀领域，由中国牵头制定的《阴极保护用金属氧化物

阳极加速寿命试验方法　第 1 部分：在混凝土中的应用》（ISO 19097-1:2018）和《阴极保护用金属氧化物阳极加速寿命试验方法　第 2 部分：在天然水及土壤中的应用》（ISO 19097-2:2018）两项国际标准，历时 3 年完成并于 2018 年 2 月 8 日正式发布。

ISO 19097 系列标准是我国首次牵头制定的电化学保护技术领域的国际标准，标准的发布弥补了长期以来金属氧化物阳极寿命试验与评价统一标准方法的缺失，推动了先进电化学保护技术的发展和应用。

金属氧化物阳极是阴极保护防腐蚀、电解海水防海生物污损附着、电解法船舶压载水处理系统中的关键核心材料。中国在这一领域拥有的核心技术和标准化工作优势，使得中国企业研制的新型外加电流阴极保护装置、电解防污系统在国内外海上风电设施的腐蚀防护及核电厂电解防污工程中得到广泛应用，确保了关键能源装备的可靠性和安全性。研制的船用关键设备-电解法船舶压载水管理系统（装置），得到国内和国际市场广泛认可，取得了全球领先的业绩，也为解决船舶压载水导致的生物入侵及病毒传播等问题贡献了中国力量，为全球海洋环境保护和生态健康做出了贡献。

（二）制订钢丝绳要求国际标准，提升钢丝绳技术国际水平

《钢丝绳　要求》（ISO 2408:2017）是我国钢丝绳行业牵头研制的首个国际标准。由于国际线材制品技术加快发展，钢丝绳性能、质量不断提高，规格、品种不断拓展，原有的 ISO 2408 钢丝绳国际标准已远远不能满足国际钢丝绳市场发展需求，直径 60mm 以上钢丝绳、压实股钢丝绳及部分近年来常用结构的钢丝绳等在生产、验收时，无法选择该国际标准执行，不同国家的顾客和企业在经营贸易中必须附加更多条款，对钢丝绳的验收和贸易活动进行规范，既不便于技术沟通，又增加了经营贸易成本，亟须开展全面、系统的钢丝绳技术指标研究工作，修订完善 ISO 2408 国际标准。基于此，我国企业提出对该标准修订。

《钢丝绳　要求》（ISO 2408:2017）是钢丝绳领域重大基础性的国际标准，是中国首次牵头提出的第一项国际标准项目，也是贵州省第一项国际标准。该标准涉及钢丝绳的分类、技术要求、测试方法、检验规则等内容。ISO 2408 立项后，秘书处成立国际工作组，积极召集各国专家参与标准内容研讨，工作组成员由中国、奥地利、比利时、巴西、法国、意大利、日本、英国和美国等国家的技术专家组成，国际上主要的钢丝绳生产国参与度达到

100%。为提升标准研制水平，国内技术对口单位组织近百名来自生产、使用和科研单位的技术专家参与，整合相关行业技术力量，上下游企业通力合作、协同发力，攻克了多项技术瓶颈，为标准顺利推进提供坚实基础。标准研制期间经历了数十次专题研讨，通过上千封电子邮件进行研讨，处理了各国意见数百条。为了验证钢丝绳性能指标，我国专门研制了钢丝绳试验装备30000kN拉力试验机，用于粗直径钢丝绳的整绳破断拉力试验。该设备目前属于国内最大的钢丝绳破断拉力试验装备，技术先进，试验精度高。在标准起草过程中，为了支撑标准技术指标验证，我国企业成功研制了世界最粗直径（ϕ264mm）镀锌六股钢丝绳，各项性能指标均达到 ISO 2408 标准和设计要求，达到世界先进水平，解决了我国生产超大直径钢丝绳的诸多技术难题，为超大直径钢丝绳的生产、推广和运用提供了基础。

经过广泛开展钢丝绳试验验证，中国准备上百页的客观、科学验证数据，解决了国外专家的各项质疑。FDIS 投票中，ISO/TC 105 技术委员会 P 成员国以 12 票赞成、0 票反对的投票结果，同意该标准出版发行。最终于2017 年 6 月，《钢丝绳　要求》（ISO 2408:2017）历时 5 年正式发布。

ISO 2408:2017 全文 54 页 6.3 万字，在产品类别、结构、规格、技术指标要求等方面均比相关国际标准先进、合理、完善，各项技术指标充分代表了先进钢丝绳技术，达到国际领先水平。

（1）内容涵盖面宽，应用领域广。钢丝绳典型结构由 26 个增加到 137 个。

（2）基本涵盖了世界范围内压实股钢丝绳规格结构，且技术参数较相关国外标准更严，体现了压实股钢丝绳技术水平。

（3）用途上增加了渔业用钢丝绳和石油和天然气工业用钢丝绳，ISO 2408 的适用性得到极大的提升，为钢丝绳行业有序发展提供根本性指导。

（4）制绳钢丝最高抗拉强度级别提高到 2360MPa，达到世界最高，为高强钢丝绳的研发及推广打下坚实基础。

（5）钢丝绳直径增加到世界最粗钢丝绳 264mm（我国生产），并给出相关技术指标，充分满足了我国粗直径钢丝绳发展需要，使我国粗直径钢丝绳产品有标可依。

ISO 2408:2017 成为我国钢丝绳行业牵头研制的首个国际标准，实现了零的突破，打破了我国钢丝绳出口长期面临的贸易壁垒，极大提升了钢丝绳的国际影响力、引领了国际发展方向。

（三）修订金相检验方法国际标准，巩固中国领先地位

硫印检验方法《钢—宏观硫印检验方法（鲍曼法）》（ISO 4968:2022），是通过在试剂中浸泡过的相纸上的印迹来确定钢中硫化物的分布位置及数量，是显示钢中硫偏析的有效方法。该标准以 GB/T 4236—2016 为基础，结合美国和日本标准的优点，提出修订。

在前期准备的基础上，工作组编制出标准草案初稿，于 2016 年 10 月向 ISO 秘书处提出了新工作项目提案申请，并在当年 ISO/TC 17/SC 7 第 34 次年会上做了项目介绍，经过多方沟通，推进到立项阶段。2017 年 11 月工作组完成了工作草案（WD），并在当年召开的 ISO/TC 17/SC 7 第 35 次年会上做了汇报。会后根据年会上的意见对 NP 稿进行了修改，于 2018 年初提交秘书处，7 月注册成为委员会草案（CD），9 月投票结束投票获得通过。工作组按照 CD 投票意见以及 2018 年年会的讨论意见对标准草案做了进一步完善，形成了国际标准草案（DIS）并提交秘书处。2020 年 6 月投票获得通过。当年召开的 ISO/TC 17/SC 7 第 41 次年会（网络）上，项目组做了汇报，并对意见进行了讨论。2021 年 12 月，项目进入最终国际标准草案（FDIS）阶段。2022 年 3 月，ISO 4968:2022 正式发布。

本项目经过了前期充分的文献调研、试验验证及草案编写等准备工作，标准水平获得极大提高，标准实施后，应用于各金相检验实验室，并获得大量应用，取得良好效果。

本标准的适用范围明确扩大到超低硫钢和高硫钢，为当前需求越来越多的超低硫钢种和高硫钢钢种提供了依据，满足了产品交货的需求。扩大范围后的标准适用性更广泛，尤其是作为国际标准也满足了钢铁产品出口更严格的检验要求，也有利于我国试验方法和相关产品在国际上的推广，进一步提高我国钢铁产品在国际上的认可度。

三、提高国际影响力，支撑优势产品走出去

在当今产业、技术和创新发展日新月异的时代，国际标准在全球商务的每个环节都发挥着重要的作用，是判断产品质量安全主要依据的规则。国际标准作为世界“通用语言”，在提升国际影响力、推动企业发展、支撑优势产品走出去等方面发挥着重要贡献，比如修订 ISO 630 结构钢系列标准，通过国际标准加入我国优势产品的推广，助力我国产品扩大国际市场份额；修订 ISO 5003 钢轨国际标准，为中国高铁“走出去”提供了重要的技术支撑；

修订 ISO 18338 金属材料室温扭转试验方法国际标准，为大飞机 C919 的成功首飞及后续的国际适航认证奠定了基础。

（一）修订结构钢国际标准，助力产品走向国际市场（ISO 630 系列）

ISO 630 结构钢系列标准是国际上公认通用的结构钢基础产品标准，由于现行的 ISO 630 系列标准存在各部分不统一、质量等级设置存在交叉的问题，ISO/TC 17/SC 3 钢/结构用钢分委会于 2018 年决定修订 ISO 630，中国积极争取牵头承担《结构钢　第 3 部分：细晶粒结构钢交货技术条件》（ISO 630-3）和《结构钢　第 5 部分：耐大气腐蚀结构钢交货技术条件》（ISO 630-5）修订。随后，来自国内重点结构钢生产和研究单位的专家成立了国内工作组。2018 年 10 月，在 ISO/TC 17/SC 3 第 43 次年会上，我国专家对修订方案和系列标准中的突出问题进行了阐述，获得了与会各国专家的支持。

2019 年上半年，工作组将标准草案发给秘书处发起 WD 阶段投票，获得全票通过。2019 年 10 月，ISO/TC 17/SC 3 第 44 次年会通过了项目直接进入 DIS 阶段的决议。随后，ISO 630-5 和 ISO 630-6 也由秘书处发起了复审（SR）投票，我国在复审投票中，详细地提出了修订建议并推荐由我国专家担任项目负责人。2020 年，在 ISO/TC 17/SC 3 第 45 次年会上，与会各国一致同意本标准由我国专家来牵头修订第 5 部分。

目前 ISO 630-3:2021 已于 2021 年 4 月发布，ISO/DIS 630-5 已进入 FDIS 阶段。

本项目的重大意义主要有以下几个方面。

1. 我国首次在结构钢领域牵头国际标准

我国是结构钢产量最大的国家，经过多年的发展和进步，我国的结构钢生产，在生产装备、工艺技术、质量产量等方面均已达到国际先进水平，在国际市场上获得了众多国家的认可。ISO 630 系列国际标准经过多年的发展演变，已完成几乎所有结构钢国际标准的整合（见图 9-9），是世界上最为知名和广泛使用的标准，由欧洲、美国和日本这三大发达国家和地区来定义话语权，在 ISO 630 系列标准中获得主导权，将标志着我国在结构钢领域已能与发达国家并跑，达到国际领先地位。

2. 增加我国优势牌号，促进我国产品在国际市场的推广

在修订过程中，我国专家在标准内容中增加了在我国广泛使用和拥有领

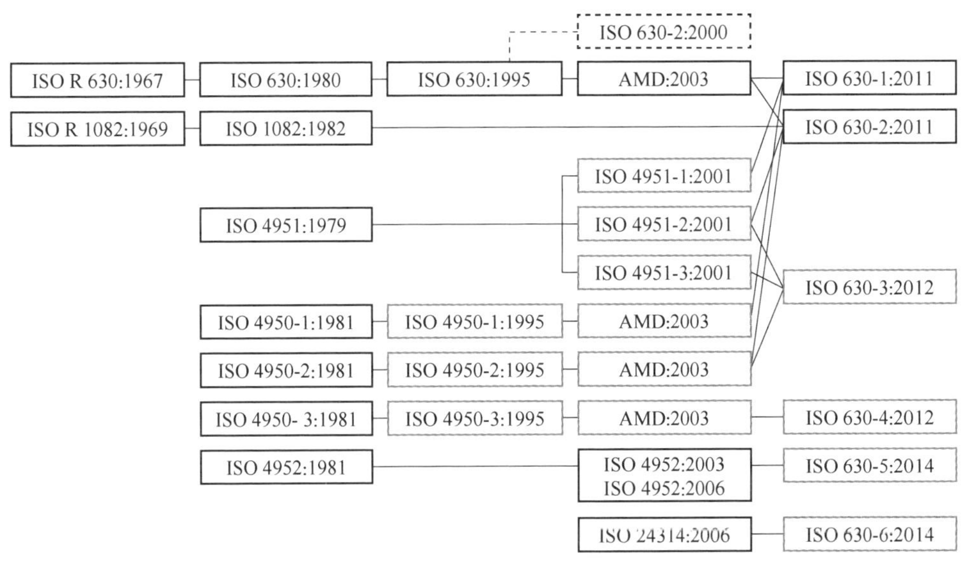

图 9-9　ISO 630 系列基本整合了过去所有结构钢国际标准

先优势的 S390N、S390M 和 S500M 三个牌号，不仅促进了我国标准与 ISO 标准接轨，也有助于我国结构钢产品借 ISO 标准推广。另外还在 355N 和 355M 牌号中增加了 F 质量等级（要求-60℃下的冲击性能），主要用在北极开发领域，有利于我国结构钢产品在低温环境领域的推广使用。

3. 重新梳理国际标准内容，使国际三大结构钢标准体系更协调

在修订过程中，目前牵头修订的 ISO 630-3 对目前世界上广泛使用的欧洲、美国和日本的结构钢标准体系进行比对分析，对原标准中不协调、不统一的内容进行了总结归纳，找出解决方案，获得了国外专家的认可。其中对原标准系列中质量等级标注不统一的问题进行了深入研究，提出了按 A、B、C、D、E、L、F 系列冲击温度规定质量等级的解决方案，对-50℃的质量等级规定 L 级，实现了与 EN 标准的协调一致，保证了质量等级划分的有序性，也避免了 ISO 标准前后矛盾的现象。

截至 2022 年 12 月底，ISO 630 系列标准已发布 4 项，2 项即将发布，已成为覆盖范围更广、供需双方接受程度更高并且反映我国国家利益的新标准体系，提高了我国结构钢产品的国际知名度。

（二）修订钢轨国际标准，支撑中国高铁走出去（ISO 5003:2016）

自 20 世纪 90 年代以来，由于钢轨冶炼和轧制技术进步，以及铁路发展

对钢轨提出的新要求，美国、欧盟、日本、中国等均制定了适宜本国和本地区钢轨生产技术和铁路发展要求的钢轨新标准。主要立足模铸、横列式轧机等装备制定的《非处理平底钢轨和道叉用特钢形状钢轨交货技术条件》（ISO 5003:1980）国际标准，逐渐被各国遗忘。

在2010年9月ISO/TC 17/SC 15年会上，中国提出牵头修订ISO 5003:1980钢轨国际标准。该项目是以我国标准《铁路用热轧钢轨》（GB/T 2585—2007）为基础提出的修订提案，该提案2011年正式获得立项。信息标准院作为秘书处承担单位，联合攀钢、中国铁道科学研究院作为国内专家组成员，会同德国、奥地利、法国、日本等国家的技术专家共同开展标准修订工作。从2011年6月至2016年初，工作组分别在中国、英国、法国、奥地利、德国共召开8次会议，处理意见和建议近200条，对原钢轨国际标准进行了17项重大修改，最终推进到出版阶段。本次修订，在牌号、化学成分、非金属夹杂物、尺寸偏差等方面进行了较大修改，特别是标准纳入了我国高速铁路中广泛采用的U71Mn、U75V等我国专有钢轨牌号，为中国高铁走出去提供了重要的技术支撑，为我国钢轨生产企业的钢轨出口起到了重要的推进作用。标准实施后，降低了贸易过程中关于超声验收的贸易谈判周期，极大提高了效率，降低了贸易成本。

（三）制订室温扭转试验方法国际标准，为C919国际适航认证奠定了基础（ISO 18338）

《金属材料　室温扭转试验方法》（ISO 18338:2021）是我国在金属材料力学性能试验方法领域制定的第一个国际标准，是以我国标准《金属材料　室温扭转试验方法》（GB/T 10128—2007）为基础制定，填补了国际标准在此领域的空白。

2011年，ISO/TC 164金属力学性能试验技术委员会巴黎年会上中国代表分别在ISO/TC 164/SC 1/WG 4和ISO/TC 164/SC 2上介绍了以中国国家标准为蓝本提出的新工作项目提案《金属材料　室温扭转试验方法》，2012年5月成功获得立项，当时ISO和ASTM等标准体系都尚未包含该方法。该标准于2015年8月正式出版，2021年对标准中的图和公式进行了少量修改，发布为《金属材料　室温扭转试验方法》（ISO 18338:2021）。

该项国际标准中的扭转引伸计是由我国自主研发成功的，并已在国内多家试验机公司得到了较好的应用。国内检测公司承接的C919飞机首飞用国产不锈钢性能测试与评价、C919飞机首飞用国产结构钢性能测试与评价使用了 ISO 18338 标准，为大飞机 C919 的成功首飞以及后续的国际适航认证奠定了基础。中国专家针对规范性附录中的纳达依表达式提出的真实扭转应力的测定方法。增加扭矩，屈服前沿将向横截面中心扩展，在其表面上的真实扭转应力如何测定是一项有非常高技术含量的工作，国际标准给出了很好的解答。

第四节 加强中国标准外文版国际化

随着技术、工艺、设备的不断升级，我国优势产品对外出口的步伐逐步加快。为贯彻落实“一带一路”倡议，提高我国标准国际化水平，从 2015 年开始，钢铁行业在《深化标准化工作改革方案》的部署下，按照《国家标准外文版管理办法》的要求开展标准外文版立项、翻译、审查和出版工作。2018 年，钢铁行业开展了国家、行业标准外文版体系规划工作，梳理了行业内约 2400 项现行和在研的标准，建立了钢铁行业标准外文版体系，明确外文版工作重点。截至 2022 年 12 月底，钢铁行业发布国家标准外文版 103 项，行业标准外文版 5 项；在研国家标准外文版计划 117 项，行业标准外文版计划 3 项。持续为行业及下游应用领域产品、装备及工程“走出去”提供服务支撑。

一、开展基础标准翻译，促进标准体系兼容

在开展外文版翻译工作时，钢铁行业始终以标准“软联通”打造合作“硬机制”，坚持基础、方法标准优先翻译、产品标准急用先立的原则，抓住行业核心、关键和亟须外文版的领域适时翻译转化国家、行业标准。对于关注度高的基础标准和方法标准，由于外文版是技术和标准化活动对外交流的必要条件，也是其他国家了解我国技术水平的窗口，全国钢标委组织翻译了《钢铁产品牌号表示方法》（GB/T 221—2008）、《不锈钢和耐热钢 牌号及化学成分》（GB/T 20878—2007）等基础标准，以及《金属材料 室温压缩试验方法》（GB/T 7314—2017）、《铁矿石 砷、铬、镉、铅和汞含量的测定 电感耦合等离子体质谱法（ICP-MS）》（GB/T 6730. 72—2016）等方法标准。通过基础标准和方法标准外文版的发布，规范钢铁基础技术内容的外文翻译，同时为国内外用户提供我国使用的检测方法和依据。

随着中国经济的持续增长，中国铁矿石需求量也不断加大，铁矿石的需

求量主要取决于炼铁的铁矿石消耗以及生铁的产量。吨铁的铁矿石消耗量在逐年降低，近年来稳定在 217~219t。而生铁产量在逐年升高。近几年来生铁的产量呈快速增长的态势，也使得中国成为世界上头号的铁矿石消费大国。中国的铁矿石进口始于 1973 年，1999 年进口量达到 5527 万吨，2003 年达到 1148 亿吨，超过日本，成为世界第一大铁矿石进口国。

铁矿石中的杂质元素也是贸易和生产过程中密切关注的指标，如何快速准确测得这些含量高低不一的杂质元素，也一直是工艺生产、方法研究的热点问题。目前主要方法为单元素测定方法，例如经典化学法、原子吸收法、电感耦合等离子体发射光谱法、X 射线荧光光谱法等。

根据国标委《关于下达 2016 年第一批国家标准外文版项目计划的通知》（综合〔2016〕56 号文）要求，由宁波检验检疫科学技术研究院负责《铁矿石 砷、铬、镉、铅和汞含量的测定 电感耦合等离子体质谱法（ICP-MS)）》（GB/T 6730.72—2016），项目编号为 W20160020，国家标准英文版的翻译工作，该项目由 SAC/TC 317 全国铁矿石与直接还原铁标准化技术委员会归口。工作组按计划开展了该国家标准英文版的翻译工作，英文版 GB/T 6730.72—2016（EN）于 2019 年 10 月 14 日批准发布。

本标准适用于多种常量和微量杂质元素同步分析，微波消解方法前处理还可以有效降低试剂和样品的消耗，无须基底匹配，有效消除质谱干扰。国家标准 GB/T 6730.72 已在全国推广应用，特别是样品中有毒有害指标的监测，外文版也得到了其他国家的关注。预计英文版标准发布后将得到广泛应用，为铁矿石进出口贸易定价计费、检验监管提供有效技术手段，维护贸易公平。在这些工作的基础上，中国于 ISO/TC 102/SC 2 提出《铁矿石 铬、砷、镉、铅和汞含量的测定 电感耦合等离子体质谱法》（ISO 18240）国际标准提案并成功立项，前期 GB/T 6730.72—2016 英文版的编制为该国际标准的编写打下了坚实基础。

二、开展优势产品标准翻译，助力中国企业“走出去”

对于涉及产品、技术出口的标准及具有优势的技术标准，由于外文版有助于推动我国钢铁企业、重点产品“走出去”，对我国技术和产品占据国际市场具有重要的意义，钢铁行业组织翻译了《钢筋混凝土用钢 第 2 部分：热轧带肋钢筋》（GB/T 1499.2—2018）、《连续油管》（GB/T 34204—2017）

等产品标准。鼓励并引导钢铁企业在签订海外订单时采用外文版标准，推动全球化贸易自由化。

（一）GB/T 1499.2—2018 英文版介绍

热轧带肋钢筋也称为螺纹钢，是指表面带有两面肋且以热轧状态交货的钢筋产品，是我国钢材品种中消费量占比最大的产品，主要用于钢筋混凝土建筑的骨架，广泛用于房屋、桥梁、道路等土建工程。热轧带肋钢筋在混凝土中主要承受拉、压和弯曲应力，由于表面肋的作用，能和混凝土之间形成握裹力，能更好地和混凝土组成复合结构，承受外力作用。我国热轧带肋钢筋标准 GB/T 1499.2—2018，是在参考国际国外先进标准并结合我国生产和应用特色修订完成的，目前已经形成 400MPa、500MPa 和 600MPa 三个强度等级，并分为普通钢筋和抗震钢筋系列，并在标准中列入了具有我国特色的细晶粒钢筋牌号。本标准在力学性能、尺寸偏差、重量偏差等方面达到了国际先进水平，与国际国外标准相比还增加了钢筋金相检验要求和判定规则。近些年，我国钢筋产量持续超过 2 亿吨，本标准的翻译将为适应经济全球化的新发展形势，不断扩大我国标准的海外应用，推动我国产品、技术、服务和装备“走出去”，服务“一带一路”倡议提供重要的支持。

（二）GB/T 34204—2017 俄文版介绍

连续油管被称为“万能管”，是高附加值产品，其作业技术是当今油气勘探开发行业最有前景的环保节能技术。俄罗斯拥有丰富的自然资源，是重要的能源和原材料出口国。近年来，中国对俄罗斯及“一带一路”沿线国家贸易稳步增长，特别是在连续油管方面，产品质量及技术实力得到外方一致认可，为加快中国连续油管产品走出去步伐。

2019 年 12 月《连续油管》（GB/T 34204—2017）俄文版翻译通过了国家标准委的立项审批。在项目成功立项后，项目组立即组织标准翻译转化事宜，2020 年 7 月，完成《连续油管》俄语版的报批稿上报上级标准化管理部门审批，国标委于 2021 年 12 月 31 日正式批准发布该国家标准俄文版。

《连续油管》（GB/T 34204—2017）俄文版可用于俄罗斯及相关区域和国家的油气勘探开发领域的连续油管相关作业，包括用于修井、生产管柱、洗井等常规作业，钻磨桥塞、酸化压裂、完井管柱、井下测试、修井、油气集输等复杂作业。该俄文版标准的使用对象包括连续油管的采购商、石油制管厂商、第三方检验机构、质量监督检验机构以及科研机构等。

《连续油管》（GB/T 34204—2017）国家标准俄文版的制定将帮助贸易双方提高信用度，为检测结果的互认创造条件，尽可能避免双方重复认证、重复检验、重复检查和重复收费的问题，从而推动中石油宝鸡钢管公司连续油管优势产品在俄罗斯等“一带一路”沿线国家市场的竞争力，进而实现以中国标准“走出去”带动中国装备和技术“走出去”。

三、开展重点标准翻译，推动中国标准国际化

对于拟转化国际标准的我国标准，由于外文版能为新工作项目提案奠定基础，钢铁行业组织翻译了《冷轧电镀锡钢板及钢带》（GB/T 2520—2017）、《桥梁缆索钢丝用热轧盘条》（YB/T 4264—2020）、《钢帘线试验方法》（GB/T 33159—2016）等标准。通过以上标准的发布，缓解因国际上没有相关标准，在国际贸易过程中技术指标通常采用协议商定的问题，促进技术参数的有效对接，便利经贸往来，有助于将我国标准推向国际。

（一）GB/T 2520—2017 英文版介绍

镀锡薄钢板俗称马口铁，是在冷轧低碳薄钢板上镀有纯锡的制品。镀锡钢板对空气、水和果酸有较高的耐腐蚀能力。此外，因锡和锡化物均无毒无害，马口铁被广泛用于制作各种罐头食品、糖果点心、医药等包装盒、罐、桶等。为保证商品安全，用户对原材料提出了高标准、轻量化和绿色环保等要求。

得益于供给侧机构性改革和“一带一路”全面推进，近年来我国马口铁净出口持续增长。截至 2021 年底，我国马口铁出口总量达到 135. 32 万吨，与 2020 年相比增长 21. 57%，而马口铁进口总量为 1. 82 万吨，与去年相比降低 4. 89% 。马口铁出口量激增，创下我国此类产品有出口数据统计以来的历史新高。然而回顾马口铁在中国的发展历史可以发现，其实此类产品在我国起步较晚，新中国成立初期，我国马口铁产品全部依赖进口，当时世界上主要是美国和日本在大量生产。到了 20 世纪 70 年代，我国钢厂开始建设马口铁生产线，但因为镀锡设备简单、原板材料进口导致成品价格过高等问题，一直没有生产出合格的产品投入市场。直到 1998 年，宝山钢铁股份有限公司投产了两条总年产量为 40 万吨的电镀锡生产线，并且采用自己钢厂生产的专用马口铁原板，才极大地改善了我国高档包装材料严重依赖进口的局面。

我国已经拥有了完整的马口铁产业体系，且作为我国钢铁行业优势产品对亚洲国家出口量占比极大，也在不断冲击欧美以及日本等传统优势生产国的市场。马口铁作为包装材料，其厚度、化学成分、硬度、冲击性能以及耐腐蚀性能等方面的技术要求极其复杂和严格，是产品供需双方在交货时最终的部分，然而目前现行的国际标准已经不能满足马口铁产品的发展要求。为了更快更深入地铸轧进世界各国市场，宝山钢铁股份有限公司与信息标准院一起在 2017 年修订了《冷轧电镀锡钢板及钢带》（GB/T 2520—2017），加严了对马口铁产品生产的技术要求，并且考虑到为制罐行业的出口提供标准支撑，也同步制定了《冷轧电镀锡钢板及钢带》（GB/T 2520—2017）英文版。有这些工作作为基础，钢板钢带分技术委员会从 2020 年开始，协助起草单位研制修订 ISO/TC 17/SC 9 中的国际标准，《冷轧镀锡产品　电镀锡钢板》（ISO 11949:2016），并在 2022 年成功立项。《冷轧电镀锡钢板及钢带》（GB/T 2520—2017）的英文版为此国际标准的修订提供了极大的技术支持，帮助我国快速提供标准修订主要内容，并得到 ISO/TC 17/SC 9 秘书处以及分委会专家的认可，目前项目已经推进到 WD 阶段。

（二）GB/T 33159—2016 英文版介绍

钢帘线主要用于轿车轮胎、轻型卡车轮胎、载重型卡车轮胎、工程机械车轮胎和飞机轮胎及其他橡胶制品骨架材料，承担着抗冲击、承载、抗撕裂、缓冲等重要作用。我国钢帘线生产由 2010 年之前的“成长期”已经进入“成熟期”，钢丝帘线生产技术稳定，轮胎企业全面认同，而且钢丝帘线生产装备已经实现国产化，无论水浴热处理电镀黄铜生产线还是捻制装备，均与进口装备性能相当，性价比更高钢帘线质量也同步增长。近年来，我国经济高速发展，轮胎工业进入了高速发展时期，中国的轮胎行业成为全球最大的轮胎产业集群，年产近 7 亿只各类轮胎，年钢帘线需求量近 300 万吨。轮胎技术不断发展，带动钢帘线技术进步，向着高强超高强、轻量化、抗疲劳性能好，更安全的方向发展。随着国产钢帘线质量的提升，钢帘线出口量不断增长。2017 年我国钢帘线出口数量为 20 万吨，出口金额近 7 亿美元，总体呈现逐年增长的趋势。

钢帘线的试验方法是保证钢帘线产品质量的重要手段之一，如何准确、有效地检测钢帘线的性能是确保钢帘线质量的基础。不同钢帘线厂在供货给客户时，经常会遭遇到由于测试方法不一致而产生分歧，且在找寻第三方检验的时候也无测试方法的国标进行指导。基于多方需求，在2016年，全国钢标委制定了中文版的《钢帘线试验方法》（GB/T 33159—2016）国家标准。同时，考虑到钢帘线出口的不断增长趋势，同时结合国内多家国外轮胎厂对检测标准的需求，迫切需要起草国家标准英文版，故全国钢标委在标准发布后立即开展了GB/T 33159—2016英文版的制定，推动国家标准国际化发展。

英文版的制定过程中，编制组查阅了相关国外标准的英文表述，在标定液、夹具等专业词汇上进行了统一，完善了操作步骤相关内容的表述。同时也通过标准比对，进一步了解国际上同类标准的差异点。在这些工作的基础上，全国钢标委协助起草单位于ISO/TC 17/SC 17提出《钢帘线试验方法　第1部分：通用要求》国际标准提案，并于2018年成功立项。前期GB/T 33159—2016英文版的编制为该国际标准的编写提供了极大的助力，我国国际标准草案得以迅速完成，并得到众多国家认可，国际标准于2021年顺利完成并正式发布。

（三）YB/T 4264—2020英文版介绍

桥梁建设是我国基础设施建设的重要组成部分，2000年以前，高强度桥梁缆索用镀锌钢丝用热轧盘条均需要进口，尤其是日本对高强度级别产品的垄断，成为我国桥梁缆索行业发展的技术瓶颈。随着科技部支持项目“高强度大桥缆索钢丝用盘条国产化攻关”等研究成果产业化的应用，国内桥梁行业技术水平得到快速提升。国内企业成功研制出1860MPa级和1960MPa级大桥缆索用钢，实现了国产化，在超高强领域已成功研发并大批量生产抗拉强度为2000MPa级桥梁缆索钢丝用热轧盘条。如今我国桥梁缆索钢丝用热轧盘条技术水平已处于世界先进水平，且大量应用于国外桥梁建设工程中。国际上，欧洲、美国均未有桥梁缆索盘条的专用标准，中国有专用的行业标准《桥梁缆索钢丝用热轧盘条》（YB/T 4264—2020）。国际市场上各大企业更多地依据双方的技术协议，不便于更广范围供需双方的沟通与合作。为了进一步将我国最新科研成果向产业化转化，把我国的产品和技术推向国外、被世界范围所接受，全国钢标委在YB/T 4264—2020研制期间同步提出了《桥梁缆索钢丝用热轧盘条》行业标准英文版的立项，英文版与中文版开始同步编制。YB/T 4264—2020英文版也是钢铁行业首批行业标准英文版，为后续钢铁领域行业标准英文版的制定奠定了基础。

英文版的研制过程中，通过对相关国外标准的深入研究，我国企业提出以 YB/T 4264—2020 为基础研制国际标准，并确定了开展《桥梁缆索钢丝用热轧盘条》国际标准制定的必要性及可行性。全国钢标委协助起草单位于 ISO/TC 17/SC 17 提出《桥梁缆索钢丝用热轧盘条》国际标准提案，在项目立项研讨过程中，我国拿出 YB/T 4264—2020 英文版向国外专家展示我国标准内容，为深入研究解决技术争议、标准成功立项提供了极大助力。

第十章 强化宣贯培训促进标准实施应用

60年风雨兼程，全国钢标准化技术委员会见证了中国从缺钢少铁到钢铁大国，见证了中国从“洋钉”进口到高端供应，见证了中国工业化、城镇化、现代化经济高速发展的光辉历程。全国钢标准化技术委员会始终坚持“有标可依、有标必依”，在不断完善钢标准体系的同时坚持开展重点标准的宣贯实施。众所周知，标准制定的目的是有效实施，只有实施才能产生社会和经济效益。正确理解和把握标准的内涵，准确实施标准，是生产、检测、监督产品质量的重要保障，标准宣贯是正确把握和实施标准的重要手段。一直以来，国家高度重视标准化工作、标准实施效果和标准对产业发展的引领推动工作。

国家和部委多次发文明确指出：“加强标准的培训、解读、咨询、技术服务，培育发展标准化服务机构，推动发展标准化服务业。加大重要标准宣传贯彻力度、营造良好的舆论氛围。”十九届五中全会审议通过的《中共中央关于制定国民经济和社会发展第十四个五年规划和二〇三五年远景目标的建议》指出，要“促进内外贸法律法规、监管体制、经营资质、质量标准、检验检疫、认证认可等相衔接，推进同线同标同质”。检验检测作为加强质量安全监管、传递市场信任、促进技术成果转化、优化营商环境的重要基础，是构建“国内大循环为主体、国内国际双循环相互促进的新发展格局”必不可少的重要一环，也是实现质量提升和高质量发展的重要保障。

习近平总书记在给第39届ISO大会开幕式的贺信中强调，加强标准化工作，实施标准化战略，是一项重要和紧迫的任务，对经济社会发展具有长远的意义。《国家标准化发展纲要》强调，要将新发展理念贯彻到标准化工作的各个环节和各个方面，充分发挥标准在引领高质量发展中的作用。

我国标准宣贯工作总体可以划分为两个阶段，第一阶段是从新中国伊始到1991年，第二阶段是1991年至今。在1990年之前，我国的标准属性基本为强制性标准，强制性标准要求必须执行。在1990年之后，为适应我国建立社会主义市场经济体制和恢复关贸总协定缔约国地位的需要，冶金工业部于1990年10月以（90）冶质字第648号文件发布对实施强制性和推荐性标准的意见，全面启动了对现行钢铁标准的清理整顿，将国家标准和行业标准划分强制性与推荐性。强制性标准必须执行，推荐性标准则不强制执行。因此，为确保"国家标准兜底线"的保障作用，在本次标准转化完成之后，逐步迎来标准宣贯的快速发展期。同时，我国的钢铁产业在20世纪90年代以后，取得了飞速发展，2021年粗钢产量已经超过了10亿吨。因此，越来越多的生产、销售、研发、设计、检测人员加入钢铁行业，在另一方面也促进了标准宣贯需求的快速提升。

回顾60年，全国钢标准化技术委员会以国家政策为指导，重点领域标准为基础，结合国家发展新技术，针对绿色节能、智能制造等新领域，以多种形式开展标准宣贯活动。针对应用范围广、用户关注众多的在行业、社会有很强影响力的标准，如《金属材料　拉伸试验　第1部分：室温试验方法》（GB/T 228.1）、《碳素钢和中低合金钢　多元素含量的测定　火花放电原子发射光谱法（常规法）》（GB/T 4336）、《低合金高强度结构钢》（GB/T 1591—2018）、《冶金技术标准的数值修约与检测数值的判定》（YB/T 081）等，分批分期开展多形式宣贯和推广应用工作，从2000年以来，宣贯共计500余次/项，参加人员合计3万余人次，如图10-1所示。这些宣贯活动为标准的顺利实施打下了坚实的基础。

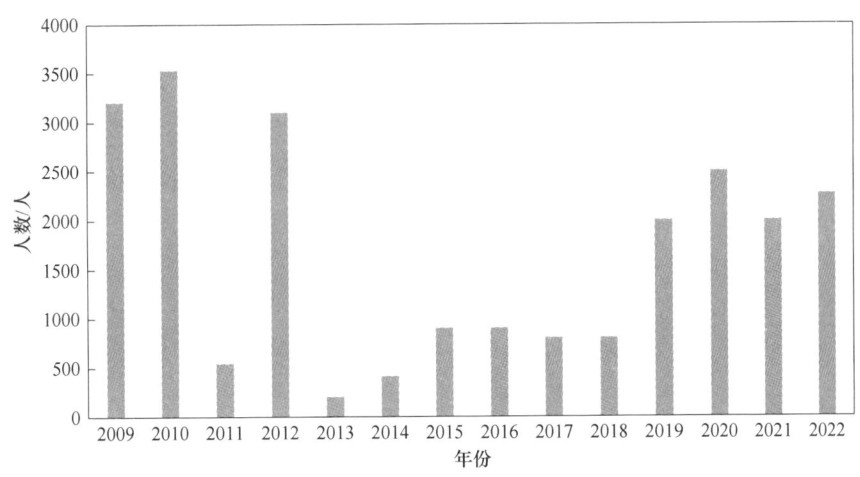

图10-1　历年宣贯会人数统计

为有效促进新发布的国家标准、行业标准的贯彻与实施，委员会按照《全国专业标准化技术委员会管理办法》的要求，积极组织召开各种形式的国家标准、行业标准宣贯会、研讨会、技术交流会和培训班，宣讲最新标准化政策、新发布标准以及培训标准化基础知识，有效提高了标准宣贯的广泛性和时效性。

第一节 重要方法标准

产品标准引领市场，牵头市场，方法标准则是产品标准重要质量依据。同一类产品标准都会有相应的配套方法作支撑。历年来，针对钢铁产品中力学、化学、腐蚀性、电磁性等检验方法等，全国钢标准化技术委员会积极完善体系，经不断试验验证，制定了较为完善的方法标准。通过对《钢中非金属夹杂物含量的测定标准评级图显微检验法》（GB/T 10561）、《金属平均晶粒测定法》（GB/T 6394）、《钢的脱碳层深度测定方法》（GB/T 224）、《金属和合金的腐蚀　奥氏体及铁素体-奥氏体（双相）不锈钢晶间腐蚀试验方法》（GB/T 4334）、《金属材料　夏比摆锤冲击试验方法》（GB/T 229）、《金属材料　拉伸试验　第 1 部分：室温试验方法》（GB/T 228.1）、《冶金技术标准的数值修约与检测数值的判定》（YB/T 081）等标准多次宣贯，使钢铁产品性能指标有了更好的评估方法，规范了检验检测，更加准确地提供出厂硬指标数据，为钢铁产品提供了统一的测量标杆。

一、力学领域：《金属材料　室温拉伸试验方法》（GB/T 228）

拉伸试验标准是应用最广泛而且最重要的标准，GB/T 228“金属材料　拉伸试验方法”系列国家标准自 1963 年发布以来，已改版 5 次（1976 年、1987 年、2002 年、2010 年、2021 年）。20 世纪 60—70 年代，我国标准处于起步阶段，举办宣贯会次数较少。

1987 年，《金属拉伸试验方法》（GB 228—87）发布，信息标准院在北京工业大学举办了 2 次标准宣贯会，近百人参加了标准宣贯，对新版标准的内容和性能指标的测试进行了详细的解读，为新标准的实施打下了良好的基础。

2002 年，《金属材料　室温拉伸试验方法》（GB/T 228—2002）发布，2002—2009 年期间，全国钢标委在北京等地先后举办近 10 次 GB/T 228—2002 宣贯会，金属材料行业试验、科研和技术人员近千人参加了标准宣贯。宣贯会系统、全面地对标准内容进行了讲解，对各项技术规定进行了详细的解读，增进了试验人员对新标准的了解，进一步提高我国力学性能试验的科学性、可靠性和准确性，对推动我国试验装备和手段的技术提升，并逐步与国际接轨，对我国钢铁产品推向国际市场具有积极作用。

2010 年，《金属材料　拉伸试验　第 1 部分：室温试验方法》（GB/T

228.1—2010）发布，全国钢标准化技术委员联合中国标准化协会冶金分会在黑龙江省哈尔滨市举办了GB/T 228.1—2010宣贯会（见图10-2），来自49个单位61名代表参加了会议。宣贯会介绍了我国力学标准近年来的变化及采用国际标准情况；新国标的第一起草人、钢铁研究总院高怡斐教授详细讲授了新版标准与上一版标准的变化情况及就如何贯彻实施新国标进行了系统讲解，并对代表提出的问题进行了一一解答。本次宣贯会使与会代表对新国标有了更深刻的了解和认识，促进了国产试验机在控制器技术上的突破，国产试验机技术水平得到了巨大提升。

(a)

(b)

图10-2　力学宣贯会

（a）2010年；（b）2022年

2022年，《金属材料　拉伸试验　第1部分：室温试验方法》（GB/T 228.1—2021）发布，由信息标准院主办、全国钢标委力学及工艺性能试验方法分技术委员会与北京冶金标准样品技术开发有限公司承办的第一期GB/T 228.1—2021、GB/T 229—2020标准宣贯会在青岛举办。来自66家生产企业、科研院所、大专院校、行业协会、检测认证机构的近120名专家代表参加了会议。宣贯会重点分析了新增的“通过单轴拉伸试验测定金属材料的弹性模量”规范性附录的技术要求，澄清了不确定度评定中国际标准的部分错误，并详细解答了与会代表在标准应用过程中的问题与意见。本次宣贯会将促进我国力学试验技术和试验机制造水平协同发展，促进我国双向引伸计的开发和制造，为提升我国力学领域国际话语权奠定坚实基础。

二、化学领域：《碳素钢和中低合金钢　多元素含量的测定　火花放电原子发射光谱法（常规法）》（GB/T 4336）

火花放电原子发射光谱法广泛应用于金属尤其是钢铁及合金中的元素分

析，近些年随着火花放电原子发射光谱仪器的发展而迅速发展。最早的火花放电原子发射光谱仪器在 1946 年开始应用于工业领域，随着 20 世纪 80 年代计算机技术和软件技术的发展，火花放电原子发射光谱仪器发展迅速，在中国的销量大幅增加。在 1984 年，发布了《碳素钢和中低合金钢的光电发射光谱分析法》（GB/T 4336—1984）；2002 年，在原标准的基础上修订完成了《碳素钢和中低合金钢火花源原子发射光谱分析方法》（GB/T 4336—2002），该标准初次引入了重复性和再现性；2016 年历经 14 年的摸索和改进，《碳素钢和中低合金钢　多元素含量的测定　火花放电原子发射光谱法（常规法）》（GB/T 4336—2016）批准发布，该版本标准规定了用火花放电原子发射光谱测定碳素钢和中低合金钢中碳、硅、锰、磷、硫、铬、镍、钨、钼、钒、铝、钛、铜、铌、钴、硼、锆、砷、锡含量的方法，适用于电炉、感应炉、电渣炉、转炉等铸态或锻轧样品的分析，可以同时测定碳素钢和中低合金钢中的 19 个元素。

自 GB/T 4336 发布实施以来，全国钢标委对每次标准的变革都十分重视，第一时间组织召开标准宣贯讲解。对每个版本的技术变化、新增试验方法、确定检测报告等内容做出详细的解释，使该标准广泛应用于冶金、机械及其他工业部门，更好地进行冶炼炉前的在线分析、成品分析以及中心实验室的产品检验。GB/T 4336 对仪器原理、仪器组成、取样及样品制备、仪器的准备、标准样品、标准化样品和控制样品、校准做了限制性说明，并对分析条件、分析步骤、分析结果的计算、精密度、所得结果的可接受性的检查方法及确定最终报告的结果、测试结果与标准样品认定值的比较等进行了说明。通过对标准的宣贯、技术研讨与交流，统一了标准的理解与认识，为钢铁行业的检测领域学标准、用标准以及分享、交流经验搭建了强大的平台，为控制产品质量提供了有效手段，为提升我国检测技术领域国际话语权奠定了坚实基础。

第二节　重点产品标准

标准引领发展，以重点标准宣贯为驱动，促进行业高质量发展。历年来，针对钢铁行业重点产品标准《钢筋混凝土用钢　第 2 部分：热轧带肋钢筋》（GB/T 1499.2）、《锅炉和压力容器用钢板》（GB/T 713）、《石油裂化用无缝钢管》（GB/T 9948）、《全工艺冷轧电工钢　第 1 部分：晶粒无取向钢带（片）》（GB/T 2521.1）、《全工艺冷轧电工钢　第 2 部分：晶粒取向钢带（片）》（GB/T 2521.2）、《低合金高强度结构钢》（GB/T 1591—2018）、《高碳铬轴承钢》（GB/T 18254—2016）、《预应力钢丝及钢绞线用热轧盘条》（GB/T 24238）、《钢帘线用盘条》（GB/T 27691）等进行多次宣贯，使各企业在生产技术上得到了大幅度提升，市场占有率明显提高，钢铁产品走出去向前迈出巨大一步。

一、《钢筋混凝土用钢　第2部分：热轧带肋钢筋》

热轧带肋钢筋是我国产量最大的单一钢材品种，近几年的产量一直维持在2亿吨以上，其高质量发展对促进钢铁行业转型升级和优化产业链发展意义重大，钢筋生产技术的不断创新、国家政策方面的积极引领及质量方面的有效管控推动产品质量不断提升。1955年第一部钢筋标准“重111”诞生，1963年修订为YB 171，根据技术的不断提高，市场需求更加全面，经过努力，1979年将该标准上升为国家标准GB 1499。经过多次修订，发布实施后的多次宣贯、技术研讨等会议，使《钢筋混凝土用钢　第2部分：热轧带肋钢筋》（GB/T 1499.2）成为钢筋领域的标志性标准。历年来，该标准备受瞩目，从化学成分、产品规格、力学性能等方面逐步提升、改进，使该产品更加适应市场需求，满足用户。

GB/T 1499.2—2018版标准发布以来，由于钢筋强度等级的提高，冶炼方式的转变，金相组织检验要求及其配套检验方法的明确，化学成分的不断改进和完善，促使市场对钢筋的需求转向高强化。通过钢筋生产工艺技术、品种质量、设备装备、下游应用等各方面的协同发展与进步，更高性能的钢筋被广泛应用，促进了节能减排。钢筋生产与应用水平不断提高，质量性能总体水平越来越好，更好地满足了房屋建筑、桥梁、铁路、公路等下游领域对钢筋的需求。标准对产品转型和技术引领的作用更加明显。钒、铌等是钢筋微合金化生产工艺所需的重要合金元素之一，如何在生产中更科学、合理地应用，尤为重要，对钢筋的质量提升起到积极的促进作用。

全国钢标委钢筋混凝土用钢分技术委员会以GB/T 1499.2的技术变革和技术内容、相关试验方法及应用为基础，结合钢筋领域新品种、新技术、新装备的开发，围绕国家产业政策，支撑“中国制造2025”“一带一路”建设等实施，促进钢筋工艺装备技术创新，提升钢筋品种质量，实现绿色化发展为主题，开展了多次宣贯及研讨会，如图10-3所示。通过标准宣贯与关键技术创新和应用相结合，发挥了标准引领支撑作用，提高了钢筋生产技术水平，对标准实施中遇到的断后伸长率、尺寸允许偏差、重量偏差、反向弯曲、金相组织、数值修约等问题进行了深度解析，从生产角度对长型材关键共性技术研发、棒线材直接轧制智能化负能制造关键技术及应用、免加热钢筋技术与装备的开发、高速棒材生产技术、高强抗震钢筋工艺、低成本高性能钢筋的研究等技术进行充分研讨。

图 10-3　钢筋宣贯会和研讨会

二、《全工艺冷轧电工钢》系列标准

20 世纪 60—70 年代，我国电工钢标准是以行业标准的形式出现的。60 年代，我国的电工钢以热轧产品为主，冷轧电工钢处于实验室研制阶段，因此在 YB 73—1960、YB 73—1963 标准中的牌号冷热未予区分，这些行业标准都是由当时生产电工钢的太原钢铁（集团）公司牵头制定。1974 年，武汉钢铁（集团）公司从日本引进全套电工钢生产设备和专利技术，1979 年正式生产冷轧电工钢。批量生产冷轧电工钢后，电工钢标准由武汉钢铁（集团）公司牵头制定，且上升为国家标准，GB/T 2521—1981 同时将取向和无取向电工钢纳入一个标准中，经过 1988 年、1996 年、2008 年的三次修订，标准的技术水平不断得到提高。2015 年在修订 GB/T 2521—2008 版标准时，参照 IEC 标准体系，将取向和无取向分成两个标准，分别修改采用了 IEC 60404-8-4 和 IEC 60404-8-7 标准，即《全工艺冷轧电工钢　第 1 部分：晶粒无取向钢带（片）》（GB/T 2521. 1—2016）、《全工艺冷轧电工钢　第 2 部分：晶粒取向钢带（片）》（GB/T 2521. 2—2016）。2020 年，取向硅钢产量约 157. 62 万吨，无取向电工钢产量 960. 49 万吨。其中，高性能等级取向电工钢产品产量占全球同等级产品的 51%，在大型变压器和大型发电机上，尤其是在我国重大电力工程项目及国家重大发展项目上发挥了重大作用，100%具备了以产顶进的条件。我国电工钢产品的快速发展离不开标准的引领作用，尤其是2016年新版标准发布前后，全国钢标委钢板钢带分技术委员会联合中国金属学会电工钢分会开展了两次标准的宣贯活动。对推动相关单位更好的理解、贯彻和执行电工钢新标准起到非常重要的作用。

全国钢标委与中国金属学会电工钢分会联合对《全工艺冷轧电工钢　第1部分：晶粒无取向钢带（片）》（GB/T 2521.1—2016）、《全工艺冷轧电工钢　第2部分：晶粒取向钢带（片）》（GB/T 2521.2—2016）两项重要产品标准进行多次宣贯与研讨。来自武钢、宝钢、首钢、鞍钢、马钢、沙钢等多家电工钢生产企业，沈阳变压器研究院、国家智能电网研究院、中国计量科学研究院、北京科技大学、国家硅钢工程技术研究中心等研究部门，江苏华鹏、河北电机、广东海鸿变压器有限公司、杭州钱江电气集团股份有限公司等主要下游用户以及长沙天恒测控技术有限公司等相关企业，上百人参加了会议。会议从电工钢产业发展、电工钢标准的制定、国际IEC通报、《全工艺冷轧电工钢　第1部分：晶粒无取向钢带（片）》（GB/T 2521.1—2016）、《全工艺冷轧电工钢　第2部分：晶粒取向钢带（片）》（GB/T 2521.2—2016）国家标准解析、电力变压器能效升级及需求前景、家用电器用电工钢、变压器铁芯加工技术方面进行详细的宣贯研讨，特别邀请了标准编制人、下游变压器、电机厂专家，深入分析研究电工钢标准的使用和电工钢生产和后续加工生产制造过程中的关键技术问题。通过标准宣贯与研讨，提升了上下游产业链适用性、先进性，促进了行业健康发展，为我国电工钢产品标准在国际社会的话语权奠定坚实基础。

三、《高碳铬轴承钢》

回顾我国轴承钢的发展历史，标准的制定与进步，始终是轴承钢技术进步的重要支撑力量。从1952年发布的《铬合金滚珠与滚柱轴承钢技术条件》（重10），到当前使用的《高碳铬轴承钢》（GB/T 18254—2016），轴承钢标准见证了我国轴承钢从无到有、从弱到强的发展变化。目前我国轴承钢主要生产持证企业已达150余家，其中具备冶炼能力的有50余家，近年来轴承钢产量维持在400万吨上下，产量居世界第一，是名副其实的轴承钢生产大国。许多国内企业生产的轴承钢已得到世界著名轴承生产企业的认可，并开始向SKF、铁木肯、NSK等世界顶级轴承公司提供钢材。但我国仍不是轴承钢强国，轴承钢质量稳定性较低，轿车、高铁、风电、精密机床、燃气轮机、大型机械主轴配套轴承仍然大量依赖进口。提升我国轴承钢产品的质量依然任重道远，其中标准的大力宣贯是其中的重要一环。

自《高碳铬轴承钢》（GB/T 18254—2016）发布以来，全国钢标委轴承钢分技术委员会已于 2017—2021 年先后组织 5 次宣贯会，包括一次线上宣贯会，旨在推动相关单位更好地理解、贯彻和执行高碳铬轴承钢新标准。作为轴承钢领域的基础的重点产品标准，GB/T 18254—2016 在化学成分、非金属夹杂物、碳化物不均性、脱碳层等指标上做了更严格的要求；根据氧含量、钛含量、非金属夹杂物、碳化物不均匀性、脱碳层指标的不同要求，将轴承钢分为优质钢、高级优质钢、特级优质钢 3 个冶金质量等级。优质钢等级作为轴承钢产品的门槛级要求，满足通用产品的使用需求，高级优质钢和特级优质钢等级面向高端轴承，适应我国高端装备发展的配套需求，尤其是特级优质钢等级，达到甚至超过国外 SKF、舍弗勒等领先的轴承钢企业标准水平，也填补了我国高端轴承钢标准的空白，达到国际先进水平。

标准的宣贯在行业内普遍提高了轴承钢生产技术和产品质量的认识水平，使高级和特级优质轴承钢产量大幅增加，提高了我国轴承钢产品的平均质量水平；稳步推动了上下游企业的交流和合作，在企业标准信息公共服务平台上，60% 以上的生产企业直接将新标准作为企业标准使用；以 GB/T 18254—2016 为基础，在航空、高铁等重点领域使用的高耐磨、高纯净度轴承钢专用产品标准也陆续发布，有效充实了我国轴承钢标准体系。历次宣贯会议为未来我国轴承钢产品质量的提升提供了有力支撑。

GB/T 18254—2016 的历次宣贯会议均受到轴承钢上下游行业的广泛关注。社会各界也同时就相关技术指标和存在的问题提出了宝贵的意见和建议，并开展了系统的讨论，重点对 Ti 等杂质元素含量要求、带状试样的热处理状态、中心偏析要求、非金属夹杂物粗系级别和取样要求、碳化物网状分级、显微组织图片第 5 级图片进行了深入的探讨。多次的研讨使我国的轴承钢指标体系更完善，向更科学、更合理，产品质量更高的方向再上一个新台阶。

四、《废钢铁》和《再生钢铁原料》

废钢铁是钢铁生产过程中丧失原有利用价值的钢铁废料以及使用后报废的设备、构件中的钢铁材料。该领域标准的颁布执行对废钢加工企业和需求企业的技术发展起到了重要的支撑作用，对废钢铁的回收利用，不断满足国内外贸易的发展提供了重要的依据和准则。同时对综合利用废钢铁资源，提高废钢铁质量，促进企业技术进步都具有重要的意义。通过对该领域相关标准的不断改进，技术提升，使标准更加适应当前的生产技术和使用要求，为促进废钢铁行业健康发展，促进废钢铁资源的回收和利用，减少固体排放，节约资源和能源创造条件。

废钢铁领域标准的制修订以及宣贯工作是随着国民经济的发展，以及行业的需求而不断发展。其发展和宣贯工作可以概括为以下四个阶段。

1964 年，随着国民经济的发展以及废钢铁的回收利用，开始制定废钢铁标准。

1964 年制定的冶金工业部部颁标准，当时该标准由三部分组成，分别为《回炉废钢分类及技术条件》（YB 518—1964）、《回炉废铁分类及技术条件》（YB 519—1964）和《合金废钢分类及技术条件》（YB 520—1964）。1984 年，该标准修订为国家标准，分别为《回炉碳素废钢分类及技术条件》（GB 4223—1984）、《回炉废铁分类及技术条件》（GB 4224—1984）和《回炉合金废钢分类及技术条件》（GB 4225—1984）。

1996 年，随着国内外贸易的发展，为了满足贸易的需求，并与国际接轨，将原标准整合，整合后的标准名称为《废钢铁》（GB/T 4223—1996）。

2004 年，随着我国加入世界贸易组织，为适应进出口需要，加强人身安全、环保的放射性物质等方面的要求，防止国外严重污染和可再生的废钢铁涌入我国市场，将该标准定修为强制标准。

《废钢铁》（GB 4223—2004）国家标准，增加了对环保控制、放射性物质控制等方面的要求，对我国废钢铁进出口贸易以及国内废钢铁的分类加工处理起到了技术支撑作用。

2016 年，根据强制性标准整合精简的要求，将《废钢铁》国家标准整合精简为推荐性标准，即《废钢铁》（GB/T 4223—2017）。

2018 年 6 月，在湖北宜昌市召开《废钢铁》（GB/T 4223—2017）国家标准宣贯会，来自行业协会、废钢铁加工企业、钢铁企业等单位的 150 余名代表参加了标准宣贯和研讨。

2020 年，随着我国对于环境保护的提高和高质量发展的需求，实现进口国外优质铁素资源，开始制定《再生钢铁原料》国家标准。

2020 年 7 月，《禁止洋垃圾入境推进固体废物进口管理制度改革实施方案》要求我国原则上全面禁止进口固体废物，没有经过加工处理的国外废钢铁不能进入到国内。为了尽快改变国外再生铁素资源无法实现进口的困局，全国生铁及铁合金标准化技术委员会积极启动《再生钢铁原料》国家标准的编制工作。2020 年 12 月 14 日，国家市场监督管理总局（国标委）批准发布《再生钢铁原料》（GB/T 39733—2020）国家标准。2020 年 12 月 31 日，生态环境部等五部委联合发布《关于规范再生钢铁原料进口管理有关事项的公告》（2020 年 78 号），明确符合 GB/T 39733—2020 标准的再生钢铁原料，不属于固体废物，可自由进口。

《再生钢铁原料》国家标准发布实施后，截至 2022 年 9 月底，我国累计实现再生钢铁原料进口总量为 86.31 万吨。更为重要的是，该项标准的实施，对充分利用好国际高品质再生铁素资源，加强国际、国内市场的有效供给，部分替代和缓解铁矿石原料成本的压力起到了重要的调节作用，对助力钢铁行业节能减排和绿色低碳发展具有重要的意义。

《再生钢铁原料》（GB/T 39733—2020）批准发布以来，先后进行了三次大规模宣贯活动，宣贯培训人数超过 1100 余人，如图 10-4 所示。同时，全国生铁及铁合金标准化技术委员会的专家，受邀参加《再生钢铁原料》国家标准宣讲 3 次，宣讲听众人数超过 900 人。该国家标准在质量、环保等方面做了详细的规定，指标制定得科学合理，可执行性强。该标准的制定有利于引导企业将回收料分类加工成环保达标的高质量产品，促进钢铁行业高质量发展。该项标准的实施，有力地弥补了国内资源不足，改善供需关系，缓解废钢价格长期高位运行的局面。

图 10-4 《再生钢铁原料》研讨会和宣贯会

第三节 重要综合标准

一、资源综合利用标准

2018 年 10 月 30—31 日，全国钢标委在承德召开“冶金固废综合利用标准及技术成果”技术交流会，配合贯彻落实国家节能减排、绿色制造、资源综合利用、生态文明建设等相关政策，会议邀请了标准化主管部门、综合利用应用行业、钢铁行业等领导和专家介绍了冶金综合利用产业和“一带一路”倡议相关产业政策、钢铁渣及粉尘等在水泥、混凝土、农业、复垦、修复等领域的应用情况等，以及对冶金固废综合利用开展的大量技术和标准化研究工作。会上重点讲解了《用于水泥和混凝土中的钢渣粉》（GB/T 20491—2017）、《人工鱼礁用户钢渣》（YB/T 4553—2017）、《透水水泥混凝土路面用钢渣》（YB/T 4715—2018）、《用于水泥和混凝土中的铁尾矿粉》（YB/T 4561—2016）、《铁矿山排土场复垦指南》（YB/T 4486—2015）、《陶粒用钢渣粉》（YB/T 4728—2018）等标准。

2022 年 6 月 17 日，针对钢铁行业工业节能与绿色标准宣贯活动，由工信部节能综合利用司组织召开宣贯会，全国钢标委派专家做了“钢铁行业节能诊断系列标准及钢铁企业节能诊断服务指南解析”专题报告。介绍了钢铁行业发展情况、节能减排、绿色低碳的成果及问题等。针对钢铁行业节能诊断服务，讲解节能诊断产业政策、先进节能技术、节能标准体系和节能诊断系列标准以及对钢铁企业节能诊断服务指南解析等。同时，为更好地服务企业节能诊断工作，介绍了全国标准化技术委员会制定的《连续彩色涂层钢带生产企业节能诊断技术规范》（YB/T 4966）、《连续热镀锌钢带生产企业节能诊断技术规范》（YB/T 4967）、《高炉工序节能诊断技术规范》（YB/T 6006）等节能诊断重要基础性标准，重点解读了钢铁行业节能诊断结构框架、主要技术内容、节能诊断服务的关键技术、如何提出节能优化、技术改进措施等，讲解了如何开展为企业节能诊断服务的程序、要求、注意问题、编制节能诊断报告等，普及节能诊断的政策和标准化知识，推动节能诊断的服务工作。

2022 年 6 月 24 日，围绕《钢铁企业能效评估通则》系列标准制定背景、标准主要技术内容及实施情况进行了标准解读与宣贯。介绍了当前钢铁行业面临的节能降碳任务及形势，分析了国家和行业在节能与能效提升领域的政策，详细解读了能效评估原则及步骤、基准能耗和实际能耗的确定、能效指数及能效等级，并对标准的贯彻实施给出了建议。指导钢铁企业通过实施标准，构建科学、系统、精细的钢铁生产能效评估诊断体系，科学评价各耗能主体能效水平，诊断生产中存在的低能效要素，开展有针对性的能效优化，实现降本增效，助力行业碳达峰、碳中和行动。

“十二五”以来，信息标准院积极贯彻国家新发展理念，落实国家节能减排、绿色制造、碳达峰、碳中和等各项政策，构建节能减排标准体系、规划标准蓝图，制定先进、科学合理的技术标准，推广了先进节能技术和工艺，提升了企业节能管理水平，有力推动了行业低碳绿色发展，污染防治效果明显，能效指标和环保指标进一步提升。

二、智能制造标准

钢铁行业作为供给侧结构性改革先行先试支撑制造业发展的基础产业，有基础、有条件、有能力加快两业融合步伐，实现从钢铁到材料、从制造到服务的深度融合，率先实现高质量发展。钢铁行业要把握以国内大循环为主体、国内国际双循环相互促进的新发展格局，尤其是抓住扩大内需这个战略基点，聚焦提升产业基础能力和产业链水平这一根本任务，坚持绿色和智能制造等发展主题，实现先进制造业向数字化、服务化转型。

全国钢标委本着“共性先立、急用先行”的大原则，针对钢铁生产流程连续、工艺体系复杂、产品中间态多样化的特点与市场需求点，围绕生产场景的智能化技术应用与智能工厂建设，加快推进钢铁行业智能装备、智能车间、智能工厂等方面标准的制定，目前已发布了一批高质量、高技术、高关注的标准，针对这些新技术，以标准为依托，开展全方位、多角度标准宣讲活动。例如，《炼铁高炉可视化智能感知技术要求》（T/CISA 201—2022）标准规定了高炉可视化智能感知系统的基本要求，从系统架构、功能要求、性能要求等层面对智能感知、智能诊断、可视化等核心技术提出了要求，有助于高炉生产从“黑匣子”向“透明化”的转化，为高炉转型发展、提升竞争力提供了标准化技术支撑；《高温熔融金属吊运设备检测与评价》（T/CISA 206—2022）系列标准对起重机、鱼雷罐车、吊车梁等高温熔融金属吊运设备金属结构（焊缝、热影响区、母材）表面开口和近表面型裂纹缺陷涡流检测的方法以及传动设备的快速巡检、故障诊断与维护技术提出了要求，为保障高温熔融金属吊运设备金属结构的检测、传动设备快速巡检及相关运行维护提供了技术支撑；《钢铁行业　加热炉智能燃烧控制系统技术要求》（T/CISA 203—2022）标准采用坯号智能识别技术，基于高精度板坯温度预报模型，实现炉温智能优化控制，并建立全面的板坯质量分析和加热炉能效评估体系，为行业内各企业相关系统的规划与实施提供指南，降低开发与运维成本，缩短建设周期，提高异构系统间的协作效率，进而提升加热炉控制系统的智能化水平，降低服务成本，节约能源，对提高产线定位具有重要意义。

2021年，智能制造迎来新起点。12月13日，工信部、国标委印发《国家智能制造标准体系建设指南（2021版）》，这是智能制造标准化工作踏上新征程、开启新篇章的行动纲领。作为国家智能制造标准体系的重要细分领域，钢铁行业智能制造标准体系在保持基础标准、关键技术标准与国家标准体系协调配套的基础上，突出行业应用标准的鲜明特征，进一步加强与国家指南的统筹推进。

通过钢铁行业智能制造标准紧锣密鼓地研制与发布，钢铁行业不断强化两化融合基础建设，整体自动化水平明显提升，已成为我国工业领域两化融合的排头兵，为行业智能化发展奠定了良好基础。在智能场景、智能车间、智能工厂等方面，钢铁行业布局了多个智能制造试点示范和新模式项目，持续聚焦智能装备、工业大数据、工业互联网、人工智能、数字孪生等新技术的应用研究。中国宝武宝山基地、沙钢、南钢、首钢等企业建设的“黑灯工厂”和智能车间已实现稳定运行，其中宝山基地入选全球“灯塔工厂”名单。永锋钢铁、中天钢铁、德龙集团等民营企业也都投入大量资金，完成了智能化转型升级。按主业在岗职工总数计算，行业劳动生产率从2012年的454t/(人·a)大幅提升到2021年的850t/(人·a)。

智能制造标准在钢铁行业的广泛应用，提高钢铁生产企业对于智能制造技术的认识水平，加速智能技术在钢铁行业的推广应用，进而保障钢铁行业安全生产，稳定钢产品生产质量，降低吨钢生产成本。同时为钢铁行业实现高质量发展、提高产品国际竞争力、实现“碳达峰、碳中和”目标奠定重要基础。

第十一章 重视推进标准化人才队伍建设

标准化人才是做好标准化工作的基础，随着全球标准化工作战略地位的提高，对标准化人才的需求量也在迅猛增加。之所以要求标准化人才应为复合型人才，是因为一名合格的标准化工作者既要懂技术，又要会管理，既要会语言，又要懂规则。标准化工作者代表的不仅仅是个人，还是一个企业，甚至一个国家。为了保障钢铁行业标准化工作的高质量发展，助力中国钢铁走向世界，信息标准院作为国家市场监管总局授权的黑色冶金领域标准化工作的归口管理单位，肩负着为冶金领域培养高素质标准化人才的使命。自1963年信息标准院建院以来，通过标准从业人员培训、标准化培训定制服务、标准政策解读、标准职业教育等多种形式对冶金领域相关人员进行多方位、多层次的标准化知识培养，为提高冶金领域从业人员的标准化素质、标准化能力、标准化水平做出了突出贡献。从1949年时55个冶金企业单位均未配备专门从事冶金标准化工作的人员，到目前有近千家企业5万余人参与到标准化工作中，从简单翻译国外标准到自主制定标准，再到牵头起草国际标准，钢铁领域标准化工作的高质量发展离不开数十年来标准化人才的培养与积淀。

在中国钢铁60余年的标准化历程中，钢铁行业坚持开展的标准从业人员培训、标准政策解读、标准化培训定制服务、标准职业教育等活动，为冶金领域从业人员加强标准化意识、提升标准化能力做出了突出贡献。

随着标准化战略地位的不断提高，国家的支持、行业的关注、委员会的重视，为冶金行业复合型标准化人才的培养和成长提供了一片沃土，标准化人才队伍从数十人发展壮大到数千人，如图11-1所示。尤其从“十一五”期间开始，《标准化“十一五”发展规划》中提出要加快标准制修订速度，钢铁领域参与标准化工作的人员迎来了第一个发展高峰（参与起草国家标准单位545个，起草人987人）。“十三五”期间，《国家标准化体系建设发展规划（2016—2020年）》指出“推动实施标准化战略，加快完善标准化体系，提升我国标准化水平”。钢铁行业标准化参与人员达到了最高峰（参与国家标准起草单位820个，起草人1965人）。相关人员通过参与标准的研制，既加深了对标准化工作的认识，又熟悉了标准化的理论知识。理论与实践的相结合，为钢铁行业“做好标准”“用好标准”培养了一批既懂技术又懂标准的高端标准化人才。

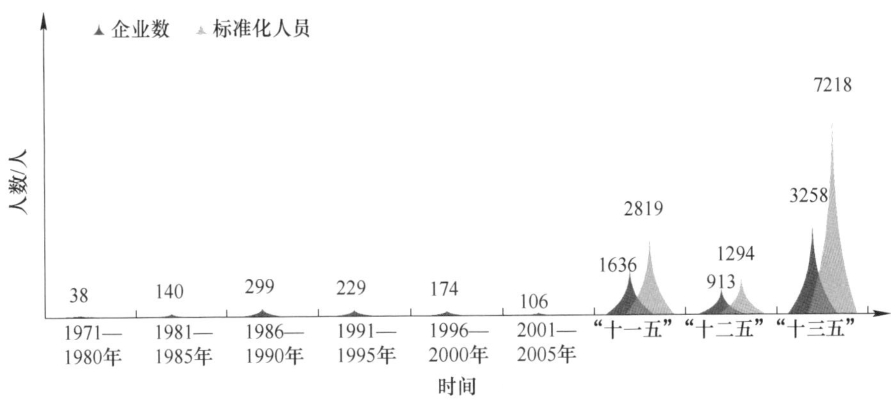

图 11-1 近 60 年来钢铁标准化人员数量

60 年的积淀，冶金行业的标准化人才从无到有，从弱到强。从 1952 年，第一批钢铁部颁标准“重 1-52 至重 23-52”诞生，到今天现行国家标准 1800 项，行业标准 1926 项，重点团体标准 227 项；从翻译国外标准到带领中国标准走向国际，截至 2022 年 6 月，我国钢铁领域共牵头发布国际标准 83 项，发布外文版标准 105 项。60 年的坚持为冶金行业培养了一批批懂技术、懂规则、懂外语的复合型标准化人才，为提升中国钢铁行业全球竞争力，全面建成钢铁强国、全面引领世界钢铁奠定基础。

一、标准从业人员培训

标准文件不同于一般性文件，它从制定到发布、从起草到定稿具有一套完整的工作程序和编写规范。严格的程序和规范的格式要求体现了标准文件的科学性和规范性。标准编写质量的优劣直接影响着标准后续的实施效果。为提高冶金行业标准化从业人员及标准起草人的素质，保证冶金行业标准化文件的起草质量，充分发挥标准化在指导冶金行业生产、实施产业政策、规范市场秩序中的技术基础作用。

从 2006 年开始，依托钢铁行业的三大标准化技术委员会平台，全国钢标委秘书处坚持每年举办标准从业人员及标准起草人培训班，如图 11-2 所示。从标准基础知识、标准管理程序、标准编写规范和国际标准工作等多方面、多角度地进行标准化知识培训，帮助钢铁行业标准化从业人员加强标准化意识、夯实标准化基础、提升标准化能力。累计培训人次达数千人，为壮大钢铁行业标准化从业人员队伍做出突出贡献。

图 11-2 冶金行业“标准化从业人员及标准起草人”标准化知识培训

二、标准政策解读

政策在社会中占有非常重要的地位，它往往预示着未来的主要工作方向和工作重点。对政策的准确把握和正确解读，做好行业标准化发展的领路人，是信息标准院一直以来赋予自己的责任和使命。为助力提高钢铁行业标准化从业人员的标准化素养和政策敏锐度，近年来，信息标准院借助“信息标准院”公众号、“钢铁标准网”公众号、视频号，“世⁺融媒”新媒体等多样化的现代新兴媒体形式开展了《国家标准化发展纲要》系列解读（见表11-1）、“全球标准化”系列分析（见表11-2）、“钢铁制造的智能化革命”系列直播等有关最新标准政策、标准发展趋势和标准化热点方向的培训，累计阅读量和播放量达数万次，努力做好钢铁行业标准化工作方向的领路人。

表 11-1 《国家标准化发展纲要》系列解读

序号	名 称
1	张龙强：标准化推进国家治理 新形势下钢铁工业标准化工作的思考
2	推动钢铁工业国家标准验证点建设
3	建立健全钢铁行业碳达峰、碳中和标准
4	加速构建先进合理的钢铁行业智能制造标准体系
5	推动钢铁工业国家技术标准创新基地建设
6	推进节能减排、低碳绿色标准建设
7	推进钢铁工业团体标准协同发展
8	积极开拓新材料标准化工作新局面
9	推动钢铁行业企业标准水平持续提升
10	大力发展新型标准化服务工具和模式 助力钢铁行业高质量发展

表 11-2 “全球标准化”系列分析

序号	名　称
1	ISO 相信，协商一致铸就未来
2	数说 ISO 近三年标准化成绩单
3	钢铁视角看韩国标准化战略
4	钢铁视角看美国标准化战略
5	数说近三年 ANSI 标准化成绩单
6	钢铁视角看日本标准化战略
7	数说 IEC 近三年标准化成绩单
8	钢铁视角看欧洲标准化战略
9	数说欧洲近三年标准化成绩单
10	“一带一路”主要国家钢铁标准化

三、标准化培训定制服务

《国家标准化发展纲要》中指出要深化标准化运行机制创新。建立标准创新型企业制度，鼓励企业构建技术、专利、标准联动创新体系。建立国家统筹的区域标准化工作机制，将区域发展标准需求纳入国家标准体系建设，实现区域内标准发展规划、技术规则相互协同，服务国家重大区域战略实施。这一重大政策的提出和落地，对各级政府和企业提出了更高的标准化人才需求。为响应政府号召，信息标准院积极整合资源，发挥60年深耕钢铁标准化领域的经验，为各级政府和企业提供定制化的标准培训服务，助力政府和企业在标准化舞台发挥更大的作用。

近些年，信息标准院应政府部门和企业的邀请，为河北省工业和信息化厅、东北大学、首钢集团、中信泰富、沙钢集团、河钢集团等30余个政府部门和企业提供更具针对性和实用性的标准化培训。每一次的定制化服务均针对地方政府和企业的个性化需求和培训对象特点，认真规划和设计培训课程，保证培训高质高效地开展。如2019年，信息标准院为沙钢集团参与培训的炼钢总厂、轧钢总厂、能源环保处室及相关职能处室的人员，提供了钢铁领域国际标准化、重点钢材产品及试验方法、绿色制造及品牌培育等相关标准和实施情况的专项培训，单场培训达100余人次。

通过定制化的标准化培训，因企制宜地提供针对性、目标性更强的标准化培训，既满足了企业的特殊需求，更可有的放矢地为企业培养复合型标准化人才，为建立标准创新型企业，助力企业构建技术、专利、标准联动创新体系提供了高质量的人力资源保障。

四、标准化职业教育

2019 年，国务院《国家职业教育改革实施方案》提出“深化复合型技术人才培养培训模式改革”，探索实施“1+X”（学历证书+若干职业技能等级）证书制度。2021 年，中共中央办公厅、国务院办公厅共同发布《关于推动现代职业教育高质量发展的意见》中再次强调，要巩固职业教育的类型定位，构建现代职业教育体系，深化产教融合、校企合作，增强职业教育的适应性，加快培养复合型技术技能人才。因标准化工作具有复合型和职业指向性等特征，因此将标准化技能人才培养纳入职业教育体系。

为贯彻《国家标准化发展纲要》关于“建立健全标准化领域人才的职业能力评价和激励机制”的要求，信息标准院积极落实教育部、国家发改委、财政部及国家市场监管总局《关于在院校实施“学历证书+若干职业技能等级证书”制度试点方案》的要求，积极承担了冶金工业领域标准化职业技能培训的相关工作。截至 2023 年 2 月底，累计培养初级标准化资质人员近 200 人（见图 11-3），为钢铁行业标准化高级人才储备做出突出贡献。

职业技能等级证书

Certificate of Vocational Skill Level

XXXX年X月参加标准编审职业技能等级水平考核，成绩合格，核发标准编审职业技能等级证书（初级）。学习成果已经职业教育国家学分银行认定。

This is to certify that this certificate owner has passed the assessment in XXXX, and is qualified for the Primary Level of Standards Drafting and Review. The learning outcomes are recognized by the National Credit Bank for Vocational Education.

姓名
xing ming

身份证号：
ID Number

证书编号：
Certificate Number

发证机构：（盖章）
Issuing Authority(Seal)

发证日期： 年 月 日
Date of Issue

发证机构负责人（签章）：
Person in Charge of Issuing Authority

考核站点负责人（签章）：
Person in Charge of Assessment Site

查询网址： http://www.ncb.edu.cn
Website of Verification

图 11-3 职业技能等级证书示例

展望篇

第十二章　构建高质量发展新型标准体系

近年来，随着科学技术进步和经济社会发展，标准已不再是单纯满足各项指标要求的一种规则或条件，标准已经从生产贸易的技术手段逐渐上升为国家治理的基础性制度，在推动经济社会发展的作用和地位日益凸显。当前，我国经济社会进入新发展阶段，世界百年未有之大变局加速演进，我国已转向高质量发展阶段，正处于转变发展方式、优化经济结构、转换增长动力的攻坚期。标准化工作要顺应这一时代趋势，紧密围绕国家重大战略任务和规划，以涵盖宏观性、战略性和可操作性的规划思维，做好推动我国经济高质量发展标准化工作的顶层设计，充分释放“标准化+”的催化效能，以“标准化+”的理念全面推进标准化工作，助力我国经济社会向更高质量、更有效率、更可持续、更为安全发展。面向未来五年及更长时期，钢铁行业将深入学习并认真贯彻落实《国家标准化发展纲要》（以下简称“《纲要》”），以钢铁强国的使命担当，坚持标准引领，坚持国际突破，促进钢铁行业创新发展、绿色低碳发展，着力做好以下重点工作，为钢铁行业高质量发展提供重要技术支撑。

高质量发展的标准体系是推动行业健康发展的重要引擎。在碳达峰、碳中和目标下，钢铁行业积极开展系统性、前瞻性、战略性研究和布局，从整体上、顶层上谋划行业标准化发展。全国钢铁标准化技术委员会将持续贯彻落实《纲要》《“十四五”推动高质量发展的国家标准体系建设规划》《关于推动钢铁工业高质量发展的指导意见》《“十四五”原材料工业发展规划》等文件的新要求，立足我国钢铁行业向绿色化、智能化、高端化、国际化的新趋势，围绕“引领产业发展，保障质量提升”两大发展目标，加快构建推动高质量发展的标准体系，构建与行业发展相适应的标准体系，以新型标准体系为抓手促进形成行业发展新优势。以全国钢标委为例，新标准体系框架如图 12-1 所示。

新型钢铁标准体系建设工作围绕以下四项原则展开。

（1）体系优先、明确定位。把握标准化由数量规模型向质量效益型转变的发展契机，通过不断重构、优化钢铁行业标准体系，进一步明确钢铁领域

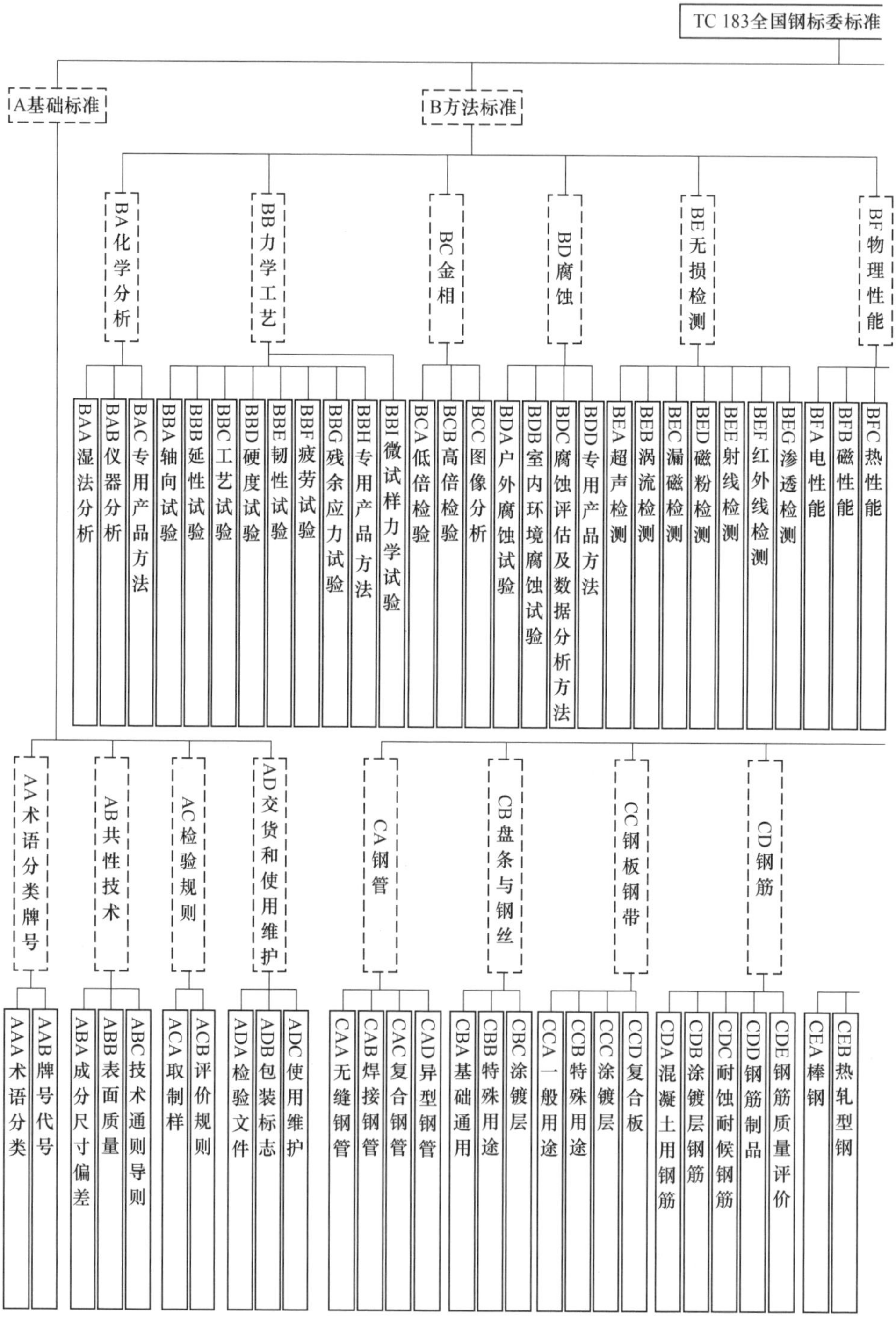

- TC 183全国钢标委标准
  - A基础标准
    - AA术语分类牌号
      - AAA术语分类
      - AAB牌号代号
    - AB共性技术
      - ABA成分尺寸偏差
      - ABB表面质量
      - ABC技术通则导则
    - AC检验规则
      - ACA取制样
      - ACB评价规则
    - AD交货和使用维护
      - ADA检验文件
      - ADB包装标志
      - ADC使用维护
  - B方法标准
    - BA化学分析
      - BAA湿法分析
      - BAB仪器分析
      - BAC专用产品方法
    - BB力学工艺
      - BBA轴向试验
      - BBB延性试验
      - BBC工艺试验
      - BBD硬度试验
      - BBE韧性试验
      - BBF疲劳试验
      - BBG残余应力试验
      - BBH专用产品方法
      - BBI微试样力学试验
    - BC金相
      - BCA低倍检验
      - BCB高倍检验
      - BCC图像分析
    - BD腐蚀
      - BDA户外腐蚀试验
      - BDB室内环境腐蚀试验
      - BDC腐蚀评估及数据分析方法
      - BDD专用产品方法
    - BE无损检测
      - BEA超声检测
      - BEB涡流检测
      - BEC漏磁检测
      - BED磁粉检测
      - BEE射线检测
      - BEF红外线检测
      - BEG渗透检测
    - BF物理性能
      - BFA电性能
      - BFB磁性能
      - BFC热性能
  - CA钢管
    - CAA无缝钢管
    - CAB焊接钢管
    - CAC复合钢管
    - CAD异型钢管
  - CB盘条与钢丝
    - CBA基础通用
    - CBB特殊用途
    - CBC涂镀层
  - CC钢板钢带
    - CCA一般用途
    - CCB特殊用途
    - CCC涂镀层
    - CCD复合板
  - CD钢筋
    - CDA混凝土用钢筋
    - CDB涂镀层钢筋
    - CDC耐蚀耐候钢筋
    - CDD钢筋制品
    - CDE钢筋质量评价
    - CEA棒钢
    - CEB热轧型钢

图12-1　TC 183新型

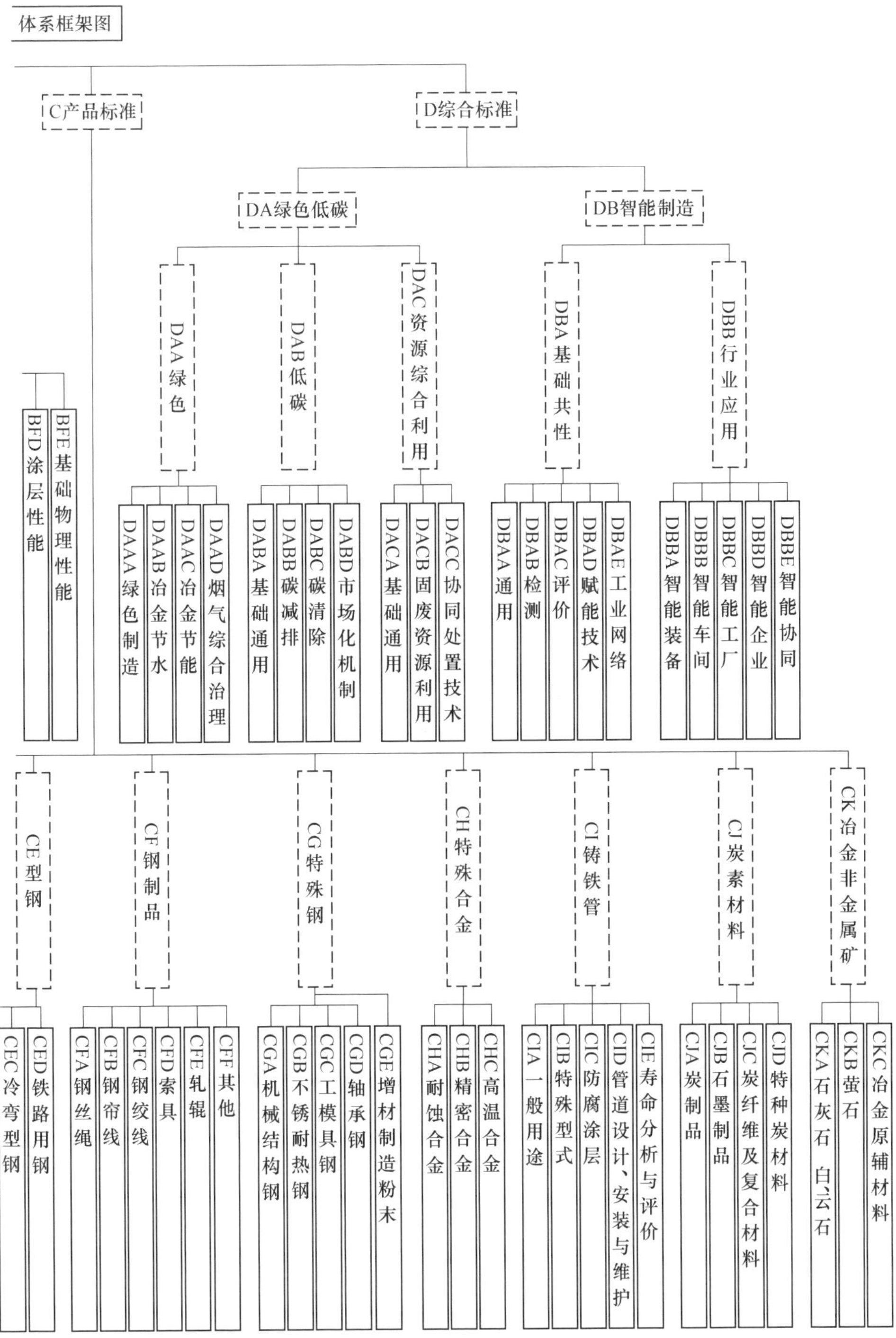
体系框架图
C产品标准
D综合标准
DA绿色低碳
DB智能制造
DAA绿色
DAB低碳
DAC资源综合利用
DBA基础共性
DBB行业应用
BFD涂层性能
BFE基础物理性能
DAAA绿色制造
DAAB冶金节水
DAAC冶金节能
DAAD烟气综合治理
DABA基础通用
DABB碳减排
DABC碳清除
DABD市场化机制
DACA基础通用
DACB固废资源利用
DACC协同处置技术
DBAA通用
DBAB检测
DBAC评价
DBAD赋能技术
DBAE工业网络
DBBA智能装备
DBBB智能车间
DBBC智能工厂
DBBD智能企业
DBBE智能协同
CE型钢
CF钢制品
CG特殊钢
CH特殊合金
CI铸铁管
CJ炭素材料
CK冶金非金属矿
CEC冷弯型钢
CED铁路用钢
CFA钢丝绳
CFB钢帘线
CFC钢绞线
CFD索具
CFE轧辊
CFF其他
CGA机械结构钢
CGB不锈耐热钢
CGC工模具钢
CGD轴承钢
CGE增材制造粉末
CHA耐蚀合金
CHB精密合金
CHC高温合金
CIA一般用途
CIB特殊型式
CIC防腐涂层
CID管道设计、安装与维护
CIE寿命分析与评价
CJA炭制品
CJB石墨制品
CJC炭纤维及复合材料
CJD特种炭材料
CKA石灰石 白云石
CKB萤石
CKC冶金原辅材料
标准体系框架图

与产业链上下游标准的配套关系，进一步明确钢铁领域政府标准与市场标准的定位和边界。

（2）进出有序、动态调整。通过整合、废止、转化等方式调整存量国家标准的体系构成，淘汰老化落后标准，为绿色低碳、智能制造等新兴前沿领域的急需标准发展释放更多空间。探索建立国家、行业标准的动态调整机制，不断提高国家标准体系整体质量。探索国家标准与团体标准的承接转化机制，将急需的、适用的团体标准快速采信为国家标准，将不适用定位的国家标准快速转化为团体标准，形成进出有序、相互衔接的政府标准和市场标准体系。

（3）对标国际、推进兼容。加强标准比对分析，加大钢铁领域最新适用的国际标准的转化速度，提高我国标准与国际标准一致性程度，推进我国标准与国际标准体系兼容。

（4）固化机制、创新改革。建设与维护新型钢铁标准体系，形成国家标准体系不断完善、优化的长效机制。通过重构、优化钢铁标准体系，不断推进钢铁领域标准化工作改革创新。

新型钢铁标准体系建设工作主要建设思路有以下三点。

（1）厘清国家标准与团体标准的定位与边界。从厘清国家标准与团体标准的定位与边界入手，哪些标准适合保留在国家标准体系内，哪些标准不适合国家标准定位，理顺政府与市场的关系，让标准化更好地服务我国经济社会的发展。

（2）强化顶层设计、提升标准引领高质量发展能力。将钢铁产品（包括钢的原辅料及其副产品）及其配套的试验方法等标准体系放在一个框架内，形成有机整体，能够从全产业链的角度对相关概念、方法、共性技术、领域应用等方面进行梳理，对标准体系自身调结构补短板具有实用性和指导意义。

（3）打破全国专业标准化技术委员会与分委员会专业范畴。按标准类别（基础标准、方法标准、产品标准、综合标准）重构标准体系，旨在打破原TC/SC专业领域，将不同专业领域的同类标准归纳在一起，便于按颗粒度一致进行梳理、研判和汇总，并最大限度地避免各领域交叉建设。

重构的新标准体系是指导当前及今后一个时期钢铁行业标准化建设的发展蓝图。新型标准体系建设是一项复杂的系统工程，它受国家经济体系改革的运转机制和行业发展现状的制约，涉及整个钢铁行业的发展和生产、使用、科研、设计、管理等方方面面。因此，必须坚决贯彻落实《纲要》，下大功夫，采取有力措施，积极慎重，有计划地稳步实施，按照新型标准体系的发展方向，推动钢铁行业标准化工作由数量规模型向质量效益型创新改革，为我国由钢铁大国向钢铁强国迈进提供纲领性保障。

第十三章 促进钢铁国际标准水平再跃升

深化标准化交流合作是促进国内国际双循环的重要抓手，要积极参与国际标准化活动，进一步提升国际标准一致性，促进全球技术创新和贸易发展。《纲要》提出，要提升标准国际化对外开放水平。钢铁行业要继续按照国家标准化战略部署，响应国家“一带一路”倡议，以我国标准在国内市场的实际应用为基础，支持企业、行业等牵头提出重点领域国际标准提案，力争“十四五”末国际标准转化率达到90%以上；同时探讨承担新兴领域国际秘书处和管理职位，扩大国际标准活动“朋友圈”，拓展我国标准海外应用，加快重点产品外文版标准制定，加强和国内外行业交流学习和经验分享，做好国际标准典型案例梳理和宣传，持续深度参与国际标准化活动，积极贡献中国智慧，分享中国方案。

（1）加强国际标准制定，推动国内标准向国际标准转化。钢铁行业相关企业应结合海外工程实施与项目合作，联合“一带一路”沿线有关国家共同制定国际标准，力争将中国的更多技术内容纳入国际标准中。相关行业协会、产业技术联盟等社会团体，可结合团体标准应用示范项目实施情况，支持具备相应基础条件的先进团体标准转化为国际标准。

（2）加快外文版标准制定，扩大中国标准的海外应用。钢铁行业要充分发挥标准化技术组织的平台作用，深化面向“一带一路”沿线国家的标准“走出去”需求分析，对急需制定标准外文版的项目，加快英文翻译工作，成套成体系地研制相关标准外文版，扩大中国标准的海外应用。

（3）加强综合性标准化信息服务，推动中国标准对外开放。建设钢铁领域“一带一路”标准信息服务平台，围绕企业“走出去”需求，定制化开展钢铁领域标准比对分析，提供国外标准化政策、标准文本、产品认证等标准信息服务，为支撑对外开放特别是“一带一路”建设提供更多助力和支持。

放眼“十四五”及未来更长的时期，中国钢铁标准化开放合作战略的实施是一项长期而艰巨的任务，需要多方政策共同配合，为开展国际标准化活动提供持续动力；不断提升标准化对外开放水平，更加有效推动国家综合竞争力提升；统筹推进标准化与科技、产业、金融对外交流合作，促进政策、规则、标准联通；建立政府引导、企业主体、产学研联动的国际标准化工作机制；支持企业、社会团体、科研机构等积极参与各类国际性专业标准组织；促进经济社会高质量发展，在构建新发展格局中发挥更大作用。未来各方要秉持共商、共建、共享原则，携手应对世界经济面临的挑战，开创发展新机遇，谋求发展新动力，拓展发展新空间，实现优势互补、互利共赢，实现高质量可持续发展。

第十四章　推动标准化改革创新融合发展

标准化是系统性、全局性工程，要不断提升自身标准化工作的治理能力和水平。钢铁行业要在前期研究成果的基础上，持续实施企业标准领跑者制度、推进国家技术标准创新基地建设、强化标准在认证市场化的作用，搭建标准化服务平台，促进标准化改革创新融合发展，开创钢铁行业标准化工作新局面。

一、持续实施企业标准领跑者制度

紧跟国家标准化改革创新的要求，建立标准创新型企业制度，以标准创新推动企业技术创新、管理创新和服务创新。钢铁行业加快推进企业标准“领跑者”制度。截至2022年底，一批优秀的钢铁企业通过建立具有自身特色的技术指标脱颖而出，已通过电工钢、热轧钢板桩、预应力盘条等企业标准“领跑者”评价。面向未来，钢铁行业将持续深入开展企业标准“领跑者”评价工作，推动企业立足自身发展制定高水平企业标准，以标准创新推动企业技术创新、管理创新和服务创新，以标准全面提档推动钢铁行业和企业转型升级。

二、持续推进国家技术标准创新基地建设

标准创新基地是标准化试点示范的一种形式，是促进创新成果转化为技术标准的服务平台，是以标准化助推创新技术和产品市场化、产业化和国际化的孵化器。钢铁行业积极加强基地建设，充分发挥标准作为科技成果转化载体的作用，不断探索打通科技成果转化“最后一公里”的问题，服务钢铁行业创新发展。

截至2022年底，钢铁行业先后承担了国家技术标准创新基地（金属线材制品国际标准化）和国家技术标准创新基地（冶金工程国际标准化）的任务。从国家定位来看，标准创新基地是标准化试点示范的一种形式，是促进创新成果转化为技术标准的服务平台，是以标准化助推创新技术和产品市场化、产业化和国际化的孵化器；从行业发展来看，基地是落实《纲要》等相

关政策的要求和任务，协调统筹各行业各方资源，推动技术创新、标准创新、产业应用协同发展；从企业创新来看，基地是推动企业交流合作、成果转化、质量提升、服务发展的创新平台。面向未来，钢铁行业将通过承担更多创新基地，以标准链贯通创新链、产业链，促进高水平开放，助力高技术创新。

三、强化标准在认证市场化中的作用

认证认可检验检测是市场经济条件下加强质量管理、提高市场效率的基础性制度，是市场监管工作的重要组成部分。其本质属性是“传递信任，服务发展”，具有市场化、国际化的突出特点，被称为质量管理的“体检证”、市场经济的“信用证”、国际贸易的“通行证”。面向未来，钢铁行业将充分发挥好质量技术基础作用，当好供需之间传递信任的桥梁，重点做好以下三方面的认证工作。

（1）聚焦一个目标。聚焦“传递市场信任、服务社会发展”这一根本目标，信息标准院将做好产品质量管理的“把关人”，解决钢铁市场信息不对称问题，优化市场资源配置，改善市场供给；发挥市场优胜劣汰的作用，引导企业提升质量水平，优化市场环境；致力于消除国际市场壁垒，促进贸易便利化，扩大市场开放程度。

（2）强化双向发展。立足国内、面向国际，运用好认证认可的国际通行规则，提升互信互认水平，形成互联互通机制，全方位深化国际合作，掌握好国际规则的“话语权”。同时，积极引入国际上认证认可的先进管理理念和技术，帮助国内企业建立国际化质量管理模式，促进“同线同标同质”，推动产业提质升级。

（3）做好三者协同。认证是标准贯彻实施的有效工具，检验为产品认证承担支撑作用。充分发挥标准本身的技术上的前沿性、形成过程的规范性、应用的广泛性，促进认证结果普遍采信程度。同时，利用认证提供的社会各方参与标准化的平台，推动国家标准体系与国际标准体系深度结合。此外，通过借助检验平台的力量提供更为全面的服务。围绕标准、认证、检测打造业务协同，使认证服务更加专业、可信和权威。

第十五章　强化标准引领绿色低碳新发展

钢铁行业是实现绿色低碳发展的重要领域。工信部、国家发改委、生态环境部三部委联合发布的《关于促进钢铁工业高质量发展的指导意见》（工信部联原〔2022〕6号）（以下简称《指导意见》）中提出："坚持绿色低碳的基本原则，即坚持总量调控和科技创新降碳相结合，坚持源头治理、过程控制和末端治理相结合，全面推进超低排放改造，统筹推进减污降碳协同治理；力争到2025年，钢铁工业基本形成布局结构合理、资源供应稳定、技术装备先进、质量品牌突出、智能化水平高、全球竞争力强、绿色低碳可持续的高质量发展格局。"《指导意见》提出了深入推进绿色低碳的具体目标，即钢铁行业要构建产业间耦合发展的资源循环利用体系，80%以上钢铁产能完成超低排放改造，吨钢综合能耗降低2%以上，水资源消耗强度降低10%以上，确保2030年前碳达峰。

在钢铁行业实现绿色低碳可持续高质量发展的关键时期，标准将在约束保障和引领提升两大方面发挥更大的作用。按照《"十四五"工业绿色发展规划》（工信部规〔2021〕178号）提出的"健全绿色低碳标准体系"要求，钢铁行业将立足产业结构调整、绿色低碳技术发展需求，开展以下标准化工作。

（1）完善绿色设计产品、绿色工厂、绿色工业园区和绿色供应链评价标准体系。绿色设计产品标准领域将对现有行业标准、团体标准进行梳理，按照工信部对绿色设计产品标准的总体部署，对现有体系进行清理整顿，构建上下游结合紧密、体现钢铁行业特色的绿色设计产品标准体系；绿色工厂、绿色园区标准领域将推进现有标准制定，支撑钢铁行业绿色工厂、绿色园区创建；推进绿色供应链标准研制，引导钢铁企业做好自身的节能减排和环境保护工作的同时，引领带动供应链上下游企业持续提高资源能源利用效率，改善环境绩效，实现绿色发展。

（2）完善节能、节水、资源综合利用等重点领域标准及关键工艺技术装备标准。节能标准领域将结合行业节能增效需求，继续落实国家能效提升、节能监察、节能诊断等政策要求，开展节能技术、能耗能效、节能监察、节能诊断、节能装备等相关标准研制，通过标准的规范和引导作用，推进能效提升技术的推广，加强能源管理，促进钢铁工业的节能减排，支撑“双碳”目标实现；节水标准领域将重点针对非常规水资源利用、水资源利用区域化、智能化管理、典型废水零排放及资源化利用、产城融合等方面开展标准化工作；资源综合利用标准领域将在绿色低碳、清洁生产、协同处理领域开展标准化工作，大力推动钢铁企业固废资源综合利用；烟气综合治理标准领域将继续制修订超低排放方面标准，为行业绿色转型提供支撑。

（3）加快碳达峰、碳中和领域标准制修订。针对钢铁行业碳排放管理需求，积极开展钢铁行业碳排放核算、碳排放限额、碳排放监测与管理、碳交易与碳资产管理、低碳冶金技术规范、低碳评价、碳捕集、封存与利用（CCUS）技术规范、碳汇等方面的标准化工作，建立健全钢铁行业低碳发展标准体系，引导低碳技术改造升级，推动钢铁行业低碳发展。

（4）强化先进适用标准的贯彻落实，推进重点标准技术水平评价和实施效果评估。加大绿色低碳标准贯彻实施力度。贯彻执行能耗能效、碳排放核算、水耗水效等重点标准，督促重点企业贯彻执行绿色低碳标准，淘汰落后工艺。开展企业能耗能效、碳排放水平对标达标活动。向先进企业、先进水平看齐，推动实施低碳技术改造，在行业内开展碳排放对标达标活动，促进企业追赶先进，带动行业绿色低碳水平整体提升。

（5）推进节能、低碳等重点领域标准国际化工作。结合中国钢铁行业绿色低碳发展特点，开展国外先进节能、低碳管理相关标准对比分析研究，寻找我国标准与国际标准、国外先进标准的差距，围绕钢铁行业绿色低碳减排发展需求，结合我国实际情况，推进转化先进、适用的国外先进标准，提升我国钢铁行业绿色低碳标准的技术水平。加强研究国内、国外应对气候变化标准化发展趋势与动态分析，开展钢铁行业绿色低碳发展国际标准化工作技术储备，推动能效评估、钢铁产品环境绩效、EPD等技术标准走向国际。鼓励有实力的企业或单位参与钢铁行业绿色低碳发展国际标准化工作，建立国际标准沟通平台，争取绿色低碳发展国际标准化工作主动权，提升我国钢铁行业绿色低碳发展的国际竞争力。

第十六章　助力钢铁行业智能化转型升级

钢铁行业正处于推进绿色低碳、高质量发展的关键时期，智能制造是实现两大目标的关键抓手，持续受到国家和行业的高度重视。“十四五”及未来相当长一段时期，钢铁工业要立足制造本质，紧扣智能特征，以工艺、装备为核心，以数据为基础，依托制造单元、车间、工厂、供应链等载体，构建虚实融合、知识驱动、动态优化、安全高效、绿色低碳的智能制造系统，推动行业实现数字化转型、网络化协同、智能化变革。

标准化是钢铁行业推进智能制造的基础和引导，《“十四五”智能制造发展规划》部署的第四项重点任务“夯实基础支撑，构筑智能制造新保障”的首要工作就是深入推进标准化工作，提出持续优化标准顶层设计，统筹推进国家智能制造标准体系和行业应用标准体系建设，加快基础共性和关键技术标准制修订，在智能装备、智能工厂等方面推动形成国家标准、行业标准、团体标准、企业标准相互协调、互为补充的标准群。《纲要》指出，要健全智能制造、绿色制造、服务型制造标准，形成产业优化升级的标准群；《关于促进钢铁工业高质量发展的指导意见》主要任务中明确提出，构建钢铁行业智能制造标准体系，积极开展基础共性、关键技术和行业应用标准研究。

“研以致用”是实现“智能制造，标准引领”的重要手段。“十三五”期间钢铁行业智能制造标准化取得的成果为“十四五”行业智能制造发展奠定了基石。“十四五”期间，钢铁行业将继续落实《纲要》和《“十四五”智能制造发展规划》等系列政策文件提出的“构建体系、制定标准、遴选标杆、建设平台”等各项要求，按照《国家智能制造标准体系建设指南(2021版)》中提出的针对钢铁生产流程连续、工艺体系复杂、产品中间态多样化的流程制造业特点，围绕生产场景的智能化技术应用，制定5G应用、无人行车、特种机器人应用等规范标准；围绕智能工厂建设，制定工厂设计与数字化交付、数字孪生模型等规范标准；围绕生产智能管理，制定质量、物流、能源、环保、设备、供应链全局优化等规范标准。结合目前钢铁行业智能制造现行和在研标准在体系中的覆盖，具体如图16-1所示。从行业热点需求出发，未来钢铁行业智能制造领域研制标准的重点方向有钢铁行业智能

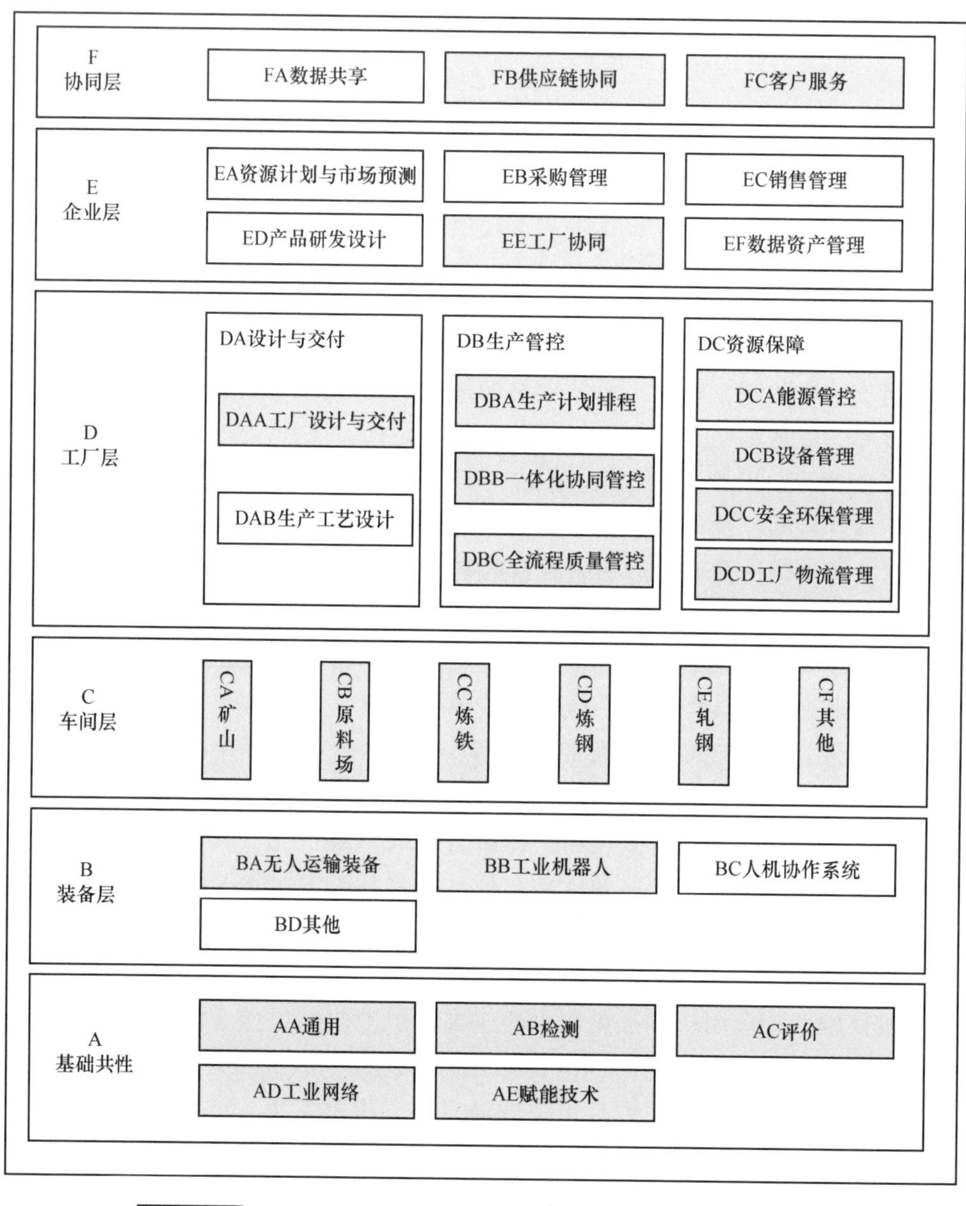

图 16-1 钢铁行业现行和在研标准在体系中的覆盖

制造数据分类与编码、智能工厂参考架构、智能工厂评价等基础共性标准；5G 技术应用、工业软件、边缘计算、人工智能、数据治理等关键技术标准；无人行车、无人驾驶运输车、工业机器人应用等智能装备标准；工厂设计与数字化交付、数字孪生模型、产品与工艺数字化研发设计等智能工厂标准；网络协同制造、设备网络化运维、供应链全局优化决策等智能服务标准。为加快智能制造实施经验在钢铁行业的推广应用，强化示范引领效应，冶金智能制造标准化工作组将组织钢铁行业智能制造示范推广系列活动，围绕“现场走访、经验推广、标杆遴选、诊断咨询、媒体宣传”等活动，助力推进钢铁行业智能化转型发展。

第十七章　加快培养高端化人才队伍建设

《纲要》提出，要加强标准化人才队伍建设。人才是做好标准化工作的基础，钢铁行业要加强标准化人才队伍建设，持续培养多层次高水平标准化人才。

（1）持续健全标准化人才评价机制。钢铁行业将积极建立健全标准化领域人才的职业能力评价机制，从专业知识体系、专业技能体系、专业能力评价体系等多体系全方位、科学地评价标准化领域人才的职业能力，并积极争取国家层面的政策支持，为标准化人员专业能力要求提供政策依据和统一标准。信息标准院作为全国钢标委秘书处承担单位和行业牵头的标准化机构，将继续搭建好政府和企业间沟通桥梁，积极向上级政府建议采取标准研制和科技开发联动策略，加快标准制定、修订及推广实施。在联动策略的推动下，快速实现科研突破的产业化并借助联动带来的显著经济效益吸引大批标准化人才，为标准化人才培养建立良性循环的激励机制。

（2）持续构建多层次人员培训体系。在继续推进“1+X”标准化职业技能培训的基础上，信息标准院将立足钢铁行业的特点和发展需求，积极发挥好钢铁行业专业标准化机构的桥梁作用，适时组建钢铁行业标准化职业教育平台。科学合理地制定人才培养规划，构建从企业、地方、行业到国家多层次的从业人员培养培训体系，为我国钢铁行业甚至全国标准化工作培养一批高素质、高水平、多层次的标准化人才，推动我国钢铁行业标准化工作的高质量发展。

（3）持续培养一批专业的复合型人才队伍。积极借鉴国外发达国家标准化人才培养模式，搭建中外人才交流渠道和平台，使我国标准化人员有更多机会参与国际标准活动中，真正培养具有国际视野的复合型标准化人才。要积极选派年轻同志参与国际国内标准化工作，牵头制定标准、主持标准科研项目，提升标准化工作能力，特别是重点培育一批年轻的 ISO、IEC、ITU 等国际标准化机构任职人才及国际标准化、合格评定专业人才，为国际标准化事业的发展提供有力支撑；要充分发挥新型标准化人才和行业老专家两支队伍的积极性，建立优势互补、资源共享的标准化人才库，夯实标准化工作人才队伍根基，使人才助力行业发展。

附　录

附录一 中国钢铁行业发布的国家标准目录

序号	标准编号	标准名称
1	GB/T 184—1963	每米50公斤钢轨用鱼尾板 型式尺寸
2	GB/T 185—1963	每米38及43公斤钢轨用鱼尾板 型式尺寸
3	GB/T 221—2008	钢铁产品牌号表示方法
4	GB/T 222—2006	钢的成品化学成分允许偏差
5	GB/T 223.3—1988	钢铁及合金化学分析方法 二安替比林甲烷磷钼酸重量法测定磷量
6	GB/T 223.4—2008	钢铁及合金 锰含量的测定 电位滴定或可视滴定法
7	GB/T 223.5—2008	钢铁 酸溶硅和全硅含量的测定 还原型硅钼酸盐分光光度法
8	GB/T 223.6—1994	钢铁及合金化学分析方法 中和滴定法测定硼量
9	GB/T 223.7—2002	铁粉 铁含量的测定 重铬酸钾滴定法
10	GB/T 223.8—2000	钢铁及合金化学分析方法 氟化钠分离-EDTA滴定法测定铝量
11	GB/T 223.9—2008	钢铁及合金 铝含量的测定 铬天青S分光光度法
12	GB/T 223.11—2008	钢铁及合金 铬含量的测定 可视滴定或电位滴定法
13	GB/T 223.12—1991	钢铁及合金化学分析方法 碳酸钠分离-二苯碳酰二肼光度法测定铬量
14	GB/T 223.13—2000	钢铁及合金化学分析方法 硫酸亚铁铵滴定法测定钒量
15	GB/T 223.14—2000	钢铁及合金化学分析方法 钽试剂萃取光度法测定钒量
16	GB/T 223.17—1989	钢铁及合金化学分析方法 二安替比林甲烷光度法测定钛量
17	GB/T 223.18—1994	钢铁及合金化学分析方法 硫代硫酸钠分离-碘量法测定铜量
18	GB/T 223.19—1989	钢铁及合金化学分析方法 新亚铜灵-三氯甲烷萃取光度法测定铜量

续表

序号	标准编号	标 准 名 称
19	GB/T 223.20—1994	钢铁及合金化学分析方法　电位滴定测定钴量
20	GB/T 223.22—1994	钢铁及合金化学分析方法　亚硝基R盐分光光度法测定钴量
21	GB/T 223.23—2008	钢铁及合金　镍含量的测定　丁二酮肟分光光度法
22	GB/T 223.25—1994	钢铁及合金化学分析方法　丁二酮肟重量法测定镍量
23	GB/T 223.26—2008	钢铁及合金　钼含量的测定　硫氰酸盐分光光度法
24	GB/T 223.28—1989	钢铁及合金化学分析方法　α-安息香肟重量法测定钼量
25	GB/T 223.29—2008	钢铁及合金　铅含量的测定　载体沉淀-二甲酚橙分光光度法
26	GB/T 223.30—1994	钢铁及合金化学分析方法　对-溴苦杏仁酸沉淀分离-偶氮胂Ⅲ分光光度法测定锆量
27	GB/T 223.32—1994	钢铁及合金化学分析方法　次磷酸钠还原-碘量法测定砷量
28	GB/T 223.33—1994	钢铁及合金化学分析方法　萃取分离-偶氮氯膦mA光度法测定铈量
29	GB/T 223.34—2000	钢铁及合金化学分析方法　铁粉中盐酸不溶物的测定
30	GB/T 223.36—1994	钢铁及合金化学分析方法　蒸馏分离-中和滴定法测定氮量
31	GB/T 223.37—2020	钢铁及合金　氮含量的测定　蒸馏分离靛酚蓝分光光度法
32	GB/T 223.38—1985	钢铁及合金化学分析方法　离子交换分离-重量法测定铌量
33	GB/T 223.40—2007	钢铁及合金　铌含量的测定　氯磺酚S光度法
34	GB/T 223.41—1985	钢铁及合金化学分析方法　离子交换分离-连苯三酚光度法测定钽量
35	GB/T 223.42—1985	钢铁及合金化学分析方法　离子交换分离-溴邻苯三酚红光度法测定钽量
36	GB/T 223.43—2008	钢铁及合金　钨含量的测定　重量法和分光光度法
37	GB/T 223.46—1989	钢铁及合金化学分析方法　火焰原子吸收光谱法测定镁量
38	GB/T 223.47—1994	钢铁及合金化学分析方法　载体沉淀-钼蓝光度法测定锑量
39	GB/T 223.49—1994	钢铁及合金化学分析方法　萃取分离-偶氮氯膦mA光度法测定稀土总量
40	GB/T 223.50—1994	钢铁及合金化学分析方法　苯基荧光酮-溴化十六烷基三甲基胺直接光度法测定锡量

续表

序号	标准编号	标 准 名 称
41	GB/T 223.51—1987	钢铁及合金化学分析方法　5-Br-PADAP 光度法测定锌量
42	GB/T 223.52—1987	钢铁及合金化学分析方法　盐酸羟胺-碘量法测定硒量
43	GB/T 223.53—1987	钢铁及合金化学分析方法　火焰原子吸收分光光度法测定铜量
44	GB/T 223.54—2022	钢铁及合金　镍含量的测定　火焰原子吸收光谱法
45	GB/T 223.58—1987	钢铁及合金化学分析方法　亚砷酸钠-亚硝酸钠滴定法测定锰量
46	GB/T 223.59—2008	钢铁及合金　磷含量的测定　铋磷钼蓝分光光度法和锑磷钼蓝分光光度法
47	GB/T 223.60—1997	钢铁及合金化学分析方法　高氯酸重量法测定硅含量
48	GB/T 223.61—1988	钢铁及合金化学分析方法　磷钼酸铵滴定法测定磷量
49	GB/T 223.62—1988	钢铁及合金化学分析方法　乙酸丁酯萃取光度法测定磷量
50	GB/T 223.63—2022	钢铁及合金　锰含量的测定　高碘酸钠（钾）分光光度法
51	GB/T 223.64—2008	钢铁及合金　锰含量的测定　火焰原子吸收光谱法
52	GB/T 223.65—2012	钢铁及合金化学分析方法　火焰原子吸收光谱法测定钴量
53	GB/T 223.66—1989	钢铁及合金化学分析方法　硫氰酸盐-盐酸氯丙嗪-三氯甲烷萃取光度法测定钨量
54	GB/T 223.67—2008	钢铁及合金　硫含量的测定　次甲基蓝分光光度法
55	GB/T 223.68—1997	钢铁及合金化学分析方法　管式炉内燃烧后碘酸钾滴定法测定硫含量
56	GB/T 223.69—2008	钢铁及合金　碳含量的测定　管式炉内燃烧后气体滴定法
57	GB/T 223.70—2008	钢铁及合金　铁含量的测定　邻二氮杂菲分光光度法
58	GB/T 223.71—1997	钢铁及合金化学分析方法　管式炉内燃烧后重量法测定碳含量
59	GB/T 223.72—2008	钢铁及合金　硫含量的测定　重量法
60	GB/T 223.73—2008	钢铁及合金　铁含量的测定　三氯化钛-重铬酸钾滴定法
61	GB/T 223.74—1997	钢铁及合金化学分析方法　非化合碳含量的测定
62	GB/T 223.75—2008	钢铁及合金　硼含量的测定　甲醇蒸馏-姜黄素光度法
63	GB/T 223.76—1994	钢铁及合金化学分析方法　火焰原子吸收光谱法测定钒量

续表

序号	标准编号	标 准 名 称
64	GB/T 223.77—1994	钢铁及合金化学分析方法　火焰原子吸收光谱法测定钙量
65	GB/T 223.78—2000	钢铁及合金化学分析方法　姜黄素直接光度法测定硼量
66	GB/T 223.79—2007	钢铁　多元素的测定　X-射线荧光光谱法
67	GB/T 223.80—2007	钢铁及合金　铋和砷含量的测定　氢化物发生-原子荧光光谱法
68	GB/T 223.81—2007	钢铁及合金　总铝和总硼含量的测定　微波消解-电感耦合等离子体质谱法
69	GB/T 223.82—2018	钢铁　氢含量的测定　惰性气体熔融-热导或红外法
70	GB/T 223.83—2009	钢铁　高硫含量的测定　感应炉燃烧红外吸收法
71	GB/T 223.84—2009	钢铁　钛含的量测定　二安替比林甲烷光度法
72	GB/T 223.85—2009	钢铁　硫含量测定　感应炉燃烧后红外吸收法
73	GB/T 223.86—2009	钢铁　碳含量测定　感应炉燃烧后红外吸收法
74	GB/T 223.87—2018	钢铁及合金　钙和镁含量的测定　电感耦合等离子体质谱法
75	GB/T 223.88—2019	钢铁及合金　钙和镁含量的测定　电感耦合等离子体原子发射法
76	GB/T 223.89—2019	钢铁及合金　碲含量的测定　氢化物发生-原子荧光光谱法
77	GB/T 224—2019	钢的脱碳层深度测定法
78	GB/T 225—2006	钢淬透性的末端淬火试验方法（Jominy 试验）
79	GB/T 226—2015	钢的低倍组织及缺陷酸蚀检验法
80	GB/T 228.1—2021	金属材料　拉伸试验　第 1 部分：室温试验方法
81	GB/T 228.2—2015	金属材料　拉伸试验　第 2 部分：高温试验方法
82	GB/T 228.3—2019	金属材料　拉伸试验　第 3 部分：低温试验方法
83	GB/T 228.4—2019	金属材料　拉伸试验　第 4 部分：液氦试验方法
84	GB/T 229—2020	金属材料　夏比摆锤冲击试验方法
85	GB/T 230.1—2018	金属材料　洛氏硬度试验　第 1 部分：试验方法
86	GB/T 231.1—2018	金属材料　布氏硬度试验　第 1 部分：试验方法
87	GB/T 231.4—2009	金属材料　布氏硬度试验　第 4 部分：硬度值表
88	GB/T 232—2010	金属材料　弯曲试验方法

续表

序号	标准编号	标 准 名 称
89	GB/T 235—2013	金属材料　薄板和薄带　反复弯曲试验方法
90	GB/T 238—2013	金属材料　线材　反复弯曲试验方法
91	GB/T 239. 1—2012	金属材料　线材　第 1 部分：单向扭转试验方法
92	GB/T 239. 2—2012	金属材料　线材　第 2 部分：双向扭转试验方法
93	GB/T 241—2007	金属管　液压试验方法
94	GB/T 242—2007	金属管　扩口试验方法
95	GB/T 244—2020	金属材料　管　弯曲试验方法
96	GB/T 245—2016	金属材料　管　卷边试验方法
97	GB/T 246—2017	金属材料　管　压扁试验方法
98	GB/T 247—2008	钢板和钢带包装、标志及质量证明书的一般规定
99	GB/T 341—2008	钢丝分类及术语
100	GB/T 342—2017	冷拉圆钢丝、方钢丝、六角钢丝尺寸、外形、重量及允许偏差
101	GB/T 346—1984	通讯线用镀锌低碳钢丝
102	GB/T 351—2019	金属材料电阻系数测量方法
103	GB/T 699—2015	优质碳素结构钢
104	GB/T 700—2006	碳素结构钢
105	GB/T 701—2008	低碳钢热轧圆盘条
106	GB/T 702—2017	热轧钢棒尺寸、外形、重量及允许偏差
107	GB/T 706—2016	热轧型钢
108	GB/T 708—2019	冷轧钢板和钢带的尺寸、外形、重量及允许偏差
109	GB/T 709—2019	热轧钢板和钢带的尺寸、外形、重量及允许偏差
110	GB/T 711—2017	优质碳素结构钢热轧钢板和钢带
111	GB/T 712—2022	船舶及海洋工程用结构钢
112	GB/T 713—2014	锅炉和压力容器用钢板
113	GB/T 714—2015	桥梁用结构钢
114	GB/T 718—2005	铸造用生铁
115	GB/T 905—1994	冷拉圆钢、方钢、六角钢尺寸、外形、重量及允许偏
116	GB/T 908—2019	锻制钢棒尺寸、外形、重量及允许偏差

续表

序号	标准编号	标 准 名 称
117	GB/T 1172—1999	黑色金属硬度及强度换算值
118	GB/T 1220—2007	不锈钢棒
119	GB/T 1221—2007	耐热钢棒
120	GB/T 1222—2016	弹簧钢
121	GB/T 1234—2012	高电阻电热合金
122	GB/T 1299—2014	工模具钢
123	GB/T 1301—2008	凿岩钎杆用中空钢
124	GB/T 1361—2008	铁矿石分析方法总则及一般规定
125	GB/T 1412—2005	球墨铸铁用生铁
126	GB/T 1426—2008	炭素材料分类
127	GB/T 1427—2016	炭素材料取样方法
128	GB/T 1429—2009	炭素材料灰分含量的测定方法
129	GB/T 1431—2019	炭素材料耐压强度测定方法
130	GB/T 1467—2008	冶金产品化学分析方法标准的总则及一般规定
131	GB/T 1499. 1—2017	钢筋混凝土用钢　第 1 部分：热轧光圆钢筋
132	GB/T 1499. 2—2018	钢筋混凝土用钢　第 2 部分：热轧带肋钢筋
133	GB/T 1499. 3—2022	钢筋混凝土用钢　第 3 部分：钢筋焊接网
134	GB/T 1503—2008	铸钢轧辊
135	GB/T 1504—2008	铸铁轧辊
136	GB/T 1506—2016	锰矿石　锰含量的测定　电位滴定法和硫酸亚铁铵滴定法
137	GB/T 1507—2006	锰矿石　有效氧含量的测定　重铬酸钾滴定法
138	GB/T 1508—2002	锰矿石　全铁含量的测定　重铬酸钾滴定法和邻菲啰啉分光光度法
139	GB/T 1509—2016	锰矿石　硅含量的测定　高氯酸脱水重量法
140	GB/T 1510—2016	锰矿石　铝含量的测定　EDTA 滴定法
141	GB/T 1511—2016	锰矿石　钙和镁含量的测定　EDTA 滴定法
142	GB/T 1513—2006	锰矿石　钙和镁含量的测定　火焰原子吸收光谱法
143	GB/T 1515—2002	锰矿石　磷含量的测定　磷钼蓝分光光度法
144	GB/T 1516—2006	锰矿石　砷含量的测定　二乙氨基二硫代甲酸银分光光度法

续表

序号	标准编号	标准名称
145	GB/T 1591—2018	低合金高强度结构钢
146	GB/T 1786—2008	锻制圆饼超声波检验方法
147	GB/T 1814—1979	钢材断口检验法
148	GB/T 1815—2019	苯类产品溴价和溴指数的测定
149	GB/T 1816—2019	苯类产品中性试验
150	GB/T 1838—2008	电镀锡钢板镀锡量试验方法
151	GB/T 1839—2008	钢产品镀锌层质量试验方法
152	GB/T 1979—2001	结构钢低倍组织缺陷评级图
153	GB/T 1996—2017	冶金焦炭
154	GB/T 1997—2008	焦炭试样的采取和制备
155	GB/T 1999—2008	焦化油类产品取样方法
156	GB/T 2000—2000	焦化固体类产品取样方法
157	GB/T 2001—2013	焦炭工业分析测定方法
158	GB/T 2005—1994	冶金焦炭的焦末含量及筛分组成的测定方法
159	GB/T 2006—2008	焦炭机械强度的测定方法
160	GB/T 2039—2012	金属材料　单轴拉伸蠕变试验方法
161	GB/T 2101—2017	型钢验收、包装、标志及质量证明书的一般规定
162	GB/T 2102—2022	钢管的验收、包装、标志和质量证明
163	GB/T 2103—2008	钢丝验收、包装、标志及质量证明书的一般规定
164	GB/T 2104—2008	钢丝绳包装、标志及质量证明书的一般规定
165	GB/T 2272—2020	硅铁
166	GB/T 2273—2007	烧结镁砂
167	GB/T 2275—2017	镁砖和镁铝砖
168	GB/T 2279—2008	焦化甲酚
169	GB/T 2281—2008	焦化油类产品密度试验方法
170	GB/T 2282—2022	焦化轻油类产品馏程的测定方法
171	GB/T 2283—2019	焦化苯
172	GB/T 2284—2009	焦化甲苯
173	GB/T 2285—2018	焦化二甲苯

续表

序号	标准编号	标 准 名 称
174	GB/T 2286—2017	焦炭全硫含量的测定方法
175	GB/T 2288—2008	焦化产品水分测定方法
176	GB/T 2290—2012	煤沥青
177	GB/T 2291—2016	煤沥青实验室试样的制备方法
178	GB/T 2292—2018	焦化产品甲苯不溶物含量的测定
179	GB/T 2293—2019	焦化沥青类产品喹啉不溶物试验方法
180	GB/T 2294—2019	焦化固体类产品软化点测定方法
181	GB/T 2295—2008	焦化固体类产品灰分测定方法
182	GB/T 2518—2019	连续热镀锌和锌合金镀层钢板及钢带
183	GB/T 2520—2017	冷轧电镀锡钢板及钢带
184	GB/T 2521. 1—2016	全工艺冷轧电工钢　第 1 部分：晶粒无取向钢带（片）
185	GB/T 2521. 2—2016	全工艺冷轧电工钢　第 2 部分：晶粒取向钢带（片）
186	GB/T 2522—2016	电工钢带（片）涂层绝缘电阻和附着性测试方法
187	GB/T 2523—2008	冷轧金属薄板（带）表面粗糙度和峰值数的测量方法
188	GB/T 2585—2021	铁路用热轧钢轨
189	GB/T 2600—2009	焦化二甲酚
190	GB/T 2601—2008	酚类产品组成的气相色谱测定方法
191	GB/T 2602—2002	酚类产品中间位甲酚含量的尿素测定方法
192	GB/T 2608—2012	硅砖
193	GB/T 2774—2006	金属锰
194	GB/T 2970—2016	厚钢板超声检测方法
195	GB/T 2972—2016	镀锌钢丝锌层硫酸铜试验方法
196	GB/T 2975—2018	钢及钢产品　力学性能试验取样位置及试样制备
197	GB/T 2976—2020	金属材料　线材 缠绕试验方法
198	GB/T 2988—2012	高铝砖
199	GB/T 2992. 1—2011	耐火砖形状尺寸　第 1 部分：通用砖
200	GB/T 2992. 2—2014	耐火砖形状尺寸　第 2 部分：耐火砖砖形及砌体术语
201	GB/T 2994—2021	高铝质耐火泥浆

续表

序号	标准编号	标准名称
202	GB/T 2997—2015	致密定形耐火制品体积密度、显气孔率和真气孔率试验方法
203	GB/T 2998—2015	定形隔热耐火制品体积密度和真气孔率试验方法
204	GB/T 2999—2016	耐火材料　颗粒体积密度试验方法
205	GB/T 3000—2016	致密定形耐火制品　透气度试验方法
206	GB/T 3001—2017	耐火材料　常温抗折强度试验方法
207	GB/T 3002—2017	耐火材料　高温抗折强度试验方法
208	GB/T 3003—2017	耐火纤维及制品
209	GB/T 3007—2017	耐火材料　含水量试验方法
210	GB/T 3069. 2—2005	萘结晶点的测定方法
211	GB/T 3074. 1—2008	石墨电极抗折强度测定方法
212	GB/T 3074. 2—2008	石墨电极弹性模量测定方法
213	GB/T 3074. 3—2008	石墨电极氧化性测定方法
214	GB/T 3074. 4—2016	石墨电极热膨胀系数（CTE）测定方法
215	GB/T 3075—2021	金属材料　疲劳试验　轴向力控制方法
216	GB/T 3077—2015	合金结构钢
217	GB/T 3078—2019	优质结构钢冷拉钢材
218	GB/T 3082—2020	铠装电缆用热镀锌及锌铝合金镀层低碳钢丝
219	GB/T 3086—2019	高碳铬不锈轴承钢
220	GB/T 3087—2022	低中压锅炉用无缝钢管
221	GB/T 3089—2020	不锈钢极薄壁无缝钢管
222	GB/T 3090—2020	不锈钢小直径无缝钢管
223	GB/T 3091—2015	低压流体输送用焊接钢管
224	GB/T 3093—2021	柴油机用高压无缝钢管
225	GB/T 3094—2012	冷拔异型钢管
226	GB/T 3203—2016	渗碳轴承钢
227	GB/T 3207—2008	银亮钢
228	GB/T 3208—2009	苯类产品总硫含量的微库仑测定方法
229	GB/T 3209—2009	苯类产品蒸发残留量的测定方法

续表

序号	标准编号	标 准 名 称
230	GB/T 3211—2008	金属铬
231	GB/T 3273—2015	汽车大梁用热轧钢板和钢带
232	GB/T 3274—2017	碳素结构钢和低合金结构钢热轧钢板和钢带
233	GB/T 3278—2001	碳素工具钢热轧钢板
234	GB/T 3279—2009	弹簧钢热轧钢板
235	GB/T 3280—2015	不锈钢冷轧钢板和钢带
236	GB/T 3282—2012	钛铁
237	GB/T 3286.1—2012	石灰石及白云石化学分析方法　第 1 部分：氧化钙和氧化镁含量的测定　络合滴定法和火焰原子吸收光谱法
238	GB/T 3286.2—2012	石灰石及白云石化学分析方法　第 2 部分：二氧化硅含量的测定　硅钼蓝分光光度法和高氯酸脱水重量法
239	GB/T 3286.3—2012	石灰石及白云石化学分析方法　第 3 部分：氧化铝含量的测定　铬天青 S 分光光度法和络合滴定法
240	GB/T 3286.4—2012	石灰石及白云石化学分析方法　第 4 部分：氧化铁含量的测定　邻二氮杂菲分光光度法和火焰原子吸收光谱法
241	GB/T 3286.5—2014	石灰石及白云石化学分析方法　第 5 部分：氧化锰含量的测定　高碘酸盐氧化分光光度法
242	GB/T 3286.6—2014	石灰石及白云石化学分析方法　第 6 部分：磷含量的测定　磷钼蓝分光光度法
243	GB/T 3286.7—2014	石灰石及白云石化学分析方法　第 7 部分：硫含量的测定　管式炉燃烧-碘酸钾滴定法、高频燃烧红外吸收法和硫酸钡重量法
244	GB/T 3286.8—2014	石灰石及白云石化学分析方法　第 8 部分：灼烧减量的测定　重量法
245	GB/T 3286.9—2014	石灰石及白云石化学分析方法　第 9 部分：二氧化碳含量的测定　烧碱石棉吸收重量法
246	GB/T 3286.10—2020	石灰石及白云石化学分析方法　第 10 部分：二氧化钛含量的测定　二安替吡啉甲烷分光光度法

续表

序号	标准编号	标 准 名 称
247	GB/T 3286. 11—2022	石灰石及白云石化学分析方法　第 11 部分：氧化钙、氧化镁、二氧化硅、氧化铝及氧化铁含量的测定　波长色散 X 射线荧光光谱法（熔铸玻璃片法）
248	GB/T 3414—1994	煤机用热轧异型钢
249	GB/T 3420—2008	灰口铸铁管件
250	GB/T 3422—2008	连续铸铁管
251	GB/T 3429—2015	焊接用钢盘条
252	GB/T 3522—1983	优质碳素结构钢冷轧钢带
253	GB/T 3524—2015	碳素结构钢和低合金结构钢热轧钢带
254	GB/T 3531—2014	低温压力容器用低合金钢钢板
255	GB/T 3639—2021	冷拔或冷轧精密无缝钢管
256	GB/T 3648—2013	钨铁
257	GB/T 3649—2008	钼铁
258	GB/T 3650—2008	铁合金验收、包装、储运、标志和质量证明书的一般规定
259	GB/T 3653. 1—1988	硼铁化学分析方法　碱量滴定法测定硼量
260	GB/T 3653. 2—1983	硼铁化学分析方法　气体容量法测定碳量
261	GB/T 3653. 3—1988	硼铁化学分析方法　高氯酸脱水重量法测定硅量
262	GB/T 3653. 4—2008	硼铁　铝含量的测定　EDTA 滴定法
263	GB/T 3653. 5—1983	硼铁化学分析方法　色层分离硫酸钡重量法测定硫量
264	GB/T 3653. 6—1988	硼铁化学分析方法　锑磷钼蓝光度法测定磷量
265	GB/T 3653. 7—2020	硼铁 硫含量的测定　红外线吸收法
266	GB/T 3654. 1—1983	铌铁化学分析方法　纸上色层分离重量法测定铌、钽量
267	GB/T 3654. 2—2008	铌铁　铜含量的测定　新亚铜灵　三氯甲烷萃取光度法
268	GB/T 3654. 3—2019	铌铁　硅含量的测定　重量法
269	GB/T 3654. 4—1983	铌铁化学分析方法　燃烧重量法测定碳量
270	GB/T 3654. 5—1983	铌铁化学分析方法　钼蓝光度法测定磷量
271	GB/T 3654. 6—2008	铌铁　硫含量的测定　燃烧碘量法、次甲基蓝光度法和红外线吸收法
272	GB/T 3654. 8—2008	铌铁　钛含量的测定　变色酸光度法

续表

序号	标准编号	标 准 名 称
273	GB/T 3654. 9—1983	铌铁化学分析方法　硫氰酸盐光度法测定钨量
274	GB/T 3654. 10—1983	铌铁化学分析方法　EDTA 容量法测定铝量
275	GB/T 3655—2022	用爱泼斯坦方圈测量电工钢片（带）磁性能的方法
276	GB/T 3656—2022	软磁材料矫顽力的抛移测量方法
277	GB/T 3658—2022	软磁金属材料和粉末冶金材料 20Hz～100kHz 频率范围磁性能的环形试样测量方法
278	GB/T 3710—2009	工业酚、苯酚结晶点测定方法
279	GB/T 3711—2008	酚类产品中性油及吡啶碱含量测定方法
280	GB/T 3714—1983	碳酸锰矿粉技术条件
281	GB/T 3795—2014	锰铁
282	GB/T 3994—2013	粘土质隔热耐火砖
283	GB/T 3995—2014	高铝质隔热耐火砖
284	GB/T 4000—2017	焦炭反应性及反应后强度试验方法
285	GB/T 4008—2008	锰硅合金
286	GB/T 4009—2008	硅铬合金
287	GB/T 4010—2015	铁合金化学分析用试样的采取和制备
288	GB/T 4067—1999	金属材料电阻温度特征参数的测量
289	GB/T 4139—2012	钒铁
290	GB/T 4156—2020	金属材料　薄板和薄带 埃里克森杯突试验
291	GB/T 4157—2017	金属在硫化氢环境中抗特殊形式环境开裂实验室试验
292	GB/T 4160—2004	钢的应变时效敏感性试验方法（夏比冲击法）
293	GB/T 4161—2007	金属材料　平面应变断裂韧度 K_{IC}试验方法
294	GB/T 4162—2022	锻轧钢棒超声检测方法
295	GB/T 4171—2008	耐候结构钢
296	GB/T 4223—2017	废钢铁
297	GB/T 4226—2009	不锈钢冷加工钢棒
298	GB/T 4232—2019	冷顶锻用不锈钢丝
299	GB/T 4236—2016	钢的硫印检验方法
300	GB/T 4237—2015	不锈钢热轧钢板和钢带

续表

序号	标准编号	标 准 名 称
301	GB/T 4238—2015	耐热钢钢板和钢带
302	GB/T 4240—2009	不锈钢丝
303	GB/T 4241—2017	焊接用不锈钢盘条
304	GB/T 4333.1—2019	硅铁 硅含量的测定 高氯酸脱水重量法和氟硅酸钾容量法
305	GB/T 4333.2—1988	硅铁化学分析方法 铋磷钼蓝光度法测定磷量
306	GB/T 4333.3—1988	硅铁化学分析方法 高碘酸钾光度法测定锰量
307	GB/T 4333.4—2007	硅铁 铝含量的测定 铬天青S分光光度法、EDTA滴定法和火焰原子吸收光谱法
308	GB/T 4333.5—2016	硅铁 硅、锰、铝、钙、铬和铁含量的测定 波长色散X射线荧光光谱法（熔铸玻璃片法）
309	GB/T 4333.6—2019	硅铁 铬含量的测定 二苯基碳酰二肼分光光度法
310	GB/T 4333.7—2019	硅铁 硫含量的测定 红外线吸收法和色层分离硫酸钡重量法
311	GB/T 4333.8—2022	硅铁 钙含量的测定 火焰原子吸收光谱法
312	GB/T 4333.10—2019	硅铁 碳含量的测定 红外线吸收法
313	GB/T 4334—2020	金属和合金的腐蚀 奥氏体及铁素体-奥氏体（双相）不锈钢晶间腐蚀试验方法
314	GB/T 4334.6—2015	不锈钢5%硫酸腐蚀试验方法
315	GB/T 4335—2013	低碳钢冷轧薄板铁素体晶粒度测定法
316	GB/T 4336—2016	碳素钢和中低合金钢火花源原子发射光谱分析方法
317	GB/T 4337—2015	金属材料 疲劳试验 旋转弯曲方法
318	GB/T 4339—2008	金属材料热膨胀特征参数的测定
319	GB/T 4340.1—2009	金属材料 维氏硬度试验 第1部分：试验方法
320	GB/T 4340.4—2022	金属材料 维氏硬度试验 第4部分：硬度值表
321	GB/T 4341.1—2014	金属材料 肖氏硬度试验 第1部分：试验方法
322	GB/T 4354—2008	优质碳素钢热轧盘条
323	GB/T 4356—2016	不锈钢盘条
324	GB/T 4357—2022	冷拉碳素弹簧钢丝

续表

序号	标准编号	标 准 名 称
325	GB/T 4461—2020	热双金属带材
326	GB/T 4511.1—2008	焦炭真相对密度、假相对密度和气孔率的测定方法
327	GB/T 4511.2—1999	焦炭落下强度测定方法
328	GB/T 4513.1—2015	不定形耐火材料　第1部分：介绍和分类
329	GB/T 4513.2—2017	不定形耐火材料　第2部分：取样
330	GB/T 4513.3—2017	不定形耐火材料　第3部分：基本特性
331	GB/T 4513.4—2017	不定形耐火材料　第4部分：浇注料流动性的测定
332	GB/T 4513.5—2017	不定形耐火材料　第5部分：试样制备和预处理
333	GB/T 4513.6—2017	不定形耐火材料　第6部分：物理性能的测定
334	GB/T 4513.7—2017	不定形耐火材料　第7部分：预制件的测定
335	GB/T 4513.8—2017	不定形耐火材料　第8部分：特殊性能的测定
336	GB/T 4697—2008	矿山巷道支护用热轧U型钢
337	GB/T 4699.2—2008	铬铁和硅铬合金　铬含量的测定　过硫酸铵氧化滴定法和电位滴定法
338	GB/T 4699.3—2007	铬铁、硅铬合金和氮化铬铁　磷含量的测定　铋磷钼蓝分光光度法和钼蓝分光光度法
339	GB/T 4699.4—2008	铬铁和硅铬合金　碳含量的测定　红外线吸收法和重量法
340	GB/T 4699.6—2008	铬铁和硅铬合金　硫含量的测定　红外线吸收法和燃烧中和滴定法
341	GB/T 4701.1—2009	钛铁　钛含量的测定　硫酸高铁铵容量法
342	GB/T 4701.2—2009	钛铁　硅含量的测定　硫酸脱水重量法
343	GB/T 4701.3—2009	钛铁　铜含量的测定　铜试剂光度法
344	GB/T 4701.4—2008	钛铁　锰含量的测定　亚砷酸盐-亚硝酸盐滴定法和高碘酸盐光度法
345	GB/T 4701.6—2008	钛铁　铝含量的测定　EDTA滴定法
346	GB/T 4701.7—2009	钛铁　磷含量的测定　钼蓝分光光度法
347	GB/T 4701.8—2009	钛铁　碳含量的测定　红外线吸收法
348	GB/T 4701.10—2008	钛铁　硫含量的测定　红外线吸收法和燃烧中和滴定法
349	GB/T 4702.1—2016	金属铬　铬含量的测定　硫酸亚铁铵滴定法

续表

序号	标准编号	标准名称
350	GB/T 4702.2—2008	金属铬　硅含量的测定　高氯酸重量法
351	GB/T 4702.3—2016	金属铬　磷含量的测定　铋磷钼蓝分光光度法
352	GB/T 4702.4—2008	金属铬　铁含量的测定　乙二胺四乙酸二钠滴定法和火焰原子吸收光谱法
353	GB/T 4702.5—2008	金属铬　铝含量的测定　乙二胺四乙酸二钠滴定法和火焰原子吸收光谱法
354	GB/T 4702.6—2016	金属铬　铁、铝、硅和铜含量的测定　电感耦合等离子体原子发射光谱法
355	GB/T 4702.7—2016	金属铬　氮含量的测定　蒸馏分离-奈斯勒试剂分光光度法
356	GB/T 4702.8—1985	金属铬化学分析方法　蒸馏-钼蓝分光光度法测定砷量
357	GB/T 4702.9—1985	金属铬化学分析方法　结晶紫分光光度法测定锑量
358	GB/T 4702.10—1985	金属铬化学分析方法　铜试剂分光光度法测定铜量
359	GB/T 4702.11—1985	金属铬化学分析方法　茜素紫分光光度法测定锡量
360	GB/T 4702.14—1988	金属铬化学分析方法　红外线吸收法测定碳量
361	GB/T 4702.15—2016	金属铬　铅、锡、铋、锑、砷含量的测定　等离子体质谱法
362	GB/T 4702.16—2008	金属铬　硫含量的测定　红外线吸收法和燃烧中和滴定法
363	GB/T 4702.17—2016	金属铬　氧、氮、氢含量的测定　惰性气体熔融红外吸收法和热导法
364	GB/T 4702.18—2020	金属铬　钒含量的测定　钽试剂三氯甲烷萃取分光光度法
365	GB/T 4984—2007	含锆耐火材料化学分析方法
366	GB/T 5027—2016	金属材料　薄板和薄带　塑性应变比（r 值）的测定
367	GB/T 5028—2008	金属材料　薄板和薄带　拉伸应变硬化指数（n 值）的测定
368	GB/T 5059.1—2014	钼铁　钼含量的测定　钼酸铅重量法、偏钒酸铵滴定法和8-羟基喹啉重量法
369	GB/T 5059.2—2014	钼铁　锑含量的测定　孔雀绿分光光度法
370	GB/T 5059.3—2014	钼铁　铜含量的测定　火焰原子吸收光谱法
371	GB/T 5059.5—2014	钼铁　硅含量的测定　硫酸脱水重量法和硅钼蓝分光光度法

续表

序号	标准编号	标准名称
372	GB/T 5059.6—2007	钼铁　磷含量的测定　铋磷钼蓝分光光度法和钼蓝分光光度法
373	GB/T 5059.7—2014	钼铁　碳含量的测定　红外线吸收法
374	GB/T 5059.9—2008	钼铁　硫含量的测定　红外线吸收法和燃烧碘量法
375	GB/T 5068—2019	铁路机车、车辆车轴用钢
376	GB/T 5069—2015	镁铝系耐火材料化学分析方法
377	GB/T 5070—2015	含铬耐火材料化学分析方法
378	GB/T 5071—2013	耐火材料　真密度试验方法
379	GB/T 5072—2008	耐火材料　常温耐压强度试验方法
380	GB/T 5073—2005	耐火材料　压蠕变试验方法
381	GB/T 5195.1—2017	萤石　氟化钙含量的测定　EDTA 滴定法和蒸馏-电位滴定法
382	GB/T 5195.2—2006	萤石　碳酸盐含量的测定
383	GB/T 5195.3—2017	萤石　105℃质损量的测定　重量法
384	GB/T 5195.4—2006	萤石　硫化物含量的测定　碘量法
385	GB/T 5195.5—2017	萤石　总硫含量的测定　管式炉燃烧-碘酸钾滴定法
386	GB/T 5195.6—2017	萤石　磷含量的测定　分光光度法
387	GB/T 5195.7—2016	萤石　锌含量的测定　原子吸收光谱法
388	GB/T 5195.8—2006	萤石　二氧化硅含量的测定
389	GB/T 5195.9—2016	萤石　灼烧减量的测定　重量法
390	GB/T 5195.10—2006	萤石　铁含量的测定　邻二氮杂非分光光度法
391	GB/T 5195.11—2006	萤石　锰含量的测定　高碘酸盐分光光度法
392	GB/T 5195.12—2016	萤石　砷含量的测定　原子荧光光谱法
393	GB/T 5195.13—2017	萤石　铝含量的测定　EDTA 滴定法
394	GB/T 5195.14—2017	萤石　镁含量的测定　火焰原子吸收光谱法
395	GB/T 5195.15—2017	萤石　钙、铝、硅、磷、硫、钾、铁、钡、铅含量的测定　波长色散 X 射线荧光光谱法
396	GB/T 5195.16—2017	萤石　硅、铝、铁、钾、镁和钛含量的测定　电感耦合等离子体原子发射光谱法

续表

序号	标准编号	标 准 名 称
397	GB/T 5195. 17—2018	萤石　浮选剂含量的测定　重量法
398	GB/T 5195. 18—2018	萤石　硫酸钡含量的测定　重量法
399	GB/T 5195. 19—2018	萤石　砷含量的测定　二乙基二硫代氨基甲酸银光度法
400	GB/T 5213—2008	冷轧低碳钢板及钢带
401	GB/T 5216—2014	保证淬透性结构钢
402	GB/T 5223—2014	预应力混凝土用钢丝
403	GB/T 5223. 3—2017	预应力混凝土用钢棒
404	GB/T 5224—2014	预应力混凝土用钢绞线
405	GB/T 5310—2017	高压锅炉用无缝钢管
406	GB/T 5312—2009	船舶用碳钢和碳锰钢无缝钢管
407	GB/T 5313—2010	厚度方向性能钢板
408	GB/T 5682—2015	硼铁
409	GB/T 5683—2008	铬铁
410	GB/T 5686. 1—2022	锰铁、锰硅合金、氮化锰铁和金属锰　锰含量的测定　电位滴定法、硝酸铵氧化滴定法及高氯酸氧化滴定法
411	GB/T 5686. 2—2022	锰铁、锰硅合金、氮化锰铁和金属锰　硅含量的测定　钼蓝分光光度法、氟硅酸钾滴定法和高氯酸重量法
412	GB/T 5686. 4—2022	锰铁、锰硅合金、氮化锰铁和金属锰　磷含量的测定　钼蓝分光光度法和铋磷钼蓝分光光度法
413	GB/T 5686. 5—2008	锰铁、锰硅合金、氮化锰铁和金属锰　碳含量的测定　红外线吸收法、气体容量法、重量法和库仑法
414	GB/T 5686. 7—2022	锰铁、锰硅合金、氮化锰铁和金属锰　硫含量的测定　红外线吸收法和燃烧中和滴定法
415	GB/T 5687. 2—2007	铬铁、硅铬合金和氮化铬铁　硅含量的测定　高氯酸脱水重量法
416	GB/T 5687. 4—2016	氮化铬铁和高氮铬铁　氮含量的测定　蒸馏-中和滴定法
417	GB/T 5687. 10—2006	铬铁　锰含量的测定　火焰原子吸收光谱法
418	GB/T 5687. 11—2006	铬铁　钛含量的测定　二安替比林甲烷分光光度法

续表

序号	标准编号	标 准 名 称
419	GB/T 5687.12—2020	铬铁　磷、铝、钛、铜、锰、钙含量的测定　电感耦合等离子体原子发射光谱法
420	GB/T 5687.13—2021	铬铁　铬、硅、锰、钛、钒和铁含量的测定　波长色散X射线荧光光谱法（熔铸玻璃片法）
421	GB/T 5776—2005	金属和合金的腐蚀　金属和合金在表层海水中暴露和评定的导则
422	GB/T 5777—2019	无缝和焊接（埋弧焊除外）钢管纵向和/或横向缺欠的全圆周自动超声检测
423	GB/T 5953.1—2009	冷镦钢丝　第1部分：热处理型冷镦钢丝
424	GB/T 5953.2—2009	冷镦钢丝　第2部分：非热处理型冷镦钢丝
425	GB/T 5953.3—2012	冷镦钢丝　第3部分 非调质型冷镦钢丝
426	GB/T 5986—2000	热双金属弹性模量试验方法
427	GB/T 5988—2022	耐火材料　加热永久线变化试验方法
428	GB/T 5989—2008	耐火材料　荷重软化温度试验方法　示差升温法
429	GB/T 5990—2021	耐火材料　导热系数、比热容和热扩散系数试验方法（热线法）
430	GB/T 6394—2017	金属平均晶粒度测定法
431	GB/T 6396—2008	复合钢板力学及工艺性能试验方法
432	GB/T 6398—2017	金属材料　疲劳试验　疲劳裂纹扩展方法
433	GB/T 6400—2007	金属材料　线材和铆钉剪切试验方法
434	GB/T 6402—2008	钢锻件超声检测方法
435	GB/T 6478—2015	冷镦和冷挤压用钢
436	GB/T 6479—2013	高压化肥设备用无缝钢管
437	GB/T 6480—2015	凿岩用硬质合金钎头
438	GB/T 6481—2016	凿岩用锥体连接中空六角形钎杆
439	GB/T 6482—2007	凿岩用螺纹连接钎杆
440	GB/T 6653—2017	焊接气瓶用钢板和钢带
441	GB/T 6699—2015	焦化萘
442	GB/T 6701—2005	萘不挥发物的测定方法

续表

序号	标准编号	标准名称
443	GB/T 6702—2022	萘酸洗比色试验方法
444	GB/T 6705—2008	焦化苯酚
445	GB/T 6706—2005	焦化苯酚水分测定——结晶点下降法
446	GB/T 6723—2017	通用冷弯开口型钢
447	GB/T 6725—2017	冷弯型钢通用技术要求
448	GB/T 6726—2008	汽车用冷弯型钢尺寸、外形、重量及允许偏差
449	GB/T 6728—2017	结构用冷弯空心型钢
450	GB/T 6730. 1—2016	铁矿石　分析用预干燥试样的制备
451	GB/T 6730. 2—2018	铁矿石　水分含量的测定　重量法
452	GB/T 6730. 3—2017	铁矿石　分析样中吸湿水分的测定　重量法、卡尔费休法和质量损失法
453	GB/T 6730. 5—2022	铁矿石　全铁含量的测定　三氯化钛还原后滴定法
454	GB/T 6730. 6—2016	铁矿石　金属铁含量的测定　三氯化铁-乙酸钠滴定法
455	GB/T 6730. 7—2016	铁矿石　金属铁含量的测定　磺基水杨酸分光光度法
456	GB/T 6730. 8—2016	铁矿石　亚铁含量的测定　重铬酸钾滴定法
457	GB/T 6730. 9—2016	铁矿石　硅含量的测定　硫酸亚铁铵还原-硅钼蓝分光光度法
458	GB/T 6730. 10—2014	铁矿石　硅含量的测定　重量法
459	GB/T 6730. 11—2007	铁矿石　铝含量的测定　EDTA 滴定法
460	GB/T 6730. 12—2016	铁矿石　铝含量的测定　铬天青 S 分光光度法
461	GB/T 6730. 13—2007	铁矿石　钙和镁含量的测定　EGTA-CyDTA 滴定法
462	GB/T 6730. 14—2017	铁矿石　钙含量的测定　火焰原子吸收光谱法
463	GB/T 6730. 16—2016	铁矿石　硫含量的测定　硫酸钡重量法
464	GB/T 6730. 17—2014	铁矿石　硫含量的测定　燃烧碘量法
465	GB/T 6730. 18—2006	铁矿石　磷含量的测定　钼蓝分光光度法
466	GB/T 6730. 19—2016	铁矿石　磷含量的测定　铋磷钼蓝分光光度法
467	GB/T 6730. 20—2016	铁矿石　磷含量的测定　滴定法
468	GB/T 6730. 21—2016	铁矿石　锰含量的测定　高碘酸钾分光光度法
469	GB/T 6730. 22—2016	铁矿石　钛含量的测定　二安替吡啉甲烷分光光度法

续表

序号	标准编号	标准名称
470	GB/T 6730.23—2006	铁矿石　钛含量的测定　硫酸铁铵滴定法
471	GB/T 6730.24—2006	铁矿石　稀土总量的测定　萃取分离-偶氮氯膦 mA 分光光度法
472	GB/T 6730.25—2021	铁矿石　稀土总量的测定　草酸盐重量法
473	GB/T 6730.26—2017	铁矿石　氟含量的测定　硝酸钍滴定法
474	GB/T 6730.27—2017	铁矿石　氟含量的测定　镧-茜素络合腙分光光度法
475	GB/T 6730.28—2021	铁矿石　氟含量的测定　离子选择电极法
476	GB/T 6730.29—2016	铁矿石　钡含量的测定　硫酸钡重量法
477	GB/T 6730.30—2017	铁矿石　铬含量的测定　二苯基碳酰二肼分光光度法
478	GB/T 6730.31—2017	铁矿石　钒含量的测定　N-苯甲酰苯胲萃取分光光度法
479	GB/T 6730.32—2013	铁矿石　钒含量的测定　硫酸亚铁铵滴定法
480	GB/T 6730.34—2017	铁矿石　锡含量的测定　邻苯二酚紫-溴化十六烷基三甲胺分光光度法
481	GB/T 6730.35—2016	铁矿石　铜含量的测定　双环己酮草酰二腙分光光度法
482	GB/T 6730.36—2016	铁矿石　铜含量的测定　火焰原子吸收光谱法
483	GB/T 6730.37—2017	铁矿石　钴含量的测定　4-[(5-氯-2-吡啶)偶氮]-1，3-二氨基苯分光光度法
484	GB/T 6730.38—2017	铁矿石　钴含量的测定　亚硝基-R 盐分光光度法
485	GB/T 6730.39—2017	铁矿石　镍含量的测定　丁二酮肟分光光度法
486	GB/T 6730.42—2017	铁矿石　铅含量的测定　双硫腙分光光度法
487	GB/T 6730.44—2017	铁矿石　锌含量的测定　1-(2-吡啶偶氮)-2-萘酚分光光度法
488	GB/T 6730.45—2006	铁矿石　砷含量的测定　砷化氢分离-砷钼蓝分光光度法
489	GB/T 6730.46—2006	铁矿石　砷含量的测定　蒸馏分离-砷钼蓝分光光度法
490	GB/T 6730.47—2017	铁矿石　铌含量的测定　氯代磺酚 S 分光光度法
491	GB/T 6730.48—2021	铁矿石　铋含量的测定　二硫代二安替吡啉甲烷分光光度法
492	GB/T 6730.49—2017	铁矿石　钾含量的测定　火焰原子吸收光谱法
493	GB/T 6730.50—2016	铁矿石　碳含量的测定　气体容量法

续表

序号	标准编号	标 准 名 称
494	GB/T 6730. 51—1986	铁矿石化学分析方法　烧碱石棉吸收重量法测定碳酸盐中碳量
495	GB/T 6730. 52—2018	铁矿石　钴含量的测定　火焰原子吸收光谱法
496	GB/T 6730. 53—2004	铁矿石　锌含量的测定　火焰原子吸收光谱法
497	GB/T 6730. 54—2004	铁矿石　铅含量的测定　火焰原子吸收光谱法
498	GB/T 6730. 55—2019	铁矿石　锡含量的测定　火焰原子吸收光谱法
499	GB/T 6730. 56—2019	铁矿石　铝含量的测定　火焰原子吸收光谱法
500	GB/T 6730. 57—2004	铁矿石　铬含量的测定　火焰原子吸收光谱法
501	GB/T 6730. 58—2017	铁矿石　钒含量的测定　火焰原子吸收光谱法
502	GB/T 6730. 59—2017	铁矿石　锰含量的测定　火焰原子吸收光谱法
503	GB/T 6730. 60—2022	铁矿石　镍含量的测定　火焰原子吸收光谱法
504	GB/T 6730. 61—2022	铁矿石　碳和硫含量的测定　高频燃烧红外吸收法
505	GB/T 6730. 62—2005	铁矿石　钙、硅、镁、钛、磷、锰、铝和钡含量的测定　波长色散 X 射线荧光光谱法
506	GB/T 6730. 63—2006	铁矿石　铝、钙、镁、锰、磷、硅和钛含量的测定　电感耦合等离子体发射光谱法
507	GB/T 6730. 64—2022	铁矿石　水溶性氯化物含量的测定　离子选择电极法
508	GB/T 6730. 65—2009	铁矿石　全铁含量的测定　三氯化钛还原重铬酸钾滴定法（常规方法）
509	GB/T 6730. 66—2009	铁矿石　全铁含量的测定　自动电位滴定法
510	GB/T 6730. 67—2009	铁矿石　砷含量的测定　氢化物发生原子吸收光谱法
511	GB/T 6730. 68—2009	铁矿石　灼烧减量的测定　重量法
512	GB/T 6730. 69—2010	铁矿石　氟和氯含量的测定　离子色谱法
513	GB/T 6730. 70—2013	铁矿石　全铁含量的测定　氯化亚锡还原滴定法
514	GB/T 6730. 71—2014	铁矿石　酸溶亚铁含量的测定　滴定法
515	GB/T 6730. 72—2016	铁矿石　砷、铬、镉、铅和汞含量的测定　电感耦合等离子体质谱法（ICP-MS）
516	GB/T 6730. 73—2016	铁矿石　全铁含量的测定　EDTA 光度滴定法
517	GB/T 6730. 74—2017	铁矿石　镁含量的测定　火焰原子吸收光谱法

续表

序号	标准编号	标 准 名 称
518	GB/T 6730.75—2017	铁矿石　钠含量的测定　火焰原子吸收光谱法
519	GB/T 6730.76—2017	铁矿石　钾、钠、钒、铜、锌、铅、铬、镍、钴含量的测定　电感耦合等离子体发射光谱法
520	GB/T 6730.77—2019	铁矿石　砷含量的测定　氢化物发生-原子荧光光谱法
521	GB/T 6730.78—2019	铁矿石　镉含量的测定　石墨炉原子吸收光谱法
522	GB/T 6730.79—2019	铁矿石　镉含量的测定　氢化物发生-原子荧光光谱法
523	GB/T 6730.80—2019	铁矿石　汞含量的测定　冷原子吸收光谱法
524	GB/T 6730.81—2020	铁矿石　多种微量元素含量的测定　电感耦合等离子体质谱法
525	GB/T 6730.82—2020	铁矿石　钡含量的测定　EDTA 滴定法
526	GB/T 6730.83—2022	铁矿石　灼烧减量的测定　吸湿水校正重量法
527	GB/T 6803—2008	铁素体钢的无塑性转变温度落锤试验方法
528	GB/T 6900—2016	铝硅系耐火材料化学分析方法
529	GB/T 6901—2017	硅质耐火材料化学分析方法
530	GB/T 6983—2022	电磁纯铁
531	GB/T 7314—2017	金属材料　室温压缩试验方法
532	GB/T 7320—2018	耐火材料　热膨胀试验方法
533	GB/T 7321—2017	定形耐火制品试样制备方法
534	GB/T 7322—2017	耐火材料　耐火度试验方法
535	GB/T 7728—1987	冶金产品化学分析　火焰原子吸收光谱法通则
536	GB/T 7729—1987	冶金产品化学分析　分光光度法通则
537	GB/T 7731.1—2021	钨铁　钨含量的测定　辛可宁重量法和硝酸铵重量法
538	GB/T 7731.2—2007	钨铁　锰含量的测定　高碘酸盐分光光度法和火焰原子吸收光谱法
539	GB/T 7731.3—2008	钨铁　铜含量的测定　双环己酮草酰二腙光度法和火焰原子吸收光谱法
540	GB/T 7731.4—2021	钨铁　磷含量的测定　磷钼蓝分光光度法
541	GB/T 7731.5—2021	钨铁　硅含量的测定　硅钼蓝分光光度法
542	GB/T 7731.6—2008	钨铁　砷含量的测定　钼蓝光度法和电感耦合等离子体原子发射光谱法

续表

序号	标准编号	标 准 名 称
543	GB/T 7731. 7—2008	钨铁　锡含量的测定　苯基荧光酮光度法和电感耦合等离子体原子发射光谱法
544	GB/T 7731. 8—2008	钨铁　锑含量的测定　罗丹明 B 光度法和电感耦合等离子体原子发射光谱法
545	GB/T 7731. 9—2008	钨铁　铋含量的测定　碘化铋光度法和电感耦合等离子体原子发射光谱法
546	GB/T 7731. 10—2021	钨铁　碳含量的测定　红外线吸收法
547	GB/T 7731. 12—2008	钨铁　硫含量的测定　红外线吸收法和燃烧中和滴定法
548	GB/T 7731. 14—2008	钨铁　铅含量的测定　极谱法和电感耦合等离子体原子发射光谱法
549	GB/T 7732—2008	金属材料　表面裂纹拉伸试样断裂韧度试验方法
550	GB/T 7734—2015	复合钢板超声检测方法
551	GB/T 7735—2016	无缝和焊接（埋弧焊除外）钢管缺欠的自动涡流检测
552	GB/T 7736—2008	钢的低倍缺陷超声波检验法
553	GB/T 7737—2007	铌铁
554	GB/T 7738—2008	铁合金产品牌号表示方法
555	GB/T 8033—2009	焦化苯类产品馏程的测定方法
556	GB/T 8034—2009	焦化苯类产品铜片腐蚀的测定方法
557	GB/T 8035—2009	焦化苯类产品酸洗比色的测定方法
558	GB/T 8036—2009	焦化苯类产品颜色的测定方法
559	GB/T 8037—2009	焦化苯类产品中硫醇的检验方法
560	GB/T 8038—2009	焦化甲苯中烃类杂质的气相色谱测定方法
561	GB/T 8039—2022	焦化苯类产品全硫含量的测定方法
562	GB/T 8162—2018	结构用无缝钢管
563	GB/T 8163—2018	输送流体用无缝钢管
564	GB/T 8165—2008	不锈钢复合钢板和钢带
565	GB/T 8358—2014	钢丝绳　实际破断拉力测定方法
566	GB/T 8361—2021	冷拉圆钢表面超声检测方法
567	GB/T 8363—2018	钢材　落锤撕裂试验方法

续表

序号	标准编号	标准名称
568	GB/T 8364—2008	热双金属热弯曲试验方法
569	GB/T 8454—2020	焊条用还原钛铁矿粉　亚铁含量的测定　重铬酸钾滴定法
570	GB/T 8601—1988	铁路用辗钢整体车轮
571	GB/T 8602—1988	铁路用粗制轮箍
572	GB/T 8650—2015	管线钢和压力容器钢抗氢致开裂评定方法
573	GB/T 8651—2015	金属板材超声板波探伤方法
574	GB/T 8654. 1—2007	金属锰、锰硅合金、锰铁和氮化锰铁　铁含量的测定　邻二氮杂菲分光光度法和三氯化钛—重铬酸钾滴定法
575	GB/T 8654. 6—1988	金属锰化学分析方法　盐酸联氨-碘量法测定硒量
576	GB/T 8704. 1—2009	钒铁　碳含量的测定　红外线吸收法
577	GB/T 8704. 3—2009	钒铁　硫含量的测定　红外线吸收法
578	GB/T 8704. 5—2020	钒铁　钒含量的测定　硫酸亚铁铵滴定法和电位滴定法
579	GB/T 8704. 6—2020	钒铁　硅含量的测定　硫酸脱水重量法和硅钼蓝分光光度法
580	GB/T 8704. 7—2009	钒铁　磷含量的测定　钼蓝光度法
581	GB/T 8704. 8—2009	钒铁　铝含量的测定　铬天青 S 光度法和 EDT 容量法
582	GB/T 8704. 9—2009	钒铁　锰含量的测定　高碘酸钾光度法和原子吸收光谱法
583	GB/T 8704. 10—2020	钒铁　硅、锰、磷、铝、铜、铬、镍、钛含量的测定　电感耦合等离子体原子发射光谱法
584	GB/T 8706—2017	钢丝绳　术语、标记和分类
585	GB/T 8718—2008	炭素材料术语
586	GB/T 8719—2022	炭素材料及其制品的包装、标志、储存、运输和质量证明书的一般规定
587	GB/T 8721—2019	炭素材料抗拉强度测定方法
588	GB/T 8722—2019	炭素材料导热系数测定方法
589	GB/T 8727—2008	煤沥青类产品结焦值的测定方法
590	GB/T 8729—2017	铸造焦炭
591	GB/T 8731—2008	易切削结构钢
592	GB/T 8732—2014	汽轮机叶片用钢
593	GB/T 8749—2021	优质碳素结构钢热轧钢带

续表

序号	标准编号	标 准 名 称
594	GB/T 8903—2018	电梯用钢丝绳
595	GB/T 8918—2006	重要用途钢丝绳
596	GB/T 8931—2007	耐火材料　抗渣性试验方法
597	GB/T 9790—2021	金属材料　金属及其他无机覆盖层的维氏和努氏显微硬度试验
598	GB/T 9808—2008	钻探用无缝钢管
599	GB/T 9941—2009	高速工具钢钢板
600	GB/T 9943—2008	高速工具钢
601	GB/T 9944—2015	不锈钢丝绳
602	GB/T 9945—2012	热轧球扁钢
603	GB/T 9948—2013	石油裂化用无缝钢管
604	GB/T 9971—2017	原料纯铁
605	GB/T 9973—2006	炭素材料透气度试验方法
606	GB/T 9977—2008	焦化产品术语
607	GB/T 10120—2013	金属材料　拉伸应力松弛试验方法
608	GB/T 10121—2008	钢材塔形发纹磁粉检验方法
609	GB/T 10123—2022	金属和合金的腐蚀　术语
610	GB/T 10125—2021	人造气氛腐蚀试验　盐雾试验
611	GB/T 10127—2002	不锈钢三氯化铁缝隙腐蚀试验方法
612	GB/T 10128—2007	金属材料　室温扭转试验方法
613	GB/T 10322. 1—2014	铁矿石　取样和制样方法
614	GB/T 10322. 2—2000	铁矿石　评定品质波动的实验方法
615	GB/T 10322. 3—2000	铁矿石　校核取样精密度的实验方法
616	GB/T 10322. 4—2014	铁矿石　校核取样偏差的实验方法
617	GB/T 10322. 5—2016	铁矿石　交货批水分含量的测定
618	GB/T 10322. 6—2022	高炉炉料用铁矿石　热裂指数的测定
619	GB/T 10322. 7—2016	铁矿石和直接还原铁　粒度分布的筛分测定
620	GB/T 10322. 8—2009	铁矿石　比表面积的单点测定　氮吸附法
621	GB/T 10325—2012	定形耐火制品验收抽样检验规则

续表

序号	标准编号	标 准 名 称
622	GB/T 10326—2016	定形耐火制品尺寸、外观及断面的检查方法
623	GB/T 10560—2017	矿用焊接圆环链用钢
624	GB/T 10561—2005	钢中非金属夹杂物含量的测定标准评级图显微检验法
625	GB/T 10623—2008	金属力学性能试验术语
626	GB/T 11170—2008	不锈钢　多元素含量的测定　火花放电原子发射光谱法（常规法）
627	GB/T 11181—2016	子午线轮胎用钢帘线
628	GB/T 11182—2017	橡胶软管增强用钢丝
629	GB/T 11251—2020	合金结构钢钢板及钢带
630	GB/T 11253—2019	碳素结构钢冷轧钢板及钢带
631	GB/T 11260—2008	圆钢涡流探伤方法
632	GB/T 11261—2006	钢铁　氧含量的测定　脉冲加热惰气熔融-红外线吸收法
633	GB/T 11263—2017	热轧 H 型钢和剖分 T 型钢
634	GB/T 11264—2012	热轧轻轨
635	GB/T 11265—1989	轻轨用接头夹板
636	GB/T 11266—1989	轻轨用垫板
637	GB/T 12347—2008	钢丝绳弯曲疲劳试验方法
638	GB/T 12443—2017	金属材料　扭矩控制疲劳试验方法
639	GB/T 12444—2006	金属材料　磨损试验方法　试环-试块滑动磨损试验
640	GB/T 12606—2016	无缝和焊接（埋弧焊除外）铁磁性钢管纵向和/或横向缺欠的全圆周自动漏磁检测
641	GB/T 12753—2020	输送带用钢丝绳
642	GB/T 12754—2019	彩色涂层钢板及钢带
643	GB/T 12755—2008	建筑用压型钢板
644	GB/T 12756—2018	高压胶管用镀锌钢丝绳
645	GB/T 12770—2012	机械结构用不锈钢焊接钢管
646	GB/T 12771—2019	流体输送用不锈钢焊接钢管
647	GB/T 12772—2016	排水用柔性接口铸铁管、管件及附件
648	GB/T 12773—2021	内燃机气阀用钢及合金棒材

续表

序号	标准编号	标准名称
649	GB/T 13014—2013	钢筋混凝土用余热处理钢筋
650	GB/T 13237—2013	优质碳素结构钢冷轧钢板和钢带
651	GB/T 13238—1991	铜钢复合钢板
652	GB/T 13240—2018	高炉用铁球团矿　自由膨胀指数的测定
653	GB/T 13241—2017	铁矿石　还原性的测定方法
654	GB/T 13242—2017	铁矿石　低温粉化试验　静态还原后使用冷转鼓的方法
655	GB/T 13247—2019	铁合金产品粒度的取样和检测方法
656	GB/T 13295—2019	水及燃气管道用球墨铸铁管、管件和附件
657	GB/T 13296—2013	锅炉、热交换器用不锈钢无缝钢管
658	GB/T 13297—2021	精密合金包装、标志和质量证明书的一般规定
659	GB/T 13298—2015	金属显微组织检验方法
660	GB/T 13299—2022	钢的游离渗碳体、珠光体和魏氏组织的评定方法
661	GB/T 13302—1991	钢中石墨碳显微评定方法
662	GB/T 13303—1991	钢的抗氧化性能测定方法
663	GB/T 13304. 1—2008	钢分类　第 1 部分：根据化学成分分类
664	GB/T 13304. 2—2008	钢分类　第 2 部分：按主要质量级别和主要性能或使用特性的分类
665	GB/T 13305—2008	不锈钢中 α-相面积含量金相测定法
666	GB/T 13313—2008	轧辊肖氏、里氏硬度试验方法
667	GB/T 13314—2008	锻钢冷轧辊　通用技术条件
668	GB/T 13447—2008	无缝气瓶用钢坯
669	GB/T 13448—2019	彩色涂层钢板及钢带试验方法
670	GB/T 13788—2017	冷轧带肋钢筋
671	GB/T 13789—2022	用单片测试仪测量电工钢片（带）磁性能的方法
672	GB/T 13790—2008	搪瓷用冷轧低碳钢板及钢带
673	GB/T 13793—2016	直缝电焊钢管
674	GB/T 13794—2017	标准测温锥
675	GB/T 14164—2013	石油天然气输送管用热轧宽钢带
676	GB/T 14165—2008	金属和合金　大气腐蚀试验　现场试验的一般要求

续表

序号	标准编号	标 准 名 称
677	GB/T 14201—2018	高炉和直接还原用铁球团矿　抗压强度的测定
678	GB/T 14202—1993	铁矿石（烧结矿、球团矿）容积密度测定方法
679	GB/T 14203—2016	钢铁及合金光电发射光谱　分析法通则
680	GB/T 14291—2016	矿粉矿浆输送用电焊钢管
681	GB/T 14292—1993	碳素结构钢和低合金结构钢热轧条钢技术条件
682	GB/T 14326—2009	苯中二硫化碳含量的测定方法
683	GB/T 14327—2009	苯中噻吩含量的测定方法
684	GB/T 14450—2016	胎圈用钢丝
685	GB/T 14451—2008	操纵用钢丝绳
686	GB/T 14949.1—1994	锰矿石化学分析方法　铬量的测定
687	GB/T 14949.2—2021	锰矿石　镍含量的测定　火焰原子吸收光谱法
688	GB/T 14949.3—1994	锰矿石化学分析方法　氧化钡量的测定
689	GB/T 14949.4—1994	锰矿石化学分析方法　钒量的测定
690	GB/T 14949.5—2021	锰矿石　钛含量的测定　二安替吡啉甲烷分光光度法
691	GB/T 14949.6—2021	锰矿石　铜、铅和锌含量的测定　火焰原子吸收光谱法
692	GB/T 14949.7—1994	锰矿石化学分析方法　钠和钾量的测定
693	GB/T 14949.8—2018	锰矿石　湿存水量的测定　重量法
694	GB/T 14949.9—1994	锰矿石化学分析方法　硫量的测定
695	GB/T 14949.10—1994	锰矿石化学分析方法　钴量的测定
696	GB/T 14949.11—2021	锰矿石　碳含量的测定　重量法和红外线吸收法
697	GB/T 14949.12—2021	锰矿石　化合水含量的测定　重量法
698	GB/T 14957—1994	熔化焊接用钢丝
699	GB/T 14975—2012	结构用不锈钢无缝钢管
700	GB/T 14976—2012	流体输送用不锈钢无缝钢管
701	GB/T 14977—2008	热轧钢板表面质量的一般要求
702	GB/T 14979—1994	钢的共晶碳化物不均匀度评定法
703	GB/T 14981—2009	热轧圆盘条尺寸、外形、重量及允许偏差
704	GB/T 14982—2008	粘土质耐火泥浆
705	GB/T 14983—2008	耐火材料　抗碱性试验方法

续表

序号	标准编号	标 准 名 称
706	GB/T 14984. 1—2010	铁合金　术语　第 1 部分：材料
707	GB/T 14984. 2—2010	铁合金　术语　第 2 部分：取样和制样
708	GB/T 14984. 3—2010	铁合金　术语　第 3 部分：筛分
709	GB/T 14985—2007	膨胀合金尺寸、外形、表面质量、试验方法和检验规则的一般规定
710	GB/T 14986. 1—2018	软磁合金　第 1 部分：一般要求
711	GB/T 14986. 3—2018	软磁合金　第 3 部分：铁钴合金
712	GB/T 14986. 4—2018	软磁合金　第 4 部分：铁铬合金
713	GB/T 14986. 5—2018	软磁合金　第 5 部分：铁铝合金
714	GB/T 14987—2016	高硬度高电阻高磁导合金
715	GB/T 14988—2008	磁滞合金
716	GB/T 14989—2015	铁钴钒永磁合金
717	GB/T 14991—2016	变形永磁钢
718	GB/T 14992—2005	高温合金和金属间化合物高温材料的分类和牌号
719	GB/T 14993—2008	转动部件用高温合金热轧棒材
720	GB/T 14994—2008	高温合金冷拉棒材
721	GB/T 14995—2010	高温合金热轧板
722	GB/T 14996—2010	高温合金冷轧板
723	GB/T 14999. 1—2012	高温合金试验方法　第 1 部分：纵向低倍组织及缺陷酸浸检验
724	GB/T 14999. 2—2012	高温合金试验方法　第 2 部分：横向低倍组织及缺陷酸浸检验
725	GB/T 14999. 3—2012	高温合金试验方法　第 3 部分：棒材纵向断口检验
726	GB/T 14999. 4—2012	高温合金试验方法　第 4 部分：轧制高温合金条带晶粒组织和一次碳化物分布测定
727	GB/T 14999. 6—2010	锻制高温合金双重晶粒组织和一次碳化物分布测定方法
728	GB/T 14999. 7—2010	高温合金铸件晶粒度、一次枝晶间距和显微疏松测定方法
729	GB/T 15006—2009	弹性合金的尺寸、外形、表面质量、试验方法和检验规则的一般规定

续表

序号	标准编号	标准名称
730	GB/T 15007—2017	耐蚀合金牌号
731	GB/T 15008—2020	耐蚀合金棒
732	GB/T 15013—1994	精密合金用磁学特性和磁学量术语
733	GB/T 15014—2008	弹性合金、膨胀合金、热双金属、电阻合金物理量术语及定义
734	GB/T 15019—2017	快淬金属分类和牌号
735	GB/T 15062—2008	一般用途高温合金管
736	GB/T 15260—2016	镍基合金晶间腐蚀试验方法
737	GB/T 15391—2010	宽度小于600mm冷轧钢带的尺寸、外形及允许偏差
738	GB/T 15545—2020	不定形耐火材料包装、标志、运输、储存和质量证明书的一般规定
739	GB/T 15546—2022	冶金轧辊术语
740	GB/T 15547—2012	锻钢冷轧辊辊坯
741	GB/T 15574—2016	钢产品分类
742	GB/T 15575—2008	钢产品标记代号
743	GB/T 15675—2020	连续电镀锌、锌镍合金镀层钢板及钢带
744	GB/T 15711—2018	钢中非金属夹杂物的检验　塔形发纹酸浸法
745	GB/T 15712—2016	非调质机械结构钢
746	GB/T 15970. 1—2018	金属和合金的腐蚀　应力腐蚀试验　第1部分：试验方法总则
747	GB/T 15970. 2—2000	金属和合金的腐蚀　应力腐蚀试验　第2部分：弯梁试样的制备和应用
748	GB/T 15970. 3—1995	金属和合金的腐蚀　应力腐蚀试验　第3部分：U型弯曲试样的制备
749	GB/T 15970. 4—2000	金属和合金的腐蚀　应力腐蚀试验　第4部分：单轴加载拉伸试样的制备和应用
750	GB/T 15970. 5—1998	金属和合金的腐蚀　应力腐蚀试验　第5部分：C型环试样的制备和应用
751	GB/T 15970. 6—2007	金属和合金的腐蚀　应力腐蚀试验　第6部分：恒载荷或恒位移下的预裂纹试样的制备和应用

续表

序号	标准编号	标 准 名 称
752	GB/T 15970. 7—2017	金属和合金的腐蚀　应力腐蚀试验　第 7 部分：慢应变速率试验
753	GB/T 15970. 8—2005	金属和合金的腐蚀　应力腐蚀试验　第 8 部分：焊接试样的制备和应用
754	GB/T 15970. 9—2007	金属和合金的腐蚀　应力腐蚀试验　第 9 部分：渐增式载荷或渐增式位移下的预裂纹试样的制备和应用
755	GB/T 15970. 10—2021	金属和合金的腐蚀　应力腐蚀试验　第 10 部分：反向 U 型弯曲试验方法
756	GB/T 15970. 11—2021	金属和合金的腐蚀　应力腐蚀试验　第 11 部分：金属和合金氢脆和氢致开裂试验指南
757	GB/T 16270—2009	高强度结构用调质钢板
758	GB/T 16271—2009	钢丝绳吊索　插编索扣
759	GB/T 16545—2015	金属和合金的腐蚀　腐蚀试样上腐蚀产物的清除
760	GB/T 16546—2020	定形耐火材料包装、标志、运输、储存和质量证明书的一般规定
761	GB/T 16555—2017	含碳、碳化硅、氮化物耐火材料化学分析方法
762	GB/T 16762—2020	一般用途钢丝绳吊索特性和技术条件
763	GB/T 16763—2012	定形隔热耐火制品分类
764	GB/T 17101—2019	桥梁缆索用热镀锌或锌铝合金钢丝
765	GB/T 17105—2008	铝硅系致密定形耐火制品分类
766	GB/T 17394. 1—2014	金属材料　里氏硬度试验　第 1 部分：试验方法
767	GB/T 17394. 4—2014	金属材料　里氏硬度试验　第 4 部分：硬度值换算表
768	GB/T 17395—2008	无缝钢管尺寸、外形、重量及允许偏差
769	GB/T 17396—2022	液压支柱用热轧无缝钢管
770	GB/T 17456. 1—2009	球墨铸铁管外表面锌涂层　第 1 部分：带终饰层的金属锌涂层
771	GB/T 17456. 2—2010	球墨铸铁管外表面锌涂层　第 2 部分：带终饰层的富锌涂料涂层
772	GB/T 17457—2019	球墨铸铁管和管件　水泥砂浆内衬
773	GB/T 17505—2016	钢及钢产品交货一般技术要求

续表

序号	标准编号	标 准 名 称
774	GB/T 17600.1—1998	钢的伸长率换算　第1部分：碳素钢和低合金钢
775	GB/T 17600.2—1998	钢的伸长率换算　第2部分：奥氏体钢
776	GB/T 17601—2008	耐火材料　耐硫酸侵蚀试验方法
777	GB/T 17616—2013	钢铁及合金牌号统一数字代号体系
778	GB/T 17617—2018	耐火原料抽样检验规则
779	GB/T 17732—2008	致密定形含碳耐火制品试验方法
780	GB/T 17897—2016	不锈钢三氯化铁点腐蚀试验方法
781	GB/T 17899—1999	不锈钢点蚀电位测量方法
782	GB/T 17911—2018	耐火纤维制品试验方法
783	GB/T 17912—2014	回转窑用耐火砖形状尺寸
784	GB/T 17951.2—2014	半工艺冷轧无取向电工钢带
785	GB/T 18248—2021	气瓶用无缝钢管
786	GB/T 18249—2000	检查铁合金取样和制样偏差的试验方法
787	GB/T 18253—2018	钢及钢产品　检验文件的类型
788	GB/T 18254—2016	高碳铬轴承钢
789	GB/T 18255—2022	焦化粘油类产品馏程的测定方法
790	GB/T 18256—2015	钢管无损检测　用于确认无缝和焊接钢管（埋弧焊除外）水压密实性的自动超声检测方法
791	GB/T 18257—2021	回转窑用耐火砖热面标记
792	GB/T 18301—2012	耐火材料　常温耐磨性试验方法
793	GB/T 18449.1—2009	金属材料　努氏硬度试验　第1部分：试验方法
794	GB/T 18449.4—2022	金属材料　努氏硬度试验　第4部分：硬度值表
795	GB/T 18579—2019	高碳铬轴承钢丝
796	GB/T 18589—2001	焦化产品蒸馏试验的气压补正方法
797	GB/T 18590—2001	金属和合金的腐蚀　点蚀评定方法
798	GB/T 18669—2012	船用锚链圆钢
799	GB/T 18704—2008	结构用不锈钢复合管
800	GB/T 18876.1—2002	应用自动图像分析测定钢和其他金属中金相组织、夹杂物含量和级别的标准试验方法　第1部分：钢和其他金属中夹杂物或第二相组织含量的图像分析与体视学测定

续表

序号	标准编号	标 准 名 称
801	GB/T 18876.2—2006	应用自动图像分析测定钢和其他金属中金相组织、夹杂物含量和级别的标准试验方法　第2部分：钢和其他金属中非金属夹杂物级别的自动定量测定
802	GB/T 18876.3—2008	应用自动图像分析测定钢和其它金属中金相组织、夹杂物含量和级别的标准试验方法　第3部分 钢中碳化物级别的图像分析与体视学测定
803	GB/T 18930—2020	耐火材料术语
804	GB/T 18931—2022	碳含量小于7%的碱性致密定形耐火制品分类
805	GB/T 18983—2017	淬火—回火弹簧钢丝
806	GB/T 18984—2016	低温管道用无缝钢管
807	GB/T 19189—2011	压力容器用调质高强度钢板
808	GB/T 19291—2003	金属和合金的腐蚀　腐蚀试验一般原则
809	GB/T 19292.1—2018	金属和合金的腐蚀　大气腐蚀性　第1部分：分类、测定和评估
810	GB/T 19292.2—2018	金属和合金的腐蚀　大气腐蚀性　第2部分：腐蚀等级的指导值
811	GB/T 19292.3—2018	金属和合金的腐蚀　大气腐蚀性　第3部分：影响大气腐蚀性环境参数的测量
812	GB/T 19292.4—2018	金属和合金的腐蚀　大气腐蚀性　第4部分：用于评估腐蚀性的标准试样的腐蚀速率的测定
813	GB/T 19345.1—2017	非晶纳米晶合金　第1部分：铁基非晶软磁合金带材
814	GB/T 19345.2—2017	非晶纳米晶合金　第2部分：铁基纳米晶软磁合金带材
815	GB/T 19346.1—2017	非晶纳米晶合金测试方法　第1部分：环形试样交流磁性能
816	GB/T 19346.2—2017	非晶纳米晶合金测试方法　第2部分：带材叠片系数
817	GB/T 19346.3—2021	非晶纳米晶合金测试方法　第3部分：铁基非晶单片试样交流磁性能
818	GB/T 19743—2018	粉末冶金用水雾化纯铁粉、合金钢粉
819	GB/T 19744—2005	铁素体钢平面应变止裂韧度 K_{Ia} 试验方法
820	GB/T 19745—2005	人造低浓度污染气氛中的腐蚀试验

续表

序号	标准编号	标准名称
821	GB/T 19746—2018	金属和合金的腐蚀　盐溶液周浸试验
822	GB/T 19747—2005	金属和合金的腐蚀　双金属室外暴露腐蚀试验
823	GB/T 19748—2019	金属材料　夏比 V 型缺口摆锤冲击试验　仪器化试验方法
824	GB/T 19879—2015	建筑结构用钢板
825	GB/T 20065—2006	预应力混凝土用螺纹钢筋
826	GB/T 20066—2006	钢和铁　化学成分测定用试样的取样和制样方法
827	GB/T 20067—2017	粗直径钢丝绳
828	GB/T 20118—2017	钢丝绳通用技术条件
829	GB/T 20119—2006	平衡用扁钢丝绳
830	GB/T 20120. 1—2006	金属和合金的腐蚀　腐蚀疲劳试验　第 1 部分：循环失效试验
831	GB/T 20120. 2—2006	金属和合金的腐蚀　腐蚀疲劳试验　第 2 部分：预裂纹试验裂纹扩展试验
832	GB/T 20121—2006	金属和合金的腐蚀　人造气氛的腐蚀试验 间歇盐雾下的室外加速试验（疮痂试验）
833	GB/T 20122—2006	金属和合金的腐蚀　滴落蒸发试验的应力腐蚀开裂评价
834	GB/T 20123—2006	钢铁　总碳硫含量的测定　高频感应炉燃烧后红外吸收法（常规方法）
835	GB/T 20124—2006	钢铁　氮含量的测定　惰性气体熔融热导法（常规方法）
836	GB/T 20125—2006	低合金钢　多元素的测定　电感耦合等离子体发射光谱法
837	GB/T 20126—2006	非合金钢　低碳含量的测定　第 2 部分：感应炉（经预加热）内燃烧后红外吸收法
838	GB/T 20127. 1—2006	钢铁及合金　痕量元素的测定　第 1 部分：石墨炉原子吸收光谱法测定银含量
839	GB/T 20127. 2—2006	钢铁及合金　痕量元素的测定　第 2 部分：氢化物发生-原子荧光光谱法 测定砷含量
840	GB/T 20127. 3—2006	钢铁及合金　痕量元素的测定　第 3 部分：电感耦合等离子体发射光谱法测定钙、镁和钡含量
841	GB/T 20127. 4—2006	钢铁及合金　痕量元素的测定　第 4 部分：石墨炉原子吸收光谱法测定铜含量

续表

序号	标准编号	标 准 名 称
842	GB/T 20127. 5—2006	钢铁及合金　痕量元素的测定　第 5 部分：萃取分离-罗丹明 B 光度法 测定镓含量
843	GB/T 20127. 8—2006	钢铁及合金　痕量元素的测定　第 8 部分：氢化物发生-原子荧光光谱法测定锑含量
844	GB/T 20127. 9—2006	钢铁及合金　痕量元素的测定　第 9 部分：电感耦合等离子体发射光谱法测定钪含量
845	GB/T 20127. 10—2006	钢铁及合金　痕量元素的测定　第 10 部分：氢化物发生-原子荧光光谱法测定硒含量
846	GB/T 20127. 11—2006	钢铁及合金　痕量元素的测定　第 11 部分：电感耦合等离子体质谱法测定铟和铊含量
847	GB/T 20127. 12—2006	钢铁及合金　痕量元素的测定　第 12 部分：火焰原子吸收光谱法测定锌含量
848	GB/T 20127. 13—2006	钢铁及合金　痕量元素的测定　第 13 部分：碘化物萃取-苯基荧光酮光度法测定锡含量
849	GB/T 20409—2018	高压锅炉用内螺纹无缝钢管
850	GB/T 20410—2006	涡轮机高温螺栓用钢
851	GB/T 20490—2006	承压无缝和焊接（埋弧焊除外）钢管分层的超声检测
852	GB/T 20491—2017	用于水泥和混凝土中的钢渣粉
853	GB/T 20492—2019	锌-5%铝-混合稀土合金镀层钢丝、钢绞线
854	GB/T 20511—2006	耐火制品分型规则
855	GB/T 20564. 1—2017	汽车用高强度冷连轧钢板及钢带　第 1 部分：烘烤硬化钢
856	GB/T 20564. 2—2016	汽车用高强度冷连轧钢板及钢带　第 2 部分：双相钢
857	GB/T 20564. 3—2017	汽车用高强度冷连轧钢板及钢带　第 3 部分：高强度无间隙原子钢
858	GB/T 20564. 4—2022	汽车用高强度冷连轧钢板及钢带　第 4 部分：低合金高强度钢
859	GB/T 20564. 5—2022	汽车用高强度冷连轧钢板及钢带　第 5 部分：各向同性钢
860	GB/T 20564. 6—2022	汽车用高强度冷连轧钢板及钢带　第 6 部分：相变诱导塑性钢

续表

序号	标准编号	标 准 名 称
861	GB/T 20564.7—2022	汽车用高强度冷连轧钢板及钢带　第7部分：马氏体钢
862	GB/T 20564.8—2015	汽车用高强度冷连轧钢板及钢带　第8部分：复相钢
863	GB/T 20564.9—2016	汽车用高强度冷连轧钢板及钢带　第9部分：淬火配分钢
864	GB/T 20564.10—2017	汽车用高强度冷连轧钢板及钢带　第10部分：孪晶诱导塑性钢
865	GB/T 20564.11—2017	汽车用高强度冷连轧钢板及钢带　第11部分：碳锰钢
866	GB/T 20564.12—2019	汽车用高强度冷连轧钢板及钢带　第12部分：增强成形性双相钢
867	GB/T 20565—2022	铁矿石和直接还原铁　术语
868	GB/T 20566—2006	钢及合金　术语
869	GB/T 20567—2020	钒氮合金
870	GB/T 20568—2022	金属材料　管环液压试验方法
871	GB/T 20831—2007	电工钢片（带）层间绝缘涂层温度特性测试方法
872	GB/T 20832—2007	金属材料　试样轴线相对于产品织构的标识
873	GB/T 20852—2007	金属和合金的腐蚀　大气腐蚀防护方法的选择导则
874	GB/T 20853—2007	金属和合金的腐蚀　人造大气中的腐蚀　暴露于间歇喷洒盐溶液和潮湿循环受控条件下的加速腐蚀试验
875	GB/T 20854—2007	金属和合金的腐蚀　循环暴露在盐雾、“干”和“湿”条件下的加速试验
876	GB/T 20878—2007	不锈钢和耐热钢　牌号及化学成分
877	GB/T 20887.1—2017	汽车用高强度热连轧钢板及钢带　第1部分：冷成形用高屈服强度钢
878	GB/T 20887.2—2022	汽车用高强度热连轧钢板及钢带　第2部分：高扩孔钢
879	GB/T 20887.3—2022	汽车用高强度热连轧钢板及钢带　第3部分：双相钢
880	GB/T 20887.4—2022	汽车用高强度热连轧钢板及钢带　第4部分：相变诱导塑性钢
881	GB/T 20887.5—2022	汽车用高强度热连轧钢板及钢带　第5部分：马氏体钢
882	GB/T 20887.6—2017	汽车用高强度热连轧钢板及钢带　第6部分：复相钢

续表

序号	标准编号	标 准 名 称
883	GB/T 20887. 7—2017	汽车用高强度热连轧钢板及钢带　第 7 部分：液压成形用钢
884	GB/T 20932—2007	生铁　定义与分类
885	GB/T 20933—2021	热轧 U 型钢板桩
886	GB/T 20934—2016	钢拉杆
887	GB/T 20935. 1—2018	金属材料　电磁超声检测方法　第 1 部分：电磁超声换能器指南
888	GB/T 20935. 2—2018	金属材料　电磁超声检测方法　第 2 部分：利用电磁超声换能器技术进行超声检测的方法
889	GB/T 20935. 3—2018	金属材料　电磁超声检测方法　第 3 部分：利用电磁超声换能器技术进行超声表面检测的方法
890	GB/T 21073—2007	环氧涂层七丝预应力钢绞线
891	GB/T 21074—2007	针管用不锈钢精密冷轧钢带
892	GB/T 21114—2019	耐火材料　X 射线荧光光谱化学分析　熔铸玻璃片法
893	GB/T 21143—2014	金属材料　准静态断裂韧度的统一试验方法
894	GB/T 21236—2007	电炉回收二氧化硅微粉
895	GB/T 21237—2018	石油天然气输送管用宽厚钢板
896	GB/T 21832. 1—2018	奥氏体-铁素体型双相不锈钢焊接钢管　第 1 部分：热交换器用管
897	GB/T 21832. 2—2018	奥氏体-铁素体型双相不锈钢焊接钢管　第 2 部分：流体输送用管
898	GB/T 21833. 1—2020	奥氏体-铁素体型双相不锈钢无缝钢管　第 1 部分：热交换器用管
899	GB/T 21833. 2—2020	奥氏体-铁素体型双相不锈钢无缝钢管　第 2 部分：流体输送用管
900	GB/T 21834—2008	中低合金钢　多元素成分分布的测定　金属原位统计分布分析法
901	GB/T 21835—2008	焊接钢管尺寸及单位长度重量
902	GB/T 21836—2008	软磁铁氧体用四氧化三锰
903	GB/T 21837—2008	铁磁性钢丝绳电磁检测方法

续表

序号	标准编号	标准名称
904	GB/T 21838.1—2019	金属材料　硬度和材料参数的仪器化压入试验　第1部分：试验方法
905	GB/T 21838.4—2020	金属材料　硬度和材料参数的仪器化压入试验　第4部分：金属和非金属覆盖层的试验方法
906	GB/T 21839—2019	预应力混凝土用钢材试验方法
907	GB/T 21931.1—2008	镍、镍铁和镍合金　碳含量的测定　高频燃烧红外吸收法
908	GB/T 21931.2—2008	镍、镍铁和镍合金　硫含量的测定　高频燃烧红外吸收法
909	GB/T 21931.3—2008	镍、镍铁和镍合金　磷含量的测定　磷钒钼黄分光光度法
910	GB/T 21932—2008	镍和镍铁　硫含量的测定　氧化铝色层分离-硫酸钡重量法
911	GB/T 21933.1—2008	镍铁　镍含量的测定　丁二酮肟重量法
912	GB/T 21933.2—2008	镍铁　硅含量的测定　重量法
913	GB/T 21933.3—2008	镍铁　钴含量的测定　火焰原子吸收光谱法
914	GB/T 21965—2020	钢丝绳验收及缺陷术语
915	GB/T 22315—2008	金属材料　弹性模量和泊松比试验方法
916	GB/T 22316—2008	电镀锡钢板耐腐蚀性试验方法
917	GB/T 22368—2008	低合金钢　多元素含量的测定　辉光放电原子发射光谱法（常规法）
918	GB/T 22459.1—2022	耐火泥浆　第1部分：稠度试验方法（锥入度法）
919	GB/T 22459.2—2022	耐火泥浆　第2部分：稠度试验方法（跳桌法）
920	GB/T 22459.3—2021	耐火泥浆　第3部分：粘接时间试验方法
921	GB/T 22459.4—2022	耐火泥浆　第4部分：常温抗折粘接强度试验方法
922	GB/T 22459.5—2022	耐火泥浆　第5部分：粒度分布（筛分析）试验方法
923	GB/T 22459.6—2022	耐火泥浆　第6部分：预搅拌泥浆含水量试验方法
924	GB/T 22459.7—2019	耐火泥浆　第7部分：其他性能试验方法
925	GB/T 22459.8—2021	耐火泥浆　第8部分：泌水性试验方法
926	GB/T 22563—2008	所有级萤石水分测定方法
927	GB/T 22564—2008	萤石　取样和试样制备
928	GB/T 22565.1—2021	金属材料　薄板和薄带　回弹性能评估方法　第1部分：拉弯法

续表

序号	标准编号	标 准 名 称
929	GB/T 22588—2008	闪光法测量热扩散系数或导热系数
930	GB/T 22589—2017	镁碳砖
931	GB/T 22590—2021	轧钢加热炉用耐火浇注料
932	GB/T 23293—2021	氮化物结合耐火制品及其配套耐火泥浆
933	GB/T 23294—2021	耐磨耐火材料
934	GB/T 24170. 1—2009	表面抗菌不锈钢　第 1 部分：电化学法
935	GB/T 24171. 1—2009	金属材料　薄板和薄带　成形极限曲线的测定　第 1 部分：冲压车间成形极限图的测量及应用
936	GB/T 24171. 2—2009	金属材料　薄板和薄带　成形极限曲线的测定　第 2 部分：实验室成形极限曲线的测定
937	GB/T 24172—2009	金属超塑性材料拉伸性能测定方法
938	GB/T 24174—2022	钢　烘烤硬化值（BH）的测定方法
939	GB/T 24175—2009	钢渣稳定性试验方法
940	GB/T 24176—2009	金属材料　疲劳试验　数据统计方案与分析方法
941	GB/T 24177—2009	双重晶粒度表征与测定方法
942	GB/T 24178—2009	连铸钢坯凝固组织低倍评定方法
943	GB/T 24179—2009	金属材料　残余应力测定　压痕应变法
944	GB/T 24180—2020	冷轧电镀铬钢板及钢带
945	GB/T 24181—2022	金刚石焊接锯片基体用钢
946	GB/T 24182—2009	金属力学性能试验　出版标准中的符号及定义
947	GB/T 24183—2021	金属材料　薄板和薄带　制耳试验方法
948	GB/T 24184—2009	烧结熔剂用高钙脱硫渣
949	GB/T 24185—2009	逐级加力法测定钢中氢脆临界值试验方法
950	GB/T 24186—2022	工程机械用高强度耐磨钢板
951	GB/T 24187—2009	冷拔精密单层焊接钢管
952	GB/T 24189—2009	高炉用铁矿石　用最终还原度指数表示的还原性的测定
953	GB/T 24190—2009	铁矿石　化合水含量的测定　卡尔费休滴定法
954	GB/T 24191—2009	钢丝绳实际弹性模量测定方法
955	GB/T 24192—2009	铬矿石　粒度的筛分测定

续表

序号	标准编号	标 准 名 称
956	GB/T 24193—2009	铬矿石和铬精矿　铝、铁、镁和硅含量的测定　电感耦合等离子体原子发射光谱法
957	GB/T 24194—2009	硅铁　铝、钙、锰、铬、钛、铜、磷和镍含量的测定　电感耦合等离子体原子发射光谱法
958	GB/T 24195—2009	金属和合金的腐蚀　酸性盐雾、“干燥”和“湿润”条件下的循环加速腐蚀试验
959	GB/T 24196—2009	金属和合金的腐蚀　电化学试验方法　恒电位和动电位极化测量导则
960	GB/T 24197—2009	锰矿石　铁、硅、铝、钙、钡、镁、钾、铜、镍、锌、磷、钴、铬、钒、砷、铅和钛含量的测定　电感耦合等离子体原子发射光谱法
961	GB/T 24198—2009	镍铁　镍、硅、磷、锰、钴、铬和铜含量的测定　波长色散X-射线荧光光谱法（常规法）
962	GB/T 24199—2009	纯吡啶中吡啶含量的气相色谱测定方法
963	GB/T 24200—2009	粗酚中酚及同系物含量的测定方法
964	GB/T 24201—2009	高炉炭块抗铁水熔蚀性试验方法
965	GB/T 24202—2021	光缆增强用碳素钢丝
966	GB/T 24203—2009	炭素材料真密度、真气孔率测定方法　煮沸法
967	GB/T 24204—2009	高炉炉料用铁矿石　低温还原粉化率的测定　动态试验法
968	GB/T 24205—2009	铁矿粉　烧结试验结果表示方法
969	GB/T 24206—2009	洗油15℃结晶物的测定方法
970	GB/T 24207—2009	洗油酚含量的测定方法
971	GB/T 24208—2009	洗油萘含量的测定方法
972	GB/T 24209—2009	洗油粘度的测定方法
973	GB/T 24210—2009	整体石墨电极弹性模量试验　声速法
974	GB/T 24211—2009	蒽油
975	GB/T 24212—2009	甲基萘油
976	GB/T 24213—2009	金属原位统计分布分析方法通则
977	GB/T 24214—2009	煤焦油水分快速测定方法
978	GB/T 24215—2009	桥梁主缆缠绕用低碳热镀锌圆钢丝

续表

序号	标准编号	标 准 名 称
979	GB/T 24216—2009	轻油
980	GB/T 24217—2009	洗油
981	GB/T 24220—2009	铬矿石 分析样品中湿存水的测定 重量法
982	GB/T 24221—2009	铬矿石 钙和镁含量的测定 EDTA 滴定法
983	GB/T 24222—2009	铬矿石 交货批水分的测定
984	GB/T 24223—2009	铬矿石 磷含量的测定 还原磷钼酸盐分光光度法
985	GB/T 24224—2009	铬矿石 硫含量的测定 燃烧-中和滴定法、燃烧-碘酸钾滴定法和燃烧-红外线吸收法
986	GB/T 24225—2009	铬矿石 全铁含量的测定 还原滴定法
987	GB/T 24226—2009	铬矿石和铬精矿 钙含量的测定 火焰原子吸收光谱法
988	GB/T 24227—2009	铬矿石和铬精矿 硅含量的测定 分光光度法和重量法
989	GB/T 24228—2009	铬矿石和铬精矿 化学分析方法 通则
990	GB/T 24229—2009	铬矿石和铬精矿 铝含量的测定 络合滴定法
991	GB/T 24230—2009	铬矿石和铬精矿 铬含量的测定 滴定法
992	GB/T 24231—2009	铬矿石 镁、铝、硅、钙、钛、钒、铬、锰、铁和镍含量的测定 波长色散 X 射线荧光光谱法
993	GB/T 24232—2009	锰矿和铬矿石 校核取样和制样偏差的试验方法
994	GB/T 24233—2009	锰矿石和铬矿石 评定品质波动和校核取样精密度的试验方法
995	GB/T 24234—2009	铸铁 多元素含量的测定 火花放电原子发射光谱法（常规法）
996	GB/T 24235—2009	直接还原炉料用铁矿石 低温还原粉化率和金属化率的测定 气体直接还原法
997	GB/T 24236—2009	直接还原炉用铁矿石 还原指数、最终还原度和金属化率的测定
998	GB/T 24237—2009	直接还原炉料用铁矿球团 成团性的测定方法
999	GB/T 24238—2017	预应力钢丝及钢绞线用热轧盘条
1000	GB/T 24239—2009	直接还原铁和热压铁块 取样和制样方法
1001	GB/T 24240—2009	直接还原铁 热压铁块（HBI）表观密度和吸水率的测定

续表

序号	标准编号	标准名称
1002	GB/T 24241—2009	直接还原铁　热压铁块转鼓和耐磨指数的测定
1003	GB/T 24242. 1—2020	制丝用非合金钢盘条　第1部分：一般要求
1004	GB/T 24242. 2—2020	制丝用非合金钢盘条　第2部分：一般用途盘条
1005	GB/T 24242. 3—2014	制丝用非合金钢盘条　第3部分 沸腾钢及沸腾钢替代品低碳钢盘条
1006	GB/T 24242. 4—2020	制丝用非合金钢盘条　第4部分 特殊用途盘条
1007	GB/T 24243—2009	铬矿石　采取份样
1008	GB/T 24244—2009	铁氧体用氧化铁
1009	GB/T 24245—2009	橡胶履带用钢帘线
1010	GB/T 24510—2017	低温压力容器用镍合金钢板
1011	GB/T 24511—2017	承压设备用不锈钢和耐热钢钢板和钢带
1012	GB/T 24512. 1—2009	核电站用无缝钢管　第1部分：碳素钢无缝钢管
1013	GB/T 24512. 2—2009	核电站用无缝钢管　第2部分：合金钢无缝钢管
1014	GB/T 24512. 3—2014	核电站用无缝钢管　第3部分：不锈钢无缝钢管
1015	GB/T 24513. 1—2009	金属和合金的腐蚀　室内大气低腐蚀性分类　第1部分：室内大气腐蚀性的测定与评价
1016	GB/T 24513. 2—2010	金属和合金的腐蚀　室内大气低腐蚀性分类　第2部分：室内大气腐蚀性的测定
1017	GB/T 24513. 3—2012	金属和合金的腐蚀　室内大气低腐蚀性分类　第3部分：影响室内大气腐蚀性的环境参数测定
1018	GB/T 24514—2009	钢表面锌基和（或）铝基镀层 单位面积镀层质量和化学成分测定　重量法、电感耦合等离子体原子发射　光谱法和火焰原子吸收光谱法
1019	GB/T 24515—2009	高炉用铁矿石　用还原速率表示的还原性的测定
1020	GB/T 24516. 1—2009	金属和合金的腐蚀　大气腐蚀　地面气象因素观测方法
1021	GB/T 24516. 2—2009	金属和合金的腐蚀　大气腐蚀　跟踪太阳暴露试验方法
1022	GB/T 24517—2009	金属和合金的腐蚀　户外周期喷淋暴露试验方法
1023	GB/T 24518—2009	金属和合金的腐蚀　应力腐蚀室外暴露试验方法

续表

序号	标准编号	标 准 名 称
1024	GB/T 24519—2009	锰矿石　镁、铝、硅、磷、硫、钾、钙、钛、锰、铁、镍、铜、锌、钡和铅含量的测定　波长色散 X 射线荧光光谱法
1025	GB/T 24520—2009	铸铁和低合金钢　镁、镧、铈含量的测定　电感耦合等离子体原子发射光谱法
1026	GB/T 24521—2018	炭素原料和焦炭电阻率测定方法
1027	GB/T 24522—2020	金属材料　低拘束试样测定稳态裂纹扩展阻力的试验方法
1028	GB/T 24523—2020	金属材料　快速压入（布氏型）硬度试验方法
1029	GB/T 24524—2021	金属材料　薄板和薄带 扩孔试验方法
1030	GB/T 24525—2009	炭素材料电阻率测定方法
1031	GB/T 24526—2009	炭素材料全硫含量测定方法
1032	GB/T 24527—2009	炭素材料内在水分的测定
1033	GB/T 24528—2009	炭素材料体积密度测定方法
1034	GB/T 24529—2009	炭素材料显气孔率的测定方法
1035	GB/T 24530—2009	高炉用铁矿石　荷重还原性的测定
1036	GB/T 24531—2009	高炉和直接还原用铁矿石　转鼓和耐磨指数的测定
1037	GB/T 24532—2009	微米级羰基铁粉
1038	GB/T 24533—2019	锂离子电池石墨类负极材料
1039	GB/T 24583. 1—2019	钒氮合金　钒含量的测定　硫酸亚铁铵滴定法
1040	GB/T 24583. 2—2019	钒氮合金　氮含量的测定　惰性气体熔融热导法
1041	GB/T 24583. 3—2019	钒氮合金　氮含量的测定　蒸馏—中和滴定法
1042	GB/T 24583. 4—2019	钒氮合金　碳含量的测定　红外线吸收法
1043	GB/T 24583. 5—2019	钒氮合金　磷含量的测定　铋磷钼蓝分光光度法
1044	GB/T 24583. 6—2019	钒氮合金　硫含量的测定　红外线吸收法
1045	GB/T 24583. 7—2019	钒氮合金　氧含量的测定　红外线吸收法
1046	GB/T 24583. 8—2019	钒氮合金　硅、锰、磷、铝含量的测定　电感耦合等离子体原子发射光谱法
1047	GB/T 24585—2009	镍铁　磷、锰、铬、铜、钴和硅含量的测定　电感耦合等离子体原子发射光谱法
1048	GB/T 24586—2009	铁矿石　表观密度、真密度和孔隙率的测定

续表

序号	标准编号	标 准 名 称
1049	GB/T 24587—2009	预应力混凝土钢棒用热轧盘条
1050	GB/T 24588—2019	不锈弹簧钢丝
1051	GB/T 24590—2021	高效换热器用特型管
1052	GB/T 24591—2019	高压给水加热器用无缝钢管
1053	GB/T 24592—2009	聚乙烯用高压合金钢管
1054	GB/T 24593—2018	锅炉和热交换器用奥氏体不锈钢焊接钢管
1055	GB/T 24594—2009	优质合金模具钢
1056	GB/T 24595—2020	汽车调质曲轴用热轧钢棒
1057	GB/T 24596—2021	球墨铸铁管和管件 聚氨酯涂层
1058	GB/T 24763—2009	泡沫混凝土砌块用钢渣
1059	GB/T 24764—2009	外墙外保温抹面砂浆和粘结砂浆用钢渣砂
1060	GB/T 24765—2009	耐磨沥青路面用钢渣
1061	GB/T 25046—2010	高磁感冷轧无取向电工钢带（片）
1062	GB/T 25047—2016	金属材料 管 环扩张试验方法
1063	GB/T 25048—2019	金属材料 管 环拉伸试验方法
1064	GB/T 25049—2010	镍铁
1065	GB/T 25050—2010	镍铁锭或块 成分分析用样品的采取
1066	GB/T 25051—2010	镍铁颗粒 成分分析用样品的采取
1067	GB/T 25052—2010	连续热浸镀层钢板和钢带尺寸、外形、重量及允许偏差
1068	GB/T 25053—2010	热连轧低碳钢板及钢带
1069	GB/T 25820—2018	包装用钢带
1070	GB/T 25821—2010	不锈钢钢绞线
1071	GB/T 25822—2010	车轴用异型及圆形无缝钢管
1072	GB/T 25823—2010	单丝涂覆环氧涂层预应力钢绞线
1073	GB/T 25824—2010	道路用钢渣
1074	GB/T 25825—2010	热轧钢板带轧辊
1075	GB/T 25826—2022	钢筋混凝土用环氧涂层钢筋
1076	GB/T 25827—2010	高温合金板（带）材通用技术条件

续表

序号	标准编号	标 准 名 称
1077	GB/T 25828—2010	高温合金棒材通用技术条件
1078	GB/T 25829—2010	高温合金成品化学成分允许偏差
1079	GB/T 25830—2010	高温合金盘（环）件通用技术条件
1080	GB/T 25831—2010	高温合金丝材通用技术条件
1081	GB/T 25832—2019	搪瓷用热轧钢板和钢带
1082	GB/T 25833—2010	公路护栏用镀锌钢丝绳
1083	GB/T 25834—2010	金属和合金的腐蚀　钢铁户外大气加速腐蚀试验
1084	GB/T 25835—2010	缆索用环氧涂层钢丝
1085	GB/T 25932—2010	铸造高温合金母合金通用技术条件
1086	GB/T 26075—2019	抽油杆用圆钢
1087	GB/T 26076—2010	金属薄板（带）轴向力控制疲劳试验方法
1088	GB/T 26077—2021	金属材料　疲劳试验　轴向应变控制方法
1089	GB/T 26078—2010	金属材料　焊接残余应力　爆炸处理法
1090	GB/T 26079—2010	梁式吊具
1091	GB/T 26080—2010	塔机用冷弯矩形管
1092	GB/T 26081—2022	排水工程用球墨铸铁管、管件和附件
1093	GB/T 26279—2010	石墨坩埚
1094	GB/T 26280—2010	凿岩用硬质合金整体钎
1095	GB/T 26563—2011	电熔氧化锆
1096	GB/T 26564—2011	镁铝尖晶石
1097	GB/T 26722—2022	索道用钢丝绳
1098	GB/T 27691—2017	钢帘线用盘条
1099	GB/T 27692—2011	高炉用酸性铁球团矿
1100	GB/T 28290—2012	电镀锡钢板表面铬量的试验方法
1101	GB/T 28291—2012	电镀锡钢板表面涂油量试验方法
1102	GB/T 28292—2012	钢铁工业含铁尘泥回收及利用技术规范
1103	GB/T 28293—2012	钢铁渣粉
1104	GB/T 28294—2012	钢渣复合料

续表

序号	标准编号	标 准 名 称
1105	GB/T 28295—2012	高温合金管材通用技术条件
1106	GB/T 28296—2012	含镍生铁
1107	GB/T 28297—2012	厚钢板超声自动检测方法
1108	GB/T 28298—2012	焦化重油
1109	GB/T 28299—2012	结构用热轧翼板钢
1110	GB/T 28300—2012	热轧棒材和盘条表面质量等级交货技术条件
1111	GB/T 28369—2012	铁合金　评价品质波动和检查取样精度的试验方法
1112	GB/T 28371—2012	铁合金　检查样品缩分精度的试验方法
1113	GB/T 28372—2012	铁合金　取样和制样总则
1114	GB/T 28410—2012	风力发电塔用结构钢板
1115	GB/T 28411—2012	高温合金精铸结构件通用技术条件
1116	GB/T 28412—2012	高温合金精铸叶片通用技术条件
1117	GB/T 28413—2012	锅炉和热交换器用焊接钢管
1118	GB/T 28414—2012	抗震结构用型钢
1119	GB/T 28415—2012	耐火结构用钢板及钢带
1120	GB/T 28416—2012	人工大气中的腐蚀试验　交替暴露在腐蚀性气体、中性盐雾及干燥环境中的加速腐蚀试验
1121	GB/T 28417—2012	碳素轴承钢
1122	GB/T 28883—2012	承压用复合无缝钢管
1123	GB/T 28884—2012	大容积气瓶用无缝钢管
1124	GB/T 28896—2012	金属材料　焊接接头准静态断裂韧度测定的试验方法
1125	GB/T 28897—2021	流体输送用钢塑复合管及管件
1126	GB/T 28898—2012	冶金材料化学成分分析测量不确定度评定
1127	GB/T 28899—2012	冷轧带肋钢筋用盘条
1128	GB/T 28900—2022	钢筋混凝土用钢材试验方法
1129	GB/T 28901—2012	焦炉煤气组分气相色谱分析方法
1130	GB/T 28902—2012	电解抛光用不锈钢丝
1131	GB/T 28903—2012	辐条用不锈钢丝
1132	GB/T 28904—2012	钢铝复合用钢带

续表

序号	标准编号	标准名称
1133	GB/T 28905—2022	建筑用低屈服强度钢板
1134	GB/T 28906—2012	冷镦钢热轧盘条
1135	GB/T 28907—2021	耐硫酸露点腐蚀钢板和钢带
1136	GB/T 28908—2012	高纯金属铬
1137	GB/T 28909—2012	超高强度结构用热处理钢板
1138	GB/T 29086—2012	钢丝绳安全使用和维护
1139	GB/T 29087—2012	非调质冷镦钢热轧盘条
1140	GB/T 29088—2012	金属和合金的腐蚀　双环电化学动电位再活化测量方法
1141	GB/T 29513—2013	含铁尘泥　X 射线荧光光谱化学分析　熔铸玻璃片法
1142	GB/T 29514—2018	钢渣处理工艺技术规范
1143	GB/T 29515—2013	搪瓷用冷轧钢板　鳞爆敏感性试验　氢渗透法
1144	GB/T 29516—2013	锰矿石　水分含量测定
1145	GB/T 29517—2013	散装铬矿石手工制样方法
1146	GB/T 29650—2013	耐火材料　抗一氧化碳性试验方法
1147	GB/T 29651—2013	锰矿石和锰精矿　全铁含量的测定　火焰原子吸收光谱法
1148	GB/T 29652—2013	直接还原铁　碳和硫含量的测定　高频燃烧红外吸收法
1149	GB/T 29653—2013	锰矿石　粒度分布的测定　筛分法
1150	GB/T 29654—2013	冷弯钢板桩
1151	GB/T 29728—2013	热浸镀锌钢带生产线加热炉能耗分级
1152	GB/T 29913.1—2013	风力发电设备用轴承钢　第 1 部分：偏航、变桨轴承用钢
1153	GB/T 30054—2013	异喹啉
1154	GB/T 30059—2013	热交换器用耐蚀合金无缝管
1155	GB/T 30060—2013	石油天然气输送管件用钢板
1156	GB/T 30061—2013	氮化锰硅
1157	GB/T 30062—2013	钢管术语
1158	GB/T 30063—2013	结构用直缝埋弧焊接钢管
1159	GB/T 30064—2013	金属材料　钢构件断裂评估中裂纹尖端张开位移（CTOD）断裂韧度的拘束损失修正方法
1160	GB/T 30065—2013	给水加热器用铁素体不锈钢焊接钢管

续表

序号	标准编号	标 准 名 称
1161	GB/T 30066—2013	热交换器和冷凝器用铁素体不锈钢焊接钢管
1162	GB/T 30067—2013	金相学术语
1163	GB/T 30068—2013	家电用冷轧钢板和钢带
1164	GB/T 30069.1—2013	金属材料　高应变速率拉伸试验　第 1 部分：弹性杆型系统
1165	GB/T 30069.2—2016	金属材料　高应变速率拉伸试验　第 2 部分：液压伺服型与其他类型试验系统
1166	GB/T 30070—2013	海水输送用合金钢无缝钢管
1167	GB/T 30071—2013	细颗粒高密度特种石墨产品
1168	GB/T 30072—2013	镍铁　镍含量的测定　EDTA 滴定法
1169	GB/T 30073—2013	核电站热交换器用奥氏体不锈钢无缝钢管
1170	GB/T 30074—2013	用电化学技术测量金属中氢渗透（吸收和迁移）的方法
1171	GB/T 30163—2013	高炉用高风温顶燃式热风炉节能技术规范
1172	GB/T 30584—2014	起重机臂架用无缝钢管
1173	GB/T 30587—2014	钢丝绳吊索　环索
1174	GB/T 30588—2014	钢丝绳绳端　合金熔铸套接
1175	GB/T 30589—2014	钢丝绳绳端　套管压制索具
1176	GB/T 30757—2014	残碳量 7%~50%的碱性致密定形耐火制品分类
1177	GB/T 30758—2014	耐火材料　动态杨氏模量试验方法（脉冲激振法）
1178	GB/T 30759—2014	高铬砖
1179	GB/T 30813—2014	核电站用奥氏体不锈钢焊接钢管
1180	GB/T 30814—2014	核电站用碳素钢和低合金钢钢板
1181	GB/T 30826—2014	斜拉桥钢绞线拉索技术条件
1182	GB/T 30827—2014	体外预应力索技术条件
1183	GB/T 30828—2014	预应力混凝土用中强度钢丝
1184	GB/T 30829—2014	石油井架用异型及圆形无缝钢管
1185	GB/T 30830—2014	工程子午线轮胎用钢帘线
1186	GB/T 30834—2022	钢中非金属夹杂物的评定和统计　扫描电镜法
1187	GB/T 30835—2014	锂离子电池用炭复合磷酸铁锂正极材料

续表

序号	标准编号	标 准 名 称
1188	GB/T 30836—2014	锂离子电池用钛酸锂及其炭复合负极材料
1189	GB/T 30870—2014	特种致密定形耐火制品分类
1190	GB/T 30873—2014	耐火材料　抗热震性试验方法
1191	GB/T 30895—2014	热轧环件
1192	GB/T 30896—2014	氮化钒铁
1193	GB/T 30897—2014	烧结用磁选渣钢粉
1194	GB/T 30898—2014	炼钢用渣钢
1195	GB/T 30899—2014	冶炼用精选粒铁
1196	GB/T 30900—2014	炼钢用 LF 炉精炼渣团块
1197	GB/T 31218—2014	金属材料　残余应力测定　全释放应变法
1198	GB/T 31303—2014	奥氏体-铁素体型双相不锈钢棒
1199	GB/T 31304—2014	环氧涂层高强度钢丝拉索
1200	GB/T 31309—2020	铸造高温合金电子空位数计算方法
1201	GB/T 31310—2014	金属材料　残余应力测定　钻孔应变法
1202	GB/T 31311—2014	冶金级萤石　铅含量的测定　溶剂萃取原子吸收光谱法
1203	GB/T 31312—2014	冶金级萤石　锑含量的测定　溶剂萃取原子吸收光谱法
1204	GB/T 31313—2014	萤石　粒度的筛分测定
1205	GB/T 31314—2014	多丝大直径高强度低松弛预应力钢绞线
1206	GB/T 31315—2014	机械结构用冷拔或冷轧精密焊接钢管
1207	GB/T 31316—2014	海水阴极保护总则
1208	GB/T 31317—2014	金属和合金的腐蚀　黑箱暴露试验方法
1209	GB/T 31922—2015	改善成形性热轧高屈服强度钢板和钢带
1210	GB/T 31923. 1—2015	高炉炉料用铁矿石　低温还原粉化静态试验　第 1 部分：与 CO、CO_2、H_2 和 N_2 的反应
1211	GB/T 31923. 2—2015	高炉炉料用铁矿石　低温还原粉化静态试验　第 2 部分：与 CO 和 N_2 的反应
1212	GB/T 31924—2015	含镍生铁　镍含量的测定　丁二酮肟重量法
1213	GB/T 31925—2015	厚壁无缝钢管超声波检验方法

续表

序号	标准编号	标 准 名 称
1214	GB/T 31926—2015	钢板及钢带　锌基和铝基镀层中铅、镉和铬含量的测定　辉光放电原子发射光谱法
1215	GB/T 31927—2015	钢板及钢带　锌基和铝基镀层中铅和镉含量的测定　电感耦合等离子体质谱法
1216	GB/T 31928—2015	船舶用不锈钢无缝钢管
1217	GB/T 31929—2015	船舶用不锈钢焊接钢管
1218	GB/T 31930—2015	金属材料　延性试验　多孔状和蜂窝状金属压缩试验方法
1219	GB/T 31931—2015	钢板及钢带　锌及锌合金镀层中六价铬含量的测定　二苯碳酰二肼分光光度法
1220	GB/T 31932—2015	厚钢板电磁超声自动检测方法
1221	GB/T 31933—2015	模拟海洋环境钢筋耐蚀试验方法
1222	GB/T 31934—2015	高辐射覆层蓄热量的测定与计算方法
1223	GB/T 31935—2015	金属和合金的腐蚀　低铬铁素体不锈钢晶间腐蚀试验方法
1224	GB/T 31936—2015	焊接钢管轧辊
1225	GB/T 31937—2015	煤浆输送用直缝埋弧焊钢管
1226	GB/T 31938—2015	煤浆输送管用钢板
1227	GB/T 31939—2015	矿用救生舱用热轧钢板和钢带
1228	GB/T 31940—2015	流体输送用双金属复合耐腐蚀钢管
1229	GB/T 31941—2015	核电站用非核安全级碳钢及合金钢焊接钢管
1230	GB/T 31942—2015	金属蜂窝载体用铁铬铝箔材
1231	GB/T 31943—2015	精密焊接钢管用冷连轧钢带
1232	GB/T 31944—2015	原油船货油舱用耐腐蚀钢板
1233	GB/T 31945—2015	自升式平台桩腿用钢板
1234	GB/T 31946—2015	水电站压力钢管用钢板
1235	GB/T 31947—2015	铁矿石　汞含量的测定　固体进样直接测定法
1236	GB/T 31948—2015	铬矿中汞含量的测定　固体进样直接测汞法
1237	GB/T 31949—2015	锰矿中汞含量的测定　固体进样直接测汞法
1238	GB/T 31979—2015	钢丝绳旋转性能测定方法
1239	GB/T 32158—2015	煤系针状焦

续表

序号	标准编号	标 准 名 称
1240	GB/T 32159—2015	焦化纯吡啶
1241	GB/T 32160—2015	工业甲基萘
1242	GB/T 32177—2015	耐火材料中 B_2O_3 的测定
1243	GB/T 32178—2015	分光法测定　含铬耐火材料中六价铬分析方法
1244	GB/T 32179—2015	耐火材料化学分析　湿法、原子吸收光谱法（AAS）和电感耦合等离子体原子发射光谱法（ICP-AES）的一般要求
1245	GB/T 32283—2015	窑炉上部用耐火材料抗气体腐蚀性试验方法
1246	GB/T 32285—2015	热轧 H 型钢桩
1247	GB/T 32286.1—2015	软磁合金　第 1 部分：铁镍合金
1248	GB/T 32287—2015	高炉热风炉热平衡测定与计算方法
1249	GB/T 32288—2020	电力变压器用电工钢铁心
1250	GB/T 32289—2015	大型锻件用优质碳素结构钢和合金结构钢
1251	GB/T 32488—2016	球墨铸铁管和管件　水泥砂浆内衬密封层
1252	GB/T 32489—2016	轧钢加热炉节能运行技术要求
1253	GB/T 32545—2016	铁矿石产品等级的划分
1254	GB/T 32546—2016	钢渣应用技术要求
1255	GB/T 32547—2016	圆钢漏磁检测方法
1256	GB/T 32548—2016	钢铁　锡、锑、铈、铅和铋的测定　电感耦合等离子体质谱法
1257	GB/T 32549—2016	萤石　评价品质波动的试验方法
1258	GB/T 32550—2016	金属和合金的腐蚀　恒电位控制下的临界点蚀温度测定
1259	GB/T 32551—2016	散装萤石粉　适运水分限量的测定　流盘实验法
1260	GB/T 32552—2016	无缝和焊接钢管（埋弧焊除外）的自动全圆周超声厚度检测
1261	GB/T 32553—2016	萤石　取样和制样精密度的试验方法
1262	GB/T 32554—2016	萤石　校核取样偏差的试验方法
1263	GB/T 32569—2016	海水淡化装置用不锈钢焊接钢管
1264	GB/T 32570—2016	集装箱用钢板及钢带
1265	GB/T 32571—2016	金属和合金的腐蚀　高铬铁素体不锈钢晶间腐蚀试验方法

续表

序号	标准编号	标 准 名 称
1266	GB/T 32660.1—2016	金属材料　韦氏硬度试验　第1部分：试验方法
1267	GB/T 32784—2016	含镍生铁　铬含量的测定　过硫酸铵-硫酸亚铁铵滴定法
1268	GB/T 32785—2016	钒钛磁铁矿冶炼废渣处置及回收利用技术规范
1269	GB/T 32786—2016	含镍生铁　铁含量的测定　重铬酸钾滴定法
1270	GB/T 32787—2016	锰系铁合金粉尘冷压复合球团技术规范
1271	GB/T 32794—2016	含镍生铁　镍、钴、铬、铜、磷含量的测定　电感耦合等离子体原子发射光谱法
1272	GB/T 32795—2016	海缆铠装用镀锌或锌合金钢丝
1273	GB/T 32796—2016	汽车排气系统用冷轧铁素体不锈钢钢板和钢带
1274	GB/T 32832—2016	矾土基耐火均质料
1275	GB/T 32833—2016	隔热耐火砖抗剥落性试验方法
1276	GB/T 32955—2016	集装箱用不锈钢钢板和钢带
1277	GB/T 32956—2016	钢铁行业链箅机-回转窑焙烧球团系统热平衡测试与计算方法
1278	GB/T 32957—2016	液压和气动系统设备用冷拔或冷轧精密内径无缝钢管
1279	GB/T 32958—2016	流体输送用不锈钢复合钢管
1280	GB/T 32959—2016	高碳铬轴承钢大型锻制钢棒
1281	GB/T 32961—2016	转炉熔融热闷钢渣
1282	GB/T 32962—2016	烧结余热回收利用技术规范
1283	GB/T 32963—2016	锌铝合金镀层钢丝缆索
1284	GB/T 32964—2016	液化天然气用不锈钢焊接钢管
1285	GB/T 32965—2016	钢渣中金属回收处理技术规范
1286	GB/T 32966—2016	炼焦入炉煤调湿技术规范
1287	GB/T 32967.1—2016	金属材料　高应变速率扭转试验　第1部分：室温试验方法
1288	GB/T 32968—2016	钢筋混凝用锌铝合金镀层钢筋
1289	GB/T 32969—2016	系泊链钢
1290	GB/T 32970—2016	高温高压管道用直缝埋弧焊接钢管
1291	GB/T 32971—2016	钢铁行业蓄热式钢包烘烤系统热平衡测试与计算方法

续表

序号	标准编号	标 准 名 称
1292	GB/T 32972—2016	钢铁企业轧钢加热炉节能设计技术规范
1293	GB/T 32973—2016	半封闭矿热炉炉料热装热送技术规范
1294	GB/T 32974—2016	钢铁行业蓄热式工业炉窑热平衡测试与计算方法
1295	GB/T 32975—2016	干熄焦节能技术规范
1296	GB/T 32976—2016	金属材料　管　横向弯曲试验方法
1297	GB/T 32977—2016	改善耐蚀性能热轧型钢
1298	GB/T 33018. 1—2016	炭素企业节能技术规范　第 1 部分：浸渍
1299	GB/T 33018. 2—2016	炭素企业节能技术规范　第 2 部分：焙烧窑炉
1300	GB/T 33018. 3—2016	炭素企业节能技术规范　第 3 部分：机械加工
1301	GB/T 33026—2017	建筑结构用高强度钢绞线
1302	GB/T 33156—2016	气弹簧用精密焊接钢管
1303	GB/T 33159—2016	钢帘线试验方法
1304	GB/T 33160—2016	风力发电用齿轮钢
1305	GB/T 33161—2016	汽车轴承用渗碳钢
1306	GB/T 33162—2016	冷弯型钢用热连轧钢板及钢带
1307	GB/T 33163—2016	金属材料　残余应力　超声冲击处理法
1308	GB/T 33164. 1—2016	汽车悬架系统用弹簧钢　第 1 部分：热轧扁钢
1309	GB/T 33164. 2—2016	汽车悬架系统用弹簧钢　第 2 部分：热轧圆钢和盘条
1310	GB/T 33165—2016	高碳钢盘条中心偏析定量分析方法
1311	GB/T 33166—2016	汽车桥壳用热轧钢板和钢带
1312	GB/T 33167—2016	石油化工加氢装置工业炉用不锈钢无缝钢管
1313	GB/T 33238—2016	铁水脱硫用搅拌头
1314	GB/T 33239—2016	轨道车辆用不锈钢钢板和钢带
1315	GB/T 33240—2016	钢筋混凝土用镀锌铝合金-环氧树脂复合涂层钢筋
1316	GB/T 33241—2016	锌铝合金镀层型钢
1317	GB/T 33279—2017	轨道板用钢筋
1318	GB/T 33361—2016	铁水脱硫喷枪
1319	GB/T 33362—2016	金属材料　硬度值的换算

续表

序号	标准编号	标 准 名 称
1320	GB/T 33363—2016	预应力热镀锌钢绞线
1321	GB/T 33364—2016	海洋工程系泊用钢丝绳
1322	GB/T 33365—2016	钢筋混凝土用钢筋焊接网　试验方法
1323	GB/T 33463. 1—2017	钢铁行业海水淡化技术规范　第 1 部分：低温多效蒸馏法
1324	GB/T 33785—2017	高辐射覆层节能技术规范
1325	GB/T 33811—2017	合金工模具钢板
1326	GB/T 33812—2017	金属材料　疲劳试验 应变控制热机械疲劳试验方法
1327	GB/T 33813—2017	用于水泥和混凝土中的精炼渣粉
1328	GB/T 33814—2017	焊接 H 型钢
1329	GB/T 33815—2017	铁矿石采选企业污水处理技术规范
1330	GB/T 33820—2017	金属材料　延性试验　多孔状和蜂窝状金属高速压缩试验方法
1331	GB/T 33821—2017	汽车稳定杆用无缝钢管
1332	GB/T 33953—2017	钢筋混凝土用耐蚀钢筋
1333	GB/T 33954—2017	淬火-回火弹簧钢丝用热轧盘条
1334	GB/T 33955—2017	矿井提升用钢丝绳
1335	GB/T 33956—2017	轧钢连续加热炉热平衡测试与计算方法
1336	GB/T 33957—2017	热处理炉热平衡测试与计算方法
1337	GB/T 33958—2017	管线钢埋弧焊丝用钢盘条
1338	GB/T 33959—2017	钢筋混凝土用不锈钢钢筋
1339	GB/T 33961—2017	炼焦废水处理技术规范
1340	GB/T 33962—2017	焦炉热平衡测试与计算方法
1341	GB/T 33963—2017	载重汽车车厢厢体用钢板和钢带
1342	GB/T 33964—2017	耐候钢实心焊丝用钢盘条
1343	GB/T 33965—2017	金属材料　拉伸试验　矩形试样减薄率的测定
1344	GB/T 33966—2017	输送砂浆用耐磨无缝钢管
1345	GB/T 33967—2017	免铅浴淬火钢丝用热轧盘条
1346	GB/T 33968—2017	改善焊接性能热轧型钢
1347	GB/T 33969—2017	高炉富氧喷煤技术规范

续表

序号	标准编号	标 准 名 称
1348	GB/T 33971—2017	煤浆输送管用热轧宽钢带
1349	GB/T 33972—2017	高速列车转向架构架用热轧钢板及钢带
1350	GB/T 33973—2017	钢铁企业原料场能效评估导则
1351	GB/T 33974—2017	热轧花纹钢板及钢带
1352	GB/T 33975—2017	高速铁路扣件用弹簧钢热轧盘条
1353	GB/T 33976—2017	原油船货油舱用耐腐蚀型钢
1354	GB/T 34020. 1—2017	双层卷焊钢管　第 1 部分：冰箱管路系统用管
1355	GB/T 34020. 2—2017	双层卷焊钢管　第 2 部分：汽车管路系统用管
1356	GB/T 34020. 3—2017	双层卷焊钢管　第 3 部分：空调和制冷设备管路系统用管
1357	GB/T 34103—2017	海洋工程结构用热轧 H 型钢
1358	GB/T 34104—2017	金属材料　试验机加载同轴度的检验
1359	GB/T 34105—2017	海洋工程结构用无缝钢管
1360	GB/T 34106—2017	桥梁主缆缠绕用 S 形热镀锌或锌铝合金钢丝
1361	GB/T 34107—2017	轨道交通车辆制动系统用精密不锈钢无缝钢管
1362	GB/T 34108—2017	金属材料　高应变速率室温压缩试验方法
1363	GB/T 34109—2017	旋挖机钻杆用无缝钢管
1364	GB/T 34175—2017	耐火材料中硫含量的测定
1365	GB/T 34176—2017	邻二氮杂菲分光光度法测定耐火材料中的二价和三价铁离子化学分析方法
1366	GB/T 34186—2017	耐火材料　高温动态杨氏模量试验方法（脉冲激振法）
1367	GB/T 34188—2017	粘土质耐火砖
1368	GB/T 34190—2017	电工钢表面涂层的重量（厚度）X 射线光谱测试方法
1369	GB/T 34191—2017	钢铁行业带式焙烧机焙烧球团热平衡测试与计算方法
1370	GB/T 34192—2017	焦化工序能效评估导则
1371	GB/T 34193—2017	高炉工序能效评估导则
1372	GB/T 34194—2017	转炉工序能效评估导则
1373	GB/T 34195—2017	烧结工序能效评估导则
1374	GB/T 34196—2017	链箅机-回转窑球团工序能效评估导则
1375	GB/T 34197—2017	电铲用钢丝绳

续表

序号	标准编号	标准名称
1376	GB/T 34198—2017	起重机用钢丝绳
1377	GB/T 34199—2017	电气化铁路接触网支柱用热轧 H 型钢
1378	GB/T 34200—2017	建筑屋面和幕墙用冷轧不锈钢钢板和钢带
1379	GB/T 34201—2017	结构用方形和矩形热轧无缝钢管
1380	GB/T 34202—2017	球墨铸铁管、管件及附件　环氧涂层（重防腐）
1381	GB/T 34203—2017	金属和合金的腐蚀　大气污染物的采集与分析方法
1382	GB/T 34204—2017	连续油管
1383	GB/T 34205—2017	金属材料　硬度试验　超声接触阻抗法
1384	GB/T 34206—2017	海洋工程混凝土用高耐蚀性合金带肋钢筋
1385	GB/T 34207—2017	海底管线用宽厚钢板
1386	GB/T 34208—2017	钢铁　锑、锡含量的测定　电感耦合等离子体原子发射光谱法
1387	GB/T 34209—2017	不锈钢　多元素含量的测定　辉光放电原子发射光谱法
1388	GB/T 34211—2017	铁矿石　高温荷重还原软熔滴落性能测定方法
1389	GB/T 34212—2017	电池用冷连轧钢带
1390	GB/T 34214—2017	铁矿石　明水重量的测定
1391	GB/T 34215—2017	电动汽车驱动电机用冷轧无取向电工钢带（片）
1392	GB/T 34217—2017	耐火材料　高温抗扭强度试验方法
1393	GB/T 34218—2017	耐火材料　高温耐压强度试验方法
1394	GB/T 34219—2017	耐火材料　常温抗拉强度试验方法
1395	GB/T 34220—2017	耐火材料　高温抗拉强度试验方法
1396	GB/T 34332—2017	菱镁矿和白云石耐火制品化学分析方法
1397	GB/T 34333—2017	耐火材料　电感耦合等离子体原子发射光谱（ICP-AES）分析方法
1398	GB/T 34471.2—2017	弹性合金　第 2 部分：恒弹性合金
1399	GB/T 34472—2017	建筑幕墙用不锈钢通用技术条件
1400	GB/T 34473—2017	烧结机热平衡测试与计算方法
1401	GB/T 34474.1—2017	钢中带状组织的评定　第 1 部分：标准评级图法
1402	GB/T 34474.2—2018	钢中带状组织的评定　第 2 部分：定量法

续表

序号	标准编号	标 准 名 称
1403	GB/T 34475—2017	尿素级奥氏体不锈钢棒
1404	GB/T 34476—2017	转炉热平衡测试与计算方法
1405	GB/T 34477—2017	金属材料 薄板和薄带 抗凹性能试验方法
1406	GB/T 34478—2017	钢板栓接面抗滑移系数的测定
1407	GB/T 34484.1—2017	热处理钢 第1部分：非合金钢
1408	GB/T 34484.2—2018	热处理钢 第2部分：合金钢
1409	GB/T 34532—2017	焦化废水 氨氮含量的测定 甲醛法
1410	GB/T 34534—2017	焦炭 灰成分含量的测定 X射线荧光光谱法
1411	GB/T 34538—2017	高温炼焦试验及焦化产品产率评价方法
1412	GB/T 34560.1—2017	结构钢 第1部分：热轧产品 一般交货技术条件
1413	GB/T 34560.2—2017	结构钢 第2部分：一般用途结构钢交货技术条件
1414	GB/T 34560.3—2018	结构钢 第3部分：细晶粒结构钢交货技术条件
1415	GB/T 34560.4—2017	结构钢 第4部分：淬火加回火高屈服强度结构钢板交货技术条件
1416	GB/T 34560.5—2017	结构钢 第5部分：耐大气腐蚀结构钢交货技术条件
1417	GB/T 34560.6—2017	结构钢 第6部分：抗震型建筑结构钢交货技术条件
1418	GB/T 34564.1—2017	冷作模具钢 第1部分：高韧性高耐磨性钢
1419	GB/T 34564.2—2017	冷作模具钢 第2部分：火焰淬火钢
1420	GB/T 34565.1—2017	热作模具钢 第1部分：压铸模具用钢
1421	GB/T 34566—2017	汽车用热冲压钢板及钢带
1422	GB/T 34567—2017	冷弯波纹钢管
1423	GB/T 34568—2017	高炉和直接还原用铁矿石 体积密度的测定
1424	GB/T 35012—2018	临氢设备用铬钼合金钢钢板
1425	GB/T 35069—2018	焦炭 磷含量的测定 还原磷钼酸盐分光光度法
1426	GB/T 35074—2018	焦化浸渍剂沥青
1427	GB/T 35840.1—2018	塑料模具钢 第1部分：非合金钢
1428	GB/T 35840.2—2018	塑料模具钢 第2部分：预硬化钢棒
1429	GB/T 35840.3—2018	塑料模具钢 第3部分：耐腐蚀钢
1430	GB/T 35840.4—2020	塑料模具钢 第4部分：预硬化钢板

续表

序号	标准编号	标准名称
1431	GB/T 35841—2018	自卸矿车结构用高强度钢板
1432	GB/T 35845—2018	莫来石质隔热耐火砖
1433	GB/T 36024—2018	金属材料　薄板和薄带　十字形试样双向拉伸试验方法
1434	GB/T 36026—2018	油气工程用高强度耐蚀合金棒
1435	GB/T 36027—2018	核电站用奥氏体不锈钢棒
1436	GB/T 36130—2018	铁塔结构用热轧钢板和钢带
1437	GB/T 36131—2018	机动车掣动总成用涂塑钢丝绳
1438	GB/T 36133—2018	耐火材料　导热系数试验方法（铂电阻温度计法）
1439	GB/T 36134—2018	不定形耐火材料　抗爆裂性试验方法
1440	GB/T 36144—2018	铁矿石中铅、砷、镉、汞、氟和氯含量的限量
1441	GB/T 36145—2018	建筑用不锈钢压型板
1442	GB/T 36163—2018	核电站用合金钢钢板
1443	GB/T 36164—2018	高合金钢　多元素含量的测定　X 射线荧光光谱法（常规法）
1444	GB/T 36165—2018	金属平均晶粒度的测定　电子背散射衍射（EBSD）法
1445	GB/T 36171—2018	改善成形性高强度结构用调质钢板
1446	GB/T 36172—2018	现场安装聚乙烯套球墨铸铁管线
1447	GB/T 36173—2018	球墨铸铁管线用自锚接口系统 设计规定和型式试验
1448	GB/T 36174—2018	金属与合金的腐蚀　固溶热处理铝合金的耐晶间腐蚀性的测定
1449	GB/T 36225—2018	转向架用银亮钢
1450	GB/T 36226—2018	不锈钢　锰、镍、铬、钼、铜和钛含量的测定　手持式能量色散 X 射线荧光光谱法（半定量法）
1451	GB/T 36399—2018	连续热镀铝硅合金镀层钢板及钢带
1452	GB/T 36516—2018	机动车净化过滤器用铁铬铝纤维丝
1453	GB/T 36704—2018	铁精矿
1454	GB/T 36707—2018	钢筋混凝土用热轧碳素钢-不锈钢复合钢筋
1455	GB/T 36708—2018	预硬化高速工具钢
1456	GB/T 36709—2018	减振复合钢板

续表

序号	标准编号	标准名称
1457	GB/T 36915—2019	钢丝及钢丝制品 通用试验方法
1458	GB/T 36991—2018	焦化精蒽
1459	GB/T 37175—2018	焦化咔唑
1460	GB/T 37306.1—2019	金属材料　疲劳试验　变幅疲劳试验　第1部分：总则、试验方法和报告要求
1461	GB/T 37306.2—2019	金属材料　疲劳试验　变幅疲劳试验　第2部分：循环计数和相关数据缩减方法
1462	GB/T 37308—2019	油系针状焦
1463	GB/T 37357—2019	建筑雨水排水用球墨铸铁管及管件
1464	GB/T 37386—2019	超级电容器用活性炭
1465	GB/T 37389—2019	炉外精炼工序能效评估导则
1466	GB/T 37390—2019	热轧工序能效评估导则
1467	GB/T 37428—2019	电弧炉热平衡测试与计算方法
1468	GB/T 37429—2019	电弧炉工序能效评估导则
1469	GB/T 37430—2019	建筑结构用高强不锈钢
1470	GB/T 37504—2019	连铸工序能效评估导则
1471	GB/T 37566—2019	圆钢超声检测方法
1472	GB/T 37577—2019	低温管道用大直径焊接钢管
1473	GB/T 37578—2019	尿素级超低碳奥氏体不锈钢无缝钢管
1474	GB/T 37588—2019	炭素材料　氮含量的测定　杜马斯燃烧法
1475	GB/T 37591—2019	700MW及以上级大电机用冷轧无取向电工钢带
1476	GB/T 37592—2019	中间相炭微球
1477	GB/T 37593—2019	特高压变压器用冷轧取向电工钢带
1478	GB/T 37599—2019	石油天然气输送管用抗酸性宽厚钢板
1479	GB/T 37601—2019	合金结构钢热连轧钢板和钢带
1480	GB/T 37602—2019	船舶及海洋工程用低温韧性钢
1481	GB/T 37605—2019	耐蚀合金焊管
1482	GB/T 37606—2019	钛-钢复合管
1483	GB/T 37607—2019	耐蚀合金盘条和丝

续表

序号	标准编号	标准名称
1484	GB/T 37609—2019	耐蚀合金焊带和焊丝通用技术条件
1485	GB/T 37610—2019	耐蚀合金小口径精密无缝管
1486	GB/T 37612—2019	耐蚀合金焊丝
1487	GB/T 37613—2019	预埋槽道型钢
1488	GB/T 37614—2019	耐蚀合金无缝管
1489	GB/T 37618—2019	渗氮钢
1490	GB/T 37619—2019	金属和合金的腐蚀　高频电阻焊焊管沟槽腐蚀性能恒电位试验与评价方法
1491	GB/T 37620—2019	耐蚀合金锻材
1492	GB/T 37622—2019	钢筋混凝土用热轧耐火钢筋
1493	GB/T 37623—2019	金属和合金的腐蚀　核反应堆用锆合金水溶液腐蚀试验
1494	GB/T 37636—2019	海洋工程桩用焊接钢管
1495	GB/T 37782—2019	金属材料　压入试验 强度、硬度和应力-应变曲线的测定
1496	GB/T 37783—2019	金属材料　高应变速率高温拉伸试验方法
1497	GB/T 37786—2019	数控机床用齿轮钢
1498	GB/T 37787—2019	金属材料　显微疏松的测定　荧光法
1499	GB/T 37789—2019	钢结构十字接头试验方法
1500	GB/T 37791—2019	耐蚀合金焊带
1501	GB/T 37792—2019	耐蚀合金焊管通用技术条件
1502	GB/T 37793—2019	钢坯枝晶偏析的定量分析方法
1503	GB/T 37796—2019	隔热耐火材料　导热系数试验方法（量热计法）
1504	GB/T 37797—2019	精密合金　牌号
1505	GB/T 37800—2019	热轧纵向变厚度钢板
1506	GB/T 37829—2019	散装铁矿粉　适运水分限量的测定　流盘试验法
1507	GB/T 38213—2019	金属和合金的腐蚀　大气腐蚀引起的材料中金属流失速率的测定和评估程序
1508	GB/T 38215—2019	结构波纹管用热轧钢带
1509	GB/T 38216. 1—2019	钢渣　氧化铬含量的测定　二苯基碳酰二肼分光光度法
1510	GB/T 38216. 2—2019	钢渣　氟和氯含量的测定　离子色谱法

续表

序号	标准编号	标准名称
1511	GB/T 38231—2019	金属和合金的腐蚀　金属材料在高温腐蚀条件下的热循环暴露氧化试验方法
1512	GB/T 38232—2019	工程用钢丝绳网
1513	GB/T 38233—2019	含铁尘泥　铅和锌含量的测定　电感耦合等离子体原子发射光谱法
1514	GB/T 38235—2019	工程用钢丝环形网
1515	GB/T 38269—2019	金属和合金的腐蚀　含人造海水沉积盐过程的循环加速腐蚀试验　恒定绝对湿度下干燥/湿润
1516	GB/T 38277—2019	船用高强度止裂钢板
1517	GB/T 38338—2019	炭素材料断裂韧性测定方法
1518	GB/T 38347—2019	超低碳高硼钢热轧盘条
1519	GB/T 38394—2019	煤焦油　钠、钙、镁、铁含量的测定　电感耦合等离子体发射光谱法
1520	GB/T 38395—2019	煤焦油　硫和氮含量的测定
1521	GB/T 38396—2019	焦化沥青类产品 中间相含量的测定　光反射显微分析方法
1522	GB/T 38397—2019	煤焦油　组分含量的测定　气相色谱-质谱联用和热重分析法
1523	GB/Z 38434—2019	金属材料　力学性能试验用试样制备指南
1524	GB/T 38589—2020	耐蚀合金棒材、盘条及丝材通用技术条件
1525	GB/T 38681—2020	工业炉用耐蚀合金无缝管
1526	GB/T 38682—2020	流体输送用镍-铁-铬合金焊接管
1527	GB/T 38683—2020	轴承钢中大夹杂物的超声检测方法
1528	GB/T 38684—2020	金属材料　薄板和薄带　双轴应力-应变曲线胀形试验　光学测量方法
1529	GB/T 38688—2020	耐蚀合金热轧厚板
1530	GB/T 38689—2020	耐蚀合金冷轧薄板及带材
1531	GB/T 38690—2020	耐蚀合金热轧薄板及带材
1532	GB/T 38713—2020	海洋平台结构用中锰钢钢板
1533	GB/T 38719—2020	金属材料　管　测定双轴应力-应变曲线的液压胀形试验方法

续表

序号	标准编号	标 准 名 称
1534	GB/T 38769—2020	金属材料　预裂纹夏比试样冲击加载断裂韧性的测定
1535	GB/T 38803—2020	钢丝绳失效分析规范
1536	GB/T 38804—2020	金属材料高温蒸汽氧化试验方法
1537	GB/T 38806—2020	金属材料　薄板和薄带　弯折性能试验方法
1538	GB/T 38807—2020	超级奥氏体不锈钢通用技术条件
1539	GB/T 38808—2020	建筑结构用波纹腹板型钢
1540	GB/T 38809—2020	低合金超高强度钢通用技术条件
1541	GB/T 38810—2020	液化天然气用不锈钢无缝钢管
1542	GB/T 38811—2020	金属材料　残余应力　声束控制法
1543	GB/T 38812.1—2020	直接还原铁　亚铁含量的测定　三氯化铁分解重铬酸钾滴定法
1544	GB/T 38812.2—2020	直接还原铁　金属铁含量的测定　三氯化铁分解重铬酸钾滴定法
1545	GB/T 38812.3—2020	直接还原铁　硅、锰、磷、钒、钛、铜、铝、砷、镁、钙、钾、钠含量的测定　电感耦合等离子体原子发射光谱法
1546	GB/T 38812.4—2022	直接还原铁　金属铁含量的测定　溴-甲醇滴定法
1547	GB/T 38813—2020	热轧酸洗钢板及钢带的一般要求
1548	GB/T 38814—2020	钢丝绳索具　疲劳试验方法
1549	GB/T 38815—2020	等离子旋转电极雾化高温合金粉末
1550	GB/T 38817—2020	大线能量焊接用钢
1551	GB/T 38818—2020	悬索桥吊索用钢丝绳
1552	GB/T 38820—2020	抗辐照耐热钢
1553	GB/T 38822—2020	金属材料　蠕变-疲劳试验方法
1554	GB/T 38823—2020	硅炭
1555	GB/T 38824—2020	软炭
1556	GB/T 38875—2020	核电用耐高温抗腐蚀低活化马氏体结构钢板
1557	GB/T 38877—2020	电工钢带（片）绝缘涂层
1558	GB/T 38884—2020	高温不锈轴承钢
1559	GB/T 38885—2020	超高洁净高碳铬轴承钢通用技术条件

续表

序号	标准编号	标准名称
1560	GB/T 38886—2020	高温轴承钢
1561	GB/T 38887—2020	球形石墨
1562	GB/T 38933—2020	汽车用冷轧钢板　磷酸盐转化膜试验方法
1563	GB/T 38936—2020	高温渗碳轴承钢
1564	GB/T 38937—2020	钢筋混凝土用钢术语
1565	GB/T 38938—2020	高强度低膨胀合金
1566	GB/T 38939—2020	镍基合金　多元素含量的测定　火花放电原子发射光谱分析法（常规法）
1567	GB/T 38940—2020	硅组件用精密封接合金
1568	GB/T 38941—2020	等离子旋转电极雾化制粉用高温合金棒料
1569	GB/T 38955—2020	城市轨道交通车辆用炭滑板
1570	GB/T 38960—2020	耐低温定膨胀合金
1571	GB/T 38978—2020	耐火材料　应力应变试验方法（三点弯曲法）
1572	GB/T 39033—2020	奥氏体-铁素体型双相不锈钢盘条
1573	GB/T 39039—2020	高强度钢氢致延迟断裂评价方法
1574	GB/T 39040—2020	包装用钢质锁扣及护角
1575	GB/T 39041—2020	钢筋混凝土用碳素钢-纤维增强复合材料复合钢筋
1576	GB/T 39042—2020	电工钢单片磁性能测试　H线圈法
1577	GB/T 39077—2020	经济型奥氏体-铁素体双相不锈钢中有害相的检测方法
1578	GB/T 39133—2020	悬索桥吊索
1579	GB/T 39146—2020	耐火材料　抗熔融铝合金侵蚀试验方法
1580	GB/T 39147—2020	混凝土用钢纤维
1581	GB/T 39154—2020	金属和合金的腐蚀　混凝土用钢筋的阴极保护
1582	GB/T 39155—2020	金属和合金的腐蚀　海港设施的阴极保护
1583	GB/T 39480—2020	钢丝绳吊索　使用和维护
1584	GB/T 39534—2020	金属和合金的腐蚀　液体中不锈钢和镍基合金均匀腐蚀速率测定方法
1585	GB/T 39535—2020	炭素材料肖氏硬度测定方法
1586	GB/T 39635—2020	金属材料　仪器化压入法测定压痕拉伸性能和残余应力

续表

序号	标准编号	标 准 名 称
1587	GB/T 39637—2020	金属和合金的腐蚀　土壤环境腐蚀性分类
1588	GB/T 39733—2020	再生钢铁原料
1589	GB/T 39754—2021	波纹管用热镀层钢板及钢带
1590	GB/T 40029—2021	液化天然气储罐用预应力钢绞线
1591	GB/T 40080—2021	钢管无损检测　用于确认无缝和焊接钢管（埋弧焊除外）水压密实性的自动电磁检测方法
1592	GB/T 40089—2021	石油和天然气工业用钢丝绳　最低要求和验收条件
1593	GB/T 40281—2021	钢中非金属夹杂物含量的测定　极值分析法
1594	GB/T 40282—2021	结构级和高强度双辊铸轧热轧薄钢板及钢带
1595	GB/T 40297—2021	高压加氢装置用奥氏体不锈钢无缝钢管
1596	GB/T 40298—2021	钢材热浸镀锌锌渣回收处置利用技术规范
1597	GB/T 40299—2021	金属和合金的腐蚀　腐蚀试验电化学测量方法适用惯例
1598	GB/T 40301—2021	三氧化二钒
1599	GB/T 40303—2021	GH4169 合金棒材通用技术条件
1600	GB/T 40304—2021	钢中非金属夹杂物含量的测定　钢坯全截面法
1601	GB/T 40311—2021	钒渣　多元素的测定　波长色散 X 射线荧光光谱法（熔铸玻璃片法）
1602	GB/T 40312—2021	磷铁　磷、硅、锰和钛含量的测定　波长色散 X 射线荧光光谱法（熔铸玻璃片法）
1603	GB/T 40313—2021	变形高温合金盘锻件
1604	GB/T 40314—2021	金属和合金的腐蚀　适用于不锈钢平板或管状试样的碟形弹簧缝隙腐蚀构型
1605	GB/T 40316—2021	汽车结构用高强度异型及圆形焊接钢管
1606	GB/T 40317—2021	氧气管线用不锈钢无缝钢管
1607	GB/T 40338—2021	金属和合金的腐蚀　铝合金剥落腐蚀试验
1608	GB/T 40339—2021	金属和合金的腐蚀　服役中检出的应力腐蚀裂纹的重要性评估导则
1609	GB/T 40341—2021	深海油田钻采用高强韧合金结构钢棒
1610	GB/T 40342—2021	钢丝热镀锌铝合金镀层中铝含量的测定

续表

序号	标准编号	标 准 名 称
1611	GB/T 40377—2021	金属和合金的腐蚀　交流腐蚀的测定　防护准则
1612	GB/T 40383—2021	商品级双辊铸轧热轧碳素钢薄钢板及钢带
1613	GB/T 40385—2021	钢管无损检测　焊接钢管焊缝缺欠的数字射线检测
1614	GB/Z 40387—2021	金属材料　多轴疲劳试验设计准则
1615	GB/T 40393—2021	金属和合金的腐蚀　奥氏体不锈钢晶间腐蚀敏感性加速腐蚀试验方法
1616	GB/T 40398. 1—2021	炭-炭复合炭素材料试验方法　第 1 部分：摩擦磨损性能试验
1617	GB/T 40398. 2—2021	炭-炭复合炭素材料试验方法　第 2 部分：弯曲性能试验
1618	GB/T 40403—2021	金属和合金的腐蚀　用四点弯曲法测定金属抗应力腐蚀开裂的方法
1619	GB/T 40404—2021	渣类材料　熔化温度的测定　高温金相法
1620	GB/T 40406—2021	炭素材料压缩静态弹性模量和泊松比测定方法
1621	GB/T 40408—2021	高温气冷堆堆内构件用核级等静压石墨
1622	GB/T 40410—2021	金属材料　多轴疲劳试验　轴向-扭转应变控制方法
1623	GB/T 40549—2021	焦炭堆积密度小容器测定方法
1624	GB/T 40791—2021	钢管无损检测　焊接钢管焊缝缺欠的射线检测
1625	GB/T 40796—2021	金属和合金的腐蚀　腐蚀数据分析应用统计学指南
1626	GB/T 40871—2021	塑料薄膜热覆合钢板及钢带
1627	GB/T 41154—2021	金属材料　多轴疲劳试验　轴向-扭转应变控制热机械疲劳试验方法
1628	GB/T 41324—2022	耐火耐候结构钢
1629	GB/T 41493. 1—2022	阴极保护用混合金属氧化物阳极的加速寿命试验方法　第 1 部分：应用于混凝土中
1630	GB/T 41493. 2—2022	阴极保护用混合金属氧化物阳极的加速寿命试验方法　第 2 部分：应用于土壤和自然水环境中
1631	GB/T 41496—2022	铁合金　交货批水分的测定　重量法
1632	GB/T 41497—2022	钒铁 钒、硅、磷、锰、铝、铁含量的测定　波长色散 X 射线荧光光谱法

续表

序号	标准编号	标准名称
1633	GB/T 41503—2022	不定形耐火材料　气动喷嘴混合型喷枪制备耐火喷射料试块
1634	GB/T 41608—2022	不锈钢精密箔材
1635	GB/T 41653—2022	金属和合金的腐蚀　热处理铝合金晶间腐蚀敏感性阳极试验方法
1636	GB/T 41654—2022	金属和合金的腐蚀　在高温腐蚀环境下暴露后试样的金相检验方法
1637	GB/T 41746—2022	商品级连续热镀锌双辊铸轧薄钢板及钢带
1638	GB/T 41747—2022	结构级和高强度连续热镀锌双辊铸轧薄钢板及钢带
1639	GB/T 41748—2022	钢筋焊接网质量评价方案
1640	GB/T 41749—2022	热轧型钢表面质量一般要求
1641	GB/T 41755—2022	酸性环境中管线钢管开裂敏感性试验　全环试样椭圆变形法
1642	GB/T 41756—2022	金属和合金的腐蚀　低合金钢耐大气腐蚀评估方法
1643	GB/T 41763—2022	双辊铸轧热轧薄钢板及钢带的尺寸、外形、重量及允许偏差
1644	GB/T 41951—2022	金属和合金的腐蚀　建筑用钢连接部件及钢构件耐腐蚀性能测试方法
1645	GB/T 10129—2019	电工钢片（带）中频磁性能测量方法
1646	GB/T 13012—2008	软磁材料直流磁性能的测量方法
1647	GB/T 13300—1991	高电阻电热合金快速寿命试验方法
1648	GB/T 19289—2019	电工钢片（带）的密度、电阻率和叠装系数测试方法
1649	GB/T 223.21—1994	钢铁及合金化学分析方法　5-Cl-PADAB 分光光度法测定钴量
1650	GB/T 223.31—2008	钢铁及合金　砷含量的测定　蒸馏分离-钼蓝分光光度法
1651	GB/T 34915—2017	核电站用奥氏体不锈钢钢板和钢带
1652	GB/T 24173—2016	钢板　二次加工脆化试验方法

附录二　中国钢铁行业发布的行业标准目录

序号	标准编号	标 准 名 称
1	YB/T 001—1991	初轧坯尺寸、外形、重量及允许偏差
2	YB/T 002—1991	热轧钢坯尺寸、外形、重量及允许偏差
3	YB/T 003—1991	薄板坯
4	YB/T 004—1991	初轧坯和钢坯技术条件
5	YB/T 007—2019	连铸用功能耐火制品
6	YB/T 008—2006	钒渣
7	YB/T 011—2021	高炉设备主要参数
8	YB/T 012—2012	高炉无料钟炉顶装料设备
9	YB/T 013—2017	中小型水平连铸机机械设备
10	YB/T 014—1992	轧机压下（上）螺杆技术条件
11	YB/T 015—2017	炉内卷取机卷筒技术条件
12	YB/T 016—1992	废钢液压剪切机
13	YB/T 017—2017	液压泥炮技术条件
14	YB/T 018—2017	步进梁式加热炉技术条件
15	YB/T 020—1992	定量圆盘给料装置
16	YB/T 021—1992	多功能连续拉拔机组
17	YB/T 022—2008	用于水泥中的钢渣
18	YB/T 023—2017	金属软管用碳素钢冷轧钢带
19	YB/T 024—2021	铠装电缆用钢带
20	YB/T 027—2009	SY 型高刚度轧钢机
21	YB/T 028—2021	冶金设备用液压缸
22	YB/T 029—2021	通用型球体转动管接头技术条件
23	YB/T 030—2012	煤沥青筑路油
24	YB/T 031—2012	煤沥青筑路油　含萘量测定　气相色谱法

续表

序号	标准编号	标 准 名 称
25	YB/T 032—2012	煤沥青筑路油　蒸馏试验
26	YB/T 033—2012	煤沥青筑路油　粘度测定方法
27	YB/T 034—2015	铁合金用焦炭
28	YB/T 036. 1—1992	冶金设备制造通用技术条件　产品检验
29	YB/T 036. 2—1992	冶金设备制造通用技术条件　铸铁件
30	YB/T 036. 3—1992	冶金设备制造通用技术条件　铸钢件
31	YB/T 036. 4—1992	冶金设备制造通用技术条件　高锰钢铸件
32	YB/T 036. 5—1992	冶金设备制造通用技术条件　铜合金铸件
33	YB/T 036. 6—1992	冶金设备制造通用技术条件　铝合金铸件
34	YB/T 036. 7—1992	冶金设备制造通用技术条件　锻件
35	YB/T 036. 8—1992	冶金设备制造通用技术条件　锤上自由锻件加工余量与公差
36	YB/T 036. 9—1992	冶金设备制造通用技术条件　水压机自由锻件加工余量与公差
37	YB/T 036. 10—1992	冶金设备制造通用技术条件　锻钢件超声波探伤方法
38	YB/T 036. 11—1992	冶金设备制造通用技术条件　焊接件
39	YB/T 036. 12—1992	冶金设备制造通用技术条件　耐磨合金堆焊
40	YB/T 036. 13—1992	冶金设备制造通用技术条件　氧-乙炔焰金属粉末喷涂
41	YB/T 036. 14—1992	冶金设备制造通用技术条件　氧-乙炔焰自熔合金粉末喷焊
42	YB/T 036. 15—1992	冶金设备制造通用技术条件　电刷镀
43	YB/T 036. 16—1992	冶金设备制造通用技术条件　热处理件
44	YB/T 036. 17—1992	冶金设备制造通用技术条件　机械加工件
45	YB/T 036. 18—1992	冶金设备制造通用技术条件　装配
46	YB/T 036. 19—1992	冶金设备制造通用技术条件　涂装
47	YB/T 036. 20—1992	冶金设备制造通用技术条件　管道与容器防锈
48	YB/T 036. 21—1992	冶金设备制造通用技术条件　包装
49	YB/T 037—2005	优质结构钢冷拉扁钢
50	YB/T 039—2016	汽车车轮挡圈、锁圈用热轧型钢
51	YB/T 042—2014	冶金石灰

续表

序号	标准编号	标 准 名 称
52	YB/T 044—2007	炼钢用类石墨
53	YB/T 045—2005	鳞片石墨厚度测定方法
54	YB/T 050—2021	冶金设备用 MHB 齿轮箱
55	YB/T 051—2015	电解金属锰
56	YB/T 053—2016	包芯线
57	YB/T 055—2015	钢桶用冷轧钢板及钢带
58	YB/T 056—1994	弹性针布钢丝
59	YB(T) 58—1987	每米 30~60 公斤钢轨用鱼尾板
60	YB/T 060—2018	炼钢转炉用耐火砖形状尺寸
61	YB/T 061—2017	冶金渣罐技术条件
62	YB/T 062—2021	冶金工业炉燃烧器技术条件
63	YB/T 063—1994	面压式滑动水口
64	YB/T 064—1994	液压抓具
65	YB/T 065—2008	硅铝合金
66	YB/T 066—2008	硅钡铝合金
67	YB/T 067—2008	硅钙钡铝合金
68	YB/T 069—2007	焊管用镀铜钢带
69	YB/T 070—1995	钢锭模
70	YB/T 071—1995	环形加热炉炉底机械技术条件
71	YB/T 072—2011	方坯和圆坯连铸结晶器
72	YB/T 073—1995	烧结台车技术条件
73	YB/T 074—1995	冶金用快速数字测温仪技术条件
74	YB/T 075—2022	炭纤维及其制品碳、氢元素分析方法
75	YB/T 077—2017	焦炭光学组织的测定方法
76	YB/T 078—2011	板坯连铸结晶器
77	YB/T 079—2021	三环减速器
78	YB/T 080—2013	冶金标准编写的基本规定
79	YB/T 081—2013	冶金技术标准的数值修约与检测数值的判定原则
80	YB/T 084—2016	高速工具钢热轧窄钢带

续表

序号	标准编号	标 准 名 称
81	YB/T 086—2013	磁头用软磁合金冷轧带材
82	YB/T 087—2009	冶金设备用回转支承
83	YB/T 088—2021	烧结机篦条技术条件
84	YB/T 089—2013	冶金吊具
85	YB/T 090—1996	蜗杆减速器性能检验方法
86	YB/T 091—2019	锻（轧）钢球
87	YB/T 092—2019	合金铸铁磨球
88	YB/T 093—2019	低铬合金铸铁磨段
89	YB/T 094—1997	塑料模具用扁钢
90	YB/T 095—2015	合金工具钢丝
91	YB/T 096—2015	高碳铬不锈钢丝
92	YB/T 097—1997	伞骨钢丝
93	YB/T 099—2016	石墨电极焙烧品
94	YB/T 100—2016	集成电路引线框架用 4J42K 合金冷轧带材
95	YB/T 101—2018	电炉炉底用 MgO-CaO-Fe_2O_3 系合成料
96	YB/T 102—2007	耐火材料用电熔刚玉
97	YB/T 105—2014	冶金石灰物理检验方法
98	YB/T 106—2007	高钛冷固球团矿
99	YB/T 107—2013	塑料模具用热轧钢板
100	YB/T 108—1997（2017 年确认）	镍-钢复合板
101	YB/T 109.1—2012	硅钡合金　硅含量的测定　高氯酸脱水重量法
102	YB/T 109.2—2012	硅钡合金　钡含量的测定　硫酸钡重量法
103	YB/T 109.3—2012	硅钡合金　铝含量的测定　EDTA 滴定法
104	YB/T 109.4—2012	硅钡合金　锰含量的测定　高碘酸盐氧化分光光度法
105	YB/T 109.5—2012	硅钡合金　磷含量的测定　钼蓝分光光度法
106	YB/T 109.6—2012	硅钡合金　碳含量的测定　红外线吸收法
107	YB/T 109.7—2012	硅钡合金　硫含量的测定　红外线吸收法
108	YB/T 109.8—2012	硅钡合金　磷含量的测定　铋磷钼蓝分光光度法

续表

序号	标准编号	标准名称
109	YB/T 113—2019	烧成微孔铝炭砖
110	YB/T 114—2016	硅酸铝质隔热耐火泥浆
111	YB/T 116—1997	耐热钢纤维增强耐火浇注料炉辊
112	YB/T 118—2020	耐火材料　气孔孔径分布试验方法
113	YB/T 121—2014	炭素泥浆
114	YB/T 122—2017	高炉用石墨砖
115	YB/T 123—2017	铝包钢丝
116	YB/T 124—2017	铝包钢绞线
117	YB/T 126—1997	钢丝网架夹芯板用钢丝
118	YB/T 127—2014	黑色金属电磁（涡流）分选检验方法
119	YB/T 128—1997	焊管轧辊技术条件
120	YB/T 129—2017	塑料模具钢模块技术条件
121	YB/T 132—2007	电熔镁铬砂
122	YB/T 134—2015	高温红外辐射环保型涂料
123	YB/T 135—2017	镀铜钢丝镀层重量及其组分试验方法
124	YB/T 137—1998	二十辊轧机锻钢工作辊
125	YB/T 138—1998	悬挂式弹簧门栓焦炉炉门、炉门框、保护板制造技术条件
126	YB/T 139—1998	复合铸钢支承辊
127	YB/T 140—2009	钢渣化学分析方法
128	YB/T 141—2009	高炉用微孔炭砖
129	YB/T 142—2012	浸渍石墨电极
130	YB/T 143—2013	涡流探伤信号幅度误差测量方法
131	YB/T 144—2013	超声探伤信号幅度误差测量方法
132	YB/T 145—2013	钢管探伤对比试样人工缺陷尺寸测量方法
133	YB/T 148—2015	钢渣中全铁含量测定方法
134	YB/T 150—2016	耐火缓冲泥浆
135	YB/T 151—2017	混凝土用钢纤维
136	YB/T 155—1999	电渣熔铸合金工具钢模块
137	YB/T 157—2022	电梯导轨用热轧型钢

续表

序号	标准编号	标 准 名 称
138	YB/T 159.1—2015	钛精矿（岩矿）二氧化钛含量的测定　硫酸铁铵滴定法
139	YB/T 159.2—2015	钛精矿（岩矿）全铁含量的测定　三氯化钛重铬酸钾滴定法
140	YB/T 159.3—2015	钛精矿（岩矿）氧化亚铁含量的测定　重铬酸钾滴定法
141	YB/T 159.4—2015	钛精矿（岩矿）磷含量的测定　铋磷钼蓝分光光度法
142	YB/T 159.5—2015	钛精矿（岩矿）硫含量的测定　燃烧碘量法
143	YB/T 159.6—2015	钛精矿（岩矿）氧化钙和氧化镁含量的测定　EGTA-CyDTA 滴定法
144	YB/T 159.7—2015	钛精矿（岩矿）氧化钙和氧化镁含量的测定　火焰原子吸收光谱法
145	YB/T 160—2021	冶金工业炉燃烧器性能试验方法
146	YB/T 161—2017	电炉用管式水冷设备技术条件
147	YB/T 162—2012	动态电阻应变仪低周频率响应检定规程
148	YB/T 163—2008	消耗型快速热电偶
149	YB/T 164—2009	铁水预处理用 Al_2O_3-SiC-C 砖
150	YB/T 165—2018	铝镁碳砖和镁铝碳砖
151	YB/T 166—2012	汽车用低碳加磷高强度冷轧钢板及钢带
152	YB/T 167—2000（2017 年确认）	连续热镀铝硅合金钢板和钢带
153	YB/T 169—2014	高碳钢盘条索氏体含量金相检测方法
154	YB/T 171—2014	复杂断面异型钢管
155	YB/T 172—2020	硅砖定量相分析 X 射线衍射法
156	YB/T 173—2000	含炭耐火制品常温比电阻试验方法
157	YB/T 175—2017	金刚砂 碳化硅含量的测定　氢氟酸重量法
158	YB/T 176—2017	陶瓷内衬复合钢管
159	YB/T 178.1—2012	硅铝合金和硅钡铝合金　硅含量的测定　高氯酸脱水重量法
160	YB/T 178.2—2012	硅铝合金和硅钡铝合金　钡含量的测定　硫酸钡重量法
161	YB/T 178.3—2012	硅铝合金和硅钡铝合金　铝含量的测定　EDTA 滴定法

续表

序号	标准编号	标 准 名 称
162	YB/T 178.4—2012	硅铝合金和硅钡铝合金　锰含量的测定　高碘酸盐氧化分光光度法
163	YB/T 178.5—2012	硅铝合金和硅钡铝合金　磷含量的测定　钼蓝分光光度法
164	YB/T 178.8—2012	硅铝合金和硅钡铝合金　磷含量的测定　铋磷钼蓝分光光度法
165	YB/T 181—2000	电渣熔铸合金钢轧辊
166	YB/T 182—2000	冶金企业热缩型电缆头制作工艺标准
167	YB/T 183—2017	稀土锌铝合金镀层钢绞线
168	YB/T 184—2017	钢芯铝绞线用稀土锌铝合金镀层钢丝
169	YB/T 185—2017	连铸保护渣黏度试验方法
170	YB/T 186—2014	连铸保护渣熔化温度试验方法
171	YB/T 187—2017	连铸保护渣堆积密度试验方法
172	YB/T 188—2017	连铸保护渣粒度试验方法
173	YB/T 189—2014	连铸保护渣水分（110℃）测定试验方法
174	YB/T 190.1—2015	连铸保护渣　二氧化硅含量的测定　高氯酸脱水重量法
175	YB/T 190.2—2015	连铸保护渣　氧化铝含量的测定　EDTA 滴定法
176	YB/T 190.3—2015	连铸保护渣　总钙含量的测定　EGTA 滴定法
177	YB/T 190.4—2015	连铸保护渣　氧化镁含量的测定　CyDTA 滴定法
178	YB/T 190.5—2016	连铸保护渣　化学分析方法火焰原子吸收光谱法测定氧化钾、氧化钠含量
179	YB/T 190.6—2014	连铸保护渣　游离碳含量的测定　燃烧气体容量法和红外线吸收法
180	YB/T 190.7—2014	连铸保护渣　总碳含量的测定　燃烧气体容量法和红外线吸收法
181	YB/T 190.8—2014	连铸保护渣　铁含量的测定　邻二氮杂菲分光光度法和火焰原子吸收光谱法
182	YB/T 190.9—2015	连铸保护渣　氧化锂含量的测定　火焰原子吸收光谱法
183	YB/T 190.10—2014	连铸保护渣　氟含量的测定　离子选择电极法

续表

序号	标准编号	标准名称
184	YB/T 190.11—2014	连铸保护渣　氧化锰含量的测定　高碘酸钠（钾）分光光度法和火焰原子吸收光谱法
185	YB/T 190.12—2014	连铸保护渣　三氧化二硼含量的测定　电感耦合等离子体原子发射光谱法
186	YB/T 190.13—2014	连铸保护渣　二氧化硅、三氧化二铝、氧化钙、氧化镁、全铁含量的测定　波长色散X射线荧光光谱法
187	YB/T 192—2015	炼钢用增碳剂
188	YB/T 319—2015	冶金用锰矿石
189	YB/T 354—1963	每米33、38、43和50公斤钢轨用鱼尾板技术条件
190	YB/T 370—2016	耐火制品荷重软化温度试验方法（非示差-升温法）
191	YB/T 376.3—2004	耐火制品　抗热震性试验方法　第3部分：水急冷-裂纹判定法
192	YB/T 384—2011	硅质耐火泥浆
193	YB/T 386—2020	硅质隔热耐火砖
194	YB/T 421—2014	铁烧结矿
195	YB/T 547.1—2014	钒渣　五氧化二钒含量的测定　硫酸亚铁铵滴定法
196	YB/T 547.2—2014	钒渣　二氧化硅含量的测定　高氯酸脱水重量法
197	YB/T 547.3—2014	钒渣　氧化钙含量的测定　火焰原子吸收光谱法和EDTA滴定法
198	YB/T 547.4—2014	钒渣　磷含量的测定　铋磷钼蓝分光光度法
199	YB/T 801—2008	工程回填用钢渣
200	YB/T 802—2009	冶金炉料用钢渣
201	YB/T 804—2009	钢铁渣及处理利用术语
202	YB/T 834—1987	锆英石精矿
203	YB/T 910—2017	自焙炭块焙烧线收缩（或线膨胀）率测定方法
204	YB/T 917—2017	炭素材料　钒含量的测定　3,3-二甲基联萘胺比色法
205	YB/T 951—2014	钢轨超声波探伤方法
206	YB/T 2008—2007	不锈钢无缝钢管圆管坯
207	YB/T 2010—2003	铁道用热轧轨距挡板型钢

续表

序号	标准编号	标 准 名 称
208	YB/T 2011—2014	连续铸钢方坯和矩形坯
209	YB/T 2012—2014	连续铸钢板
210	YB/T 2203—1998	耐火浇注料荷重软化温度试验方法（非示差-升温法）
211	YB/T 2208—1998	耐火浇注料高温耐压强度试验方法
212	YB/T 2217—2018	球顶耐火砖形状尺寸
213	YB/T 2303—2012	重苯
214	YB/T 2305—2007	焦化产品试验用玻璃温度计
215	YB/T 2429—2009	耐火材料用结合粘土可塑性检验方法
216	YB/T 2803—2016	高炉用自焙炭块
217	YB/T 2804—2016	普通高炉炭块
218	YB/T 2805-—2006	矿热炉用炭块
219	YB/T 2807—2018	矿热炉用粗缝糊
220	YB/T 2818—2005	石墨块
221	YB/T 3219—1988	风机转子制造技术条件
222	YB/T 3220. 1—1987	宝钢二高炉设备制造通用技术条件　铸钢件
223	YB/T 3220. 2—1987	宝钢二高炉设备制造通用技术条件　铸铁件
224	YB/T 3220. 3—1987	宝钢二高炉设备制造通用技术条件　铜、铝合金铸件
225	YB/T 3220. 4—1987	宝钢二高炉设备制造通用技术条件　包装
226	YB/T 3220. 5—1987	宝钢二高炉设备制造通用技术条件　装配
227	YB/T 3220. 6—1987	宝钢二高炉设备制造通用技术条件　机械加工
228	YB/T 3220. 7—1987	宝钢二高炉设备制造通用技术条件　锻件
229	YB/T 3220. 8—1987	宝钢二高炉设备制造通用技术条件　焊接件
230	YB/T 3220. 9—1987	宝钢二高炉设备制造通用技术条件　钴、铬钨硬质合金堆焊（试行）
231	YB/T 3220. 10—1987	宝钢二高炉设备制造通用技术条件　机械加工产品防锈
232	YB/T 3220. 11—1987	宝钢二高炉设备制造通用技术条件　涂装
233	YB/T 3220. 12—1987	宝钢二高炉设备制造通用技术条件　热处理件
234	YB/T 3220. 13—1987	宝钢二高炉设备制造通用技术条件　锻件机械加工余量与公差

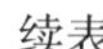
续表

序号	标准编号	标准名称
235	YB/T 3221. 1—1988	湿式盘型强磁选机　技术条件
236	YB/T 3221. 2—1988	湿式盘型强磁选机　检验规范
237	YB/T 3222—1988	CY 型铲运机技术条件
238	YB/T 3226—2021	高铬抗磨铸铁衬板技术条件
239	YB/T 3301—2005	焊接 H 型钢
240	YB/T 4001. 1—2019	钢格栅板及配套件　第 1 部分：钢格栅板
241	YB/T 4001. 2—2020	钢格栅板及配套件　第 2 部分：钢格板平台球型护栏
242	YB/T 4001. 3—2020	钢格栅板及配套件　第 3 部分：钢格板楼梯踏板
243	YB/T 4003—2016	连铸钢板坯低倍组织缺陷评级图
244	YB/T 4014—1991	玻璃窑用致密定形耐火制品分类
245	YB/T 4016—1991	玻璃窑用耐火制品抽样和验收方法
246	YB/T 4017—1991	玻璃窑用耐火制品形状尺寸　硅砖
247	YB/T 4018—1991	耐火制品抗热震性试验方法
248	YB/T 4019—2020	轻烧氧化镁化学活性测定方法
249	YB/T 4020—2007	黄血盐钠中氰化物含量的测定方法
250	YB/T 4021—2007	萘中全硫含量的测定方法　还原滴定法
251	YB/T 4026—2014	网围栏用镀锌钢丝
252	YB/T 4028—2013	深井水泵用焊接钢管
253	YB/T 4031—2015	钛精矿（岩矿）
254	YB/T 4032—2010	蓝晶石　红柱石　硅线石
255	YB/T 4032—2010	蓝晶石　硅线石　红柱石
256	YB/T 4034—2016	炭块尺寸及外观检查方法
257	YB/T 4037—2017	半石墨质高炉炭块
258	YB/T 4054—2021	无缝钢管常用穿孔顶头技术条件
259	YB/T 4056—2021	金属板材矫正机工作辊技术条件
260	YB/T 4057—2021	单齿辊破碎机用齿辊
261	YB/T 4058—2021	双齿辊破碎机用齿辊
262	YB/T 4059—2007	金属包覆高温密封圈
263	YB/T 4060—1991	高炉料钟、料斗

续表

序号	标准编号	标 准 名 称
264	YB/T 4062—1991	链式加热炉炉爪技术条件
265	YB/T 4063—1991	加热炉热滑轨技术条件
266	YB/T 4064—2015	金属带材开卷机卷筒与卷取机卷筒技术条件
267	YB/T 4066—1991	铬精矿
268	YB/T 4069—1991	GH4133B 合金盘形锻件
269	YB/T 4070. 1—2006	金属剪切刀片技术条件　剪板机和剪断机刀片
270	YB/T 4070. 2—2006	金属剪切刀片技术条件　圆盘剪机刀片
271	YB/T 4071—1991	高炉风口
272	YB/T 4072—2021	高炉热风阀
273	YB/T 4073—2007	高炉用铸铁冷却壁
274	YB/T 4075—2013	锆质定径水口
275	YB/T 4076—1991	连铸用熔融石英质耐火制品
276	YB/T 4079—2021	高炉炉壳技术条件
277	YB/T 4081—2007	护栏波形梁用冷弯型钢
278	YB/T 4082—2020	钢管、钢棒自动超声检测系统综合性能测试方法
279	YB/T 4083—2020	钢管、钢棒自动涡流检测系统综合性能测试方法
280	YB/T 4085—2008	金属材料捆扎机械通用技术条件
281	YB/T 4086—2017	钢棉纤维
282	YB/T 4087—1992	冶金喷嘴
283	YB/T 4088—2015	石墨电极
284	YB/T 4089—2015	高功率石墨电极
285	YB/T 4090—2015	超高功率石墨电极
286	YB/T 4093—1993	GH4133B 合金盘形锻件纵向低倍组织标准
287	YB/T 4100—1998	铁路货车滚动轴承用渗碳轴承钢
288	YB/T 4101—1998	铁路货车滚动轴承用冷拉轴承钢
289	YB 4105—2000	航空发动机用高温轴承钢
290	YB 4106—2000	航空发动机用高温渗碳轴承钢
291	YB/T 4110—2009	铝镁耐火浇注料
292	YB/T 4111—2019	铸口砖及座砖

续表

序号	标准编号	标 准 名 称
293	YB/T 4112—2013	结构用耐候焊接钢管
294	YB/T 4115—2003	功能耐火材料通气量试验方法
295	YB/T 4116—2018	镁钙砖
296	YB/T 4117—2003	致密耐火浇注料抗爆裂性试验方法
297	YB/T 4118—2016	精炼钢包用透气转和座砖
298	YB/T 4119—2004	连铸结晶器铜板　技术规范
299	YB/T 4120—2018	中间包用挡渣堰
300	YB/T 4121—2018	中间包用碱性涂料
301	YB/T 4122. 1—2021	冶金企业微机继电保护　第 1 部分：运行技术管理规程
302	YB/T 4122. 2—2021	冶金企业微机继电保护　第 2 部分：检验规程
303	YB/T 4124. 1—2017	热轧无缝钢管轧辊技术条件　张力减径机轧辊和定径机轧辊
304	YB/T 4124. 2—2017	热轧无缝钢管轧辊技术条件　连轧机轧辊
305	YB/T 4126—2012	高炉出铁沟浇注料
306	YB/T 4128—2014	热风炉陶瓷燃烧器用耐火砖
307	YB/T 4129—2005	塑性相复合刚玉砖
308	YB/T 4130—2005	耐火材料　导热系数试验方法（水流量平板法）
309	YB/T 4131—2014	耐火材料用酚醛树脂
310	YB/T 4134—2011	微孔刚玉砖
311	YB/T 4135—2016	高氮铬铁
312	YB/T 4136—2005	锰氮合金
313	YB/T 4137—2013	低焊接裂纹敏感性高强度钢板
314	YB/T 4138—2017	焦粉和小颗粒焦炭
315	YB/T 4139—2019	连续铸钢电磁搅拌器
316	YB/T 4141—2005	连铸圆坯结晶器铜管 技术条件
317	YB/T 4146—2016	高碳铬轴承钢无缝钢管
318	YB/T 4148—2006	电工钢片（带）小单片试样磁性能测量方法
319	YB/T 4149—2006	连铸圆管坯
320	YB/T 4150—2018	β-甲基萘

续表

序号	标准编号	标 准 名 称
321	YB/T 4151—2015	汽车车轮用热轧钢板和钢带
322	YB/T 4154—2015	低钛高碳铬铁
323	YB/T 4155—2006	标准件用碳素钢热轧圆钢
324	YB/T 4156—2007	干熄焦旋转排出阀
325	YB/T 4157—2007	高温连杆式切断蝶阀
326	YB/T 4158—2007	铁水包倾翻车
327	YB/T 4159—2007	热轧花纹钢板和钢带
328	YB/T 4161—2007	耐火材料　抗熔融冰晶石电解液侵蚀试验方法
329	YB/T 4162—2018	钢筋混凝土用加工成型钢筋
330	YB/T 4163—2016	铁塔用热轧角钢
331	YB/T 4164—2007	双层铜焊钢管
332	YB/T 4165—2018	防振锤用钢绞线
333	YB/T 4167—2007	烧成铝碳化硅砖
334	YB/T 4168—2019	焦炉用粘土砖及半硅砖
335	YB/T 4170—2008	炼钢用直接还原铁
336	YB/T 4171—2020	含铜抗菌不锈钢
337	YB/T 4172—2008	线材和棒材轧机导卫装置
338	YB/T 4173—2021	高温用锻造镗孔厚壁无缝钢管
339	YB/T 4177—2008	炉渣 X 射线荧光光谱分析方法
340	YB/T 4178—2008	混凝土用高炉矿渣碎石
341	YB/T 4181—2008	双焊缝冷弯方形及矩形钢管
342	YB/T 4182—2008	钢丝绳含油率测定方法
343	YB/T 4183—2009	冶炼渣粉颗粒粒度分布测定　激光衍射法
344	YB/T 4184—2009	钢渣混合料路面基层施工技术规程
345	YB/T 4185—2009	尾矿砂浆技术规程
346	YB/T 4186—2009	冶炼渣易磨性试验方法
347	YB/T 4187—2009	道路用钢渣砂
348	YB/T 4188—2015	钢渣中磁性金属铁含量测定方法
349	YB/T 4189—2009	高炉用超微孔炭砖

续表

序号	标准编号	标准名称
350	YB/T 4190—2018	工程用机编钢丝网及组合体
351	YB/T 4191—2009	高炉进风装置
352	YB/T 4192—2009	铸铁机
353	YB/T 4193—2009	抗结皮耐火浇注料
354	YB/T 4194—2018	高炉内衬维修用喷涂料
355	YB/T 4195—2022	防爆裂快速烘烤耐火浇注料
356	YB/T 4196—2018	高炉用无水炮泥
357	YB/T 4197—2022	自流耐火浇注料
358	YB/T 4198—2009	钢包用耐火砖形状尺寸
359	YB/T 4199—2009	五氧化二钒　铁含量的测定　火焰原子吸收光谱法
360	YB/T 4200—2009	五氧化二钒　硫、磷、砷和铁含量的测定　电感耦合等离子体原子发射光谱法
361	YB/T 4201—2009	普通预拌砂浆用钢渣砂
362	YB/T 4203—2009	汽车半挂车轴用无缝钢管
363	YB/T 4204—2020	供水用不锈钢焊接钢管
364	YB/T 4205—2009	给水加热器用奥氏体不锈钢 U 形无缝钢管
365	YB/T 4207—2009	冶金用硬质合金齿圆锯片
366	YB/T 4208—2009	冶金用金属冷切圆锯片
367	YB/T 4209—2020	钢铁行业蓄热式燃烧技术规范
368	YB/T 4210—2010	彩色涂层钢带生产线焚烧炉和固化炉热平衡测定与计算
369	YB/T 4211—2010	热浸镀锌生产线加热炉热平衡测定与计算
370	YB/T 4212—2010	结构用热轧宽扁钢
371	YB/T 4213—2010	限制有害物质连续热镀锌（铝锌）钢板和钢带
372	YB/T 4214—2010	包芯线用冷轧钢带
373	YB/T 4215—2010	二极管用冷轧钢带
374	YB/T 4216—2010	烧结刚玉
375	YB/T 4217.1—2010	热镀锌（铝锌）钢板涂镀层　六价铬含量的测定　分光光度法

续表

序号	标准编号	标 准 名 称
376	YB/T 4217.2—2010	热镀锌（铝锌）钢板涂镀层　汞含量的测定　冷汞蒸气原子吸收光谱法
377	YB/T 4217.3—2010	热镀锌（铝锌）钢板涂镀层　铅和镉含量的测定　电感耦合等离子体发射光谱法
378	YB/T 4218—2010	五氧化二钒　五氧化二钒含量的测定　过硫酸铵氧化——硫酸亚铁铵滴定法
379	YB/T 4219—2010	五氧化二钒　磷含量的测定　铋磷钼蓝分光光度法
380	YB/T 4220—2010	五氧化二钒　氧化钾、氧化钠含量的测定　电感耦合等离子体原子发射光谱法
381	YB/T 4221—2016	工程机编钢丝网用钢丝
382	YB/T 4222—2018	预绞式金具用镀层钢丝
383	YB/T 4223—2010	给水加热器用奥氏体不锈钢焊接钢管
384	YB/T 4225—2010	石英砂中二氧化硅含量测定方法
385	YB/T 4226—2010	炭电极
386	YB/T 4227—2010	不锈钢钢渣中金属含量测定方法
387	YB/T 4228—2010	混凝土多孔砖和路面砖用钢渣
388	YB/T 4229—2010	用于水泥和混凝土中的硅锰渣粉
389	YB/T 4230—2010	用于水泥和混凝土中的锂渣粉
390	YB/T 4231—2010	硅钡铝、硅钙钡和硅钙钡铝合金　铝、钡、铁、钙、锰、铜、铬、镍和磷含量的测定　电感耦合等离子体发射光谱法
391	YB/T 4232—2010	球式热风炉用耐火球
392	YB/T 4233—2010	高炉冷风放风阀
393	YB/T 4234.1—2010	高炉煤气放散阀　第1部分：液压驱动弹簧仓式炉顶煤气放散阀
394	YB/T 4234.2—2010	高炉煤气放散阀　第2部分：料罐均压、放散阀
395	YB/T 4235—2010	煤气盲板隔断阀
396	YB/T 4236—2010	石油钻具用棒材
397	YB/T 4237—2010	热轧叉车门架用槽钢
398	YB/T 4238—2010	电气化铁路接触网支柱用热轧H型钢

续表

序号	标准编号	标准名称
399	YB/T 4239—2010	氮化硅铁
400	YB/T 4240—2010	微、低碳锰硅合金
401	YB/T 4242—2011	钢铁企业轧钢加热炉节能设计技术规范
402	YB/T 4243—2011	钢铁企业冷轧板带热处理线和涂镀线工业炉环保节能设计技术规范
403	YB/T 4244—2011	防静电地板用冷轧钢带
404	YB/T 4245—2011	石墨电极与接头加工精度及要求
405	YB/T 4246—2011	炭块和炭砖尺寸及表面加工要求
406	YB/T 4247—2011	低磷钒铁
407	YB/T 4248—2011	五氧化二钒　四氧化二钒含量的测定　差减法
408	YB/T 4249—2011	压型钢板机组技术要求
409	YB/T 4250—2011	冶金用全氢罩式退火炉
410	YB/T 4251—2011	电梯门机用钢丝绳
411	YB/T 4252—2011	耐热混凝土应用技术规程
412	YB/T 4253—2011	冶金设备工程安装质量评定标准
413	YB/T 4254—2012	烧结系统余热回收利用技术规范
414	YB/T 4255—2012	干熄焦节能技术规范
415	YB/T 4256. 2—2016	钢铁行业海水淡化技术规范　第 2 部分：低温多效水电耦合共生技术要求
416	YB/T 4256. 3—2016	钢铁行业海水淡化技术规范　第 3 部分：低温多效蒸发器酸洗要求
417	YB/T 4256. 4—2018	钢铁行业海水淡化技术规范　第 4 部分：浓含盐海水综合利用
418	YB/T 4258—2012	彩色涂层钢带生产线用焚烧炉和固化炉节能运行规范
419	YB/T 4259—2012	连续热镀锌钢带生产线用加热炉节能运行规范
420	YB/T 4260—2011	高延性冷轧带肋钢筋
421	YB/T 4261—2011	耐火热轧 H 型钢
422	YB/T 4262—2011	钢筋混凝土用钢筋桁架
423	YB/T 4263—2011	异形螺纹球齿钎头

续表

序号	标准编号	标 准 名 称
424	YB/T 4264—2020	桥梁缆索钢丝用盘条
425	YB/T 4265—2011	炼钢用预熔型铝酸钙
426	YB/T 4266—2011	冶金用预熔型铁酸钙
427	YB/T 4268—2020	矿热炉低压无功补偿技术规范
428	YB/T 4269—2012	高炉鼓风机机前冷冻脱湿工艺规范
429	YB/T 4270—2012	转炉汽化回收蒸汽发电系统运行规范
430	YB/T 4271—2012	转底炉法粗锌粉
431	YB/T 4272—2012	转底炉法冶金尘泥金属化球团
432	YB/T 4273—2011	无磁石油钻具用钢棒
433	YB/T 4275—2012	混铁炉用耐火浇注料
434	YB/T 4276—2012	消耗型快速热电偶用接插件
435	YB/T 4277—2012	型材轧钢用导卫装置
436	YB/T 4279—2012	水泥基耐磨材料应用技术规程
437	YB/T 4280—2013	焊管设备安装工程施工验收规范
438	YB/T 4281—2012	钢铁冶炼工艺炉炉壳用钢板
439	YB/T 4282—2012	压力容器用热轧不锈钢复合钢板
440	YB/T 4283—2012	海洋平台结构用钢板
441	YB/T 4284—2012	油汀用冷轧钢带
442	YB/T 4285—2012	采用便携式硬度计测试金属压痕硬度的试验方法
443	YB/T 4286—2012	金属材料　薄板和薄带　摩擦系数试验方法
444	YB/T 4287—2012	金属材料　薄板和薄带　拉深筋阻力试验方法
445	YB/T 4288—2012	电梯用钢丝绳弯曲疲劳试验方法
446	YB/T 4289—2020	钢管、钢棒自动漏磁检测系统综合性能测试方法
447	YB/T 4290—2012	金相检测面上最大晶粒尺寸级别（ALA 晶粒度）测定方法
448	YB/T 4292—2012	电工钢带（片）几何特性测试方法
449	YB/T 4293—2012	双管直流磁性能测量方法
450	YB/T 4295—2012	承压机械设备缠绕用扁钢丝
451	YB/T 4296—2021	纸浆板打包用镀锌钢丝

续表

序号	标准编号	标 准 名 称
452	YB/T 4297—2012	编织渔网用合金镀层钢丝
453	YB/T 4298—2012	卷钉连接用钢丝
454	YB/T 4299—2012	石墨炉头电极
455	YB/T 4300—2012	矿热炉用大规格石墨电极
456	YB/T 4301—2012	高炉用炭素捣打料
457	YB/T 4302—2012	冷轧后钢板和钢带表面残油和残铁含量的测定方法
458	YB/T 4303—2012	锰硅铝合金
459	YB/T 4304—2012	熔融提取-质谱分析方法通则
460	YB/T 4305—2012	钢铁及合金　氧含量的测定　惰性气体熔融-红外吸收法
461	YB/T 4306—2012	钢铁及合金　氮含量的测定　惰性气体熔融热导法
462	YB/T 4307—2012	钢铁及合金　氧、氮和氢含量的测定　脉冲加热惰气熔融-飞行时间质谱法（常规法）
463	YB/T 4308—2012	低合金钢　多元素含量的测定　激光剥蚀-电感耦合等离子体质谱法（常规法）
464	YB/T 4309—2015	钢铁行业链箅机-回转窑焙烧球团系统热平衡测试与计算方法
465	YB/T 4310—2012	氧化钼　磷含量的测定　钼蓝分光光度法
466	YB/T 4311—2012	氧化钼　硫含量的测定　红外线吸收法
467	YB/T 4312—2012	氧化钼　碳含量的测定　红外线吸收法
468	YB/T 4313—2012	钢铁行业蓄热式工业炉窑热平衡测试与计算方法
469	YB/T 4314—2012	矿热炉余热发电技术规范
470	YB/T 4315—2012	炼钢用尘泥团块
471	YB/T 4316—2012	钢砂铝中铝铁含量测定方法
472	YB/T 4317—2012	连铸保护渣分类
473	YB/T 4318—2012	连铸保护渣包装、标志、运输和储存
474	YB/T 4319—2012	高炉基建用炭质捣打料
475	YB/T 4320—2012	炭素焙烧炉用不定形耐火材料
476	YB/T 4321—2012	具有规定磁性能和力学性能的钢板及钢带
477	YB/T 4322—2013	静态浇注空心管坯

续表

序号	标准编号	标 准 名 称
478	YB/T 4323—2013	离心铸造管坯
479	YB/T 4324—2013	高速、重载列车车轴用钢坯
480	YB/T 4325—2013	冶金用金属陶瓷齿圆锯片
481	YB/T 4326—2013	连铸辊焊接复合制造技术规范
482	YB/T 4327—2013	连铸坯氢氧火焰切割技术规范
483	YB/T 4328—2012	钢渣中游离氧化钙含量测定方法
484	YB/T 4329—2012	水泥混凝土路面用钢渣砂应用技术规程
485	YB/T 4330—2013	大直径奥氏体不锈钢无缝钢管
486	YB/T 4331—2013	流体输送用大直径合金结构钢无缝钢管
487	YB/T 4332—2013	流体输送用大直径碳素结构钢无缝钢管
488	YB/T 4333—2013	抗指纹不锈钢装饰板
489	YB/T 4334—2013	金属箔材　室温拉伸试验方法
490	YB/T 4335—2013	流体输送用冶金复合双金属无缝钢管
491	YB/T 4336—2013	铁水脱硫喷枪
492	YB/T 4337—2013	铁水脱硫用搅拌头
493	YB/T 4338—2013	矿热炉用高石墨质炭电极
494	YB/T 4339—2013	连铸钢板坯枝晶组织缺陷评级图
495	YB/T 4340—2013	连铸钢方坯枝晶组织缺陷评级图
496	YB/T 4341—2013	冶金设备电磁往复驱动装置
497	YB/T 4342—2013	冶金设备电磁旋转驱动装置
498	YB/T 4343—2013	焦罐运载车
499	YB/T 4344—2013	矩形焦罐
500	YB/T 4345—2013	旋转焦罐
501	YB/T 4346—2013	筒型混铁车通用技术条件
502	YB/T 4347—2013	鱼雷型混铁车通用技术条件
503	YB/T 4348—2013	刚玉砖
504	YB/T 4349—2013	高炉用碳化硅-碳质捣打料
505	YB/T 4350—2013	铬刚玉砖
506	YB/T 4351—2013	铝碳质泥浆

续表

序号	标准编号	标 准 名 称
507	YB/T 4352—2013	耐热混凝土
508	YB 4353—2013	栓钉焊机技术规程
509	YB 4354—2013	冶金工业自动化仪表验收规范
510	YB 4355—2013	炼钢连铸机械设备检修技术标准
511	YB/T 4356—2013	钢铁企业电气火灾监控系统设计规范
512	YB 4357—2013	线型光纤感温火灾探测报警系统设计及施工规范
513	YB 4358—2013	钢铁企业胶带机钢结构通廊设计规范
514	YB 4359—2013	钢铁企业通风除尘设计规范
515	YB/T 4360—2014	钢铁企业能源管理中心技术规范
516	YB/T 4361—2014	钢筋混凝土用耐蚀钢筋
517	YB/T 4362—2014	钢筋混凝土用不锈钢钢筋
518	YB/T 4363—2014	超高强度热处理锚杆钢筋
519	YB/T 4364—2014	锚杆用热轧带肋钢筋
520	YB/T 4365—2014	桥梁伸缩装置用型钢
521	YB/T 4366—2014	凿岩用橡胶钎肩中空六角形钎杆
522	YB/T 4367—2014	钢筋在氯离子环境中腐蚀试验方法
523	YB/T 4368—2014	钢筋工业大气环境中腐蚀试验方法
524	YB/T 4369—2014	钢筋在混凝土中耐氯离子腐蚀性能测试方法
525	YB/T 4370—2014	城镇燃气输送用不锈钢焊接钢管
526	YB/T 4371—2014	油气井射孔枪用无缝钢管
527	YB/T 4372—2014	弹簧钢热轧钢带
528	YB/T 4373—2014	合金结构钢热轧钢带
529	YB/T 4374—2014	钢棒材红外探伤检验方法
530	YB/T 4375—2014	轨道交通车轮及轮箍超声波检测方法
531	YB/T 4376—2014	轨道交通车轮磁粉探伤方法
532	YB/T 4377—2014	金相试样电解抛光方法
533	YB/T 4378—2014	铁水脱硫用钝化镁
534	YB/T 4379—2014	等静压石墨
535	YB/T 4380—2014	联苯

续表

序号	标准编号	标 准 名 称
536	YB/T 4381—2014	刚玉-莫来石砖
537	YB/T 4384—2013	太阳能发电用炭素基板
538	YB/T 4385—2013	冶金矿山井巷工程测量规范
539	YB/T 4386—2013	冶金电气工程通讯、网络施工及验收规范
540	YB/T 4387—2013	冶金工程基坑降水技术规程
541	YB/T 4388—2013	钢管挤压设备安装验收规范
542	YB/T 4389—2013	冶金低压变频传动成套设备规范
543	YB/T 4390—2013	工业建（构）筑物钢结构防腐蚀涂装质量检测、评定标准
544	YB/T 4392. 1—2014	酸溶性钛渣　低价钛氧化物含量的测定　三氯化钛滴定法
545	YB/T 4392. 2—2014	酸溶性钛渣　金属铁含量的测定　重铬酸钾滴定法
546	YB/T 4392. 3—2014	酸溶性钛渣　粒度的测定　机械筛分法
547	YB/T 4392. 4—2014	酸溶性钛渣　水分含量的测定　重量法
548	YB/T 4393—2014	铝铁、铝锰铁及硅铝锰铁　铝含量的测定　EDTA 滴定法
549	YB/T 4394—2014	氧化钼　铜、磷、锡和锑含量的测定　电感耦合等离子体原子发射光谱法
550	YB/T 4395—2014	钢　钼、铌和钨含量测定　电感耦合等离子体发射光谱法
551	YB/T 4396—2014	不锈钢　多元素含量的测定　电感耦合等离子体发射光谱法
552	YB/T 4397—2014	切割硅片用电镀黄铜钢丝
553	YB/T 4398—2014	压实钢丝绳
554	YB/T 4399—2014	塔架用高性能异型无缝钢管
555	YB/T 4400—2014	汽车结构用异型无缝钢管
556	YB/T 4401—2014	炼钢用组合式氧枪喷头
557	YB/T 4402—2014	马氏体不锈钢中 δ-相面积含量金相测定法
558	YB/T 4403—2014	石墨化增碳剂
559	YB/T 4405—2013	用于混凝土中的高炉水淬矿渣砂技术规程
560	YB/T 4406—2013	高辐射覆层蓄热量的测定与计算方法
561	YB 4408—2014	高炉 TRT 系统电气设备安装工程施工验收规范
562	YB 4409—2014	环形加热炉砌筑工程质量验收规范

续表

序号	标准编号	标准名称
563	YB 4410—2014	煤气柜工程施工及验收规范
564	YB/T 4411—2014	马氏体岛评定方法
565	YB/T 4412—2014	渗碳体网评定方法
566	YB/T 4413—2014	中心碳偏析评定方法
567	YB/T 4414—2014	瓦楞纸板机械用无缝钢管
568	YB/T 4415—2014	钢包加盖保温技术规范
569	YB/T 4416—2014	焦化行业清洁生产水平评价标准
570	YB/T 4417.1—2014	矿山企业采矿选矿生产能耗定额标准　第1部分：铁矿石采矿
571	YB/T 4417.2—2014	矿山企业采矿选矿生产能耗定额标准　第2部分：铁矿石选矿
572	YB/T 4418—2014	出铁沟用再生浇注料和捣打料
573	YB/T 4419.1—2014	转底炉法金属化球团化学分析方法　碳和硫含量的测定　高频燃烧红外吸收法
574	YB/T 4419.2—2014	转底炉法金属化球团化学分析方法　锌和磷含量的测定　电感耦合等离子体原子发射光谱法
575	YB/T 4419.3—2014	转底炉法金属化球团化学分析方法　钾和钠含量的测定　电感耦合等离子体原子发射光谱法
576	YB/T 4420—2014	发条用高弹性合金3J9冷轧带
577	YB/T 4421—2014	风电法兰用连铸圆坯
578	YB/T 4422—2014	货叉用扁钢
579	YB/T 4423—2014	H型钢翼缘斜度用卡板
580	YB/T 4424—2014	H型钢专用角尺
581	YB/T 4425—2014	高强度热处理箍筋
582	YB/T 4426—2014	汽车大梁用热轧H型钢
583	YB/T 4427—2014	热轧型钢表面质量一般要求
584	YB/T 4429—2014	刹车软管用碳素钢丝
585	YB/T 4430—2014	渔业用包塑热镀锌钢丝绳
586	YB/T 4431—2014	波纹管用冷轧钢带

续表

序号	标准编号	标准名称
587	YB/T 4432—2014	不锈钢精密钢带（片）
588	YB/T 4433—2014	钢棉用热轧盘条
589	YB/T 4434—2014	除尘器遮断阀
590	YB/T 4435—2014	调压阀组
591	YB/T 4436—2014	顶燃式热风炉烘炉技术规程
592	YB/T 4437—2014	高炉送风支管浇注料
593	YB/T 4438—2014	硅溶胶结合系列灌注料
594	YB/T 4439—2014	加热炉用高铝质锚固砖
595	YB/T 4440—2014	转炉和电炉用透气砖
596	YB 4441—2014	钢铁企业除尘工程施工及验收规范
597	YB/T 4443—2014	炭素焙烧炉用高温胶泥
598	YB/T 4444—2014	炭素焙烧炉用耐火砖
599	YB/T 4445—2014	石灰窑用高纯莫来石砖
600	YB/T 4446—2014	石灰窑用镁铝尖晶石砖
601	YB/T 4447—2014	干熄焦炉用耐火制品
602	YB/T 4448—2014	矿热炉用自焙电极糊
603	YB/T 4449—2014	耐火材料用烧结镁橄榄石
604	YB/T 4450—2015	一般用途涂塑钢丝
605	YB/T 4452—2015	钢丝绳纤维芯
606	YB/T 4453—2015	合金结构钢热轧盘条
607	YB/T 4454—2015	评估海洋环境中混凝土结构钢筋锈蚀速度的对比试验方法
608	YB/T 4455—2015	连铸钢坯凝固枝晶间距的测定方法
609	YB/T 4460—2015	高纯硅铁
610	YB/T 4461—2015	高纯硅铁　锆和钼含量的测定　电感耦合等离子体原子发射光谱法
611	YB/T 4462—2015	高纯硅铁　硼含量的测定　电感耦合等离子体原子发射光谱法
612	YB/T 4463—2015	金属锰枕
613	YB/T 4464—2015	离心球墨铸铁管用生铁

续表

序号	标准编号	标 准 名 称
614	YB/T 4465—2015	硅钢连续退火炉用炭套
615	YB/T 4467—2014	炭素糊料高效节能冷却机技术规范
616	YB/T 4468—2014	炭素材料高效节能混捏机技术规范
617	YB/T 4469—2014	冶金工业节能型循环水系统技术规范
618	YB/T 4470—2015	不锈钢丝绳用钢丝
619	YB/T 4471—2015	对缠式钢套管压接索具
620	YB/T 4472—2015	钢接头压接索具
621	YB/T 4473—2015	钢制短圆柱头压接索具
622	YB/T 4474—2015	折返式钢套管压接索具
623	YB/T 4476—2014	不锈钢复合板球形储罐施工验收规范
624	YB/T 4477—2015	集装箱钢板预处理生产线节能设计规范
625	YB/T 4478—2015	彩色涂层钢板辊涂技术规范
626	YB/T 4479—2015	铸余渣原料制备工艺技术规范
627	YB/T 4480—2015	钢渣中铁磁性物质选取技术规范
628	YB/T 4481—2015	粒化高炉矿渣粉粉磨工艺技术规范
629	YB/T 4482—2015	熔融钢渣热闷操作技术规范
630	YB/T 4483—2015	余热利用设备设计技术规定
631	YB/T 4484—2015	钢铁行业蓄热式钢包烘烤系统热平衡测试与计算方法
632	YB/T 4485—2015	铁矿石采选企业污水处理技术规范
633	YB/T 4486—2015	铁矿山排土场复垦指南
634	YB/T 4487—2015	铁矿山固体废弃物处置及利用技术规范
635	YB/T 4488—2015	沥青玛蹄脂碎石混合料用钢渣
636	YB/T 4489—2015	高炉自动拨风安全技术规范
637	YB/T 4490—2015	钢铁企业停送燃气作业化学检验安全规范
638	YB/T 4491—2015	彩色涂层钢带生产线安全生产技术规范
639	YB/T 4492—2015	连续热镀锌钢带生产线安全生产技术规范
640	YB/T 4493—2015	焦化油类产品馏程的测定 自动馏滴法
641	YB/T 4494—2015	焦炭反应性及反应后强度机械制样技术规范
642	YB/T 4495—2015	焦炉煤气 氰化氢含量的测定 硝酸银滴定法

续表

序号	标准编号	标准名称
643	YB/T 4496—2015	焦炉煤气　硫化氢含量的测定　气相色谱法
644	YB/T 4497—2015	冶金用机卡式硬质合金齿圆锯片
645	YB/T 4498—2015	转炉用铸铁水冷炉口
646	YB/T 4499—2016	RH 精炼炉用无铬碱性砖
647	YB/T 4500—2016	焦炉用大型表面复合预制件
648	YB/T 4501—2016	耐磨耐火涂抹料
649	YB/T 4502—2016	转炉热态修补料
650	YB/T 4503—2015	钢筋机械连接件　残余变形量试验方法
651	YB/T 4504—2016	钢铁企业煤气—蒸汽联合循环电厂设计规范
652	YB/T 4505—2016	冶金行业设备基础后置锚栓技术规范
653	YB/T 4506—2016	旋挖钻机用钢丝绳
654	YB/T 4507—2017	钢丝绳索具拉力试验方法
655	YB/T 4508—2016	硫酸法钛白还原用铁粉
656	YB/T 4512—2016	冶金原辅物料自动制样技术规范
657	YB/T 4513—2017	医用气体和真空用不锈钢焊接钢管
658	YB/T 4516—2016	装饰用涂覆钢板及钢带
659	YB/T 4521—2017	钢铁行业钢包烘烤能耗定额
660	YB/T 4522—2017	耐火材料用隧道窑余热回收利用技术规范
661	YB/T 4523—2017	冶金企业油气集中润滑系统技术规范
662	YB/T 4524—2017	焦化工业苊
663	YB/T 4525—2017	焦油渣回配技术规范
664	YB/T 4526—2016	炼焦试验用小焦炉技术规范
665	YB/T 4527—2016	高纯蓝晶石
666	YB/T 4528—2016	氮化铬铁和高氮铬铁　氮含量的测定　惰性气体熔融热导法
667	YB/T 4529—2016	氮化锰铁　氮含量的测定　惰性气体熔融热导法
668	YB/T 4530—2016	氮化锰铁　氮含量的测定　蒸馏-中和滴定法
669	YB/T 4531—2016	磷铁　硅含量的测定　硅钼蓝分光光度法
670	YB/T 4532—2016	磷铁　磷含量的测定　酸碱滴定法

续表

序号	标准编号	标 准 名 称
671	YB/T 4533—2016	磷铁　锰含量的测定　火焰原子吸收光谱法
672	YB/T 4534—2016	插芯锁用粉末冶金拨叉
673	YB/T 4535—2016	水泥钢钉用碳素钢丝
674	YB/T 4536—2016	索具　术语及分类
675	YB/T 4537—2016	通风管用镀锌钢丝
676	YB/T 4538—2016	铜包钢丝用热轧盘条
677	YB/T 4539—2016	钢板连接钉用钢丝
678	YB/T 4540—2016	抛丸用钢丝
679	YB/T 4541—2016	建筑工程用锌-5%铝-混合系统合金镀层钢丝
680	YB/T 4542—2016	建筑工程用锌-5%铝-混合稀土合金镀层钢绞线
681	YB/T 4543—2016	建筑工程用锌-5%铝-混合稀土合金镀层拉索
682	YB/T 4544—2016	非晶带材连铸用甩带冷却辊
683	YB/T 4545—2016	钕铁硼连铸用结晶辊
684	YB/T 4546—2016	线棒材连铸用结晶轮
685	YB/T 4547—2016	焦炭在线自动采样、制样、粒度分析及机械强度测定技术规范
686	YB/T 4548—2016	蜡石砖
687	YB/T 4549—2016	堇青石-莫来石窑具
688	YB/T 4550—2016	棒磨机用钢磨棒
689	YB/T 4551—2016	硫铁
690	YB/T 4552—2017	电炉炼钢用脱硫渣粉球
691	YB/T 4553—2017	钢铁渣人工鱼礁
692	YB/T 4554—2017	含铁回收物料压球工艺规范
693	YB/T 4555—2017	捣固炼焦技术规范
694	YB/T 4556—2016	冷弯型钢轧辊
695	YB/T 4558—2016	纤维增强复合材料加固修复钢结构技术规程
696	YB/T 4559—2016	高炉煤气余压发电（干式）技术规范
697	YB/T 4560—2016	钢铁行业空分能耗分摊计算方法
698	YB/T 4561—2016	用于水泥和混凝土中的铁尾矿粉

续表

序号	标准编号	标 准 名 称
699	YB/T 4562—2016	船用热轧 L 型钢
700	YB/T 4563—2016	钢结构产品标志、包装、贮存、运输及质量证明书
701	YB/T 4564—2016	非开挖铺设用球墨铸铁管
702	YB/T 4565—2016	钛铁　氮含量的测定　惰性气体熔融热导法
703	YB/T 4566. 1—2016	氮化钒铁　氮含量的测定　惰性气体熔融热导法
704	YB/T 4566. 2—2016	氮化钒铁　氮含量的测定　蒸馏分离-酸碱中和滴定法
705	YB/T 4566. 3—2016	氮化钒铁　钒含量的测定　硫酸亚铁铵滴定法
706	YB/T 4566. 4—2016	氮化钒铁　硅、锰、磷、铝含量的测定　电感耦合等离子体原子发射光谱法
707	YB/T 4566. 5—2016	氮化钒铁　硅含量的测定　硫酸脱水重量法
708	YB/T 4566. 6—2016	氮化钒铁　磷含量的测定　铋磷钼蓝分光光度法
709	YB/T 4566. 7—2016	氮化钒铁　硫含量的测定　红外线吸收法
710	YB/T 4566. 8—2016	氮化钒铁　碳含量的测定　红外线吸收法
711	YB/T 4566. 9—2016	氮化钒铁　氧含量的测定　红外线吸收法
712	YB/T 4572—2016	轴承钢　辗轧环件及毛坯
713	YB/T 4573—2016	桥梁缆索用锌-5%铝-稀土合金镀层钢丝
714	YB/T 4574—2016	高强度低松弛预应力热镀锌-5%铝-稀土合金镀层钢绞线
715	YB/T 4575—2016	高空作业吊篮用钢丝绳
716	YB/T 4576—2016	大型球团回转窑用浇注料及预制砖
717	YB/T 4577—2016	抗渗透高铝砖
718	YB/T 4578—2016	熔融石英砖
719	YB/T 4579—2016	浸渍煤沥青
720	YB/T 4580—2017	钢芯铝绞线用锌-10%铝-稀土合金镀层钢丝
721	YB/T 4581—2017	锌-10%铝-稀土合金镀层钢绞线
722	YB/T 4582. 1—2017	氮化硅铁　钙含量的测定　EDTA 滴定法
723	YB/T 4582. 2—2017	氮化硅铁　铬含量的测定　二苯碳酰二肼分光光度法
724	YB/T 4582. 3—2017	氮化硅铁　磷含量的测定　铋磷钼蓝分光光度法
725	YB/T 4582. 4—2017	氮化硅铁　硫含量的测定　红外线吸收法
726	YB/T 4582. 5—2017	氮化硅铁　铝含量的测定　EDTA 滴定法

续表

序号	标准编号	标 准 名 称
727	YB/T 4582.6—2017	氮化硅铁　锰含量的测定　高碘酸钠分光光度法
728	YB/T 4582.7—2017	氮化硅铁　全氮含量的测定　中和滴定法
729	YB/T 4582.8—2017	氮化硅铁　硅含量的测定　高氯酸脱水重量法
730	YB/T 4582.9—2017	氮化硅铁　钛含量的测定　二安替比林甲烷分光光度法
731	YB/T 4582.10—2017	氮化硅铁　碳含量的测定　红外线吸收法
732	YB/T 4583.1—2017	莫来石　二氧化硅、三氧化二铁、氧化钙、氧化镁、二氧化钛和五氧化二磷含量的测定　电感耦合等离子体原子发射光谱法
733	YB/T 4583.2—2017	莫来石　氧化钾和氧化钠含量的测定　电感耦合等离子体原子发射光谱法
734	YB/T 4584—2017	莫来石　物相分析方法
735	YB/T 4585—2017	铸锭炉用板状结构炭/炭复合材料
736	YB/T 4586—2017	铸锭炉保温用炭/炭复合材料
737	YB/T 4587—2017	单晶炉用炭/炭复合材料发热体
738	YB/T 4588—2017	单晶炉用板状结构炭/炭复合材料
739	YB/T 4589—2017	单晶炉保温用炭/炭复合材料
740	YB/T 4590—2017	硅材料用高纯石墨制品中杂质含量的测定　电感耦合等离子体发射光谱法
741	YB/T 4591—2017	高炉炼铁安全生产操作技术要求
742	YB/T 4592—2017	转炉炼钢安全生产操作技术要求
743	YB/T 4593—2017	高炉鼓风轴流压缩机安全运行技术规范
744	YB/T 4594—2017	焦炉煤气制氢站安全运行规范
745	YB/T 4595—2019	冶金企业煤气管道防泄漏排水安全要求
746	YB/T 4596—2019	冶金企业煤气站所无人值守安全技术规范
747	YB/T 4597—2019	冶金矿排岩渣堆放安全指南
748	YB/T 4598—2018	炼焦装炉煤调湿系统运行规范
749	YB/T 4599—2018	炼焦废水深度处理技术规范
750	YB/T 4600—2018	电煅无烟煤及能源消耗限额

续表

序号	标准编号	标准名称
751	YB/T 4601—2018	发泡混凝土砌块用钢渣
752	YB/T 4602—2018	防火石膏板用钢渣粉
753	YB/T 4603—2018	锰硅合金粉冷压复合球
754	YB/T 4604—2018	转底炉法粗锌粉　锌含量的测定　EDTA 络合滴定法
755	YB/T 4605—2017	烧结矿在线自动采样、制样、粒度分析及转鼓强度测定技术规范
756	YB/T 4606—2017	烧结矿　落下强度的测定
757	YB/T 4607—2017	铁矿石　适运水分极限测定方法　插入度法
758	YB/T 4608—2017	冶金用汽运散装物料自动取样方法
759	YB/T 4610—2017	树脂陶瓷复合钢管
760	YB/T 4611—2017	烧结烟气脱硫灰　活性氧化钙含量的测定　酸碱滴定法
761	YB/T 4612—2017	塑料管增强用碳素钢丝
762	YB/T 4613—2017	钢丝绳油脂
763	YB/T 4614—2017	钢丝用工字轮
764	YB/T 4615—2017	钢丝绳绳端　树脂套接
765	YB/T 4616—2017	吊索具用安全护角　第 1 部分：钢丝绳护角
766	YB/T 4617—2017	吊索具用安全护角　第 2 部分：合成纤维编织吊索护角
767	YB/T 4618—2017	耐指纹镀锌钢板表面电阻试验方法
768	YB/T 4619—2017	耐低温热轧 H 型钢
769	YB/T 4620—2017	抗震热轧 H 型钢
770	YB/T 4621—2017	耐候热轧 H 型钢
771	YB/T 4622—2017	叉车导轨用冷弯型钢
772	YB/T 4623—2017	汽车纵梁用冷弯型钢
773	YB/T 4624—2017	桥梁钢结构用 U 形肋冷弯型钢
774	YB/T 4625—2017	高炉水冷管用石墨瓦
775	YB/T 4626—2017	金属复合管冷弯型钢机组技术要求
776	YB/T 4627—2017	开口型材冷弯型钢机组技术要求
777	YB/T 4628—2017	小口径厚壁管冷弯型钢机组技术要求
778	YB/T 4629—2017	冶金设备用液压油换油指南 L-HM 液压油

续表

序号	标准编号	标 准 名 称
779	YB/T 4630—2017	自动型湿式拉丝机
780	YB/T 4631—2017	高炉用铸铜冷却壁
781	YB/T 4632—2017	复合式高炉风口
782	YB/T 4633—2017	电磁阀用铁素体不锈钢棒材
783	YB/T 4634—2017	连续热镀铝锌镁合金镀层钢板及钢带
784	YB/T 4635—2017	汽车安全带卷簧用精密钢带
785	YB/T 4636—2018	高炉热风管系用耐火材料
786	YB/T 4637—2018	莫来石质流钢砖
787	YB/T 4638—2018	顶燃式热风炉用耐火材料技术规范
788	YB/T 4639—2018	热风炉用红柱石砖
789	YB/T 4640—2018	中间包、感应炉用耐火干式料
790	YB/T 4641—2018	液化天然气储罐用低温钢筋
791	YB/T 4642—2018	笔头用易切削不锈钢丝
792	YB/T 4643—2018	制绳用异形钢丝
793	YB/T 4644—2018	测井电缆加强用镀锌钢丝
794	YB/T 4646—2018	铁球团矿单位产品能耗定额
795	YB/T 4647—2018	铁精矿单位产品能耗定额
796	YB/T 4648—2018	铁矿山安全生产技术规范
797	YB/T 4650—2018	冶金矿山安全生产考评指南
798	YB/T 4652—2018	管道用球墨铸铁修补器
799	YB/T 4653—2018	城市有轨电车用槽型钢轨
800	YB/T 4654—2018	船用热轧 H 型钢
801	YB/T 4655—2018	电动葫芦轨道用热轧型钢
802	YB/T 4657—2018	钢筋混凝土用四面带肋钢筋
803	YB/T 4661—2018	冷轧酸性废水处理工艺技术规范
804	YB/T 4662—2018	钢铁企业能效评估通则
805	YB/T 4663—2018	异形钢构件
806	YB/T 4664—2018	铝铁
807	YB/T 4665—2018	轧钢用抗磨铬镍钼铁基合金复合导板

续表

序号	标准编号	标 准 名 称
808	YB/T 4666—2018	矿热炉用碳化硅炭砖
809	YB/T 4667—2018	超高导热石墨块
810	YB/T 4668—2018	高导热炭块
811	YB/T 4669—2018	3,4-二甲酚
812	YB/T 4670—2018	3,5-二甲酚
813	YB/T 4671—2018	钢包喷注料
814	YB/T 4672—2018	铝硅系轻质喷涂料
815	YB/T 4673—2018	冷拔液压缸筒用无缝钢管
816	YB/T 4674—2018	焊接异型钢管
817	YB/T 4675—2018	摩托车减震器用精密无缝钢管
818	YB/T 4676—2018	钢中析出相的分析　透射电子显微镜法
819	YB/T 4677—2018	钢中织构的测定　电子背散射衍射（EBSD）法
820	YB/T 4680—2018	金属和合金的腐蚀　镀锌薄板表面无铬钝化评价方法
821	YB/T 4681—2018	焦化非芳烃
822	YB/T 4682—2018	编织用铝包钢丝
823	YB/T 4683—2018	同步带用微细镀锌钢丝绳
824	YB/T 4688—2018	金属冷切圆锯片基体用钢
825	YB/T 4689—2018	金属热切圆锯片基体用钢
826	YB/T 4690—2018	高炉基建用耐火喷涂料
827	YB/T 4691—2018	热风炉基建用耐火喷涂料
828	YB/T 4692—2018	低导热多层复合莫来石砖
829	YB/T 4693—2018	活性石灰回转窑用不烧衬砖
830	YB/T 4694—2018	品牌培育管理体系实施指南　钢铁行业
831	YB/T 4695—2018	钒钛铁精矿
832	YB/T 4696—2018	钒钛铁球团矿
833	YB/T 4697—2018	黑色冶金矿山选矿全流程监测与控制系统技术规范
834	YB/T 4698—2018	黑色冶金露天矿工程用车智能调度系统技术规范
835	YB/T 4699—2019	钢铁企业综合废水深度处理技术规范

续表

序号	标准编号	标准名称
836	YB/T 4700—2018	钢铁　硫化锰析出相量的测定　电解分离-火焰原子吸收光谱法
837	YB/T 4701—2018	耐火材料用叶蜡石
838	YB/T 4702—2018	耐火材料用不烧镁橄榄石
839	YB/T 4703—2018	冶金用钢渣促进剂
840	YB/T 4704—2018	连铸异形钢坯
841	YB/T 4705—2018	热轧平行腿槽钢
842	YB/T 4706—2018	干熄焦排焦温度的测定与计算方法
843	YB/T 4707—2018	焦炉炼焦耗热量的测定与计算方法
844	YB/T 4708—2018	钢渣　氧化锰含量测定　火焰原子吸收光谱法
845	YB/T 4709—2018	钢渣　氧化锰含量的测定　高碘酸钾（钠）分光光度法
846	YB/T 4710—2018	钢渣　氧化亚铁含量的测定　重铬酸钾滴定法
847	YB/T 4711—2018	钢渣　氧化钠和氧化钾含量测定　火焰原子吸收光谱法
848	YB/T 4712—2018	钢渣用于烧结烟气脱硫工艺技术规范
849	YB/T 4713—2018	喷砂磨料用钢渣
850	YB/T 4714—2018	热轧油泥在线气浮处理技术规范
851	YB/T 4715—2018	透水水泥混凝土路面用钢渣
852	YB/T 4716—2018	轧钢铁鳞　含水量和含油量的测定　热重法
853	YB/T 4717—2018	废不锈钢回收利用技术条件
854	YB/T 4718—2019	取向电工钢用高温退火隔离剂
855	YB/T 4719—2019	焦炉集气管煤气压力控制系统技术规范
856	YB/T 4720—2019	焦炉装煤烟气收集控制系统技术规范
857	YB/T 4721—2019	焦化燃料油
858	YB/T 4724—2018	钢渣　二氧化硅含量的测定　高氯酸脱水重量-硅钼蓝光度法
859	YB/T 4725—2018	钢渣　金属铁含量的测定　三氯化铁-重铬酸钾滴定法
860	YB/T 4726. 1—2018	含铁尘泥　锌含量的测定　EDTA 标准溶液滴定法
861	YB/T 4726. 2—2018	含铁尘泥　氯离子含量的测定　硝酸银滴定法

续表

序号	标准编号	标 准 名 称
862	YB/T 4726. 3—2021	含铁尘泥　二氧化钛含量的测定　二安替吡啉甲烷分光光度法
863	YB/T 4726. 4—2021	含铁尘泥　硅含量的测定　硫酸亚铁铵还原-硅钼蓝分光光度法
864	YB/T 4726. 5—2021	含铁尘泥　磷含量的测定　铋磷钼蓝分光光度法
865	YB/T 4726. 6—2021	含铁尘泥　硫含量的测定　红外线吸收法
866	YB/T 4726. 7—2021	含铁尘泥　全铁含量的测定　三氯化钛还原重铬酸钾滴定法
867	YB/T 4726. 8—2021	含铁尘泥　碳含量的测定　红外线吸收法
868	YB/T 4726. 9　2021	含铁尘泥　氧化钙含量的测定　络合滴定法
869	YB/T 4726. 10—2021	含铁尘泥　氧化铝含量的测定　EDTA 滴定法
870	YB/T 4726. 11—2021	含铁尘泥　氧化亚铁含量测定　重铬酸钾滴定法
871	YB/T 4726. 12—2021	含铁尘泥　氧化锰含量的测定　高碘酸钾（钠）分光光度法
872	YB/T 4727—2018	烧结烟气除尘灰回收处置利用技术规范
873	YB/T 4728—2018	陶粒用钢渣粉
874	YB/T 4729—2019	建筑工程用锌-10%铝-混合稀土合金镀层钢拉索
875	YB/T 4730—2019	钢丝无酸洗拉拔预处理技术要求
876	YB/T 4731—2019	电工钢带（片）反复弯曲试验方法
877	YB/T 4732—2019	自粘结涂层电工钢　剥离试验方法
878	YB/T 4734—2019	钢铁企业低压饱和蒸汽发电设计规范
879	YB/T 4735—2019	钢铁企业自备电厂煤气设施安全设计规范
880	YB/T 4736—2019	锂电池用四氧化三锰
881	YB/T 4737—2019	炼钢铁素炉料（废钢铁）加工利用技术条件
882	YB/T 4738—2019	硅钙合金　氧含量的测定　惰性气体熔融红外吸收法
883	YB/T 4739—2019	铬铁　磷、铝、钛、铜、锰、钙含量的测定　电感耦合等离子体原子发射光谱法
884	YB/T 4740—2019	工程机械涨紧机构用弹簧钢
885	YB/T 4741—2019	轨道交通用齿轮钢

续表

序号	标准编号	标 准 名 称
886	YB/T 4742—2019	粗苯酚
887	YB/T 4743—2019	粗甲基苯酚
888	YB/T 4744—2019	对甲基苯酚
889	YB/T 4745—2019	电火花加工用等静压石墨
890	YB/T 4746—2019	铸造用等静压石墨
891	YB/T 4747—2019	防扭绳用钢丝绳
892	YB/T 4748—2019	钢芯铝绞线用锌-5%铝-镁合金镀层钢丝
893	YB/T 4749—2019	工程机编钢丝网用锌-5%铝-镁合金镀层钢丝
894	YB/T 4750—2019	锌-5%铝-镁合金镀层钢绞线
895	YB/T 4752—2019	铁路车辆大梁用热轧 H 型钢
896	YB/T 4753—2019	中低速磁浮列车轨排用热轧型钢
897	YB/T 4754—2019	船用热轧 T 型钢
898	YB/T 4755—2019	高耐候热轧型钢
899	YB/T 4756—2019	商用车用高强度冷弯空心型钢
900	YB/T 4757—2019	波浪腹板焊接 H 型钢
901	YB/T 4758—2019	高碳铬轴承钢球坯
902	YB/T 4759—2019	酸性油气田用不锈钢无缝钢管圆管坯
903	YB/T 4760—2019	城市综合管廊用热轧耐候型钢
904	YB/T 4763—2019	耐火材料　氧化锆空心球砖
905	YB/T 4764—2019	耐火材料　氧化铝空心球砖
906	YB/T 4765—2019	无碳钢包衬砖
907	YB/T 4766—2019	耐火材料用工业硅中单质硅和二氧化硅的测定方法
908	YB/T 4767—2019	绿色设计产品评价技术规范　取向电工钢
909	YB/T 4768—2019	绿色设计产品评价技术规范　管线钢
910	YB/T 4769—2019	绿色设计产品评价技术规范　新能源汽车用无取向电工钢
911	YB/T 4770—2019	绿色设计产品评价技术规范　厨房厨具用不锈钢
912	YB/T 4771—2019	钢铁行业绿色工厂评价导则
913	YB/T 4772—2019	钢坯加热温度均匀性测定和计算方法

续表

序号	标准编号	标 准 名 称
914	YB/T 4773—2019	钢坯氧化烧损的测定和计算方法
915	YB/T 4774—2019	加气混凝土用铁尾矿
916	YB/T 4775—2019	路面砖用铁尾矿
917	YB/T 4776—2019	免烧砖用铁尾矿
918	YB/T 4777—2019	连铸安全生产操作技术要求
919	YB/T 4778—2019	炼焦安全生产操作技术要求
920	YB/T 4781—2019	热交换器用翅片焊接钢管
921	YB/T 4782—2019	真空自耗炉结晶器
922	YB/T 4784. 1—2019	铁矿粉烧结工艺漏风率测试方法
923	YB/T 4785—2019	高炉余热余压能量回收煤气透平与鼓风机同轴（BPRT）技术规范
924	YB/T 4786—2019	钢铁企业低品位余热检测与评价方法
925	YB/T 4787—2019	高炉冲渣水余热利用技术要求
926	YB/T 4788—2019	烧结烟气湿法脱硫废水处理技术规范
927	YB/T 4789—2019	铁矿山采选企业重金属废水处理技术规范
928	YB/T 4790—2019	焦化初冷上段余热回收利用技术规范
929	YB/T 4791—2019	钢铁工业浓盐水处理技术规范
930	YB/T 4792—2019	钢铁工业直接冷却循环水处理技术规范
931	YB/T 4793. 1—2019	烧结矿竖冷窑冷却及显热高效回收设计规范
932	YB/T 4794—2019	铁尾矿高浓度运行技术规范
933	YB/T 4795—2019	栅格法铸余渣分隔技术规范
934	YB/T 4796—2019	风碎-热闷集成处理钢渣技术规范
935	YB/T 4797—2020	重载铁路辙叉用钢
936	YB/T 4798—2020	工程机械刀板型钢
937	YB/T 4799—2018	钢铁　氮化铝析出相量的测定　电解分离-电感耦合等离子体原子发射光谱法
938	YB/T 4800—2020	胶轮导轨电车用热轧导向钢轨
939	YB/T 4801—2020	锰铁、锰硅合金和金属锰　铅、砷、钛、铜、镍、钙、镁、铝含量的测定　电感耦合等离子体原子发射光谱法

续表

序号	标准编号	标 准 名 称
940	YB/T 4802—2020	钢材表面高压水射流喷砂（丸）清理装置
941	YB/T 4808—2020	钢铁冶炼渣高温物理性能测定方法
942	YB/T 4809—2020	炼钢铁水预处理用钙基脱硫剂
943	YB/T 4810—2020	冶金用罐车装干粉物料取样方法
944	YB/T 4811—2020	热轧 H 型钢超声检测方法
945	YB/T 4812—2020	钢板自动超声检测系统综合性能测试方法
946	YB/T 4813—2020	炭素企业混捏-成型工序节能技术规范
947	YB/T 4814—2020	炭素企业石墨化工序节能技术规范
948	YB/T 4815—2020	热镀锌钢丝单位产品能源消耗限额
949	YB/T 4816—2020	转炉氧枪能效限定值及能效等级
950	YB/T 4817—2020	热轧耐蚀钢轨
951	YB/T 4818—2020	注塑机械用精密无缝钢管
952	YB/T 4819—2020	球墨铸铁管、管件和附件　终饰涂层
953	YB/T 4820—2020	矿热炉整体筑炉用冷捣糊
954	YB/T 4821—2020	光纤拉丝用超纯石墨
955	YB/T 4822—2020	煤系针状焦中间相焦
956	YB/T 4823—2020	石墨电极接头用煤系针状焦
957	YB/T 4824—2020	煤沥青 3,4-苯并芘含量的测定　气相色谱法
958	YB/T 4825—2020	焦炉煤气脱硫废液 硫氰酸铵含量的测定　分光光度法
959	YB/T 4826—2020	高淬透性高碳铬轴承钢
960	YB/T 4827—2020	热轧钢筋用连铸方坯和矩形坯
961	YB/T 4828—2020	钢筋混凝土用热轧螺纹肋钢筋
962	YB/T 4829—2020	钢板镀层质量试验方法　在线 X 射线荧光法
963	YB/T 4830—2020	热轧帽型钢
964	YB/T 4831—2020	厚度方向性能热轧 H 型钢
965	YB/T 4832—2020	重型热轧 H 型钢
966	YB/T 4833—2020	金属矿液压凿岩台车用钎具接杆钎尾
967	YB/T 4834—2020	高炉开口钎具
968	YB/T 4835—2020	铁塔用热轧耐候角钢

续表

序号	标准编号	标准名称
969	YB/T 4836—2020	结构用高频焊接薄壁 H 型钢
970	YB/T 4837—2020	超（超）临界高压锅炉管用连铸圆管坯
971	YB/T 4838—2020	斗齿用热轧圆钢
972	YB/T 4839—2020	石油天然气输送管道感应加热弯管用热轧钢板
973	YB/T 4840—2020	石油天然气输送管道站场钢管用热轧钢板
974	YB/T 4841—2020	石油天然气输送管用抗酸性热轧宽钢带
975	YB/T 4842—2020	大型发电机用冷轧取向电工钢带（片）
976	YB/T 4843—2020	工频用冷轧取向电工钢薄带（片）
977	YB/T 4844—2020	家电用连续热镀锌钢板及钢带
978	YB/T 4845—2020	滑轨用冷轧钢带
979	YB/T 4846—2020	涂镀基板用冷轧钢带
980	YB/T 4847—2020	药芯焊丝用冷轧钢带
981	YB/T 4848—2020	焙烧生球物理检验方法
982	YB/T 4849—2020	球团矿在线自动采样、制样、粒度分析及机械强度测定技术规范
983	YB/T 4850—2020	直接还原铁　全铁、磷、硫、二氧化硅、三氧化二铝、氧化钙和氧化镁含量的测定　波长色散 X 射线荧光光谱法
984	YB/T 4851—2020	冶金用风动送样系统技术规范
985	YB/T 4852—2020	烧结杯试验技术规范
986	YB/T 4853—2020	气门弹簧用热轧盘条
987	YB/T 4854—2020	切割钢丝用热轧盘条
988	YB/T 4855—2020	耐火砖用砌块形状尺寸
989	YB/T 4856—2020	鱼雷式混铁车用耐火砖形状尺寸
990	YB/T 4857—2020	半硅质隔热耐火砖
991	YB/T 4858—2020	用后耐火材料回收利用技术规范
992	YB/T 4859—2020	焦炉煤气脱硫废液提盐技术规范
993	YB/T 4860—2020	焦化负压脱苯技术规范
994	YB/T 4861—2020	烧结烟气中温选择性催化还原法脱硝技术规范
995	YB/T 4862—2020	烧结/球团湿法脱硫烟气旋流管式静电除尘技术规范

续表

序号	标准编号	标准名称
996	YB/T 4863—2020	焦炉烟气 SDS 干法脱硫联合 SCR 脱硝技术规范
997	YB/T 4864—2020	钢材仓储管理规范
998	YB/T 4865—2020	铁矿山露天转地下废石内排技术规范
999	YB/T 4866. 1—2020	铁矿山露天转地下开采技术规范　第 1 部分：通用技术规范
1000	YB/T 4866. 2—2020	铁矿山露天转地下开采技术规范　第 2 部分：协同开采技术规范
1001	YB/T 4866. 3—2020	铁矿山露天转地下开采技术规范　第 3 部分：覆盖层形成技术规范
1002	YB/T 4867—2020	焦炉加热控制管理系统技术规范
1003	YB/T 4868—2020	炼焦配煤优化技术规范
1004	YB/T 4869—2020	轧钢加热炉能效限定值及能效等级
1005	YB/T 4870—2020	绿色设计产品评价技术规范　家具用免磷化钢板及钢带
1006	YB/T 4871—2020	绿色设计产品评价技术规范　建筑用高强高耐蚀彩涂板
1007	YB/T 4872—2020	绿色设计产品评价技术规范　耐候结构钢
1008	YB/T 4873—2020	绿色设计产品评价技术规范　汽车用冷轧高强度钢板及钢带
1009	YB/T 4874—2020	绿色设计产品评价技术规范　汽车用热轧高强度钢板及钢带
1010	YB/T 4875—2020	绿色设计产品评价技术规范　桥梁用结构钢
1011	YB/T 4876—2020	绿色设计产品评价技术规范　压力容器用钢板
1012	YB/T 4877—2020	钢铁第三方道路运输服务评价要求
1013	YB/T 4878—2020	钢铁物流数字化仓储建设基本要求
1014	YB/T 4879—2020	钢铁行业运输服务平台技术规范
1015	YB/T 4880. 1—2020	钢铁企业水系统优化　第 1 部分：炼铁工序
1016	YB/T 4881—2020	钢铁企业副产煤气发电技术规范
1017	YB/T 4882—2020	钢铁余热资源梯级综合利用导则
1018	YB/T 4883—2020	钢铁企业水平衡测试与计算方法
1019	YB/T 4884—2020	钢铁企业冷轧含铬废水处理技术规范

续表

序号	标准编号	标 准 名 称
1020	YB/T 4885—2020	热轧带肋钢筋单位产品能源消耗限额
1021	YB/T 4886—2020	热轧 H 型钢单位产品能源消耗限额
1022	YB/T 4887—2020	热轧盘条单位产品能源消耗限额
1023	YB/T 4888—2020	热轧钢带单位产品能源消耗限额
1024	YB/T 4889—2021	焦化行业节能监察技术规范
1025	YB/T 4890—2021	钢铁企业 O_2-CO_2 气体混合利用技术规范
1026	YB/T 4891.1—2021	钢铁企业二氧化碳利用技术规范　第 1 部分：用于转炉底吹
1027	YB/T 4891.2—2021	钢铁企业二氧化碳利用技术规范　第 2 部分：用于转炉顶吹
1028	YB/T 4891.3—2021	钢铁企业二氧化碳利用技术规范　第 3 部分：用于电弧炉炼钢
1029	YB/T 4892—2021	热轧钢板单位产品能源消耗限额
1030	YB/T 4893—2021	烧结余热能量回收驱动（SHRT）技术规范
1031	YB/T 4894—2021	镁质耐火制品单位产品能源消耗限额
1032	YB/T 4895—2021	耐火原料单位产品能源消耗限额
1033	YB/T 4896—2021	铝硅质耐火制品单位产品能源消耗限额
1034	YB/T 4897—2021	特种耐火制品单位产品能源消耗限额
1035	YB/T 4898—2021	高炉法处理含铬废弃物技术规范
1036	YB/T 4899—2021	用于混凝土中的改性烧结烟气脱硫灰
1037	YB/T 4900—2021	绿色设计产品评价技术规范　热轧 H 型钢
1038	YB/T 4901—2021	绿色设计产品评价技术规范　铁道车辆用车轮
1039	YB/T 4902—2021	绿色设计产品评价技术规范　钢筋混凝土用热轧带肋钢筋
1040	YB/T 4903—2021	绿色设计产品评价技术规范　高延性冷轧带肋钢筋
1041	YB/T 4904—2021	绿色设计产品评价技术规范　锚杆用热轧带肋钢筋
1042	YB/T 4905—2021	钢铁行业节能监察技术规范
1043	YB/T 4906—2021	热轧型钢轧辊
1044	YB/T 4907—2021	锰铁、锰硅合金和金属锰　锰、硅、铁、磷含量的测定　波长色散 X 射线荧光光谱法

续表

序号	标准编号	标准名称
1045	YB/T 4908.1—2021	钒铝合金　钒含量的测定　过硫酸铵氧化-硫酸亚铁铵滴定法
1046	YB/T 4908.2—2021	钒铝合金　硅、铁、磷、硼、铬、镍、钨、铜、锰、钼含量的测定　电感耦合等离子体原子发射光谱法
1047	YB/T 4908.3—2021	钒铝合金　铝含量的测定　钡盐强碱分离-EDTA 滴定法
1048	YB/T 4908.4—2021	钒铝合金　氢含量的测定　惰性气体熔融红外吸收法或热导法
1049	YB/T 4908.5—2021	钒铝合金　碳、硫含量的测定　高频感应燃烧-红外吸收法
1050	YB/T 4909.1—2021	炼钢铁水预处理用钙基脱硫剂分析方法　第 1 部分：二氧化硅含量的测定　高氯酸脱水重量法
1051	YB/T 4909.2—2021	炼钢铁水预处理用钙基脱硫剂分析方法　第 2 部分：氟化钙含量的测定　蒸馏-锆盐滴定法
1052	YB/T 4909.3—2021	炼钢铁水预处理用钙基脱硫剂分析方法　第 3 部分：硫含量的测定　燃烧碘量法
1053	YB/T 4909.4—2021	炼钢铁水预处理用钙基脱硫剂分析方法　第 4 部分：活性氧化钙含量的测定　EDTA 络合滴定法和酸碱滴定法
1054	YB/T 4910—2021	石墨电极接头用油系针状焦
1055	YB/T 4911—2021	球形石墨
1056	YB/T 4912—2021	高温气冷堆炭堆内构件
1057	YB/T 4913—2021	管道用碳钢修补器
1058	YB/T 4914—2021	冶金轧辊堆焊再制造通用技术条件
1059	YB/T 4915—2021	绿色设计产品评价技术规范　球墨铸铁管
1060	YB/T 4916—2021	焦化行业绿色工厂评价导则
1061	YB/T 4917—2021	转炉炼钢一次烟气颗粒物测定技术规范
1062	YB/T 4918—2021	干熄焦系统热平衡测试与计算方法
1063	YB/T 4919—2021	钢铁行业余热发电汽轮机冷端系统优化技术规范
1064	YB/T 4920—2021	冶金设备无垫板安装规范
1065	YB/T 4921—2021	高炉出铁沟浇注料施工及验收规范
1066	YB/T 4925—2021	立式连铸合金钢圆坯

续表

序号	标准编号	标 准 名 称
1067	YB/T 4926—2021	铝电解槽阴极扁钢
1068	YB/T 4927—2021	桥梁减震榫用热轧圆钢
1069	YB/T 4928—2021	焦炭孔隙构造及原料煤岩相显微分析方法
1070	YB/T 4929—2021	焦炉煤气　萘含量的测定　气相色谱法
1071	YB/T 4930—2021	洗油 主要组分的测定　气相色谱法
1072	YB/T 4933—2021	电梯钢丝绳用钢丝维氏硬度试验方法
1073	YB/T 4934—2021	液压缸用热轧无缝钢管
1074	YB/T 4937—2021	汽车安全带卷簧用热轧钢带
1075	YB/T 4938—2021	铝电解槽外壳用钢板
1076	YB/T 4939—2021	绿色设计产品评价技术规范　冷镦用线材
1077	YB/T 4940—2021	绿色设计产品评价技术规范　桥梁缆索用盘条
1078	YB/T 4941—2021	绿色设计产品评价技术规范　钢帘线用热轧盘条
1079	YB/T 4942—2021	绿色设计产品评价技术规范　焊接用钢盘条
1080	YB/T 4943—2021	绿色设计产品评价技术规范　胎圈钢丝用盘条
1081	YB/T 4947—2021	绿色设计产品评价技术规范　汽车用轴承钢
1082	YB/T 4949—2021	绿色设计产品评价技术规范　船舶及海洋工程用钢板和钢带
1083	YB/T 4950—2021	绿色设计产品评价技术规范　石化行业用铬钼钢板
1084	YB/T 4951—2021	绿色设计产品评价技术规范　食品包装用镀锡（铬）板
1085	YB/T 4952—2021	绿色设计产品评价技术规范　饮用水管用不锈钢钢板和钢带
1086	YB/T 4953—2021	绿色设计产品评价技术规范　超超临界火电机组用不锈钢无缝钢管
1087	YB/T 4954—2021	绿色设计产品评价技术规范　油气开采用套管和油管
1088	YB/T 4955—2021	绿色设计产品评价技术规范　建筑结构用方矩形钢管
1089	YB/T 4957—2021	耐磨混凝土用钢渣砂
1090	YB/T 4958—2021	机制砂用含钛高炉渣
1091	YB/T 4959—2021	冶金矿山尾矿胶结充填技术规范
1092	YB/T 4960—2021	冶金企业污染场地地下水抽提技术规范

续表

序号	标准编号	标准名称
1093	YB/T 4961—2021	钢铁行业地下水监测技术规范
1094	YB/T 4962—2021	高炉循环冷却水系统能耗限额与能效等级
1095	YB/T 4963—2021	钢铁行业富氧燃烧节能技术规范
1096	YB/T 4964—2021	钢铁行业脉冲燃烧控制技术规范
1097	YB/T 4965—2021	轧钢加热炉烟气余热回收利用技术规范
1098	YB/T 4966—2021	连续彩色涂层钢带生产企业节能诊断技术规范
1099	YB/T 4967—2021	连续热镀锌钢带生产企业节能诊断技术规范
1100	YB/T 4968—2021	冷轧钢带单位产品能源消耗限额
1101	YB/T 4969—2021	钢渣热闷工艺用水技术规范
1102	YB/T 4970—2021	钢渣风碎工艺用水技术规范
1103	YB/T 4971—2021	软炭
1104	YB/T 4972—2022	锅炉钢结构用热轧 H 型钢
1105	YB/T 4973—2022	叉车横梁用热轧型钢
1106	YB/T 4974—2022	热轧钢轨枕
1107	YB/T 4977—2021	焦炉烟气脱硝脱硫一体化技术规范　中低温 SCR 法+氨法
1108	YB/T 4978—2021	炼钢电炉烟气通风除尘技术规范
1109	YB/T 4984—2022	汽车用渗碳齿轮钢
1110	YB/T 4985—2022	汽车用易切削非调质钢棒
1111	YB/T 4986—2022	风电装备用螺栓钢
1112	YB/T 4987—2022	履带连接件用热轧圆钢
1113	YB/T 4988—2022	酚重油馏分
1114	YB/T 4989—2022	焦炉煤气　煤焦油含量的测定　分光光度法
1115	YB/T 4990—2022	焦化轻油 酚含量的测定　气相色谱法
1116	YB/T 4991—2022	焦化产品正庚烷不溶物含量的测定
1117	YB/T 4992—2022	焦化高软化点煤沥青　软化点的测定　冷压环球法
1118	YB/T 4993—2022	炭素材料摩擦磨损性能试验方法
1119	YB/T 4994—2022	炭素材料弯曲性能试验方法
1120	YB/T 4997—2022	光谱化学分析中的校验和质量控制图的使用规则
1121	YB/T 4998—2022	热轧油泥离线气浮除油技术规范

续表

序号	标准编号	标 准 名 称
1122	YB/T 5002—2017	一般用途圆钢钉
1123	YB/T 5004—2012	镀锌钢绞线
1124	YB/T 5005—2014	辐条用钢丝
1125	YB/T 5009—2011	镁质、镁铝质、镁铬质耐火泥浆
1126	YB/T 5011—2014	镁铬砖
1127	YB/T 5012—2009	高炉及热风炉用砖形状尺寸
1128	YB/T 5018—1993	炼钢电炉顶用砖形状尺寸
1129	YB/T 5022—2016	粗苯
1130	YB/T 5025—2018	古马隆和茚含量的测定方法
1131	YB/T 5033—2001	棉花打包用镀锌钢丝
1132	YB/T 5034—2015	履带板用热轧型钢
1133	YB/T 5035—2020	汽车半轴套管用无缝钢管
1134	YB/T 5036—2012	磷铁
1135	YB/T 5038—2012	氧化钼　湿存水含量的测定　重量法
1136	YB/T 5039—2012	氧化钼　钼含量的测定　钼酸铅重量法
1137	YB/T 5040—2012	氧化钼　硫含量的测定　硫酸钡重量法
1138	YB/T 5041—2012	氧化钼　硫含量的测定　燃烧-碘酸钾容量法
1139	YB/T 5042—2012	氧化钼　碳含量的测定　库仑法
1140	YB/T 5043—2012	氧化钼　磷含量的测定　正丁醇-三氯甲烷萃取分光光度法
1141	YB/T 5044—2012	氧化钼　锡含量的测定　苯基荧光酮分光光度法
1142	YB/T 5045—2012	氧化钼　铜含量的测定　新铜试剂分光光度法
1143	YB/T 5046—2012	氧化钼　锑含量的测定　孔雀绿分光光度法
1144	YB/T 5047—2016	矿用热轧型钢
1145	YB/T 5048—2006	拖拉机大梁用槽钢
1146	YB/T 5049—2019	滑板砖
1147	YB/T 5051—2016	硅钙合金
1148	YB/T 5053—2018	石墨阳极
1149	YB/T 5054—2015	炭糊类检测试样制备方法
1150	YB/T 5055—2014	起重机钢轨

续表

序号	标准编号	标 准 名 称
1151	YB/T 5057—1993	铝土矿技术条件
1152	YB/T 5058—2005	弹簧钢、工具钢冷轧钢带
1153	YB/T 5059—2013	低碳钢冷轧钢带
1154	YB/T 5061—2007	手表用碳素工具钢冷轧钢带
1155	YB/T 5062—2007	锯条用冷轧钢带
1156	YB/T 5063—2007	热处理弹簧钢带
1157	YB/T 5064—2016	自行车链条用冷轧钢带
1158	YB/T 5066—2015	自行车用碳素钢和低合金钢热轧宽钢带
1159	YB/T 5070—2014	α-甲基吡啶
1160	YB/T 5071—2015	β-甲基吡啶馏分
1161	YB/T 5072—2014	粗轻吡啶中吡啶及同系物含量测定方法
1162	YB/T 5075—2010	煤焦油
1163	YB/T 5078—2010	煤焦油　萘含量的测定　气相色谱测定方法
1164	YB/T 5079—2012	粗酚
1165	YB/T 5082—2016	粗酚　灼烧残渣的测定方法
1166	YB/T 5083—2014	粘土质和高铝质致密耐火浇注料
1167	YB/T 5084—2015	化工用二氧化锰矿粉
1168	YB/T 5085—2010	工业蒽
1169	YB/T 5086—2014	工业蒽中蒽含量测定方法
1170	YB/T 5087—2012	工业蒽中油含量测定方法
1171	YB/T 5089—2007	锻制用不锈钢坯
1172	YB/T 5091—2016	惰性气体保护焊用不锈钢丝
1173	YB/T 5092—2016	焊接用不锈钢丝
1174	YB/T 5093—2016	固体古马隆-茚树脂
1175	YB/T 5094—2016	固体古马隆-茚树脂外观颜色测定方法
1176	YB/T 5095—2016	固体古马隆-茚树脂酸碱度测定方法
1177	YB/T 5096—2007	1,8 -萘二甲酸酐
1178	YB/T 5097—2007	1,8 -萘二甲酸酐含量测定方法
1179	YB/T 5098—2007	1,8 -萘二甲酸酐熔点测定方法

续表

序号	标准编号	标 准 名 称
1180	YB/T 5100—1993	琴钢丝用盘条
1181	YB/T 5106—2009	粘土质耐火砖
1182	YB/T 5107—2004	热风炉用粘土砖
1183	YB/T 5110—1993	浇注用耐火砖形状尺寸
1184	YB/T 5113—1993	盛钢桶内铸钢用耐火砖形状尺寸
1185	YB/T 5115—2014	粘土质和高铝质耐火可塑料
1186	YB/T 5116—1993	粘土质和高铝质耐火可塑料试样制备方法
1187	YB/T 5119—1993	粘土质和高铝质耐火可塑料可塑性指数试验方法
1188	YB/T 5125—2019	含钒钛生铁
1189	YB/T 5127—2018	钢的临界点测定　膨胀法
1190	YB/T 5128—2018	钢的连续冷却转变曲线图的测定　膨胀法
1191	YB/T 5129—2012	氧化钼块
1192	YB/T 5132—2007	合金结构钢薄钢板
1193	YB/T 5134—2007	手表用不锈钢扁钢
1194	YB/T 5135—2014	发条用高弹性合金 3J9 冷拉丝
1195	YB/T 5137—2007	高压用无缝钢管圆管坯
1196	YB/T 5138—1993	电焊条用还原铁粉
1197	YB/T 5140—2012	氮化铬铁
1198	YB/T 5141—1993	电焊条用还原钛铁矿粉
1199	YB/T 5142—2005	冶金矿产品包装、标识、运输、储存和质量证明书
1200	YB/T 5144—2006	轴承保持器用碳素结构钢丝
1201	YB/T 5146—2022	高纯石墨制品灰分的测定
1202	YB/T 5147—2017	炭素材料　硼含量的测定　姜黄素-草酸比色法
1203	YB/T 5149—1993	铸钢丸
1204	YB/T 5150—1993	铸钢砂
1205	YB/T 5151—1993	铸铁丸
1206	YB/T 5152—1993	铸铁砂
1207	YB/T 5155—2018	焦化产品测定方法通则
1208	YB/T 5156—2016	高纯石墨制品中硅的测定　硅—钼蓝分光光度法

续表

序号	标准编号	标 准 名 称
1209	YB/T 5157—2016	高纯石墨制品中铁的测定　邻二氮菲分光光度法
1210	YB/T 5158—2007	高纯石墨制品中微量硼的光谱测定　溶液干渣法
1211	YB/T 5159—2007	高纯石墨制品中硅和铁的光谱测定　粉末法
1212	YB/T 5160—2008	阴极炭块的电解试验方法
1213	YB/T 5166—1993	烧结矿和球团矿-转鼓强度的测定
1214	YB/T 5168—2016	木材防腐油
1215	YB/T 5171—2016	木材防腐油试验方法　40℃结晶物测定方法
1216	YB/T 5172—2016	木材防腐油试验方法　闪点测定方法
1217	YB/T 5173—2016	木材防腐油试验方法　流动性测定方法
1218	YB/T 5174—2016	炭黑用焦化原料油
1219	YB/T 5179—2005	高铝矾土熟料
1220	YB/T 5180—2005	硬质粘土与高铝矾土熟料杂质试验方法
1221	YB/T 5180—2020	硬质粘土与高铝矾土熟料杂质检验方法
1222	YB/T 5181—1993	22 号帽型钢
1223	YB/T 5182—2006	热轧 310 乙字型钢
1224	YB/T 5183—2006	汽车附件、内燃机、软轴用异形钢丝
1225	YB/T 5187—2004	缝纫机针和植绒针用钢丝
1226	YB/T 5189—2022	炭素材料挥发分的测定
1227	YB/T 5190—2007	高纯石墨材料氯含量的分光光度测定方法
1228	YB/T 5191—2007	高纯石墨材料总稀土元素含量的分光光度测定方法
1229	YB/T 5192—2016	高炉炭块尺寸
1230	YB/T 5194—2015	改质沥青
1231	YB/T 5196—2005	飞机操纵用钢丝绳
1232	YB/T 5197—2005	航空用钢丝绳
1233	YB/T 5198—2015	电梯钢丝绳用钢丝
1234	YB/T 5200—1993	致密耐火浇注料 显气孔率和体积密度试验方法
1235	YB/T 5202. 1—2003	不定形耐火材料试样制备方法　第 1 部分：耐火浇注料
1236	YB/T 5204—1993	致密耐火浇注料　筛分析试验方法
1237	YB/T 5206—2004	轻烧氧化镁粉

续表

序号	标准编号	标 准 名 称
1238	YB/T 5207—2005	硬质粘土熟料
1239	YB/T 5208—2016	菱镁石
1240	YB/T 5209—2020	传动轴用电焊钢管
1241	YB/T 5211—1993	链式葫芦起重圆环链用钢丝
1242	YB/T 5213—2016	炭块耐碱性试验方法
1243	YB/T 5214—2007	抗氧化涂层石墨电极
1244	YB/T 5215—2015	电极糊
1245	YB/T 5217—2019	萤石
1246	YB/T 5218—2017	乐器用钢丝
1247	YB/T 5219—1993	医用缝合针钢丝
1248	YB/T 5220—2014	非机械弹簧用碳素弹簧钢丝
1249	YB/T 5221—2014	合金结构钢圆管坯
1250	YB/T 5222—2014	优质碳素结构钢圆管坯
1251	YB/T 5223—2013	金属热切圆锯片
1252	YB/T 5224—2014	中频用电工钢薄带
1253	YB/T 5227—2016	汽车车轮轮辋用热轧型钢
1254	YB/T 5228—1993	铝电解用阳极糊
1255	YB/T 5229—1993	铝电解用炭阳极
1256	YB/T 5230—1993	铝电解用普通阴极炭块
1257	YB/T 5231—2014	定膨胀封接铁镍钴合金
1258	YB/T 5233—2005	无磁定膨胀瓷封镍基合金
1259	YB/T 5235—2005	定膨胀封接铁镍钴、铁镍合金
1260	YB/T 5236—2005	杜美丝芯用铁镍合金 4J43
1261	YB/T 5237—2005	玻封铁镍铜合金 4J41
1262	YB/T 5238—2005	线纹尺用定膨胀铁镍合金 4J58
1263	YB/T 5239—2005	无磁磁尺基体用铁锰合金 4J59
1264	YB/T 5240—2005	玻封铁铬合金 4J28
1265	YB/T 5241—2014	低膨胀铁镍、铁镍钴合金
1266	YB/T 5242—2013	精密合金包装、标志和质量证明书的一般规定

续表

序号	标准编号	标 准 名 称
1267	YB/T 5243—1993	抗震耐磨轴尖合金 3J40
1268	YB/T 5244—1993	正温度系数恒弹性合金 3J63
1269	YB/T 5245—1993	普通承力件用高温合金热轧和锻制棒材
1270	YB/T 5246—1993	2Cr3WMoV（GH34）钢锻制圆饼
1271	YB/T 5247—2012	焊接用高温合金冷拉丝
1272	YB/T 5248—1993	铸造用高温合金母合金
1273	YB/T 5249—2012	冷镦用高温合金冷拉丝
1274	YB/T 5250—1993	电真空器件用无磁不锈钢 0Cr16Ni14
1275	YB/T 5251—2013	软磁合金带卷绕环形铁芯
1276	YB/T 5252—2011	轴尖用合金 3J22 丝材技术条件
1277	YB/T 5253—2011	弹性元件用合金 3J21 技术条件
1278	YB/T 5254—2011	频率元件用恒弹性合金 3J53 和 3J58 技术条件
1279	YB/T 5255—2013	频率元件用恒弹性合金 3J60 冷拉丝技术条件
1280	YB/T 5256—2011	弹性元件用合金 3J1 和 3J53 技术条件
1281	YB/T 5259—2012	镍铬电阻合金丝
1282	YB/T 5260—2013	镍铬基精密电阻合金丝
1283	YB/T 5261—2016	变形铁铬钴永磁合金
1284	YB/T 5262—2011	手表游丝用恒弹性合金 3J53Y 丝材技术条件
1285	YB/T 5263—2014	耐蚀合金焊丝
1286	YB/T 5264—1993	耐蚀合金锻件
1287	YB/T 5265—2007	耐火材料用铬矿石
1288	YB/T 5266—2004	电熔镁砂
1289	YB/T 5267—2013	莫来石
1290	YB/T 5268—2014	硅石
1291	YB/T 5277—2014	冶金用铬矿石
1292	YB/T 5278—2020	白云石
1293	YB/T 5279—2016	石灰石
1294	YB/T 5280—2007	铁矾土
1295	YB/T 5281—2008	工业喹啉

续表

序号	标准编号	标 准 名 称
1296	YB/T 5282—1999	工业喹啉密度测定方法
1297	YB/T 5284—2016	工业喹啉折射率测定方法
1298	YB/T 5285—2011	酸溶性钛渣
1299	YB/T 5288—2022	炭素材料耐腐蚀试验方法
1300	YB/T 5289—2017	电极糊延伸率试验方法
1301	YB/T 5290—2017	高炉炭块铁水渗透性试验方法
1302	YB/T 5291—2016	高炉炭块导热系数试验方法
1303	YB/T 5292—2017	高炉炭块氧化性试验方法
1304	YB/T 5293—2022	金属材料 顶锻试验方法
1305	YB/T 5294—2009	一般用途低碳钢丝
1306	YB/T 5295—2010	密封钢丝绳
1307	YB/T 5296—2011	炼钢用生铁
1308	YB/T 5298—2009	沥青焦试样的采取和制备方法
1309	YB/T 5299—2009	沥青焦
1310	YB/T 5300—2009	沥青焦真比重的测定方法
1311	YB/T 5301—2010	合金结构钢丝
1312	YB/T 5302—2010	高速工具钢丝
1313	YB/T 5303—2010	优质碳素结构钢丝
1314	YB/T 5304—2017	五氧化二钒
1315	YB/T 5305—2020	碳素结构钢电线套管
1316	YB/T 5308—2011	粉末冶金用还原铁粉
1317	YB/T 5309—2006	不锈钢热轧等边角钢
1318	YB/T 5310—2010	弹簧用不锈钢冷轧钢带
1319	YB/T 5311—2010	重要用途碳素弹簧钢丝
1320	YB/T 5312—2016	硅钙合金 硅含量的测定 高氯酸脱水重量法
1321	YB/T 5313—2016	硅钙合金 钙含量的测定 EDTA 滴定法
1322	YB/T 5314—2016	硅钙合金 铝含量的测定 EDTA 滴定法
1323	YB/T 5315—2016	硅钙合金 磷含量的测定 磷钼蓝分光光度法
1324	YB/T 5316—2016	硅钙合金 碳含量的测定 高频燃烧红外线吸收法

续表

序号	标准编号	标 准 名 称
1325	YB/T 5317—2016	硅钙合金　硫含量的测定　高频燃烧红外线吸收法和燃烧碘酸钾滴定法
1326	YB/T 5318—2010	合金弹簧钢丝
1327	YB/T 5319—2010	弹簧垫圈用梯形钢丝
1328	YB/T 5320—2006	金属材料定量相分析　X 射线衍射 *K* 值法
1329	YB/T 5321—2006	膨胀合金气密性试验方法
1330	YB/T 5322—2010	碳素工具钢丝
1331	YB/T 5324—2006	黄血盐钠
1332	YB/T 5325—2015	黄血盐钠含量的测定方法
1333	YB/T 5326—2006	黄血盐钠水不溶物的测定方法
1334	YB/T 5328—2009	五氧化二钒化学分析方法　高锰酸钾氧化-硫酸亚铁铵滴定法测定五氧化二钒量
1335	YB/T 5329—2009	五氧化二钒化学分析方法　钼蓝分光光度法测定硅量
1336	YB/T 5330—2009	五氧化二钒化学分析方法　邻二氮杂菲分光光度法测定铁量
1337	YB/T 5331—2009	五氧化二钒化学分析方法　共沉淀-萃取钼蓝分光光度法测定磷量
1338	YB/T 5332—2009	五氧化二钒化学分析方法　硫酸钡重量法测定硫量
1339	YB/T 5333—2009	五氧化二钒化学分析方法　示波极谱法测定硫量
1340	YB/T 5334—2009	五氧化二钒化学分析方法　AgDDTC 分光光度法测定砷量
1341	YB/T 5335—2009	五氧化二钒化学分析方法　原子吸收分光光度法测定氧化钾和氧化钠量
1342	YB/T 5336—2006	高速钢中碳化物相的定量分析　X 射线衍射仪法
1343	YB/T 5337—2006	金属点阵常数的测定方法　X 射线衍射仪法
1344	YB/T 5338—2019	钢中奥氏体定量测定　X 射线衍射仪法
1345	YB/T 5338—2006	钢中残余奥氏体定量测定　X 射线衍射仪法
1346	YB/T 5339—2015	磷铁 碳含量的测定　红外线吸收法
1347	YB/T 5340—2015	磷铁 碳含量的测定　气体容量法
1348	YB/T 5341—2015	磷铁 硫含量的测定　红外线吸收法

续表

序号	标准编号	标 准 名 称
1349	YB/T 5342—2015	磷铁 硫含量的测定　燃烧中和滴定法
1350	YB/T 5343—2015	制绳用圆钢丝
1351	YB/T 5345—2014	金属材料滚动接触疲劳试验方法
1352	YB/T 5346—2006	冷拉异型钢
1353	YB/T 5347—2016	工业链条用冷轧钢带
1354	YB/T 5348—2006	工业链条用冷拉钢
1355	YB/T 5349—2014	金属弯曲力学性能试验方法
1356	YB/T 5350—2006	金属材料高温弹性模量测试方法　圆盘振子法
1357	YB/T 5351—2006	高温合金锻制圆饼
1358	YB/T 5352—2006	高温合金环件毛坯
1359	YB/T 5353—2012	耐蚀合金热轧板
1360	YB/T 5354—2012	耐蚀合金冷轧薄板
1361	YB/T 5355—2012	耐蚀合金冷轧带
1362	YB/T 5356—2006	宽度小于700mm连续热镀锌钢带
1363	YB/T 5357—2019	钢丝镀层　锌或锌-5%铝合金
1364	YB/T 5358—2008	硅钡合金
1365	YB/T 5359—2020	压实股钢丝绳
1366	YB/T 5360—2020	金属材料　定量极图的测定　X射线衍射法
1367	YB/T 5360—2006	金属材料定量极图的测定
1368	YB/T 5363—2016	装饰用焊接不锈钢管
1369	YB/T 6005—2022	交流电弧炉供电系统节能设计规范
1370	YB/T 6007—2022	焦炉炭化室荒煤气回收和压力自动调节技术规范
1371	YB/T 6012—2022	高炉渣　多组分含量的测定　X-射线荧光光谱法（压片法）
1372	YB/T 6016—2022	球墨铸铁管绿色工厂评价要求
1373	YB/T 6018—2022	铁合金行业绿色工厂评价要求
1374	YB/T 6020—2022	钢卷轮廓检测方法
1375	YB/T 6021—2022	钢带翘曲检测方法
1376	YB/T 6022—2022	热轧钢带横向板廓特征判定方法

续表

序号	标准编号	标准名称
1377	YB/T 6023—2022	刹车盘用不锈钢热轧钢板及钢带
1378	YB/T 6024—2022	汽车装饰用冷轧不锈钢钢板及钢带
1379	YB/T 6025—2022	船舶及海洋工程用双相不锈钢热轧钢板
1380	YB/T 6026—2022	生铁　硅、锰、磷、硫、钛含量的测定　波长色散 X 射线荧光光谱法
1381	YB/T 6027—2022	锰铁、锰硅合金、金属锰　钙含量的测定　火焰原子吸收光谱法
1382	YB/T 6028—2022	锰铁、锰硅合金、金属锰　镁含量的测定　火焰原子吸收光谱法
1383	YB/T 6029—2022	耐火耐候钢焊丝用盘条
1384	YB/T 6030—2022	汽车掣动推拉索芯
1385	YB/T 6031—2022	汽车发动机燃油导轨用不锈钢丝及棒
1386	YB/T 6032—2022	制簧用钢丝绳
1387	YB/T 6033—2022	冶金轧机机架在线修复技术规范
1388	YB/T 6034—2022	冶金轧机轴承座修复技术规范
1389	YB/T 6035—2022	金属带材开卷机卷筒与卷取机卷筒修复技术规范
1390	YB/T 6036—2022	热喷涂高温合金涂层热膨胀系数测定方法
1391	YB/T 6037—2022	电熔镁铬砂　氧化镁、三氧化二铝、二氧化硅、氧化钙、二氧化钛、三氧化二铬、三氧化二铁含量的测定　波长色散 X 射线荧光光谱法（熔铸片法）
1392	YB/T 6038—2022	电渣重熔渣　总钙、氟、二氧化硅、三氧化二铝、氧化镁含量的测定　波长色散 X 射线荧光光谱法
1393	YB/T 6039—2022	冶金石灰生烧率和过烧率的测定方法
1394	YB/T 6040—2022	萤石球团 落下强度的测定方法
1395	YB/T 6041—2022	球磨机钢球用钢
1396	YB/T 6043—2022	热轧花纹型钢
1397	YB/T 6044—2022	炭素材料热态电阻率测定方法
1398	YB/T 6045—2022	炭素材料显微结构测定方法
1399	YB/T 6046—2022	等静压石墨热膨胀系数测定方法

续表

序号	标准编号	标 准 名 称
1400	YB/T 6047—2022	硼酸盐浸渍抗氧化石墨电极
1401	YB/T 6048—2022	煤沥青热失重测定方法
1402	YB/T 6049—2022	针状焦耐压强度指数测定方法
1403	YB/T 6050—2022	冶金焦化、烧结、球团配料自动采样控制系统技术规范
1404	YB/T 6051—2022	焦炉煤气　苯含量的测定　气相色谱法
1405	YB/T 6052—2022	抗湿硫化氢腐蚀钢板
1406	YB/T 6053—2022	捆带用连续热镀锌钢带
1407	YB/T 6054—2022	钢结构滑移施工技术规范
1408	YB/T 6055—2022	钢渣　三氧化二铁含量的测定　EDTA 滴定法
1409	YB/T 6056—2022	钢渣　氧化钙含量的测定　EDTA 滴定法
1410	YB/T 6057—2022	钢渣中铁、硅、铝、钙、镁、锰含量的测定　电感耦合等离子体发射光谱法
1411	YB/T 6058—2022	滚筒法钢渣处理技术规范
1412	YB/T 6059—2022	高温红外辐射涂料　悬浊液悬浮性能测定方法
1413	YB/T 6063—2022	铁合金行业节能监察技术规范
1414	YB/T 6065—2022	钢铁行业循环水处理技术要求 物理法
1415	YB/T 6068—2022	电弧炉炼钢供氧技术规范
1416	YB/T 6069—2022	热轧 H 型钢绿色工厂评价
1417	YB/T 6072—2022	转底炉处理冶金尘泥技术规范
1418	YB/T 6073—2022	钢铁企业油品净化循环利用技术规范
1419	YB/T 6074—2022	不锈钢冶炼用工业废渣制烧结矿
1420	YB/T 6075—2022	焊接钢管企业绿色工厂评价要求
1421	YB/T 6076—2022	冷轧钢带企业绿色工厂评价要求
1422	YB/T 6077—2022	不锈钢焊管企业绿色工厂评价要求
1423	YB/T 6078—2022	球团用带式焙烧机
1424	YB/T 6081—2022	卫生级不锈钢洁净管
1425	YB 9057—1993	高炉炼铁工艺设计技术规定
1426	YB 9063—2000	钢铁企业电信设计规范
1427	YB 9070—2014	冶金行业压力容器设计管理规定

续表

序号	标准编号	标 准 名 称
1428	YB/T 9071—2015	余热利用设备设计管理规定
1429	YB 9073—2014	钢制压力容器设计技术规定
1430	YB 9078—1999	钢铁企业铁路信号设计规范
1431	YB 9081—1997	冶金建筑抗震设计规范
1432	YB/T 9231—2009	钢筋阻锈剂应用技术规程
1433	YB/T 9251—1994	组合钢模板质量检验评定标准
1434	YB 9258—1997	建筑基坑工程技术规范
1435	YB/T 9259—1998	冶金工程建设焊工考试规程
1436	YB/T 9260—1998	冶金工业设备抗震鉴定标准
1437	YB/T 9261—1998	水泥基灌浆材料施工技术规程
1438	YB/T 4153—2020	高炉用压入料
1439	YB/T 4179—2008	水冷金属型离心铸造球墨铸铁管管模
1440	YB 4407—2014	冶金矿山井巷安装工程质量验收规范
1441	YB/T 4456—2022	建筑用彩色涂层钢板及钢带
1442	YB/T 4457—2022	建筑用连续热镀锌钢板及钢带
1443	YB/T 4458—2015	家电用彩色涂层钢板及钢带
1444	YB/T 4459—2015	黄磷包装桶用冷轧钢板及钢带
1445	YB/T 4514—2016	石油天然气输送管用抗大变形宽厚钢板
1446	YB/T 4515—2016	石油天然气输送管用抗酸性宽厚钢板
1447	YB/T 4517—2016	700MW 及以上级大型电机用冷轧无取向电工钢带
1448	YB/T 4518—2016	500kV 及以上变压器用冷轧取向电工钢带
1449	YB/T 4519—2016	铲刀刃用钢板
1450	YB/T 4520—2016	封装支架用冷轧钢带
1451	YB/T 4568—2016	煤矿液压支架用高强度钢板和钢带
1452	YB/T 4570—2016	工程机械用耐疲劳结构钢板
1453	YB/T 4571—2016	刀具用控氮马氏体不锈钢钢板及钢带
1454	YB/T 4651—2018	自动柜员机用高强度防爆钢板
1455	YB/T 4684—2018	高速列车转向架用钢板
1456	YB/T 4685—2018	农机刃具用热轧钢板和钢带

续表

序号	标准编号	标 准 名 称
1457	YB/T 4686—2018	镀锌锅用钢板
1458	YB/T 4687—2018	车轮用耐疲劳热轧钢板和钢带
1459	YB/T 4761—2019	连续热镀锌铝镁合金镀层钢板及钢带
1460	YB/T 4762—2019	电机用具有磁性能要求的冷轧和热轧钢板
1461	YB/T 5154—2016	工业甲基萘　甲基萘和萘含量的测定　气相色谱法
1462	YB/T 5176—2016	炭黑用原料油　钾、钠含量的测定　原子吸收光谱法和火焰光度法
1463	YB/T 5178—2016	炭黑用原料油　沥青质含量的测定　正庚烷沉淀法
1464	YB/T 5287—1999	家用电器用热轧硅钢薄钢板
1465	YB/T 4206—2009	输电铁塔用冷弯型钢
1466	YB/T 130—1997	钢的等温转变曲线图的测定
1467	YB/T 4999. 1—2022	水泥铁质校正原料用铁尾矿砂
1468	YB/T 6013. 1—2022	烧结烟气脱硫灰　硫酸盐和亚硫酸盐含量的测定　硫酸钡重量法
1469	YB/T 6013. 2—2022	烧结烟气脱硫灰　氯离子含量的测定　硝酸银电位滴定法
1470	YB/T 4726. 13—2022	含铁尘泥　钾和钠含量的测定　火焰原子吸收光谱法
1471	YB/T 6061. 1—2022	精炼钢冶炼单位产品能源消耗限额　第 1 部分：不锈钢
1472	YB/T 6061. 2—2022	精炼钢冶炼单位产品能源消耗限额　第 2 部分：电工钢
1473	YB/T 4256. 1—2012	钢铁行业海水淡化技术规范　第 1 部分：低温多效蒸馏法
1474	YB/T 4257. 1—2012	钢铁污水除盐技术规范　第 1 部分：反渗透法
1475	YB/T 068—1995	脱碳低磷粒铁
1476	YB/T 103—2015	天然放电锰粉
1477	YB/T 178. 6—2008	硅铝合金、硅钡铝合金碳含量的测定　红外线吸收法
1478	YB/T 178. 7—2008	硅铝合金、硅钡铝合金硫含量的测定　红外线吸收法
1479	YB/T 2406—2015	富锰渣
1480	YB/T 4174. 1—2022	硅钙合金分析方法　第 1 部分：铝含量的测定　电感耦合等离子体原子发射光谱法
1481	YB/T 4174. 2—2008	硅钙合金　磷含量的测定　电感耦合等离子体发射光谱法

附录三　中国钢铁行业发布的中国钢铁工业协会团体标准目录

序号	已发布团标编号	标准名称
1	T/CISA 001—2017	汽车座椅骨架用钢丝
2	T/CISA 002—2017	高压锅炉用中频热扩无缝钢管
3	T/CISA 003—2017	电站用新型马氏体耐热钢 08Cr9W3Co3VNbCuBN（G115）无缝钢管
4	T/CISA 004—2017	电站锅炉用新型耐热不锈钢 06Cr22Ni25W3Cu3Co2MoNbN（C-HRA-5）无缝钢管
5	T/CISA 005—2018	铸余渣钢用分隔板
6	T/CISA 006—2019	电站锅炉用 07Cr23Ni15Cu4NbN（SP2215）新型奥氏体耐热钢无缝钢管
7	T/CISA 007—2019	内衬不锈钢机械连接复合管件
8	T/CISA 008. 1—2019	钢铁产品质量能力分级规范　第 1 部分：通则
9	T/CISA 008. 2—2019	钢铁产品质量能力分级规范　第 2 部分：船体结构用钢板
10	T/CISA 008. 3—2019	钢铁产品质量能力分级规范　第 3 部分：焊接材料
11	T/CISA 009—2019	高导热硅砖
12	T/CISA 010—2019	顶燃式热风炉用耐热混凝土
13	T/CISA 011—2019	冶金矿山搅拌磨机用陶瓷球验收技术规范
14	T/CISA 012—2019	钢铁冶炼用促进剂
15	T/CISA 013—2019	低镍生铁
16	T/CISA 014—2019	炼钢用轻烧白云石
17	T/CISA 015—2019	畜牧业笼养用热镀锌-10%铝镀层钢丝
18	T/CISA 016—2019	绿色轮胎用 19CCST 钢帘线
19	T/CISA 017—2019	08Cr19Mn6Ni3Cu2N 高强度含氮奥氏体不锈钢棒
20	T/CISA 018—2019	08Cr19Mn6Ni3Cu2N 高强度含氮奥氏体不锈钢盘条

续表

序号	已发布团标编号	标 准 名 称
21	T/CISA 019—2019	08Cr19Mn6Ni3Cu2N 高强度含氮奥氏体不锈钢型钢
22	T/CISA 020—2019	08Cr19Mn6Ni3Cu2N 高强度含氮奥氏体不锈钢热轧（锻）无缝钢管圆管坯
23	T/CISA 021—2019	装饰用 08Cr19Mn6Ni3Cu2N 高强度含氮奥氏体不锈钢焊接钢管
24	T/CISA 022—2019	08Cr19Mn6Ni3Cu2N 高强度含氮奥氏体不锈钢钢板和钢带
25	T/CISA 023—2019	球墨铸铁管和管件　超耐久性密封胶圈
26	T/CISA 101—2017	绿色设计产品评价规范　管线钢
27	T/CISA 102—2017	绿色设计产品评价规范　取向电工钢
28	T/CISA 103—2017	绿色设计产品评价规范　新能源汽车用无取向电工钢
29	T/CISA 104—2018	绿色设计产品评价规范　钢塑复合管
30	T/CISA 105—2019	绿色设计产品评价技术规范　五氧化二钒
31	T/CISA 106—2019	绿色产品评价规范　球墨铸铁管
32	T/CISA 024—2020	流体输送用不锈钢螺旋波纹管及管件
33	T/CISA 025—2020	非晶合金用高硅纯铁
34	T/CISA 026—2020	钢筋混凝土用 HRB600E 抗震热轧带肋钢筋
35	T/CISA 027—2020	钢铁企业低碳清洁评价标准
36	T/CISA 028—2020	钢铁企业铁路无线调车灯显设备
37	T/CISA 029—2020	钢渣砂基透水砖
38	T/CISA 030—2020	炼钢用赤泥基化渣剂
39	T/CISA 031—2020	钢带连续冷轧工序能效评估导则
40	T/CISA 032—2020	钢带连续酸洗工序能效评估导则
41	T/CISA 033—2020	烧结烟气脱硫脱硝技术规范　氧化法
42	T/CISA 034—2020	烧结烟气脱硫脱硝用循环流化床吸收塔装置
43	T/CISA 035—2020	烧结烟气脱硝用二氧化氯发生器装置
44	T/CISA 036—2020	顶燃式热风炉用喷涂料
45	T/CISA 037—2020	环压连接铁素体不锈钢衬塑钢管
46	T/CISA 038—2020	带接口整体衬塑钢管及管件
47	T/CISA 039—2020	钢铁企业能效指数计算导则

续表

序号	已发布团标编号	标 准 名 称
48	T/CISA 040—2020	液压缸激光熔覆技术规范
49	T/CISA 041—2020	口罩用镀锌钢丝
50	T/CISA 042—2020	压水堆核电厂安全壳用预应力钢绞线
51	T/CISA 043—2020	烧结烟气和烟尘循环利用技术规范
52	T/CISA 044—2020	钢铁企业绿色高质量发展指数
53	T/CISA 045—2020	铬-锰-镍-氮系奥氏体不锈钢热轧钢板和钢带
54	T/CISA 046—2020	铬-锰-镍-氮系奥氏体不锈钢冷轧钢板和钢带
55	T/CISA 047—2020	“领跑者”标准评价要求　球墨铸铁管
56	T/CISA 048—2020	“领跑者”标准评价要求　热轧钢板桩
57	T/CISA 049—2020	“领跑者”标准评价要求　热轧 H 型钢
58	T/CISA 050—2020	“领跑者”标准评价要求　齿轮钢
59	T/CISA 051—2020	“领跑者”标准评价要求　弹簧钢
60	T/CISA 052—2020	“领跑者”标准评价要求　高碳铬轴承钢
61	T/CISA 053—2020	“领跑者”标准评价要求　LNG 储罐预应力钢绞线用热轧盘条
62	T/CISA 054—2020	“领跑者”标准评价要求　冷镦钢热轧盘条
63	T/CISA 055—2020	“领跑者”标准评价要求　低压流体输送用焊接钢管
64	T/CISA 056—2020	“领跑者”标准评价要求　全工艺冷轧无取向电工钢
65	T/CISA 057—2020	“领跑者”标准评价要求　全工艺冷轧取向电工钢
66	T/CISA 058—2020	钢铁企业标准轨距铁路道岔技术条件
67	T/CISA 059—2020	发动机启动卷簧用冷轧钢带
68	T/CISA 060—2020	C 型钉用镀层钢丝
69	T/CISA 061—2020	无锈熔接网用镀层钢丝
70	T/CISA 062—2020	卷收器用冷轧卷簧钢带
71	T/CISA 063—2020	金属材料　残余应力测定　轮廓法
72	T/CISA 064—2020	绿色设计产品评价技术规范　低中压流体输送和结构用电焊钢管
73	T/CISA 065—2020	高炉循环冷却水系统节能技术规范
74	T/CISA 066—2020	钢带彩涂工序电力管理平台技术规范

续表

序号	已发布团标编号	标 准 名 称
75	T/CISA 067—2020	钢带热镀锌工序电力管理平台技术规范
76	T/CISA 068—2020	烧结用含铁尘泥
77	T/CISA 069—2020	高速金属智能冷锯机
78	T/CISA 070—2020	工业机器人热成型模锻智能装备
79	T/CISA 071—2020	金属材料　薄板和薄带　轴向等幅循环疲劳试验方法
80	T/CISA 072—2020	再生钢铁原料
81	T/CISA 073—2020	桥梁用耐海洋大气环境腐蚀钢板
82	T/CISA 074—2020	桥梁用热轧不锈钢复合钢板
83	T/CISA 075—2020	工程机械用高性能耐磨钢板和钢带
84	T/CISA 076—2020	煤矿刮板机用高强度稀土耐磨钢板
85	T/CISA 077—2020	尾矿制备砂石骨料绿色生产与运输评价
86	T/CISA 078—2020	尾矿制备砂石骨料输送用皮带廊技术规范
87	T/CISA 079—2020	铁精粉预压-辊磨系统技术规范
88	T/CISA 080—2020	钢带连续涂镀生产线低油碱性废水处理技术规范
89	T/CISA 081—2021	耐候钢结构紧固件用热轧盘条及圆钢
90	T/CISA 082—2021	绿色设计产品评价技术规范　非调质冷镦钢热轧盘条
91	T/CISA 083—2021	绿色设计产品评价技术规范　预应力钢丝及钢绞线用热轧盘条
92	T/CISA 084—2021	绿色设计产品评价技术规范　不锈钢盘条
93	T/CISA 085—2021	绿色设计产品评价技术规范　弹簧钢丝用热轧盘条
94	T/CISA 086—2021	DD405 单晶高温合金母合金
95	T/CISA 087—2021	高炉—转炉界面能效评价技术规范
96	T/CISA 088—2021	高炉—转炉界面鱼雷罐车（TPC）加废钢技术规范及能效评价标准
97	T/CISA 089—2021	高炉—转炉界面鱼雷罐车（TPC）运输铁水温降评价技术规范
98	T/CISA 090—2021	高炉用环保炮泥
99	T/CISA 091—2021	冶金优质产品　电镀活塞杆用优质碳素结构钢热轧圆钢
100	T/CISA 092—2021	冶金优质产品　热压力加工用优质合金结构钢热轧圆棒

续表

序号	已发布团标编号	标 准 名 称
101	T/CISA 093—2021	冶金优质产品　滚动体用高碳铬轴承钢热轧圆钢
102	T/CISA 094—2021	冶金优质产品　套圈用高碳铬轴承钢圆钢
103	T/CISA 095—2021	冶金优质产品　风力发电用偏航、变桨轴承用钢
104	T/CISA 096—2021	冶金优质产品　机械制造用保证淬透性结构钢圆钢
105	T/CISA 097—2021	冶金优质产品　弹簧钢热轧扁钢
106	T/CISA 098—2021	冶金优质产品　滚动体用高碳铬轴承钢丝
107	T/CISA 099—2021	铁尾矿表观密度、堆积密度及孔隙率的测定方法
108	T/CISA 100—2021	铁尾矿路面基层应用技术规范
109	T/CISA 107—2021	钢包内衬用 $CaO-MgO-Al_2O_3$ 系合成料
110	T/CISA 108—2021	给排水用承插柔性接口防腐钢管
111	T/CISA 109—2021	绿色设计产品评价技术规范　胎圈用钢丝
112	T/CISA 110—2021	绿色设计产品评价技术规范　热轧盘条
113	T/CISA 111—2021	汽车车桥用无缝钢管
114	T/CISA 112—2021	锅炉和热交换器用涡节和丁胞换热管
115	T/CISA 113—2021	铁合金、电解金属锰企业规范条件
116	T/CISA 114—2021	烧结用钢渣磁选料
117	T/CISA 115—2021	转炉煤气干法净化与回收技术规范
118	T/CISA 116—2021	橡胶填料用钢渣粉
119	T/CISA 117—2021	高炉炉缸炉底侵蚀智能监测系统技术规范
120	T/CISA 118—2021	高炉大比例球团冶炼技术规范
121	T/CISA 119—2021	高炉煤气酸碱度控制技术规范
122	T/CISA 120—2021	城镇道路用钢渣
123	T/CISA 121—2021	钢铁企业水系统智慧管控中心技术规范
124	T/CISA 122—2021	钢铁企业水效对标要求
125	T/CISA 123—2021	高炉鼓风轴流压缩机节能运行技术规范
126	T/CISA 124—2021	铁矿石悬浮磁化焙烧技术规范
127	T/CISA 125—2021	品牌价值评价　钢铁行业
128	T/CISA 126—2021	高喹啉不溶物焦化重油

续表

序号	已发布团标编号	标 准 名 称
129	T/CISA 127—2021	焦化泥炮油
130	T/CISA 128—2021	绿色设计产品评价技术规范　油气管线输送用无缝钢管
131	T/CISA 129—2021	绿色设计产品评价技术规范　锅炉和化工用无缝钢管
132	T/CISA 130—2021	绿色设计产品评价技术规范　家电用冷轧钢板及钢带
133	T/CISA 131—2021	绿色设计产品评价技术规范　建筑结构用钢板
134	T/CISA 132—2021	绿色设计产品评价技术规范　集装箱用钢板及钢带
135	T/CISA 133—2021	绿色设计产品评价技术规范　汽车车轮用热轧钢板及钢带
136	T/CISA 134—2021	绿色设计产品评价技术规范　汽车大梁用热轧钢板及钢带
137	T/CISA 135—2021	绿色设计产品评价技术规范　连续热镀层钢板及钢带
138	T/CISA 136—2021	绿色设计产品评价技术规范　彩色涂层钢板及钢带
139	T/CISA 137—2021	非开挖钻杆用无缝钢管
140	T/CISA 138—2021	绿色设计产品评价技术规范　汽车用弹簧扁钢
141	T/CISA 139—2021	绿色设计产品评价技术规范　汽车用弹簧圆钢
142	T/CISA 140—2021	绿色设计产品评价技术规范　压铸模具用热作模具钢
143	T/CISA 141—2021	厨房设备用冷轧不锈钢钢板及钢带
144	T/CISA 142—2021	海洋牧场用含钼高耐蚀不锈钢钢板及钢带
145	T/CISA 143—2021	金属和合金的腐蚀　实验室浸泡腐蚀试验指南
146	T/CISA 144—2021	含硫氧化铁粉
147	T/CISA 145—2021	桥梁缆索用锌铝镁合金镀层钢丝
148	T/CISA 146—2021	锌铝镁合金镀层钢丝缆索
149	T/CISA 147.1—2021	钢铁行业智能车间技术要求　第1部分：棒线材
150	T/CISA 148—2021	钢铁行业　5G 数据接入与控制设备技术要求
151	T/CISA 149—2021	钢铁行业智能装备　机器人自动夏比摆锤冲击试验系统技术要求
152	T/CISA 150—2021	钢铁行业智能装备　桥式起重机远程智能运维监测系统技术要求
153	T/CISA 151—2021	钢铁行业智能装备　桥式起重机智能控制系统技术要求
154	T/CISA 152—2021	钢铁行业智能装备　机器人自动拉伸试验机系统技术要求
155	T/CISA 153—2021	钢铁行业智能工厂　能源管控系统技术要求

续表

序号	已发布团标编号	标准名称
156	T/CISA 154—2021	高炉出铁沟喷补料
157	T/CISA 155—2021	耐火材料　氧化锆砖
158	T/CISA 156—2021	中间包镁质功能预制件
159	T/CISA 157—2021 T/CSM 24—2021	全工艺冷轧高性能取向电工钢带
160	T/CISA 158—2021 T/CSM 25—2021	超高强度桥梁缆索钢丝用盘条
161	T/CISA 159—2021 T/CSM 26—2021	超高洁净连铸高碳铬轴承钢
162	T/CISA 160—2021 T/CSM 27—2021	电动汽车驱动电机用高性能无取向电工钢带
163	T/CISA 161—2021 T/CSM 28—2021	高性能桥梁用钢板及焊材
164	T/CISA 162—2021 T/CSM 29—2021	钢铁企业煤气蒸汽联合循环发电机组与低温多效蒸馏海水淡化
165	T/CISA 163—2021 T/CSM 30—2021	转炉烟气排放高精度过滤技术规范
166	T/CISA 164—2021 T/CSM 31—2021	焦炉上升管荒煤气余热回收利用系统技术规范　外盘管式
167	T/CISA 165—2021 T/CSM 32—2021	链箅机回转窑球团工艺烟气脱硝技术规范
168	T/CISA 166—2021 T/CSM 33—2021	基于湿法的烧结烟气超低排放一体化治理技术规范
169	T/CISA 008.2—2021	钢铁产品质量能力分级规范　第2部分：船舶及海洋工程用钢板
170	T/CISA 008.4—2021	钢铁产品质量能力分级规范　第4部分：热轧带肋钢筋
171	T/CISA 008.5—2021 T/CBIAT 2001—2021	钢铁产品质量能力分级规范　第5部分：民用轴承钢
172	T/CISA 167—2021	DD419单晶高温合金母合金
173	T/CISA 168—2021	用于制备还原铁粉的氧化铁皮技术规范

续表

序号	已发布团标编号	标准名称
174	T/CISA 169—2021	轧钢用抗磨铬镍钼铁基合金辊道辊
175	T/CISA 170—2021	绿色设计产品评价技术规范　电子级四氧化三锰
176	T/CISA 171—2021	绿色设计产品评价技术规范　永磁锶铁氧体磁体
177	T/CISA 172—2021	文具用钢丝
178	T/CISA 173—2021	钢丝管式电加热炉技术规范
179	T/CISA 174—2021	钢丝球化退火炉技术规范
180	T/CISA 175—2021	汽车安全带用平面涡卷弹簧疲劳试验方法
181	T/CISA 176—2021	健身器材用卷簧钢带
182	T/CISA 177—2021	电动机轴用冷拉直条钢丝
183	T/CISA 178—2021	货架钢丝网用冷拉光亮钢丝
184	T/CISA 179—2021	波形弹性垫圈用钢丝
185	T/CISA 180—2021	打结刀用钢丝
186	T/CISA 181—2021	建筑用彩色涂层钢板及钢带产品质量分级
187	T/CISA 182—2021	建筑用连续热镀层钢板及钢带产品质量分级
188	T/CISA 183—2021	赤泥资源化利用通用要求
189	T/CISA 184—2021	节能环保型耐火材料衬焦罐装置技术规范
190	T/CISA 185—2021	烧结余热能量回收驱动机组（SHRT）用汽轮机技术规范
191	T/CISA 186—2021	浇铸用耐火砖
192	T/CISA 187—2021	滑动水口用耐火泥浆
193	T/CISA 188—2021	耐火材料　比热容试验方法（差示扫描量热法）
194	T/CISA 189—2021	高炉用含钛炮泥
195	T/CISA 190—2021	长寿热风炉用莫来石红柱石砖
196	T/CISA 191—2021	海水淡化装置涂装用耐蚀钢板和钢带
197	T/CISA 192—2021	耐候钢锈层稳定性检测方法
198	T/CISA 193—2021	输电铁塔用耐候钢螺栓与螺母
199	T/CISA 147. 2—2022	钢铁行业智能车间技术要求　第 2 部分：厚板
200	T/CISA 147. 3—2022	钢铁行业智能车间技术要求　第 3 部分：连铸工序
201	T/CISA 147. 4—2022	钢铁行业智能车间技术要求　第 4 部分：转炉炼钢工序

续表

序号	已发布团标编号	标准名称
202	T/CISA 194.1—2022	钢铁行业智能工厂　全流程质量管控系统技术要求　第1部分：总体要求
203	T/CISA 195—2022	钢铁行业智能工厂　炼钢制造执行系统技术要求
204	T/CISA 196—2022	钢铁行业智能工厂　热轧制造执行系统技术要求
205	T/CISA 197—2022	钢铁行业　数字化工厂网络安全要求
206	T/CISA 198—2022	钢铁行业　长材车间数字孪生系统技术要求
207	T/CISA 199—2022	钢铁行业　碳素结构钢及低合金高强度结构钢钢板和钢带力学性能智能预判检测方法
208	T/CISA 200—2022	钢铁行业　智能原料场技术要求
209	T/CISA 201—2022	钢铁行业　高炉智能感知及可视化系统技术要求
210	T/CISA 202—2022	钢铁行业　热轧加热炉智能化技术要求
211	T/CISA 203—2022	钢铁行业　加热炉智能燃烧控制系统技术要求
212	T/CISA 204—2022	钢铁行业　智能产线生产过程三维可视化监控平台技术要求
213	T/CISA 205—2022	冶金行业水处理大数据平台技术要求
214	T/CISA 206.1—2022	高温熔融金属吊运设备检测与评价　第1部分：金属结构裂纹检测
215	T/CISA 206.2—2022	高温熔融金属吊运设备检测与评价　第2部分：动设备巡检技术要求
216	T/CISA 207.1—2022	高温熔融金属吊运设备　智能运维　第1部分：运行状态监测
217	T/CISA 207.2—2022	高温熔融金属吊运设备　智能运维　第2部分：结构健康诊断与损伤预测
218	T/CISA 208—2022	板坯结晶器在线智能调宽装置技术要求
219	T/CISA 209—2022	纤维增强不锈钢复合管
220	T/CISA 210—2022	钢筋混凝土用热轧稀土钢筋
221	T/CISA 211—2022	高纯铼锭
222	T/CISA 212—2022	铼酸铵
223	T/CISA 213—2022	铸造高温合金真空熔炼用坩埚

续表

序号	已发布团标编号	标 准 名 称
224	T/CISA 214—2022	铸造高温合金真空熔炼用中间包部件
225	T/CISA 215—2022	预应力混凝土用超高强钢绞线
226	T/CISA 216—2022	船舶用热轧纵向变厚度钢板
227	T/CISA 217—2022	桥梁用热轧纵向变厚度钢板
228	T/CISA 218—2022	建筑结构用热轧纵向变厚度钢板
229	T/CISA 219—2022	建筑抗震用低屈服强度钢板
230	T/CISA 220—2022	紫外固化喷印彩涂板
231	T/CISA 221—2022	汽车用冷轧纵向变厚度钢板
232	T/CISA 222—2022	锂离子电池负极材料用油系针状焦
233	T/CISA 223—2022	粗酚钠
234	T/CISA 224—2022	酚油
235	T/CISA 225—2022	钢铁企业综合废水副产工业盐
236	T/CISA 226—2022	钢铁企业综合废水浓盐水零排放处理技术规范
237	T/CISA 227—2022	焦化废水副产工业盐
238	T/CISA 228—2022	钢渣-锰渣基和赤泥基复混肥
239	T/CISA 229—2022	用于水泥和混凝土中的不锈钢渣粉
240	T/CISA 230—2022	钢铁行业　智能磨辊间技术要求
241	T/CISA 231—2022	钢铁行业智能装备　自动焊标牌系统技术要求
242	T/CISA 232—2022	钢铁行业　无人驾驶钢制品运输车智能管控系统技术要求
243	T/CISA 233—2022	钢铁行业智能装备　板坯机器人自动加渣系统技术要求
244	T/CISA 234—2022	钢铁行业　边缘数据接入与数据服务技术要求
245	T/CISA 235—2022	钢板和钢带全板厚度精度评价指标及计算方法
246	T/CISA 236—2022	钢铁企业润滑管理导则
247	T/CISA 237—2022	钢铁企业润滑油在线监测技术导则
248	T/CISA 238—2022 T/CSTE 0059—2022	质量分级及“领跑者”评价要求　混凝土用钢纤维
249	T/CISA 239—2022 T/CSTE 0060—2022	质量分级及“领跑者”评价要求　奥氏体-铁素体型双相不锈钢盘条

续表

序号	已发布团标编号	标 准 名 称
250	T/CISA 240—2022 T/CSTE 0061—2022	质量分级及“领跑者”评价要求　输送带用钢丝绳
251	T/CISA 241—2022 T/CSTE 0062—2022	质量分级及“领跑者”评价要求　子午线轮胎用钢帘线
252	T/CISA 242—2022 T/CSTE 0063—2022	质量分级及“领跑者”评价要求　螺杆钢接头压接索具
253	T/CISA 243—2022 T/CSTE 0064—2022	质量分级及“领跑者”评价要求　高强度耐磨钢板和钢带
254	T/CISA 244—2022 T/CSTE 0065—2022	质量分级及“领跑者”评价要求　油气输送管线用钢板和钢带
255	T/CISA 245—2022 T/CSTE 0066—2022	质量分级及“领跑者”评价要求　桥梁用结构钢
256	T/CISA 246—2022 T/CSTE 0067—2022	质量分级及“领跑者”评价要求　钢筋混凝土用钢筋焊接网
257	T/CISA 247—2022 T/CSTE 0068—2022	质量分级及“领跑者”评价要求　铁塔用热轧角钢
258	T/CISA 248—2022 T/CSTE 0069—2022	质量分级及“领跑者”评价要求　耐蚀合金无缝管
259	T/CISA 249—2022 T/CSTE 0070—2022	质量分级及“领跑者”评价要求　超级奥氏体不锈钢棒
260	T/CISA 250—2022 T/CSTE 0071—2022	质量分级及“领跑者”评价要求　奥氏体铁素体双相不锈钢棒
261	T/CISA 251—2022 T/CSTE 0072—2022	质量分级及“领跑者”评价要求　流体输送用不锈钢无缝钢管
262	T/CISA 265—2022	铝电解槽用高导电率钢棒
263	T/CISA 266—2022	钢铁企业无缝线路铺设及养护维修指南
264	T/CISA 267—2022	钢铁企业铁路混铁车电动驻车设备
265	T/CISA 268—2022	钢铁行业　冷轧数字钢卷质量应用技术要求
266	T/CISA 269—2022	钢铁行业智能装备　原燃料带式输送机无人巡检系统技术要求

续表

序号	已发布团标编号	标准名称
267	T/CISA 270—2022	钢铁行业　热轧板带粗轧镰刀弯自动控制技术要求
268	T/CISA 271—2022	钢铁行业　智能人员安全定位系统技术要求
269	T/CISA 272—2022	钢铁行业　转炉远程一键炼钢系统技术要求
270	T/CISA 273—2022	钢铁行业　智能检测实验室建设指南
271	T/CISA 274—2022	钢铁行业　冷轧智能工厂体系架构
272	T/CISA 275—2022	钢铁行业　基于实时数据的工艺参数在线控制系统技术要求
273	T/CISA 276—2022	钢铁行业　工业互联网应用功能架构
274	T/CISA 277—2022	绿色设计产品评价技术规范　电梯用钢丝绳
275	T/CISA 278—2022	电梯钢丝绳用油脂
276	T/CISA 279—2022	拉拔用钢丝磷化膜技术规范
277	T/CISA 280—2022	汽车用激光落料板交货技术要求
278	T/CISA 281—2022	汽车用热成形激光拼焊板交货技术要求
279	T/CISA 282—2022	工程机械液压缸用冷拔精密内径无缝钢管
280	T/CISA 283—2022	钢管色标
281	T/CISA 284—2022	高温、高结焦值重质黏结剂沥青
282	T/CISA 285—2022	高软化点重质添加剂沥青
283	T/CISA 286—2022	改性浸渍煤沥青
284	T/CISA 287—2022	铝热法合金冶炼渣基耐火浇注料
285	T/CISA 288—2022	高纯五氧化二钒
286	T/CISA 289—2022	绿色设计产品评价技术规范　软磁铁氧体磁心
287	T/CISA 290—2022	钢铁冶炼工序用后耐火材料再生料
288	T/CISA 291—2022	转炉出钢口自流修补料
289	T/CISA 292—2022	中碳合金工具钢热轧钢带
290	T/CISA 293—2022	钢铁企业重点工序能效标杆对标指南

附录四　中国钢铁行业发布的国际标准目录

序号	标准编号	英文名称
1	ISO 16120-1:2001	Non-alloy steel wire rod for conversion to wire—Part 1: General requirements
2	ISO 16120-2:2001	Non-alloy steel wire rod for conversion to wire—Part 2: Specific requirements for general purpose wire rod
3	ISO 16120-3:2001	Non-alloy steel wire rod for conversion to wire—Part 3: Specific requirements for rimmed and rimmed substitute, low-carbon steel wire rod
4	ISO 16120-4:2001	Non-alloy steel wire rod for conversion to wire—Part 4: Specific requirements for wire rod for special applications
5	ISO 8458-1:2002	Steel wire for mechanical springs—Part 1: General requirements
6	ISO 8458-2:2002	Steel wire for mechanical springs—Part 2: Patented cold-drawn non-alloy steel wire
7	ISO 8458-3:2002	Steel wire for mechanical springs—Part 3: Oil-hardened and tempered wire
8	ISO 16650:2004	Bead wire
9	ISO 13765-1:2004	Refractory mortars—Part 1: Determination of consistency using the penetrating cone method
10	ISO 13765-2:2004	Refractory mortars—Part 2: Determination of consistency using the reciprocating flow table method
11	ISO 13765-3:2004	Refractory mortars—Part 3: Determination of joint stability
12	ISO 13765-4:2004	Refractory mortars—Part 4: Determination of flexural bonding strength
13	ISO 13765-5:2004	Refractory mortars — Part 5: Determination of grain size distribution (sieve analysis)

续表

序号	标准编号	英文名称
14	ISO 13765-6:2004	Refractory mortars—Part 6: Determination of moisture content of ready—Mixed mortars
15	ISO 7989-1:2006	Steel wire and wire products—Non-ferrous metallic coatings on steel wire—Part 1: General principles
16	ISO 7900:2006	Steel wire and wire products for fences—Zinc- and zinc-alloy-coated steel barbed wire
17	ISO 23717:2006	Steel wire and wire products—Hose reinforcement wire
18	ISO 15835-1:2009	Steels for the reinforcement of concrete—Reinforcement couplers for mechanical splices of bars—Part 1: Requirements
19	ISO 15835-2:2009	Steels for the reinforcement of concrete—Reinforcement couplers for mechanical splices of bars—Part 2: Test methods
20	ISO 17832:2009	Non-parallel steel wire and cords for tyre reinforcement
21	ISO 1143:2010	Metallic materials-Rotating bar bending fatigue testing
22	ISO 7186:2011	Ductile iron products for sewage applications
23	ISO 10799-1:2011	Cold-formed welded structural hollow sections of non-alloy and fine grain steels—Part 1: Technical delivery conditions
24	ISO 10799-2:2011	Cold-formed welded structural hollow sections of non-alloy and fine grain steels—Part 2: Dimensions and sectional properties
25	ISO 12633-1:2011	Hot-finished structural hollow sections of non-alloy and fine grain steels—Part 1: Technical delivery conditions
26	ISO 12633-2:2011	Hot-finished structural hollow sections of non-alloy and fine grain steels—Part 2: Dimensions and sectional properties
27	ISO 7800:2012	Metallic materials—Wire—Simple torsion test
28	ISO 17992:2013	Iron ores—Determination of arsenic content—Hydride generation atomic absorption spectrometric method
29	ISO 13270:2013	Steel fibres for concrete—Definitions and specifications
30	ISO 13933:2014	Steel and iron—Determination of calcium and magnesium—Inductively coupled plasma atomic emisson spectrometric method

续表

序号	标准编号	英文名称
31	ISO 21207:2015	Corrosion tests in artificial atmospheres—Accelerated corrosion tests involving alternate exposure to corrosion-promoting gases, neutral salt-spray and drying
32	ISO 11531:2015	Metallic materials—Sheet and strip—Earing test
33	ISO 18338:2015	Metallic materials—Torsion test at ambient temperature
34	ISO 19272:2015	Low alloyed steel—Determination of C, Si, Mn, P, S, Cr, Ni, Al, Ti and Cu—Glow discharge optical emission spectrometry (routine method)
35	ISO 4997:2015	Cold-reduced carbon steel sheet of structural quality
36	ISO 16124:2015	Steel wire rod—Dimensions and tolerances
37	ISO 16574:2015	Determination of percentage of resolvable pearlite in high carbon steel wire rod
38	ISO 4969:2015	Steel—Etching method for macroscopic examination
39	ISO 16349:2015	Refractory materials—Determination of abrasion resistance at elevated temperature
40	ISO 9649:2016	Metallic materials—Wire—Reverse torsion test
41	ISO 5003:2016	Vignole railway rails 43 kg/m and above
42	ISO 22034-2:2016	Steel wire and wire products—Part 2: Tolerances on wire dimensions
43	ISO 17745:2016	Steel wire ring mesh panels—Definitions and specifications
44	ISO 17746:2016	Steel wire rope net panels and rolls—Definitions and specifications
45	ISO/TR 4688-1:2017	Iron ores—Determination of aluminium—Part 1: Flame atomic absorption spectrometric method
46	ISO/TR 9686:2017	Direct reduced iron—Determination of carbon and/or sulfur—High-frequency combustion method with infrared measurement
47	ISO 3108:2017	Steel wire ropes—Test method—Determination of measured breaking force
48	ISO 2408:2017	Steel wire ropes—Requirements
49	ISO 5446:2017	Ferromanganese-Specification and conditions of delivery

续表

序号	标准编号	英文名称
50	ISO 3651-3:2017	Determination of resistance to intergranular corrosion of stainless steels—Part 3: Low Cr ferritic stainless steels—Corrosion test in media containing sulfuric acid
51	ISO 3887:2017	Steel—determination of depth of decarburization
52	ISO 18468:2017	Epoxy coating (heavy duty) of ductile iron fittings and accessories—Requirements and testing method
53	ISO 9349:2017	Preinsulated ductile iron pipeline systems
54	IEC 60404-13:2018	Magnetic materials—Part 13: Methods of measurement of resistivity, density and stacking factor of electrical steel strip and sheet
55	IEC/TR 63114:2018	Electrical steel—Reverse bend test method of electrical steel strip and sheet
56	ISO 6467:2018	Ferrovanadium — Determination of vanadium content — Potentiometric method
57	ISO 19097-1:2018	Accelerated life test method of mixed metal oxide anodes for cathodic protection—Part 1: Applicationin concrete
58	ISO 19097-2:2018	Accelerated life test method of mixed metal oxide anodes for cathodic protection—Part 2: Application in soils and natural waters
59	ISO 18632:2018	Alloyed steel—Determination of manganese—Potentiometric and visual titration method
60	ISO 4978:2018	Steel sheet and strip for welded gas cylinders
61	ISO 5948:2018	Railway rolling stock material—Ultrasonic acceptance testing
62	ISO 17832:2018	Non-parallel steel wire and cords for tyre reinforcement
63	ISO 19203:2018	Hot-dip galvanized and zinc-aluminium coated high tensile steel wire for bridge cables—Specifications
64	ISO 10804:2018	Restrained joint systems for ductile iron pipelines—Design rules and type testing

续表

序号	标准编号	英文名称
65	ISO/TS 2597-4:2019	Iron ores—Determination of total iron content—Part 4: Potentiometric titration method
66	ISO 19427:2019	Steel wire ropes—Pre-fabricated parallel wire strands for suspension bridge main cable—Specifications
67	ISO 22055:2019	Switch and crossing rails
68	ISO/TS 21826:2020	Iron ores—Determination of total iron content—EDTA titrimetric method
69	ISO 8794:2020	Steel wire ropes—Spliced eye terminations for slings
70	ISO 21062:2020	Control Method for the Corrosion Rate of the Embedded Steel Reinforcement in Concrete Exposed to the Simulated Marine Environments
71	ISO 23226:2020	Corrosion of metals and alloys—Guidelines for corrosion testing of metals and alloys exposed in deep sea water
72	ISO 1143:2020	Metallic materials—Rotating bar bending fatigue testing
73	ISO 21736:2020	Refractories—Test methods for thermal shock resistance
74	ISO 22605:2020	Refractories—Determination of dynamic Young's modulus (MOE) at elevated temperatures by impulse excitation of vibration
75	ISO 10802:2020	Ductile iron pipelines—Hydrostatic testing after installation
76	ISO 8180:2020	Ductile iron pipelines—Polyethylene sleeving for site application
77	ISO 23475-1:2021	Testing method for steel tyre cord—Part 1: General requirements
78	ISO 630-3:2021	Structural steels—Part 3: Technical delivery conditions for fine-grain structural steels
79	ISO 13765-7:2021	Refractory mortars—Part 7: Determination of permanent change in dimensions on heating
80	ISO 22685:2021	Refractory products—Determination of compressive strength at elevated temperature
81	ISO 21052:2021	Restrained joint systems for ductile iron pipelines—Calculation rules for lengths to be restrained
82	ISO 10270:2022	Corrosion of metals and alloys—Aqueous corrosion testing of zirconium alloys for use in nuclear power reactors

续表

序号	标准编号	英文名称
83	ISO 23717:2022	Steel wire and wire products—Hose reinforcement wire
84	ISO/TR 7655:2022	Corrosion of metals and alloys—Overview of metal corrosion protection when using disinfectants
85	ISO 23213:2022	Carbon Steel wire for bedding and seating springs
86	ISO 4968:2022	Steel—Macrographic examination by sulfur print (Baumann method)
87	ISO 23991:2022	Irrigation Applications of Ductile Iron Pipelines—Product Design and Installation
88	ISO 24259:2022	Steel strapping for packaging
89	ISO/TR 4340:2022	Water aggressiveness evaluation and optimized lining choice
90	ISO 4298:2022	Chromium ores and concentrates—Determination of chromium content—Titrimetric method
91	ISO 23838:2022	Metallic Materials—High Strain Rate Torsion Test at Room Temperature
92	ISO 21826-1:2022	Iron ores—Determination of total iron content using the EDTA photometric titration method—Part 1: Microwave digestion method
93	ISO/TR 20580:2022	Preparation of metallographic specimens
94	ISO 11531:2022	Metallic materials—Sheet and strip—Earing test
95	ISO 14577-5:2022	Metallic materials—Instrumented indentation test for hardness and materials parameters—Part 5: Linear elastic dynamic instrumented indentation testing (DIIT)
96	ISO 4344:2022	Steel wire ropes for lifts—Minimum requirements
97	ISO 5451:2022	Ferrovanadium—Specification and conditions of delivery
98	ISO 5156:2022	Corrosion of metals and alloys—Corrosion test method for disinfectant—Total immersion method
99	ISO 4943:2022	Steel and cast iron—Determination of copper content—Flame atomic absorption spectrometric method

附录五　中国钢铁行业发布的标准外文版目录

序号	标准编号	中文版标准名称	语种
1	GB/T 221—2008	钢铁产品牌号表示方法	英文版
2	GB/T 228—2002	金属材料　室温拉伸试验方法	英文版
3	GB/T 386—2019	高碳铬不锈轴承钢	英文版
4	GB/T 699—2015	优质碳素结构钢	英文版
5	GB/T 700—2006	碳素结构钢	英文版
6	GB/T 706—2008	热轧型钢	英文版
7	GB/T 706—2016	热轧型钢	英文版
8	GB/T 710—2008	优质碳素结构钢热轧薄钢板和钢带	英文版
9	GB/T 711—2008	优质碳素结构钢热轧厚钢板和钢带	英文版
10	GB 713—2008	锅炉和压力容器用钢板	英文版
11	GB 713—1997	锅炉用钢板	英文版
12	GB/T 713—2014	锅炉和压力容器用钢板	英文版
13	GB/T 714—2015	桥梁用结构钢	英文版
14	GB/T 1220—2007	不锈钢棒	英文版
15	GB/T 1299—2014	工模具钢	英文版
16	GB 1499—1998	钢筋混凝土用热轧带肋钢筋	英文版
17	GB/T 1591—2008	低合金高强度结构钢	英文版
18	GB/T 3077—1999	合金结构钢	英文版
19	GB/T 3077—2015	合金结构钢	英文版
20	GB/T 3078—2019	优质结构钢冷拉钢材	英文版
21	GB/T 3203—2016	渗碳轴承钢	英文版
22	GB/T 3280—2007	不锈钢冷轧钢板和钢带	英文版
23	GB 3531—1996	低温压力容器用低合金钢钢板	英文版
24	GB/T 3531—2014	低温压力容器用钢板	英文版

续表

序号	标准编号	中文版标准名称	语种
25	GB/T 3795—2014	锰铁	英文版
26	GB/T 4237—2007	不锈钢热轧钢板和钢带	英文版
27	GB/T 5195. 12—2016	萤石　砷含量的测定　原子荧光光谱法	英文版
28	GB/T 5216—2014	保证淬透性结构钢	英文版
29	GB/T 5310—2008	高压锅炉用无缝钢管	英文版
30	GB/T 5310—2017	高压锅炉用无缝钢管	英文版
31	GB 6653—1994	焊接气瓶用钢板	英文版
32	GB 6654—1996	压力容器用钢板	英文版
33	GB/T 6730. 12—2016	铁矿石化学分析方法　铬天青 S 光度法测定铝量	英文版
34	GB/T 6730. 16—2016	铁矿石化学分析方法　硫酸钡重量法测定硫量	英文版
35	GB/T 6730. 19—2016	铁矿石化学分析方法　铋磷钼蓝光度法测定磷量	英文版
36	GB/T 6730. 66—2009	铁矿石　全铁含量的测定　自动电位滴定法	英文版
37	GB/T 6730. 72—2016	铁矿石　砷、铬、镉、铅和汞含量的测定　电感耦合等离子体质谱法（ICP-MS）	英文版
38	GB/T 6730. 73—2016	铁矿石　全铁含量的测定　EDTA 光度滴定法	英文版
39	GB/T 7314—2017	金属材料　室温压缩试验方法	英文版
40	GB/T 8162—2018	结构用无缝钢管	英文版
41	GB/T 8163—2018	输送流体用无缝钢管	英文版
42	GB/T 11181—2016	子午线轮胎用钢帘线	英文版
43	GB/T 13237—2013	优质碳素结构钢冷轧钢板和钢带	英文版
44	GB 13296—2007	锅炉、热交换器用不锈钢无缝钢管	英文版
45	GB/T 13298—2015	金属显微组织检验方法	英文版
46	GB/T 14975—2002	结构用不锈钢无缝钢管	英文版
47	GB/T 14978—2008	连续热镀铝锌合金镀层钢板及钢带	英文版
48	GB/T 16270—2009	高强度结构用调质钢板	英文版
49	GB/T 17101—2019	桥梁缆索用热镀锌或锌铝合金钢丝	英文版

续表

序号	标准编号	中文版标准名称	语种
50	GB/T 18254—2016	高碳铬轴承钢	英文版
51	GB/T 18983—2003	油淬火-回火弹簧钢丝	英文版
52	GB/T 19189—2011	压力容器用调质高强度钢板	英文版
53	GB/T 20564. 1—2017	汽车用高强度冷连轧钢板及钢带　第 1 部分：烘烤硬化钢	英文版
54	GB/T 20564. 2—2017	汽车用高强度冷连轧钢板及钢带　第 2 部分：双相钢	英文版
55	GB/T 20564. 3—2017	汽车用高强度冷连轧钢板及钢带　第 3 部分：高强度无间隙原子钢	英文版
56	GB/T 20564. 4—2010	汽车用高强度冷连轧钢板及钢带　第 4 部分：低合金高强度钢	英文版
57	GB/T 20564. 5—2010	汽车用高强度冷连轧钢板及钢带　第 5 部分：各向同性钢	英文版
58	GB/T 20564. 6—2010	汽车用高强度冷连轧钢板及钢带　第 6 部分：相变诱导塑性钢	英文版
59	GB/T 20564. 7—2010	汽车用高强度冷连轧钢板及钢带　第 7 部分：马氏体钢	英文版
60	GB/T 20878—2007	不锈钢和耐热钢　牌号及化学成分	英文版
61	GB/T 20887. 1—2017	汽车用高强度热连轧钢板及钢带　第 1 部分：冷成形用高屈服强度钢	英文版
62	GB/T 20887. 2—2010	汽车用高强度热连轧钢板及钢带　第 2 部分：高扩孔钢	英文版
63	GB/T 20887. 3—2010	汽车用高强度热连轧钢板及钢带　第 3 部分：双相钢	英文版
64	GB/T 20887. 4—2010	汽车用高强度热连轧钢板及钢带　第 4 部分：相变诱导塑性钢	英文版
65	GB/T 20887. 5—2010	汽车用高强度热连轧钢板及钢带　第 5 部分：马氏体钢	英文版
66	GB/T 20933—2014	热轧钢板桩	英文版
67	GB/T 20934—2007	钢拉杆	英文版

续表

序号	标准编号	中文版标准名称	语种
68	GB/T 21832. 1—2018	奥氏体-铁素体型双相不锈钢焊接钢管　第1部分：热交换器用管	英文版
69	GB/T 21832. 2—2018	奥氏体-铁素体型双相不锈钢焊接钢管　第2部分：流体输送用管	英文版
70	GB/T 22563—2008	萤石的水分测定	英文版
71	GB/T 24173—2016	钢板　二次加工脆化试验方法	英文版
72	GB/T 24175—2009	钢渣稳定性试验方法	英文版
73	GB/T 24179—2009	金属材料　残余应力测定　压痕应变法	英文版
74	GB/T 24244—2009	铁氧体用氧化铁	英文版
75	GB/T 24511—2017	承压设备用不锈钢和耐热钢钢板和钢带	英文版
76	GB/T 24591—2019	高压给水加热器用无缝钢管	英文版
77	GB/T 24765—2009	耐磨沥青路面用钢渣	英文版
78	GB/T 25053—2010	热连轧低碳钢板及钢带	英文版
79	GB/T 25820—2018	包装用钢带	英文版
80	GB/T 25825—2010	热轧钢板带轧辊	英文版
81	GB/T 26078—2010	金属材料　焊接残余应力　爆炸处理法	英文版
82	GB/T 28293—2012	钢铁渣粉	英文版
83	GB/T 28905—2012	建筑用低屈服强度钢板	英文版
84	GB/T 29087—2012	非调质冷镦钢热轧盘条	英文版
85	GB/T 29514—2013	钢渣处理工艺技术规范	英文版
86	GB/T 30589—2014	钢丝绳绳端-套管压制索具	英文版
87	GB/T 31218—2014	金属材料　残余应力测定　全释放应变法	英文版
88	GB/T 31310—2014	金属材料　残余应力测定　钻孔应变法	英文版
89	GB/T 31947—2015	铁矿石　汞含量的测定　固体进样直接测定法	英文版
90	GB/T 31948—2015	铬矿石　汞含量的测定　固体进样直接测定法	英文版
91	GB/T 31949—2015	锰矿石　汞含量的测定　固体进样直接测定法	英文版

续表

序号	标准编号	中文版标准名称	语种
92	GB/T 32967.1—2016	金属材料　高应变速率扭转试验　第1部分：室温试验方法	英文版
93	GB/T 32969—2016	系泊链钢	英文版
94	GB/T 33159—2016	钢帘线试验方法	英文版
95	GB/T 34108—2017	金属材料　高应变速率室温压缩试验方法	英文版
96	GB/T 34197—2017	电铲用钢丝绳	英文版
97	GB/T 34204—2017	连续油管	俄文版
98	GB/T 37619—2019	金属和合金的腐蚀　高频电阻焊焊管沟槽腐蚀性能恒电位试验与评价方法	英文版
99	GB/T 37782—2019	金属材料　压入试验　强度、硬度和应力-应变曲线的测定	英文版
100	GB/T 38818—2020	悬索桥吊索用钢丝绳	英文版
101	GB/T 39040—2020	包装用钢质锁扣及护角	英文版
102	GB/T 33954—2017	淬火-回火弹簧钢丝用热轧盘条	英文版
103	GB/T 1222—2016	弹簧钢	英文版
104	GB/T 28290—2012	电镀锡钢板表面铬量的试验方法	英文版
105	GB/T 28291—2012	电镀锡钢板表面涂油量试验方法	英文版
106	GB/T 1838—2008	电镀锡钢板镀锡量试验方法	英文版
107	GB/T 27691—2017	钢帘线用盘条	英文版
108	GB/T 33163—2016	金属材料　残余应力　超声冲击处理法	英文版
109	GB/T 32660.1—2016	金属材料　韦氏硬度试验　第1部分：试验方法	英文版
110	GB/T 34477—2017	金属材料　薄板和薄带　抗凹性能试验方法	英文版
111	GB/T 38719—2020	金属材料　管　测定双轴应力-应变曲线的液压胀形试验方法	英文版
112	GB/T 33965—2017	金属材料　拉伸试验　矩形试样减薄率的测定	英文版
113	GB/T 38820—2020	抗辐照耐热钢	英文版
114	GB/T 2520—2017	冷轧电镀锡钢板及钢带	英文版

续表

序号	标准编号	中文版标准名称	语种
115	GB/T 708—2019	冷轧钢板和钢带的尺寸、外形、重量及允许偏差	英文版
116	GB/T 24533—2019	锂离子电池石墨类负极材料	英文版
117	GB/T 33967—2017	免铅浴淬火钢丝用热轧盘条	英文版
118	GB/T 15007—2017	耐蚀合金牌号	英文版
119	GB/T 20564. 10—2017	汽车用高强度冷连轧钢板及钢带　第 10 部分：孪晶诱导塑性钢	英文版
120	GB/T 20564. 11—2017	汽车用高强度冷连轧钢板及钢带　第 11 部分：碳锰钢	英文版
121	GB/T 20887. 6—2017	汽车用高强度热连轧钢板及钢带　第 6 部分：复相钢	英文版
122	GB/T 709—2019	热轧钢板和钢带的尺寸、外形、重量及允许偏差	英文版
123	GB/T 34565. 1—2017	热作模具钢　第 1 部分：压铸模具用钢	英文版
124	GB/T 14450—2016	胎圈用钢丝	英文版
125	YB/T 4082—2020	钢管、钢棒自动超声检测系统综合性能测试方法	英文版
126	YB/T 4083—2020	钢管、钢棒自动涡流检测系统综合性能测试方法	英文版
127	YB/T 4264—2020	桥梁缆索钢丝用盘条	英文版
128	YB/T 4289—2020	钢管、钢棒自动漏磁检测系统综合性能测试方法	英文版
129	YB/T 4543—2016	建筑工程用锌-5%铝-混合稀土合金镀层拉索	英文版
130	YB/T 4256. 2—2016	钢铁行业海水淡化技术规范　第 2 部分：低温多效水电耦合共生技术要求	英文版
131	YB/T 4256. 3—2016	钢铁行业海水淡化技术规范　第 3 部分：低温多效蒸发器酸洗要求	英文版
132	YB/T 4256. 4—2018	钢铁行业海水淡化技术规范　第 4 部分：浓含盐海水综合利用	英文版